数学建模通识教育教材

数学建模基础教程

Shuxue Jianmo Jichu Jiaocheng

刘保东　宿　洁　陈建良　主编

高等教育出版社·北京

内容提要

本书是作者在长期主讲山东大学"数学建模"通识教育核心课程的基础上,参考国内外优秀数学建模教学和培训教材,结合作者多年的教学实践经验,经过反复筛选和精心组织编写的通识教育教材。全书力求简洁、贴近实际。内容设计以问题驱动为先导,着重介绍数学建模的基本概念,日常工作、生活和科学研究中最常用的数学建模方法,如差分、微分、插值、拟合、线性与整数规划、非线性规划、多目标规划、图论及数理统计方法等,和模型求解理论、算法、应用案例及数学实验编程技巧等。

本书可作为高等学校各专业学生"数学建模"选修课或通识教育课程的教材,也可以作为高职高专院校的数学建模培训教材或参考资料。

图书在版编目(CIP)数据

数学建模基础教程 / 刘保东,宿洁,陈建良主编.
-- 北京:高等教育出版社,2015.9(2024.12 重印)
ISBN 978-7-04-043338-8

Ⅰ.①数… Ⅱ.①刘… ②宿… ③陈… Ⅲ.①数学
模型 - 高等学校 - 教材 Ⅳ.① O141.4

中国版本图书馆 CIP 数据核字(2015)第 155111 号

策划编辑	李晓鹏	责任编辑	胡 颖	封面设计	李树龙	版式设计	范晓红
插图绘制	杜晓丹	责任校对	王 雨	责任印制	刁 毅		

出版发行　高等教育出版社　　　　　　　　咨询电话　400-810-0598
社　　址　北京市西城区德外大街4号　　　网　　址　http://www.hep.edu.cn
邮政编码　100120　　　　　　　　　　　　　　　　　　http://www.hep.com.cn
印　　刷　中农印务有限公司　　　　　　　网上订购　http://www.landraco.com
开　　本　787 mm×960 mm　1/16　　　　　　　　　　http://www.landraco.com.cn
印　　张　28　　　　　　　　　　　　　　　版　　次　2015 年 9 月第 1 版
字　　数　500 千字　　　　　　　　　　　印　　次　2024 年 12 月第 11 次印刷
购书热线　010-58581118　　　　　　　　　定　　价　43.00 元

序 言 一

数学建模从 20 世纪 80 年代初进入我国大学课堂以来，经过 30 多年健康、快速的发展，目前已有 1000 多所高校开设了各种形式的数学建模课程，正式出版的教材和参考读物达 200 多种。每年一届的全国大学生数学建模竞赛自 1992 年创办以来，到 2014 年已有来自 1300 多所院校、23000 多个参赛队的 7 万余名学生参加。数学建模课堂教学与课外活动为什么会得到广大师生如此广泛的认同和欢迎呢？

首先，近几十年来时代发展和科技进步的大潮把数学建模从幕后推向了前台。由数学科学与计算机技术紧密结合所形成的"数学技术"，已经成为一种普遍的、可以实现的技术，是高新技术的重要组成部分和突出标志。作为联系数学与应用之间的桥梁，建模与计算不断地向技术领域转化，形成了先进的生产力，对推动社会发展、加强综合国力具有重大意义。与此同时，数学迅速进入了经济、人口、生物、医学、环境、地质等领域，一些交叉学科如计量经济学、人口控制论、生物数学、数学地质学等应运而生，为数学建模开拓了广阔的用武之地。

其次，将数学建模引入教学给教育改革和人才培养注入了强大活力。让学生亲自参加将数学应用于实际的尝试，参与发现和创造的过程，取得在传统的课堂里和书本上无法获得的宝贵经验和切身感受，在知识、能力及素质三方面迅速成长。可以毫不夸张地说，数学建模的课堂教学与课外竞赛相互促进、协调发展，是近年来规模最大、最成功的一项数学教学改革实践。

本书作者多年来一直讲授数学建模课程，并从事数学建模竞赛的辅导和组织工作，还做了不少与建模有关的应用课题。作者在长期的教学和科研实践中积累的丰富经验，使得本教材至少具有以下几个特点：以问题驱动为先导，将建模案例、数学方法和软件实现融合在一起，符合学生的认识规律；内容全面，叙述简洁, 每个章节将课程的基本要求与方法、理论方面的深入部分区别开来, 便于讲授及阅读; 书中关于数学反问题等部分的论述是作者研究工作的反映, 在一般教材中较为少见。

真诚希望这本书的出版能让更多的同学在学习数学建模课程及参加数学建模竞赛的活动中, 得到有益的启迪和更大的收获。

姜启源

2015 年 3 月

序 言 二

30 多年来，随着计算技术的快速进步，数学模型在科学、工程、经济、医学等各个领域得到了越来越广泛的应用，并逐渐成为理论研究、实验分析、工程设计、控制与管理等不可或缺的工具。但对 30 多年前的大学生来说，"数学模型"还是个陌生的名词，关心数学模型教育的人更是寥寥无几。1987 年，我受当时国家教育委员会的委托在青岛举办了全国首个数学模型短训班，萧树铁、叶其孝、李训经、姜启源、刘家壮等介绍了数学模型的基本概念、常用方法、应用实例和发展前景。此后，在老一辈数学家的支持下，清华大学、北京大学、复旦大学、山东大学等越来越多的高校把数学模型正式列入教学课程体系。经过不到一代人的努力，目前，中国在数模知识的普及、数模竞赛的开展以及数模教师队伍的建设等各个方面已进入国际先进行列。在这个过程中，几本常见的教科书 (见本书参考文献)，特别是姜启源教授的著作发挥了很大作用。

当今，我们正在进入一个数字化和大数据的时代。对各种大小系统做精确预测和最优管理已经不再是梦想。事实上，从研究全球气候变迁的大模型到研究一个商店经营的小模型都已经建立起来了并在不断改进。数学模型也在改变着科学研究的方式和方法，一些诺贝尔奖的成果就是通过使用或发展数学模型得到的。例如，2013 年诺贝尔化学奖得主研究的是"发展复杂化学系统的多尺度模型"。现在的学生将来可能成为科学家、工程师，也可能从政从商，但在工作中都会离不开数学模型，就像离不开计算机一样。为非数学类专业的大学生开设"数学模型"课的重要性和必要性已经非常显著，因为他们才是真正发展与应用数学模型的主力军，怎样把建模的思想及常用的数学方法传授给他们是教师要关注的问题。刘保东教授在这方面有丰富的经验，十多年来他和他的团队在山东大学面向所有专业学生开设了数学模型课程，为此编写的讲稿也在实践的过程中

不断修改完善。这本新的教科书就是在这一基础上加工完成的,其特点是以实例
为引导,以计算软件为工具,以解决问题为目的,以简单易懂为要求,把数学模
型课程的教学变得富有启发性、互动性和趣味性。本书既是一本教材,也是学习数
学模型的入门参考书。

　　数学模型具有多样性与多变性的特点。不同的领域、不同的问题、不同的
分析方法,都会导出不同的模型。即使所考虑的问题和分析方法都相同,模型还
可能因建模人的主观认识与可用的数据而异。不同的数学模型要用不同的数学
方法来描述和求解。而且,随着数学模型应用领域的不断扩展和新问题的不断出
现,数学工具本身和求解方法也在不断创新。我多年从事环境、能源与水资源等
大尺度与复杂系统的模型研究,总感到现有的数学方法还不足以解决诸如模型
复杂性、参数可识别性、数据充分性、模型可靠性等难题。实际上,很多有用的
数学模型是由非数学专业的研究人员和实际工作者建立的。作为一本"数学模
型"的教材,作者只能选择一些最有代表性的例子和最常用的数学方法来讲解
数学模型的基本概念和建模的基本步骤。读者要从中学习怎样把一个实际问题
提炼成一个数学问题来求解。有了这个基础,便可在今后的工作中学习和发展用
于自己专业的数学模型,使自己的工作"如虎添翼"。

孙讷正

2015 年 1 月于洛杉矶

前　　言

　　语言文化与数学素养从古至今被认为是人类生存所必需的两个基本素养，"能识字""会算数"是乡间普通百姓的共识。由此可见，数学的地位和作用早已深入人心。

　　事实上，无论是科学研究还是现实生活（如购物、储蓄、贷款等），定量化描述与规律性研究已为越来越多的人所认知。而数学就是描述现实世界中的数量关系和空间特征的科学，这一特性决定了数学的地位与作用会越来越重要。当你随心所欲地观看高清电影、数字图像，以及借助搜索引擎进行网络搜索时，其实你就在使用数学，可以说数学就在你身边。随着时间的推移，不仅数学在科学化，而且科学也在数学化。数学的科学化主要表现在数学的思想、方法、理论体系越来越系统化和精细化，数学的理论分支越来越多，这表现出了数学的研究在蓬勃发展；另一方面，科学研究成果的定量化和规律性描述，无不借助于数学，数学是工具也是技术的观念日益深入人心。

　　全国大学生数学建模竞赛的蓬勃发展，推动了数学建模课程在高校的普及和大学数学课程的改革。山东大学是最早组织参加全国大学生数学建模竞赛、美国大学生数学建模竞赛的高校之一，但当时参与学生仅局限于数学、物理、信息、计算机几个学院。2000 年，原山东大学、山东工业大学、山东医科大学三校合并组成新的山东大学，在教务处的组织和支持下，组建了"山东大学数学建模创新教育实验室"，并组织筹划数学建模课程的设计、教学和竞赛组织、培训等，自此开始尝试把这项活动推广到全校。从 2001 年开始，面向全校开设"数学建模"选修课，因参与学生面广、涉及年级多，数学基础参差不齐，在课程一体化教学方面遇到了一些困难。为改善这一状况，2004 年起，课程教学改为两个层次，即"数学建模"初级班和高级班，初级班面向大一、大二的同学，高级班面向大二、大三的同学，这一模式一直延续到 2010 年。作为教学改革的主要组成部分，山东大学于 2010 年起开始组织构建通识课程体系，"数学建模"作为成熟的、有影响力的课程入选首批创新创业类核心通识课程。本书的主要内容就是在该课程讲稿基础上，重新组织编写完成的。

　　数学建模通识教育课程主要面向大一下学期和大二的同学，因此假定学生已学习过或正在学习高等数学和线性代数。课程的教学目的是培养学生的建模意识和建模实践能力，因而弱化了建模理论的推导和证明过程，同时注重引导学生理解涉及所学专业的数学建模问题，培养学生的专业数学建模素养和处理日常工作、生活中数学建模问题的能力，也为后期的数学建模竞赛培训发现、选拔优秀大学生。鉴于数学建模问题纷杂多变，但经常采用的数学建模方法基本不变，而这些方法大部分在非数学类专业学生的大学数学课程体系中并不涉及，或仅很少学科的课程涉及，因此本书的编写和教学实施，主要以问题驱动的方式导入数学建模方法，以数学实验工具作为模型求解的途径为编写主线，尽量采用浅显易懂的语言进行方法描述，案例选择也力求贴近生活和实际，回避了一些专业性过强的示例，便于学生自学。

　　全书共分 15 章，按 36 到 54 个教学学时设计，带有"*"标记的内容为选学内容。其中，第一、二章按 4 个学时设计，其他各章均按 2～3 个学时设计。教学方式以多媒体和计算机实时演示为主。考核方式根据教学对象的差异，实行分类考核，考核内容应涉及文献检索与阅读、建模论文写作、建模实践、数学实验等，不宜采用期末闭卷考核的方式。

　　本书前六章和第十五章由刘保东编写，第七章至第十一章由宿洁编写，第十二章至第十四章由陈建良编写，全部内容由刘保东最终统稿、定稿。清华大学的姜启源教授、美国加州大学洛杉矶分校的孙讷正教授阅读了本书的全部内容，并提出了许多建设性建议，在此表示衷心的感谢。

　　本书的出版得到了山东省高等教育教改立项课题、山东大学大学生创新教育平台和通识课程建设项目的支持，在此一并表示感谢。

　　由于编者水平有限，书中难免会存在一些不妥之处，恳请读者批评指正。

编者

2015 年 4 月于济南

目　　录

第一章 概　　论

　　数学不是无源之水, 绝大部分数学理论的产生、形成与发展, 都有其实际研究背景, 本质上都是问题驱动的数学建模. 如对哥尼斯堡七桥问题的研究催生了图论理论体系的建立; 对运动 (或变化) 问题的研究推动了微积分理论的诞生; 而对数学理论和方法的研究也推动了数学在各个领域的应用.

　　苏联数学家格涅坚科指出: "社会历史的现代特征是科学知识的飞速进步, 技术观念的快速更新, 新的科学发明在实践活动中的广泛应用, 不仅是科学在数学化, 而且绝大多数的实践也在数学化". 可以说凡是出现 "量" 的地方就离不了数学, 用定量的思维方法和量化的结果回答现实世界中的问题, 通过发现 "量" 的变化机理和规律, 然后用数学语言给出问题的数学描述, 并借助于相应数学理论、方法或算法与计算机编程给出问题的具体解答, 这一过程就是数学建模. 数学建模就是研究并用数学的语言描述量与量之间的关系, 量的变化关系, 量的关系的变化等现象, 并借助于具体的数学理论方法给出具体的解答过程.

　　然而数学的高度抽象性和严谨的逻辑性, 在一定程度上造成了晦涩、枯燥的假象, 过度地强调数学的技巧和定理的推导、证明和应用, 而忽略了数学的思想性、方法性和工具性, 从而产生了一些数学是否有用的质疑声. 数学要成功地走向应用, 真正显示出它在各个领域、各种层次应用中的关键性、决定性作用, 显示出它的强大生命力, 必须设法在实际问题与数学之间找到一个切入点, 而数学建模无疑就是沟通数学理论与应用之间的桥梁. 理解、掌握数学建模的思想、方法以及数学实验技能, 并尝试运用于所研究的科学、管理与工程领域以及日常生活和工作中, 无疑对培养综合型、创新型、技能型人才具有重要的意义.

1.1 什么是数学建模

1.1.1 从示例看数学建模

例1.1 圆周率的发现

问题提出 从远古时代开始, 人们就通过对太阳和阴历十五月亮的观察, 认识到圆形的概念. 古埃及人认为: 圆, 是至美的象征, 是神赐给人类的神圣图形, 并为之膜拜. 考古发现古山顶洞人就曾经在兽牙、砺石和石珠上钻上圆形孔洞. 在陶器时代, 许多陶器的设计外观都是圆形的. 实践中发现, 搬运圆木时滚着走既方便又省力, 于是在搬运重物的时候把几段圆木垫在物体的下面滚着走, 由此大大提高了生产力水平. 大约在 6000 年前, 人们发明了世界上第一个轮子 (圆形木盘), 后来又将圆的木盘固定在木架下, 成了最初的车子原型.

人们在制作圆形 (如圆盘、圆圈等) 物体时, 需要根据设计规格, 估算所需使用的材料数量. 以制作一个钢丝圆圈为例, 要制作一个满足给定口径 (直径) 规格要求的圆圈, 工匠需要估算围成这样一个圆圈需要多长的材料.

问题分析 问题的本质是根据给定的圆圈口径设计要求, 确定圆周长. 该问题有两个关键要素: 直径和周长. 那么圆的周长与直径之间服从什么关系呢? 人们经过大量观察、研究发现: 直径越大, 圆周越大; 直径越小, 圆周越小, 即二者之间大致呈现一种正比例关系.

基本假设 为便于计算, 忽略制作圆圈所需材料的粗细不计, 把它简单地看做是一条线, 同时假设圆周长与直径之间成正比.

建立模型 记 D 为圆的直径 (单位: m), C 为圆的周长 (单位: m). 则由假设, 很容易得到如下数学模型:

$$C = kD,$$

其中 k 为比例系数 (无量纲常数).

参数估计 求解上述数学模型, 必须首先求出模型中比例常数 k 的估计值. 欧拉 (Euler) 于 1737 年用符号 π 表示该常数, 即今天所说的圆周率, 自此以后符号 π 即被广为接受, 并沿用至今. 为了估计这个神秘的数, 古今中外, 一代代的数学家致力于它的研究与计算. 早在公元前 1200 年中国就有 "径一周三" 的记载, 即 $\pi \approx 3$. 刘徽 (公元 3 世纪) 在《九章算术》中描述了 "割圆术" (即用内接正多边形的周长逼近圆周) 的方法: "割之弥细, 所失弥少, 割之又割, 以至于不可割, 则与圆周合体, 而无所失矣", 这一描述事实上给出了极限思想的雏形, 利用这一方法求得 π 的近似值为 3.1416. 祖冲之 (公元 429 年 — 公元 500 年) 求出圆周率约为 355/113. 进入 20 世纪, 随着计算机的发明, 圆周率的计算有了突飞猛进的发展, 借助于超级计算机, 圆周率的估计值可以达到万亿位精度.

模型求解与结果应用   如取 $\pi \approx 3.14$, 则制作一个直径为 $1\,\mathrm{m}$ 的圆圈, 需要准备的材料长度应不小于 $C = \pi \times 1 \approx 3.14\ (\mathrm{m})$.

例1.2   地球表面积的估计

问题提出   根据几千年人类不断研究与探索, 可知地球是一个两极稍偏、赤道略鼓的不规则椭球体, 试建立模型估算地球的表面积.

问题分析   鉴于地球自身的不规则性和地球表面的不光滑性, 要准确估算其表面积是不可能的, 只能采用近似方法进行估计. 考虑到地球的实际形状, 可以采用三维椭球或近似圆球的结构来描述.

基本假设   为简便起见, 假定地球是一个表面光滑的圆球体.

模型建立   记 R 为地球的半径 (单位: km), S 为地球的表面积 (单位: km^2). 依据假设, 由圆球体表面积的计算公式有

$$S = 4\pi R^2.$$

模型求解   由现有的估算资料可知地球的平均半径约为 $R \approx 6372\,\mathrm{km}$, 代入模型可得

$$S \approx 5.1 \times 10^8\ (\mathrm{km}^2).$$

结果分析与应用   由计算结果可知, 地球的表面积约为 $5.1 \times 10^8\,\mathrm{km}^2$.

在该模型的建立与求解过程中, 可以看出计算结果是一个近似估计值. 一般而言, 模型求解结果的准确性依赖于许多误差因素, 主要有

(1) 模型误差: 即因简化假设而产生的误差. 以例 1.2 为例, 采用表面光滑的球体来近似表面粗糙、不规则的椭球体, 显然这在模型结构假设上就存在误差. 事实上, 要估计因简化假设而引起的模型误差是非常困难的, 只能通过改变假设而建立更为准确的模型来降低误差影响, 如本例中把地球体修正为表面光滑的椭球结构.

(2) 参数估计误差: 多数模型中的参数是无法直接测量的, 需要根据许多观测或实验数据资料采取某种参数估计方法进行计算得到. 如前述示例中, 参数 π 和地球半径. 由此产生的误差称为参数估计误差.

(3) 计算舍入误差: 首先由于 π 是无理数, 实际计算时只能取有限位有效数字; 其次由于计算机采用浮点运算方式, 计算时采用有限位浮点运算, 不可避免地形成误差. 这两种计算方式均会产生误差, 称为舍入误差. 当多次舍入造成的误差累计达到一定程度时, 会使结果失真.

这两个简单的例子包含了数学建模的基本过程, 即数学建模问题的提出; 通过分析和简化假设, 把问题抽象成数学的某种结构; 依据假设采用数学语言给出

模型的具体描述; 根据实验或历史观测数据对模型参数进行估计; 根据所建立的数学模型和参数估计结果求解模型; 分析结果的误差、可靠性、可操作性与模型参数的灵敏性; 把求解结果应用于具体问题.

1.1.2 数学模型与数学建模

1. 数学模型

直观上讲, 数学模型 (mathematical model) 就是为了定量回答现实世界中的实际问题而提出的一个数学表达式. 迄今为止, 在各类数学模型或数学建模的文献资料中, 关于数学模型的定义已有许多种提法, 但为众多数学建模工作者接受的提法是姜启源教授等人给出的. 若把所研究的对象视为一个系统, 则数学模型就是研究该系统的作用机理和相关要素之间的关系. 鉴于有时系统外部条件或边界输入会对系统输出结果产生一定程度甚至是决定性的影响, 我们对这一定义进行了修正. 修正后的数学模型定义如下: 所谓**数学模型**, 就是对于现实世界的一个**特定对象**, 为了某一**特殊目的**, 根据其特有的**内在规律和外部条件**, 做出一些**必要的简化假设**, 运用适当的数学方法得到的一个**数学结构**. 简单地说, **数学模型**就是对所研究问题的数学描述或刻画, 是所研究对象的一种数学表达形式.

何谓**数学结构**? 一般认为数学结构分为两类, 即几何结构与代数结构. 笔者以为, 就目前大学数学课程体系中所涉及的数学理论特点而言, 大致可以归纳为: 代数结构, 如集合、集合间的关系结构 (如代数方程或方程组) 等; 空间结构, 主要描述几何体的形态 (如点、线、面、体等), 及其相对位置关系, 其理论基础是几何公理; 解析结构, 是在坐标意义下空间结构的向量代数表示或代数问题的几何表示形式, 其理论基础是空间解析几何; 分析结构, 是在解析意义下, 空间或几何结构的代数关系表示及其数学运算, 如函数、微分、积分、变分、差分、最优化等; 概率统计结构, 如概率分布、随机过程、数理统计与推断等; 算法结构, 如遗传算法、机器学习; 树与图结构; 模糊结构等.

所谓**数学语言**, 就是用**数学符号或记号**、**数学表达式**、**算法**、**图表**等来描述研究对象的数量关系及其空间结构特征.

建立数学模型的目的是为了准确地、定量地回答现实世界中的问题, 而不是为了玩数学游戏. 数学模型是对现实世界中所研究对象的理想化表示, 它所能揭示的通常只是所研究的问题或现象在理想意义下的某一个方面, 不可能是问题的全部. 任何模型都有其局限性, 但好的模型能提供有价值的结果或结论, 有助于人们进行决策或预测事物的发展趋势.

2. 数学建模

所谓**数学建模** (mathematical modeling),简言之就是构建所研究对象的数学模型并求解,然后将求解结果应用于实际问题的全部过程. 具体来讲,就是针对研究对象和研究目的,经过恰当的抽象概化和简化假设,确立某种数学结构;然后用数学语言给出该数学结构的表达形式,即数学模型;再经过数学的处理,如参数的识别、模型求解、推导、证明等方法得到相应的定量结果,以供人们作为分析、预测、决策或控制的科学依据.

1.2　建立数学模型的一般过程或步骤

现实中的数学建模问题,通常来自实际科学研究、工程实践、经济管理、社会生活等领域中的实际问题,对这些问题的数学建模是一个创造性过程,它需要有相当高的观察力、想象力、创造力和数学素养,没有固定的方法和标准模型,有时甚至问题本身就是含混不清的. 但是,无论实际问题怎么变化,建立数学模型的基本过程都遵循一定的规律,了解这些基本过程有助于理解和建立恰当的数学模型.

1. 问题提出与分析

我们通常遇到的实际问题,在开始研究的初期一般是模糊的,甚至是混乱的、矛盾的,往往一些相关的问题交织在一起,无法形成明确的数学问题,或者说建模目的模糊. 如雾霾问题,可以考虑雾霾的形成机理,也可以考虑预测控制问题,当然也可以从管理角度研究综合防治 (如源头控制、自然净化、经费投入措施等). 而雾霾的形成机理可能涉及气候气象 (风向、风速、温度、湿度、气压等),污染源排放类型 (点源、线源、面源)、排放位置、排放方式及排放量等,区域地形及地貌特征,区域外部影响 (外来污染通过区域边界的输入) 等诸多因素. 这时就需要研究人员通过查阅文献,与专业人士座谈,了解问题的背景、已具备的数据条件及必要的信息,进而逐步明确建模的目的和要求,并形成明确清晰的数学建模问题. 经过查阅相关研究文献,了解关于相关问题的研究状况或进展,针对所研究的问题和国内外研究现状,初步确定模型的类别或可能的建模方法.

2. 模型假设

根据已知建模问题的信息和建模目的,找出问题研究可能涉及的因素,以及各因素之间的关系或应遵循的规律,分析哪些因素是关键的或主要的,哪些因素是无关的或次要的. 为此要做出必要的、合理的假设,忽略一些无关的或次要的因素,从而简化模型的复杂程度. 如地球表面积的计算,把球体看做是表面光滑的圆球,不考虑表面的粗糙度和几何形体的局部差异;当然也可以把球体假定为表面光滑的椭球体, 这样似乎更切合实际, 但计算的复杂程度要提高许多.

模型假设是建立模型的重要组成部分, 几乎所有的物理学、化学定律都是在一定假设前提下建立的. 建立模型假设的目的是为了简化模型的复杂程度, 但过分简化的假设可能造成模型失真, 而模型因素考虑过多, 不仅会增加模型的复杂程度, 从而带来计算成本的大幅度提高, 甚至可能因复杂度过高而无法求解. 因此, 假设的合理与否就成了检验模型优劣的重要依据. 假设是否合理是看依据假设所建立的模型能否满足问题的要求, 而如何做出恰当的假设, 则需要长期的经验和相关知识积累, 同时还要根据模型的验证结果不断修正假设, 使之更加合理、可信.

3. 建立数学模型

根据假设和问题涉及的因素, 引入相关符号或记号, 然后将问题中相关变量或因素之间所具有的内在关系或服从的规律及其外部条件用数学的语言加以刻画, 形成数学关系表达形式, 即包含常量、变量等的数学模型, 如优化模型、微分方程模型、差分模型、图的模型等.

4. 模型参数的估计与求解

求解模型的关键一步是对模型中的参数进行估计. 多数模型中会包含一些待定参数, 有些参数可以借助于实验进行测定, 如电阻率、不同介质的热传导系数等, 而有些参数则需要根据已知信息利用恰当的数学方法进行估计, 如统计学中常用的矩估计、区间估计, 数值逼近中的最小二乘估计等. 在此基础上, 综合利用数学解析方法、数值算法、数学软件和计算机编程语言等, 求出模型的解. 不同数学模型的求解方法一般也不同, 通常不同类型的数学模型涉及不同数学分支中的专门知识和方法. 事实上我们不可能等到把所有数学知识全部学完后, 再去建模, 即使数学专业人员也不可能做到这一点, 而大多数从事建模应用的人员为工程技术人员或各应用领域的专业技术人员, 因此必要的知识自我扩充能力以及熟练的计算机编程、数学软件使用能力等无疑是建模工作者应具备的基本素养和能力. 现实中的数学模型是各种各样的, 能够通过理论推导求得数学意义下的解析解的问题一般是少之又少, 多数情况下是借助于计算机求得其数值解, 即离散的近似解, 因此数值计算、算法等意识的培养与实现, 也是对建模工作者的基本要求.

5. 可靠性分析与假设检验

建立模型的目的是解决现实问题, 评价模型的好坏要看假设是否合理, 建立的模型是否正确, 把结果用于解释现实时是否可信, 是否达到了建模目的的要求等. 因此应进行必要的模型可靠性、参数的稳定性或灵敏性、结果的合理性和可操作性等分析. 没有经过验证的模型, 只是一组好看的数学符号, 没有实用价值和实际意义.

鉴于数学模型是在一定简化假设的基础上建立起来的, 因此对模型可靠与否应进行必要的检验. 检验方法通常是对比已有的实验结果和模型计算结果, 分析其差异程度, 如绝对误差、相对误差等, 或者进行野外观测或在实验室进行验证性控制实验, 以检验模型的正确性和可靠性. 这一步骤通常称为模型识别过程.

模型的求解大多需要借助于计算机编程或数学软件计算, 所得结果的精确程度依赖于算法设计和计算机浮点运算精度, 因此计算结果存在一定误差是必然的, 有必要进行适度的误差分析. 误差分析一般分为因简化假设引起的模型误差、因观测方法或仪器精度带来的数据观测误差、因数值计算方法产生的截断误差、因计算机浮点运算产生的系统舍入误差等. 预测模型中预测结果与实际观测数据的误差一般分为绝对误差和相对误差. 算法误差主要是指连续问题模型的离散化过程产生的截断误差, 可以借助于数值计算理论进行估计. 观测数据多用于模型参数的估计和预测结果的检验. 参数的灵敏度分析用于估算模型对参数变化的灵敏程度, 即给定参数一个微小的扰动, 估算结果的变化大小, 若结果变化较大, 说明模型稳定性不好, 或者说模型可靠性差. 若建模方法或模型结构采用随机或统计结构, 一般应进行统计意义下的参数估计和分布假设检验、结果的拟合优度检验等. 根据分析检验结果确定是否有必要对模型作进一步修正或参数估计.

6. 模型应用

把模型求解结果应用到实际问题, 给出问题的解决方案, 根据实际问题的建模目的, 提出相应的对策或建议等. 一个好的模型给出的计算结果, 应具有一定的可操作性. 没有可操作性的结果可能只是数学意义下的最好结果, 但不一定是应用意义下的具有可应用价值的结果.

数学建模基本过程如图 1.1 所示.

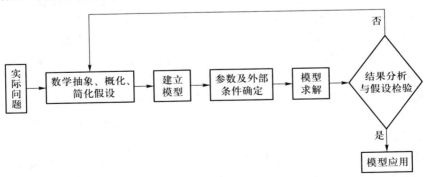

图 1.1   数学建模基本过程示意图

1.3 数学建模的基本方法和模型分类

1.3.1 数学建模的基本方法

数学建模问题一般有明确的实际背景, 已知一些信息, 这些信息可以是观测数据, 也可能是若干参数或图形图像, 或者仅给出一些定性描述, 依据这些信息建立数学模型. 建立数学模型的方法有很多, 归纳起来大致可以分为如下几个类型.

1. 机理分析方法

机理分析方法又称机理导向的数学建模方法, 它是建立在对实际研究对象有一定认知的基础上的理想方法. 此类问题通常有明确的物理背景或现实意义, 可以通过分析判定或类比、归纳成某种已知的自然规律. 通过分析找出问题涉及的主要因素, 分析并确定其因果关系, 以及所应遵循的、反映内部机理的规律, 然后利用已知的规律建立模型, 再利用已知信息确定模型中的参数, 并对模型进行求解. 若把所研究的问题看做一个箱式系统, 则机理分析方法又可以称为 “白箱” 理论, 意即内部机理可以看得清. 常用的机理分析方法有

(1) 规律建模方法: 利用所研究的问题中, 相关变量所应遵循的自然规律建立数学模型, 如污染物迁移转化、物体运动等. 利用已知的物理学、化学、生命科学等定律, 如量纲分析、质量守恒、能量守恒、动量守恒、功和能、浮力定律、热传导定律等, 来描述相关因素之间的关系.

(2) 构造分析法: 已知模型所应遵循的具体结构, 如微分、差分、最优化、图与网络、几何等模型结构, 建立数学模型.

2. 测试分析方法

测试分析方法又称数据导向的数学建模方法, 它是把所研究的问题看做一个内部机理看不清楚的 “黑箱”, 仅仅根据系统输入、输出数据建立数学模型, 因此有时也称此类建模方法为 “黑箱” 理论. 常用的测试分析方法有

(1) 直观观察分析方法: 利用输入、输出数据, 把输入数据看做自变量取值, 输出数据看做因变量取值, 做出直观的观测图形. 通过图形, 对数据进行直观观察分析, 建立函数关系, 即经验公式, 然后利用已知数据对函数表达式中的参数进行估计, 从而建立起函数关系模型, 并利用函数表达式进行计算, 同时对计算结果和观测值进行比较, 以验证模型的正确性.

(2) 数值分析法: 对已知数据进行数据拟合、插值, 从而建立函数关系, 据此建立的模型即所谓的经验公式. 常见的建模方法有插值、样条函数、曲线拟合等.

(3) 统计方法: 如概率分布、频度分析、方差分析、回归分析、相似性分析、

聚类分析、判别分析等, 检验模型正确性的方法是统计假设与分布假设检验.

(4) 模糊分析法: 传统数学描述的是现实世界中的精准现象, 与精确性相悖的是模糊性, 如医疗诊断、计算机搜索的语义判断、数字图像的噪声等, 借助于已知数据集合, 建立基于经验和半经验的关于模糊集的隶属度函数, 利用模糊数学的方法建立模型. 常见的有模糊综合评判、模糊识别、模糊分类等.

在建模实践中, 两类方法通常交替使用, 如用机理分析方法建立数学模型, 利用已知数据采用测试分析方法识别模型的参数. 各种方法之间没有绝对的界限, 如考虑已知数据的随机性, 可以采用统计方法建立模型; 如不考虑随机性, 则可以采用机理分析方法建立模型. 对同样一个建模问题, 因采用的假设和建模方法不同, 模型结构也会有所不同. 因此, 到底哪种建模方法更为可靠, 需要进行模型的检验和结果的可靠性分析来具体甄别. 在实际建模时, 通常不可能建立多种模型并进行比较, 只需经过论证建立其中一种可靠的模型即可.

1.3.2 数学模型的分类

数学模型的形式与研究对象复杂多样, 可以按照不同的方式进行分类, 常见的分类方法有如下几种:

(1) 按照应用领域 (或所属学科) 划分. 可分为人口模型、传染病模型、交通模型、环境污染模型、生态模型、管理规划模型、经济模型、决策模型等. 把在不同的学科领域中的数学模型汇集起来就构成了许多边缘交叉学科, 如生物数学、数量经济学、环境数学、地质数学等.

(2) 按建模方法划分. 可分为初等数学模型、微分方程模型、离散模型、几何模型、优化模型等.

(3) 按模型的表现特性划分. 可分为确定性模型 (不考虑变量的随机性) 和随机性模型 (考虑变量的随机性); 静态模型 (变量与时间无关) 和动态模型; 线性模型与非线性模型; 连续模型与离散模型等.

(4) 按建模目的划分. 可分为描述性模型、预测预报模型、优化模型、决策模型、控制模型等.

(5) 按对模型的了解程度划分. 可分为白箱模型、灰箱模型、黑箱模型.

1.4 常见的初等数学建模方法

1.4.1 比例建模方法

比例建模方法是初等数学中最常用的数学建模方法, 常见的如牛顿第二定律、胡克定律、阿基米德浮力定律等. 这一方法在日常生活中有着大量的应用.

例 **1.3**   为了验证胡克定律的正确性并检验某弹簧材料的弹性, 某实验人员取一固定长度的弹簧, 顶端固定在一物体顶板上, 末端悬挂不同质量的砝码, 测量弹簧的伸长长度, 实验测量结果见表 1.1 所示.

表 **1.1**   弹簧伸长实验结果

质量 m	50	100	150	200	250	300	350	400	450	500	550
伸长 x	1.000	1.875	2.750	3.250	4.375	4.875	5.675	6.500	7.250	8.000	8.750

问题分析   为了观察数据关系特征, 首先利用 MATLAB 做出散点图, 见图 1.2 所示.

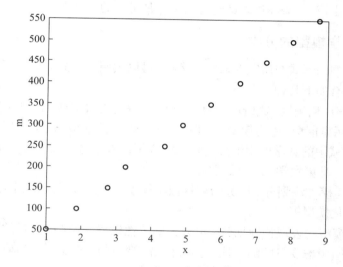

图 1.2   弹簧拉伸实验散点图

从图 1.2 可以看出, 质量 m 与拉伸长度 x 之间首先呈线性关系, 且根据实际知道, 当没有砝码 (即 $m = 0$) 悬挂时弹簧应没有拉伸, 即 $x = 0$. 因此可以猜测二者之间服从正比例关系, 即

$$m \propto x.$$

基本假设   假定质量 m 与拉伸长度 x 之间服从正比例关系.

模型建立   记 k 为比例系数, 即我们熟知的劲度系数, 那么相应的数学模型就可以直接写为

$$m = kx.$$

　　参数估计　劲度系数 k 值的大小取决于弹簧的制作材料. 对给定的弹簧, 参数 k 值可以采用如下方法进行估计:

　　(1) 算数平均方法: 由参数与变量间的关系 $k = \dfrac{m}{x}$ 易知, 对每一组实验数据 (x_i, m_i), 可以得到一个 k 的计算值 $k_i, i = 1, 2, \cdots, 11$, 取其算数平均可得

$$k = \frac{1}{11} \sum_{i=1}^{11} k_i = 58.9761.$$

　　(2) 最小二乘方法: 利用本书第四章介绍的基于数据拟合的最小二乘方法, 可以得到计算结果为: $k = 61.5905$.

　　注意到, 不同的参数估计方法, 其估计结果有所差异. 通常我们采用基于数据拟合的最小二乘方法估计参数.

　　模型求解与结果分析　由基本假设和参数估计结果, 得该弹簧的质量与拉伸长度的数学模型为

$$m = 61.5905x.$$

　　为了检验模型的可靠性, 利用该模型计算在观测拉伸长度处的质量值, 然后把该模型的直线重叠画到图 1.2 所示的散点图上, 以考察这些数据的拟合效果, 见图 1.3 所示. 从图中可以看出, 模型假设应该是合理的, 而且大多数观测点都非常靠近拟合直线, 说明参数识别结果和模型是可靠的.

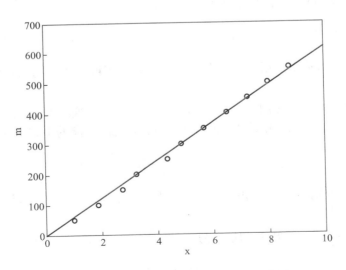

图 1.3　弹簧拉伸比例模型拟合结果示意图

1.4.2 量纲分析方法

量纲分析方法是 20 世纪初提出的, 是在物理学、化学领域中常用的一种数学建模方法. 在实际建模时, 需要首先确定问题可能涉及的量, 然后分析量与量之间的关系, 当一个量受其他一个或多个量影响时, 研究它们之间的关系就变得异常复杂. 在实验类学科中, 研究这些量的关系, 需要进行大量的实验, 进而通过分析实验数据来研究量与量之间的规律性信息, 而这会产生极大的研究成本.

量纲分析方法提供了一种建立初步模型的方法, 它是利用物理定律的量纲齐次原则来确定各物理量之间的关系. 该方法有助于研究人员猜想模型的形式并据此设计相应的实验验证方法, 以进一步检验、核实或修正模型的形式, 从而可以极大地减少实验的工作量. 目前, 这种方法已在生命科学、经济学、运筹学等研究领域得到了应用.

众所周知, 绝大部分物理量是有量纲的. 无论是哪一个分支, 总有些物理量的量纲是最基本的, 而另一些物理量的量纲则可以由基本量纲根据其定义或某些物理定律推导出来. 例如在动力学中, 可以把长度 l、质量 m 和时间 t 的量纲作为基本量纲, 记为

$$[l] = \mathrm{L}, \quad [m] = \mathrm{M}, \quad [t] = \mathrm{T};$$

而速度 v、加速度 a、力 f 的量纲可表示为

$$[v] = \mathrm{L/T} = \mathrm{LT}^{-1}, \quad [a] = \mathrm{L/T}^2 = \mathrm{LT}^{-2}, \quad [f] = \mathrm{ML/T}^2 = \mathrm{MLT}^{-2}.$$

量纲齐次性原则 用数学公式表示一个物理定律时, 等式两端必须保持量纲一致.

以万有引力定律为例: 已知自然界中任何两个物体都是相互吸引的, 引力的大小跟这两个物体的质量的乘积成正比, 跟二者之间距离的平方成反比, 即

$$f = k\frac{m_1 m_2}{r^2},$$

其中 m_1, m_2 分别为这两个物体的质量, r 为二者之间的距离, k 为万有引力常数. 试确定 k 的量纲.

由 $k = \dfrac{fr^2}{m_1 m_2}$, 可知 k 的量纲为

$$[k] = \frac{\mathrm{MLT}^{-2} \cdot \mathrm{L}^2}{\mathrm{M} \cdot \mathrm{M}} = \mathrm{L}^3 \mathrm{M}^{-1} \mathrm{T}^{-2}.$$

例 1.4 单摆运动

问题提出 对于给定的单摆系统, 确定它的周期.

问题分析 可能影响单摆运动周期 t 的因素包括单摆的质量 m、线长 l、位移的初始角度 θ、重力加速度 g 以及发生在固定端的摩擦力和作用于单摆系统的风向阻力.

基本假设 为了降低问题的复杂性, 假定单摆在固定端的铰链足够光滑, 即忽略其摩擦力影响, 进一步假定单摆放置在室内相对封闭的空间内, 可以忽略风的阻力不计. 所以问题归结为确定函数

$$t = f(l, m, g, \theta).$$

在这个模型中 θ 是没有物理量纲的, 其量纲可以记为 $M^0L^0T^0$.

模型建立 根据假设, 在这个问题中有关的物理量有 t, m, l, g, θ, 其中 θ 是无量纲变量. 设它们之间有关系式

$$t = \lambda m^{\alpha_1} l^{\alpha_2} g^{\alpha_3}, \tag{1.1}$$

其中 $\alpha_1, \alpha_2, \alpha_3$ 为待定常数, λ 为无量纲量, 可以视为 θ 的函数, 即 $\lambda = \lambda(\theta)$.

式 (1.1) 的量纲表达形式为

$$[t] = [m]^{\alpha_1} [l]^{\alpha_2} [g]^{\alpha_3}.$$

将各物理量的量纲 $[t] = T, [m] = M, [l] = L, [g] = LT^{-2}$ 代入上式, 得

$$T = M^{\alpha_1} L^{\alpha_2 + \alpha_3} T^{-2\alpha_3}. \tag{1.2}$$

模型求解 由式 (1.2), 利用量纲齐次性原则, 可得线性方程组

$$\begin{cases} \alpha_1 = 0, \\ \alpha_2 + \alpha_3 = 0, \\ -2\alpha_3 = 1. \end{cases}$$

求解得

$$\alpha_1 = 0, \alpha_2 = \frac{1}{2}, \alpha_3 = -\frac{1}{2}.$$

把求解结果代入式 (1.1), 得

$$t = \lambda(\theta) m^{\alpha_1} l^{\alpha_2} g^{\alpha_3} = \lambda(\theta) \sqrt{\frac{l}{g}}.$$

所得结果与力学规律基本一致.

1.4.3 枚举法

对于有限个方案或有限个组合问题, 利用枚举法建模或求解是通常采用的一种建模与计算机求解方法. 随着计算机的存储和计算能力的提高, 对于规模不太大的建模或模型求解问题, 枚举法也是一种十分有效的方法.

例 1.5 最佳储蓄方案的制订

问题提出 现有一位刚升入初一的学生, 其家长拟为其在银行存 1 万元钱, 作为六年后上大学的准备金. 已知当年度银行存款利率: 一年期为 3.25%, 二年期为 4.15%, 三年期为 4.75%, 五年期为 5.25%. 学生家长希望选择最佳的银行存款组合方式, 使到期获得的总利息最大.

问题分析 问题为求获得总利息最大的存款组合方案设计, 涉及的问题包括银行利息计算方式、银行利率变动和可能因特殊原因提前取款 (活动终止). 根据调查, 银行存款利息计算方式主要有两种:

"单利方式": 在存期内仅由本金产生利息, 其所获利息计算公式为

$$利息 = 本金 \times 年利率 \times 储蓄年数.$$

"复利方式": 除本金外, 前期存款产生的利息也作为本金 "参与" 后面时间段内利息的产生与计算.

基本假设 为方便分析起见, 假定:

(1) 在这 6 年的存款期内, 银行利率稳定不变, 不受金融波动影响;

(2) 学生家长不得在存款期内提前取款;

(3) 在存款期内, 按某种事先设计好的存款组合方案, 到期后 "及时转存", 不影响利息的产生.

模型建立 记 Q 为初始本金, r_k 表示第 k 个存期的年利率, n_k 表示第 k 个存期的年数, S_m 表示第 m 个存期到期后的本息和, 则

第 1 个存期到期后本息和为: $S_1 = Q(1 + n_1 r_1)$.

第 2 个存期到期后本息和为: $S_2 = S_1(1 + n_2 r_2) = Q(1 + n_1 r_1)(1 + n_2 r_2)$.

依此类推, 第 m 个存期到期后本息和为

$$S_m = S_{m-1}(1 + n_m r_m) = \cdots = Q(1 + n_1 r_1)(1 + n_2 r_2) \cdots (1 + n_m r_m).$$

则 m 个存期结束后所获总利息为

$$I(n_1, n_2, \cdots, n_m) = S_m - Q = Q[(1 + n_1 r_1)(1 + n_2 r_2) \cdots (1 + n_m r_m) - 1].$$

特别地, 若各存期相同, 则记 $r_1 = r_2 = \cdots = r_m = r$, $n_1 = n_2 = \cdots = n_m = t$, 故上式变为

$$I(n_1, n_2, \cdots, n_m) = S_m - Q = Q[(1 + t \times r)^m - 1].$$

模型求解及结果分析 根据利息计算模型, 采用组合方式存款, 最终所获利息与组合次序无关, 如先存 5 年期再存 1 年期与先存 1 年期再存 5 年期, 结果一样. 据此, 采用枚举法, 列出可能的全部组合方案共 8 种, 分别为 (括号中数字为存款期限)

$$(5,1), (3,3), (3,2,1), (3,1,1,1), (2,2,2), (2,2,1,1), (2,1,1,1,1), (1,1,1,1,1,1).$$

说明: 对定期存款, 我国银行现行政策中一般不采用 "复利" 的计息方式, 但如存款人在存款到期后及时转存, 则等价于 "复利" 计息方式.

$$I(5,1) = 10^4 \times [(1 + 5 \times 0.0525)(1 + 0.0325) - 1] = 3035,$$

$$I(3,3) = 10^4 \times [(1 + 3 \times 0.0475)^2 - 1] = 3053,$$

$$I(3,2,1) = 10^4 \times [(1 + 3 \times 0.0475)(1 + 2 \times 0.0415)(1 + 0.0325) - 1] = 2775,$$

$$I(3,1,1,1) = 10^4 \times [(1 + 3 \times 0.0475)(1 + 0.0325)^3 - 1] = 2576,$$

$$I(2,2,2) = 10^4 \times [(1 + 2 \times 0.0415)^3 - 1] = 2702,$$

$$I(2,2,1,1) = 10^4 \times [(1 + 2 \times 0.0415)^2 \times (1 + 0.0325)^2 - 1] = 2504,$$

$$I(2,1,1,1,1) = 10^4 \times [(1 + 2 \times 0.0415) \times (1 + 0.0325)^4 - 1] = 2308,$$

$$I(1,1,1,1,1,1) = 10^4 \times [(1 + 0.0325)^6 - 1] = 2115.$$

比较以上结果, 可以很容易地得出, 在给定利率水平和利率保持不变的前提下, 采取先存 1 个 3 年期, 到期后再转存 1 个 3 年期的存款组合方式获利最大.

1.4.4 逻辑问题建模方法

在计算机科学与现实生活中存在很多逻辑问题, 如购物时 "买" 或者 "不买", 计算机逻辑判别中的 "真" 或者 "假" 等. 此类问题只有两种选择, 非此即彼.

例 1.6 人、狗、鸡、米过河问题

人、狗、鸡、米均要过河, 船上除 1 人划船外, 最多还能运载一物, 而人不在场时, 狗要吃鸡, 鸡要吃米, 问人、狗、鸡、米应如何过河?

问题分析 这是一个较简单的智力游戏问题, 任何人只要经过简单的思考, 利用枚举法就可以很快地给出过河的策略, 但如何把它形成一个数学问题, 并给出正确的解答并不容易, 这样一个过河问题本质上是一个多步决策问题.

首先假设人、狗、鸡、米要从河的南岸到河的北岸, 由题意, 在过河的过程中, 两岸的状态要满足一定条件, 即人不在时, 狗和鸡或者鸡和米不能并存, 所以该问题为有条件的状态转移问题; 其次是如何表示其存在状态, 借助于计算机编程语言中关于逻辑运算的表示方法, 可以用 "1" 表示存在, "0" 表示不存在, 那么整个问题的存在状态就可以用一个有序四维向量来表示. 例如, (1,1,1,1) 表示它们都在南岸, (0,1,1,0) 表示只有狗和鸡在南岸. 决策结果就是要通过有限次移动把南岸状态向量 (1,1,1,1) 变为 (0,0,0,0).

模型建立 记向量 (w, x, y, z) 分别表示人、狗、鸡、米的状态, $w, x, y, z = 0$ 或 1.

(1) 确定允许状态集合.

根据问题要求, 有些状态是允许的, 有些状态是不允许的, 用枚举法可列出全部 10 个允许状态向量集合:

$$(1,1,1,1), (1,1,1,0), (1,1,0,1), (1,0,1,1), (1,0,1,0),$$
$$(0,0,0,0), (0,0,0,1), (0,0,1,0), (0,1,0,0), (0,1,0,1).$$

将上述 10 个可取状态向量组成的集合记为 S, 称 S 为允许状态集合.

(2) 建立状态转移方程.

对于一次过河, 可以看成一次状态转移, 我们用向量来表示决策, 如 $(1,0,0,1)$ 表示人、米过河. 令 D 为允许决策集合,

$$D = \{(1, x, y, z) : x + y + z = 0 \text{ 或 } 1\}.$$

另外, 我们注意到过河有两种, 奇数次为从南岸到北岸, 而偶数次为从北岸回到南岸, 因此得到下述转移方程:

$$S_{k+1} = S_k + (-1)^k d_k,$$

其中 S_k 表示第 k 次状态向量, d_k 为决策向量.

将一次运输转移过程也用向量表示, 当一物在船上时, 相应分量记为 1, 否则记为 0. 如 $(1,1,0,0)$ 表示人和狗在船上, 即人带狗过河.

模型求解 利用计算机编程或枚举法, 可很快得到问题的解. 最优解有两个:

$(1,1,1,1), \overrightarrow{(1,0,1,0)}, (0,1,0,1), \overleftarrow{(1,0,0,0)}, (1,1,0,1), \overrightarrow{(1,0,0,1)}, (0,1,0,0),$
$\overleftarrow{(1,0,1,0)}, (1,1,1,0), \overrightarrow{(1,1,0,0)}, (0,0,1,0), \overleftarrow{(1,0,0,0)}, (1,0,1,0), \overrightarrow{(1,0,1,0)}, (0,0,0,0)$
或

$(1,1,1,1), \overrightarrow{(1,0,1,0)}, (0,1,0,1), \overleftarrow{(1,0,0,0)}, (1,1,0,1), \overrightarrow{(1,1,0,0)}, (0,0,0,1),$
$\overleftarrow{(1,0,1,0)}, (1,0,1,1), \overrightarrow{(1,0,0,1)}, (0,0,1,0), \overleftarrow{(1,0,0,0)}, (1,0,1,0), \overrightarrow{(1,0,1,0)}, (0,0,0,0).$

备注: 上式中的箭头表示船的运行方向. 右箭头表示从南岸往北岸, 左箭头表示从北岸往南岸, 箭头下方为决策转移向量.

1.4.5 利用规律建模方法

利用已有的科学定律建立模型是通常采用的机理建模方法, 大学数学课程中的常微分方程、数学物理方法或偏微分方程等所研究的模型大多是基于基本的物理学定律建立起来的. 常用的定律或规律如: 质量守恒、能量守恒、动量守恒、牛顿定律、达西定律、弹性定律、浮力定律、菲克定律、几何光学定律等.

例 1.7 热传导问题: 双层玻璃窗的功效

问题提出 在我国北方地区, 生态住宅建设是一个全新的理念, 其中保温技术 (保温材料和设计) 的应用是生态住宅的主要内容. 目前, 许多建筑物都是采用双层玻璃窗设计, 即在窗户上装两层玻璃且两层玻璃中间留一定空隙. 请从数学建模的角度解释其道理所在.

问题分析 在冬季, 一般室内温度高于室外温度. 根据热传导原理, 热量会自温度高处往温度低处传播. 热量通过窗子往外传播, 须通过两种不同的介质: 玻璃和空气.

基本假设

(1) 窗户的密封性很好, 两层玻璃之间、室内与室外之间的空气是不流动的, 没有对流, 而通过热辐射辐射出去的热量很少, 可忽略不计, 故热量的传播过程只有室内与室外之间的热传导.

(2) 室内温度与室外温度保持不变, 热传导过程处于稳定状态, 即沿传导方向, 单位时间通过单位面积的热量是常数.

(3) 玻璃材料 (介质) 均匀, 其热传导系数是常数; 夹层空气的密度处处相同, 其热传导系数也是常数.

模型建立 记 T_1 为室内温度, T_2 为室外温度, T_a 为内层玻璃外侧的表面温度, T_b 为外层玻璃内侧的表面温度, d 为玻璃厚度, l 为两层玻璃中间空气夹层的厚度, k_1 为玻璃的热传导系数, k_2 为夹层空气的热传导系数. 则由假设, k_1, k_2 均为常数, 且问题可简化为一维热传导问题.

根据傅里叶热力学定律: 单位时间内由温度高的一侧向温度低的一侧通过单位面积的介质所流失的热量与介质两侧的温度差 ΔT 成正比, 与通过的距离成反比, 即与温度梯度成正比.

热量从室内传播到室外, 分三个过程: 从室内通过内层玻璃传播, 通过两层玻璃之间的空气传播, 通过外层玻璃向室外传播.

(1) 单位时间内通过单位面积内的内层玻璃传播的热量 Q_1 为

$$Q_1 = k_1 \frac{T_1 - T_a}{d}. \tag{1.3}$$

(2) 单位时间内通过单位面积的两层玻璃之间的空气传播的热量 Q_2 为

$$Q_2 = k_2 \frac{T_a - T_b}{l}. \tag{1.4}$$

(3) 单位时间内通过单位面积的外层玻璃向室外传播的热量 Q_3 为

$$Q_3 = k_1 \frac{T_b - T_2}{d}. \tag{1.5}$$

由能量守恒定律, 这三个过程的热量传导是恒定的, 即 $Q_1 = Q_2 = Q_3 = Q$, 亦即

$$Q = k_1 \frac{T_1 - T_a}{d} = k_2 \frac{T_a - T_b}{l} = k_1 \frac{T_b - T_2}{d}. \tag{1.6}$$

注意到, 在实际问题中上式中的 T_a, T_b 很难测定, 可视为中间变量, 从上式中消去 T_a, T_b 得

$$Q = k_1 \frac{T_1 - T_2}{d(s + 2)}, \tag{1.7}$$

其中 $s = h\dfrac{k_1}{k_2}, h = \dfrac{l}{d}.$

为了能够说明双层与单层玻璃窗功效的差异, 设定单层玻璃窗的厚度为 $2d$, 则单位时间内通过单位面积的单层玻璃向外传播的热量为

$$\overline{Q} = k_1 \frac{T_1 - T_2}{2d}. \tag{1.8}$$

由公式 (1.7), (1.8) 可以得出二者之比为

$$\frac{Q}{\overline{Q}} = \frac{2}{s + 2} < 1. \tag{1.9}$$

显然, $Q < \overline{Q}$, 也就是说双层玻璃窗与单层玻璃窗相比, 其热量流失更少, 即双层玻璃窗更保温.

结果分析与应用   这个模型的结果具有一定的应用价值, 按照建筑设计规范要求 $h = \dfrac{l}{d} \approx 4$, 据此测算 $\dfrac{Q}{\overline{Q}} \approx 3\%$, 即与等厚的单层玻璃窗相比, 双层玻璃窗可节约能量损耗达 97% 左右, 节能效果是显著的. 注意到建筑物室内热量损失还与墙体、天花板、地板等材料有关, 真正做到节能还应该综合各个方面, 从每个环节入手. 另外从模型上看, Q 值越小, 节能效果越好, 如何从设计上做到这一点?

1.5   建模竞赛论文写作

撰写科研论文是科学研究的重要组成部分, 是科研成果总结的重要表现形式. 学习撰写科研论文也是大学生科研创新训练的重要内容之一.

数学建模本质上是一个完整的科研过程, 而建模论文则是研究结果最重要的表现形式. 全国大学生数学建模竞赛 (CUMCM) 和美国大学生数学建模竞赛 (MCM/ICM), 以及数学建模夏令营等, 其评价参赛成果水平的唯一依据就是参赛学生提交的竞赛论文. 因此撰写好一篇合格的、规范的、高水平的竞赛论文对各参赛队而言十分重要.

参赛前应针对性地了解竞赛论文的写作规范或要求, 并进行适当的模拟训练, 以免因写作问题导致参赛不成功, 后悔莫及. 下面以全国大学生数学建模竞赛为例, 介绍参赛论文的一般结构和论文写作注意事项.

1.5.1 建模竞赛论文的一般结构

题目 论文的题目和摘要、关键词单独占一页. 论文的题目可以用参赛题目命名, 也可以自行命名. 一般而言, 论文题目的命名应涵盖论文主要的研究内容和所使用的研究方法, 文字不宜过长, 尽量简短、精练, 一目了然.

摘要 摘要写作是整篇参赛论文的关键部分, 它应该保证阅读者仅仅通过阅读摘要就能大致判断或了解论文的成果水平, 即从摘要中能够大致判断出问题分析是否透彻, 作了哪些关键假设, 其合理程度如何, 建模方法与模型结构是否可信, 模型求解算法设计或软件使用是否可信, 结果是否可靠, 等等. 摘要中应简要叙述论文研究的内容或背景, 研究的目的, 从题目或其他渠道获得了哪些信息或数据, 针对所研究的问题做了哪些机理分析与数据观察, 得到了什么样的启示或模型结构猜想, 据此做出了哪些假设, 建立了什么样的模型, 求解模型的方法、算法或数学软件, 求解结果, 对结果做了哪些分析与验证, 验证结果评价, 结果应用于所研究问题的解答, 研究的特色等. 文字叙述应清晰、简明.

关键词 摘要最后一行为关键词, 一般为 3 到 5 个关键词. 关键词应选择与主要研究内容和研究方法有关的词汇, 如人口、增长率、微分方程等.

问题提出或重述 这是论文正文的第一个组成部分, 主要介绍论文所研究的问题、研究背景、研究目的、已知信息或条件等, 尽量用自己的语言择其要点叙述, 避免直接拷贝或照抄原题.

问题分析 通过仔细阅读题目和查阅文献资料, 了解问题的研究背景以及目前国内外关于该问题的研究现状、进展和主要研究结果, 观察、分析问题给出的信息, 找出与建模目的关联的所有可能因素, 分析各因素之间可能存在的关系或应满足的规律. 通过分析和合理性论证, 确定哪些因素是关键的, 哪些是次要的或者是可以忽略的. 根据分析结果, 初步确定模型的基本结构或建模方法.

基本假设 依据分析结果, 做出假设. 关键假设应给出合理性分析或论证.

模型建立 根据假设和模型结构, 采用符号记号的形式, 依据某种规律或建模方法, 用数学语言给出所研究问题的数学描述. 撰写这一部分时应注意: 数学模型不同于数学, 模型中每个符号、记号都有具体的、明确的含义和计量单位 (量纲), 应详加说明. 符号说明可以单独列出, 也可以在公式后加以注释说明; 同时特定的变量或符号应通篇保持一致, 不要前后各异, 以免造成前后混淆和阅读困难; 此外所建立的模型还应该遵从量纲的齐次性原则, 不同量纲的变量、函数或表达式不可加减; 最后, 模型的表达形式也应尽量具有一般性或可推广性.

参数识别与模型求解 根据所建立的模型形式和结构, 查阅相关数学分支理论, 确定求解模型的数学方法、算法或数学软件中求解此类问题的函数调用方法, 包括解析解的公式推导过程、数值计算解的算法步骤和计算机编程计算结果 (数据表、图形) 等. 如模型中包含未识别的参数或条件, 应根据问题已知的信息和模型结构, 给出模型参数的识别方法和识别结果, 在此基础上给出模型的最终求解结果. 注意: 论文正文中不要出现用于模型求解的计算机程序.

结果分析和检验 在求解结果应用之前, 应根据问题的需要, 对计算结果进行一些数学上的分析验证, 如误差分析、统计假设检验、模型中参数的稳定性或灵敏度分析等, 以验证模型的正确性和结果的可靠性. 如经过检验发现模型和结果不可靠, 应返回到模型假设上, 进一步修改、补充假设, 重新建模求解. 最后把求解结果应用到所研究的问题上, 回答或解释所研究的问题及研究的结论. 根据应用结果, 分析模型的优缺点, 以及可能的进一步改进的方向. 值得注意的是, 建模问题大多为工程或管理类实际问题, 模型的解应不仅仅满足可靠性, 同时还应具有可操作性, 即能够在实际问题中组织实施.

参考文献 文献引用是考察参赛学生科研素养与学风端正程度的重要依据之一. 所有在问题研究过程中参考过的文献资料, 尤其是在论文中提及或直接引用的资料或原始数据 (包括图书、期刊、网址等), 都应在文中相应位置注明出处, 并在参考文献中按引用次序逐一列出. 参考文献一般应列举参考序号、作者姓名、论文题目或出版物名称、出版日期、出版单位、参考页码. 参赛时, 一般会给出具体的参考文献引用规范, 应仔细阅读并严格按规范执行.

附录 附录是正文的补充, 一些比较重要, 但又不便放在正文中的内容都可以在附录中一一列出, 如主要源程序、更多的计算结果 (图形、表格) 等. 值得注意的是, 近年竞赛加强了论文的学风审核和程序验证, 其中程序的验证是一个重要组成部分. 一般而言, 过长的源程序不宜放在论文中, 可以作为论文的一个附件, 随论文电子版用压缩包的形式一起提交.

备注: 鉴于近几年竞赛题目一般有多个建模问题, 撰写论文时应根据实际问题作适度结构调整, 可以依建模问题次序按上述结构形式逐个解答, 也可以按上述结构分问题逐个叙述.

1.5.2　撰写建模竞赛论文应注意的事项

(1) 论文写作应与建模进度同步, 即应视为竞赛的一个同步过程, 尽早开始, 以免因时间限制, 最后无法完成, 或草草而就, 影响论文质量. 撰写论文不应等所有内容确定后再开始, 而是随时记录每一个研究过程, 如假设、符号、模型、分析计算图表等, 这样一旦所有研究过程完成, 论文写作也基本完成了, 只需最后再加以适度修改、完善即可.

(2) 文字编辑软件的选用: 撰写论文可以选用 Microsoft Office Word, WPS, OpenOffice 等文本编辑软件, 也可以使用数学论文专业编辑软件 CTeX 或 LaTeX. 提交的论文文件扩展名可以是 *.doc 格式或 *.pdf 格式.

(3) 数学符号、公式的输入: 利用 Microsoft Office Word 编辑论文时, 所有公式和数学符号应通过 Microsoft Office Word 公式编辑器完成, 一些特殊符号可通过插入菜单栏中 "符号" 和 "特殊符号" 子菜单协助完成.

(4) 论文写作规范是论文评审中的一个环节, 包括文字、论文格式、公式符号、图形表格、参考文献引用规范等. 文字规范是指论文用语应尽量使用科技语言, 避免口语化; 论文格式规范包括字形、字号、行间距、字间距、图形、表格排版规范等; 公式符号规范是指变量、常量、符号等规定及输入应尽量符合数学习惯, 避免随意; 图形、表格应该有编号、标题等, 避免出现 "上图" "下图" 或 "上表" "下表" 等表达方式. 此外运算结果应避免屏幕截图或软件截图图形, 直接叙述有关的结果即可; 参考文献规范包括文献引用及文献格式规范等.

1.6　理解数学问题

1.6.1　正问题与反问题

在我们接触的数学理论学习和训练过程中, 大家已经习惯于采用数学上的公理、定理去推导一个数学方程的解, 或者说已知模型的表达式, 以及模型里面的参数或系数的具体数值, 我们所做的就是找到求解的方法, 并想办法得到模型的解, 当然解的形式既可以是解析解也可以是数值解, 这一过程, 通常称为数学的**正问题**. 如线性代数中, 已知系数矩阵 A 和向量 b, 求 $Ax = b$ 的解 x; 最优化理论中已知决策变量所应满足的约束条件的具体表达式和目标函数方程, 求最优解和最优值; 微分方程理论中已知方程的具体形式和所满足的外部条件 (初始条件、边界条件等), 求微分方程的解等.

以市场采购为例. 若已知韭菜的单价为每斤 2.3 元, 某消费者买了 2 斤, 则需付费 4.6 元; 若把这一问题视为正问题, 则与之对应的反问题为: 已知韭菜的单价, 共买了 5 元钱的韭菜, 问买了多少斤? 或者某消费者买了 5 元钱的韭菜, 回家称重后知重量为 2.5 斤, 问韭菜的价格是多少? 显然这一问题是一个求反函数值的问题, 是一个原问题的反问题.

正问题与反问题是同一个问题的正、反两个方面, 如果把其中一个问题称为正问题, 自然另一个问题就是该问题的反问题, 比如我们如果把加法、乘法、函数、求导运算看做是一个正问题, 那么与之对应的减法、除法、反函数、积分运算就是它们对应的反问题.

从系统角度看, 如果把所研究的对象看做一个系统, 已知系统演变的原因和描述由原因演变为结果的模型及模型中的参数, 要求预测演变的最终结果, 即求出模型的解, 我们称此类问题为数学问题的正问题. 然而在实际问题中, 通常我们并不知道引起系统发生变化的原因和演变规律, 但是已知在演变过程中部分过去和现在的结果, 如人口统计、经济统计数据等, 也就是说我们事实上已经知道了部分系统演变的结果, 据此需要解决的问题是: 识别出引起系统演变的原因, 以及可以描述这种演变过程的模型和模型中的参数及外部条件. 这种根据系统部分已知的演变结果, 识别出引起系统演变的原因、演变模式和模式中的参数等问题, 就称为数学问题的反问题.

习惯上, 我们把已知模型形式及模型中的参数及边界条件或初始条件, 求该数学模型解的问题称为**正问题**; 而把已知部分问题的解, 进而识别模型的机理和模型形式, 以及模型参数和外部 (初始、边界) 条件的问题称为**反问题**.

在数学建模过程中, 正问题与反问题建模通常交互运用, 最终才会得到问题的确切模型. 就一般问题而言, 我们通常并不知道系统的演变规律到底服从哪类模式或规律, 也不知道系统的参数类型、个数和数值, 已知的只是过去的部分系统输入、输出结果. 因此首先要解决的是: 研究系统相关的因素, 并根据输入、输出结果, 寻求描述系统演变的可能的模型结构形式, 以及外部条件, 并给出模型的数学描述, 这一过程就是我们熟悉的数学建模过程, 称为**模式识别过程**; 然后再根据所确定的模型和已知的结果, 识别出满足已知结果要求的模型参数或外部条件, 这一过程称为**参数辨识**或**参数识别**. 模式识别与参数辨识均被视为该建模问题的反问题. 有了参数的识别结果和模型的具体表达形式, 再重新求解正问题, 即可最终得到问题的解.

综上所述, 实际问题的建模应该首先根据观测或实验资料, 识别模型的结构和表达形式, 即模式识别, 然后再根据已知的观测资料建立参数辨识模型, 识别出模型表达式中的参数值和外部条件, 最后才是模型的求解和模型应用.

正确识别系统的演变模式和参数其实是一件很困难的事, 其突出表现是模式的不确定性和参数的不唯一性. 为了方便理解, 我们以最简单的代数问题为例进行说明. 如已知 x, y, 求 $z = x + y$, 则这一过程可视为一个正问题; 而与之对应的反问题就是: 已知结果 z, 识别出导致这个结果产生的可能因素 x, y 和作用方式. 要达到这个目的, 需要解决两个问题: 一是模式的识别, 即找出这两个因素相互作用的模式 (加法、减法、乘法或除法, 抑或其他); 二是参数的识别, 在模式确定的情形下, 根据结果 z 识别出因素 x, y 的具体数值. 显然可能导致结果的模式有许多种可能, 即便是在模式确定的情况下, 因素 x, y 的可能结果也可能是不唯一的.

1.6.2 建模案例

例 1.8 精准射击问题

问题提出 在许多影视作品中, 我们经常看到炮击时为了精确击中目标, 需要测向员首先确定目标方位和距离, 然后指挥员下达调整方位坐标和发射角度 (炮口仰角) 指令, 最后射击员再进行射击. 现在已经知道要摧毁的目标, 假定炮口的方位正对目标, 请问指挥员应如何确定炮口的仰角?

问题分析 这是一个高中物理课程的抛射问题. 首先把火炮和炮击目标均看做是平面上的一个点, 以火炮所在的点为坐标原点, 以两点之间的连线作为 x 轴, 将炮弹的运动视为质点在空气中的抛射运动. 则问题等价于给定的一个质点以仰角 θ 从原点向 x 轴正方向发射. 若忽略空气阻力的影响, 则质点在空气中受两个因素影响: 一个是依靠惯性定律向前、向上运动, 一个是受地心引力影响作自由落体运动.

基本假设 假定发射时无风, 即忽略空气阻力影响.

模型建立 记炮弹发射的速度为 v, 发射仰角为 θ, 把速度分解为 x 轴方向的分量 v_x 和 y 轴方向的分量 v_y, 则它们之间满足:

$$v_x = v\cos\theta, \quad v_y = v\sin\theta.$$

在忽略空气阻力的情形下, 质点沿 x 轴正方向作匀速直线运动, 经过时间 t 后, 移动的位移为 $x = v_x t = v\cos\theta t$; 质点沿 y 轴正方向在惯性作用下作匀速直线运动, 同时受地心引力作用, 作自由落体运动, 在这两种作用下, 经过时间 t 后, 移动的位移为 $y = v_y t - \frac{1}{2}gt^2$, 其中 g 为重力加速. 于是, 经过时间 t 后, 质点的位置为

$$x(t) = v\cos\theta t, \quad y(t) = v\sin\theta t - \frac{1}{2}gt^2.$$

令 $y(t) = 0$, 可得炮弹落地时间 $\hat{t} = \dfrac{2v\sin\theta}{g}$, 代入 $x(t) = v\cos\theta t$ 可得射程

$$\hat{x} = v\cos\theta\frac{2v\sin\theta}{g} = \frac{v^2\sin 2\theta}{g}.$$

与之对应的反问题就是: 在炮弹出口速度一定的情形下, 已知目标离发射位置的距离, 即需要的射程 $\hat{x}$, 反过来确定模型参数, 即发射仰角 θ. 相应的模型描述为

$$
\begin{cases}
v\cos\theta \cdot t = \hat{x}, \\
v\sin\theta \cdot t - \dfrac{1}{2}gt^2 = 0.
\end{cases}
$$

联立两式, 消去中间变量 t 得

$$
\frac{v^2\sin 2\theta}{g} = \hat{x}
$$

或者

$$
\theta = \frac{1}{2}\arcsin\frac{g\hat{x}}{v^2}.
$$

即要准确地命中目标, 炮口的发射仰角应为 $\dfrac{1}{2}\arcsin\dfrac{g\hat{x}}{v^2}$.

例 1.9 美国人口预测预报问题

人口爆炸、资源短缺、环境污染、生态恶化被认为是 20 世纪以来, 人类社会面临的主要问题. 其中人口总量的爆炸式增长, 加剧了资源的需求, 导致对有限的土地、森林及矿物资源等的掠夺式开发利用, 而资源的开发与利用, 又导致了环境污染程度的日益加重, 因此可以说人口的快速发展是导致资源短缺和环境污染的主要诱因. 因此研究并预测人口的发展趋势, 对人口的管理与控制具有重要意义.

表 1.2 列出了美国从 1790 年到 2000 年的人口统计结果, 试通过建立数学模型描述美国人口的增长规律, 并据此预测美国人口总量在今后几年或几十年后的发展趋势.

表 1.2 美国人口统计结果

年份	1790	1800	1810	1820	1830	1840	1850	1860
实际人口/百万	3.9	5.3	7.2	9.6	12.9	17.1	23.2	31.4
年份	1870	1880	1890	1900	1910	1920	1930	1940
实际人口/百万	38.6	50.2	62.9	76.0	92.0	105.7	123.2	131.7
年份	1950	1960	1970	1980	1990	2000		
实际人口/百万	150.7	179.3	203.2	226.5	249.6	281.4		

问题分析与模式识别 美国人口的预测模式识别问题是一个典型的建模问题, 若把人口看做是一个封闭系统, 即不考虑系统的边界输入和输出, 单纯把人

口的变化视为内部机理作用的结果, 则问题的本质是根据已知系统过去的部分输入 (时间)、输出 (人口统计值) 结果, 来识别美国人口的变化规律或建立数学模型, 利用所建立的模型预测未来人口的数量. 已知的统计数据可视为模型的部分解, 则所建立模型的解应首先尽可能符合已知的结果.

为了识别美国人口发展所遵循的规律, 首先利用统计数据做出散点图. 在MATLAB 命令窗口中输入如下命令:

```
>> t=1790:10:2000;
>> t=t-1790;
>> y=[3.9 5.3 7.2 9.6 12.9 17.1 23.2 31.4 38.6 50.2 62.9 76 92 ...
       105.7 123.2 131.7 150.7 179.3 203.2 226.5 249.6 281.4];
>> plot(t,y,'*')
>> xlabel('t'), ylabel('US Population')
```

绘图结果见图 1.4 所示.

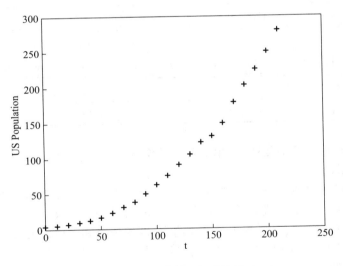

图 1.4　美国人口统计结果

观察图形变化特征可以看出, 总体上美国人口总数呈逐年递增趋势; 从曲线变化形态上看, 大致符合指数函数变化规律. 从曲线变化速率上看, 初期变化较缓, 从 1850 年起, 年增长率 (即几何意义上的曲线斜率, 或绝对增长速率) 开始变大, 但增幅变化不大.

若不考虑系统边界输入或输出, 则导致人口数量发生变化的根本原因是每年的新出生人口数量和死亡人口数量. 或者说, 人口的年绝对增长数量等于当年度出生人数减当年度死亡人数, 而当年度出生与死亡人数的大小与上一年度 (或当年年初) 人口基数即人口总量密切相关, 故习惯上把人口的相对增长速率视为人口增长率. 其定义为

人口增长率 ＝ 人口的年绝对增长数量 ÷ 上年度人口总量.

据此依据表 1.2 中的数据, 计算美国人口每十年的增长率, 统计结果见表 1.3 所示. 从表中可以看出, 早期的人口增长率相对较高, 后期则相对较低, 中期则呈下降趋势; 从变化幅度上看, 早期、后期的人口增长率变化相对比较平稳. 若把历年的人口增长率视为恒定常数, 则可建立美国人口预测预报问题的指数增长模型, 即通常所说的马尔萨斯 (Malthus, 1766—1834) 模型.

表 1.3　美国人口增长率统计计算结果

年份	1790	1800	1810	1820	1830	1840	1850	1860
增长率/(1·十年$^{-1}$)	0.359	0.358	0.333	0.344	0.326	0.357	0.353	0.229
年份	1870	1880	1890	1900	1910	1920	1930	1940
增长率/(1·十年$^{-1}$)	0.301	0.253	0.208	0.211	0.148	0.166	0.069	0.144
年份	1950	1960	1970	1980	1990	2000		
增长率/(1·十年$^{-1}$)	0.190	0.133	0.115	0.102	0.127			

模型 I: 指数增长模型 (马尔萨斯人口模型)
基本假设

(1) 人口总量本身是一个整数函数, 鉴于小数部分对计算结果基本无影响, 因此可以假定美国人口总量是一个连续变化、可导的实函数.

(2) 人口增长率 (人口的相对增长速率, 即单位时间内单位人口的增长数量) 是常数, 或者说单位时间内人口的增长量与当时的人口成正比.

建立模型　记 $N(t)$ 为第 t 年的美国人口总数 (单位: 百万); r 为人口增长率, 是定常数; $N(0) = N_0$ 为初始时刻 $t = 0$ 时的人口数 (单位: 百万).

以 Δt 为一个时间单元, 研究从 t 到 $t + \Delta t$ 时段内美国人口的变化情况. 由记号可知, t 时刻人口的数量为 $N(t)$, 则 $t + \Delta t$ 时刻的人口数量为 $N(t + \Delta t)$, 从而从 t 到 $t + \Delta t$ 时段内美国人口的净增加量 $\Delta N(t)$ 为

$$\Delta N(t) = N(t + \Delta t) - N(t).$$

由基本假设 (2), 有

$$\frac{\Delta N}{\Delta t} = \frac{N(t+\Delta t)-N(t)}{\Delta t} = rN(t) \tag{1.10}$$

或

$$N(t+\Delta t) = (1+r\Delta t)N(t). \tag{1.11}$$

由基本假设 (1), $N(t)$ 是一个连续、可导的实函数. 则由 (1.10), 令 $\Delta t \to 0$, 两端取极限得

$$\frac{\mathrm{d}N(t)}{\mathrm{d}t} = rN(t), \quad t>0. \tag{1.12}$$

方程 (1.12) 是根据前述分析和基本假设识别出来的一个模型.

边界条件与初始条件的识别: 显然若把人口问题视为一个封闭系统, 则无需识别系统边界条件影响; 但为求得微分方程 (1.12) 的定解, 需要给出系统初始状态的值, 即 $t=0$ 时的初始条件, 不妨记为

$$N(0) = N_0. \tag{1.13}$$

利用已知数据识别出系统所遵循的数学模型和条件, 此过程即为模式识别过程, 可视为该人口预报问题的反问题.

模型求解 假定模型中的参数 r 和初始条件 N_0 均已知, 利用高等数学中学过的分离变量法可求得模型 (1.12)、(1.13) 的解析解.

首先将 (1.12) 重写为

$$\frac{1}{N}\mathrm{d}N = r\mathrm{d}t, \tag{1.14}$$

然后两端分别求不定积分:

$$\int \frac{1}{N}\mathrm{d}N = \int r\mathrm{d}t,$$

得

$$\ln N = rt + C, \tag{1.15}$$

其中 C 为待定常数. 进一步地, 化简得

$$N = \mathrm{e}^{rt+C} = \mathrm{e}^C \mathrm{e}^{rt} = C_1 \mathrm{e}^{rt}. \tag{1.16}$$

式中由于 C 为待定常数, 故 $C_1 = \mathrm{e}^C$ 亦为待定常数. 由初始条件 (1.13), 在上式中令 $t=0$ 得 $C_1 = N_0$, 从而线性常微分方程初值问题 (1.12) 和 (1.13) 的解析解为

$$N(t) = N_0 \mathrm{e}^{rt}. \tag{1.17}$$

这一过程可视为人口预报问题的正问题, 即假定参数及初始条件已知, 求解数学模型. 但此时由于模型中含有两个未知参数 N_0 和 r, 要定量回答未来美国人口的发展状况, 仍然是不可能的. 解决这一问题的关键就是识别模型的参数值.

模型中参数和初始条件的估计 —— 参数辨识　要利用 (1.17) 预测任意时刻美国人口的总量, 需要首先确定模型中参数 N_0 和 r 的具体值. 这一过程就是反问题中模型参数的辨识问题. 其基本思想是: 参数取值的结果应使模型在已知观测点的计算解与已知的观测结果 (即模型的实际解) 尽可能吻合.

若记 $\boldsymbol{x}$ 为自变量向量, $\theta_1, \cdots, \theta_m$ 为待识别的参数, m 为整数; $L(\boldsymbol{x}; \theta_1, \cdots, \theta_m)$ 为模型的解; L_i 为在观测点 $\boldsymbol{x}_i$ 处系统状态的实际观测值 (真实值), $L(\boldsymbol{x}_i; \theta_1, \cdots, \theta_m)$ 为模型在观测点 $\boldsymbol{x}_i$ 处的计算值, $i = 1, 2, \cdots, N$; N 为观测点个数; 则基于最小二乘方法的参数辨识模型可描述为[①]

求最优参数值 $\hat{\theta}_1, \cdots, \hat{\theta}_m$, 使

$$\min \sum_{i=1}^{N} \varepsilon_i [L_i - L(\boldsymbol{x}_i; \theta_1, \cdots, \theta_m)]^2$$

达到极小值. 式中 ε_i 是对应于第 i 次观测的权值, 满足 $\sum_{i=1}^{N} \varepsilon_i = 1$.

参数的最小二乘识别模型是一个非线性最优化问题, 求解方法可参见本书相关章节. 鉴于式 (1.17) 中模型的解析解表达式关于参数 N_0 和 r 是非线性的, 为简便起见, 两边取对数得

$$\ln N(t) = \ln N_0 + rt.$$

由此很容易想到以 $\ln N(t)$ 为因变量, 以时间 t 为自变量, 采用线性回归或最小二乘线性多项式拟合方法进行估计. 编制 MATLAB 程序如下:

```
>>t=1790:10:2000;
>>y=[3.9 5.3 7.2 9.6 12.9 17.1 23.2 31.4 38.6 50.2 62.9 76 92 ...
    105.7 123.2 131.7 150.7 179.3 203.2 226.5 249.6 281.4];
>>t=t-1790; %初始化统计年份
>>Y=log(y); %求因变量(美国人口)y的对数
>>a=polyfit(t,Y,1); %线性最小二乘拟合方法求Y=a(1)t+a(2)中的系数
>>r=a(1);
>>N0=exp(a(2));%计算人口初始值
```

---

① 基于数据拟合的最小二乘方法相关理论、数学实验方法等内容详见第四章.

```
>>r,NO %输出参数拟合结果
>>P=NO.*exp(r*t); %利用指数增长模型计算美国人口的预测值
>>P %输出人口的模型预测结果
>>plot(t,y,'+k',t,P,'-k') %作图显示统计与预测结果对比效果
>>legend('Monitoring','Predicted')
>>xlabel('t'),ylabel('US Population')
```
模型参数估计结果为

$$r = 0.0202 \,(1/年), \quad N_0 = 6.0450 \,(百万).$$

参数的最小二乘求解过程是一个反复利用正问题的解的过程, 即给出一个参数向量的猜测值, 求解正问题, 给出模型解或计算解, 然后计算目标函数值的大小, 据此猜测下一步参数修正或探索寻优的方向和步长, 最终使得最小二乘目标函数达到极小. 显然, 模型参数的辨识是一个反复求解正问题和反问题的过程.

结果分析与评价 利用所求得的参数值, 代入式 (1.17), 可得任意时刻人口的预测值, 预测结果分别见图 1.5 (图中 "+" 号表示实际统计数据, 实线表示预测结果) 和表 1.4 中第 3 列.

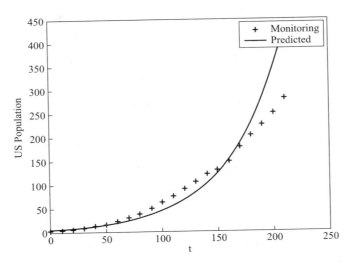

图 1.5 指数增长模型预测结果

单纯从图 1.5 和表 1.4 中预测情况来看, 初期预测结果与实际统计值的拟合程度较高, 但后期偏离较大, 可靠性呈现越来越差的趋势. 为了精确度量误差的大小, 通常采用绝对误差或相对误差两种方法进行度量.

表 1.4 美国 1790—2000 年的人口统计结果与模型预测结果

年	统计人口 y/百万	指数增长模型		阻滞增长模型	
		预测值 y^*/百万	相对误差	预测值 y^*/百万	相对误差
1790	3.9	6.0450	0.5500	3.9000	0.0000
1800	5.3	7.3996	0.3961	5.3704	0.0133
1810	7.2	9.0577	0.2580	7.3811	0.0252
1820	9.6	11.0874	0.1549	10.1182	0.0540
1830	12.9	13.5719	0.0521	13.8215	0.0714
1840	17.1	16.6131	−0.0285	18.7906	0.0989
1850	23.2	20.3359	−0.1235	25.3845	0.0942
1860	31.4	24.8928	−0.2072	34.0068	0.0830
1870	38.6	30.4709	−0.2106	45.0672	0.1675
1880	50.2	37.2990	−0.2570	58.9109	0.1735
1890	62.9	45.6571	−0.2741	75.7157	0.2037
1900	76.0	55.8882	−0.2646	95.3727	0.2549
1910	92.0	68.4119	−0.2564	117.3933	0.2760
1920	105.7	83.7420	−0.2077	140.8985	0.3330
1930	123.2	102.5072	−0.1680	164.7299	0.3371
1940	131.7	125.4775	−0.0472	187.6637	0.4249
1950	150.7	153.5951	0.0192	208.6522	0.3846
1960	179.3	188.0134	0.0486	226.9952	0.2660
1970	203.2	230.1444	0.1326	242.3917	0.1929
1980	226.5	281.7162	0.2438	254.8828	0.1253
1990	249.6	344.8445	0.3816	264.7400	0.0607
2000	281.4	422.1188	0.5001	272.3502	−0.0322
2010					

(1) **绝对误差** 定义为预测值 (即计算值) 与真实值之差, 它衡量预测值偏离真实值的方向与大小. 若定义 y 表示真实值, y^* 表示预测值, e 表示绝对误差, 则绝对误差的计算公式为

$$e = y^* - y.$$

误差有正有负, 若误差 e 为正, 则表示计算值较真实值偏大, 反之则表示较真实值偏小. 而 e 的绝对值 $|e|$ 的大小表示计算值偏离真实值的程度.

(2) **相对误差** 定义为绝对误差与真实值的比值, 计算公式为

$$相对误差 = \frac{y^* - y}{y}.$$

利用指数增长模型预测美国人口的变化状况, 其预测结果与真实值比较, 相对误差 (见表 1.4 第 4 列所示) 在 $1\% \sim 55\%$ 之间, 预测模型明显不可靠. 且随着时间的推移, 预测值与实际观测值的偏差越来越大, 尤其是当 $t \to +\infty$ 时, 由 (1.17) 可知, $N(t) \to +\infty$, 这显然是不可能的. 也就是说模型的识别结果与实际问题相比较, 存在严重不合理的现象, 即模型识别的结果不可靠, 应重新修订模型.

这一结果给我们一个启示和事实, 即数学建模并不是一帆风顺的, 需要不断重复前述过程并获得经过实践验证的结果.

模型 II: 模型的修正 —— 阻滞增长模型 (逻辑斯谛模型)

人口增长率等于出生率减死亡率, 而出生率和死亡率受诸多因素影响, 如经济收入、资源供给、环境污染、战争、传染病、医疗科技、文化甚至宗教等. 通常认为经济增长、资源短缺、环境污染等对人口持续增长会产生越来越明显的阻滞作用.

从美国长期人口统计数据来看, 初期人口较少时, 增长相对较快, 但当人口总量达到一定规模后, 相对增长速度就会逐渐慢下来, 即增长率逐渐变小, 是一个随时间下降的减函数. 为此有必要对模型作进一步修正, 或者说应修正人口增长率是定常数的假设.

基本假设

(1) 人口增长率 r 为人口总量 $N(t)$ (单位: 百万) 的减函数 $r(N(t))$. 为简化计算起见, 假定 $r(N(t))$ 是 $N(t)$ 的线性递减函数:

$$r(N(t)) = r_0 - sN(t), \quad r_0, s > 0, \tag{1.18}$$

其中 r_0 为常数, 称为**固有增长率**, s 为**阻滞增长系数**.

(2) 在自然资源和环境条件约束下, 可容纳的年最大人口数量为 N_m 百万.

建立模型 为了理解参数 s 的实际含义, 我们注意到: 当 $N = N_m$, 即人口总量达到最大容量时, 人口增长率应为 0, 即 $r(N_m) = r_0 - sN_m = 0$, 于是得到 $s = \frac{r_0}{N_m}$, 代入 (1.18) 得

$$r(N(t)) = r_0 \left(1 - \frac{N}{N_m}\right). \tag{1.19}$$

将上式代入原微分方程 (1.12), 可得模型的修正形式

$$\begin{cases} \dfrac{\mathrm{d}N}{\mathrm{d}t} = r_0 \left(1 - \dfrac{N}{N_{\mathrm{m}}}\right) N, \\ N(0) = N_0. \end{cases} \tag{1.20}$$

模型求解 仍然采用分离变量法求解此常微分方程初值问题, 得模型的解析解表达式

$$N(t) = \frac{N_{\mathrm{m}}}{1 + \left(\dfrac{N_{\mathrm{m}}}{N_0} - 1\right) \mathrm{e}^{-r_0 t}}. \tag{1.21}$$

参数辨识 为简化模型参数的估计方法, 将 (1.20) 中的微分方程改写为

$$\frac{\mathrm{d}N}{N\mathrm{d}t} = r_0 \left(1 - \frac{N}{N_{\mathrm{m}}}\right) = a + bN, \tag{1.22}$$

其中 $a = r_0$, $b = -\dfrac{r_0}{N_{\mathrm{m}}}$. 若把上式左端看做是因变量, N 视作自变量, 则上式即为关于自变量 N 的线性方程.

用数值微分方法近似计算公式 (1.22) 的左端项, 即

$$\frac{\mathrm{d}N}{N\mathrm{d}t} \approx \frac{N(t + \Delta t) - N(t)}{N(t)\Delta t}.$$

利用最小二乘方法, 仍采用表 1.2 中的数据, 用 MATLAB 编程 (具体程序略) 计算得到参数 a, b 的估计值, 进而由 $r_0 = a, N_{\mathrm{m}} = -\dfrac{a}{b}$ 得出模型的参数估计结果: $r_0 = 0.0325$ (1/年), $N_{\mathrm{m}} = 294.386$ (百万). 将它们代入 (1.21) 式, 以 1790 年作为起始年, 即取 $N_0 = 3.9$ 百万, 计算得到各年度美国人口的预测结果, 见表 1.4 第 5 列和图 1.6.

结果分析 为了观察人口增长速度与人口基数的关联关系, 利用本例中的数据画出 $\dfrac{\mathrm{d}N}{\mathrm{d}t} \sim N(t)$ 曲线图, 见图 1.7 所示. 由图 1.7 可以看出人口增长速度随人口基数的变化规律: 初始时, 人口增速较快, 随着人口基数的逐步增大而增大; 当人口基数达到最大人口容量的一半 ($N_{\mathrm{m}}/2$) 时, 人口增速达到顶峰, 然后开始逐步放缓; 当人口基数达到最大容量时, 人口增速为零, 即不再增长, 此时即意味着人口的死亡率与出生率相等, 人口总量维持一个均衡不变的状态.

根据模型参数求解结果, 预测若干年后人口总量, 并做出 $N \sim t$ 变化曲线, 见图 1.8 所示. 由图可看出人口数随时间的变化规律呈 S 型曲线.

事实上, 这一修正结果仍然是一个不太完美的结果, 即仍有许多可以改进的地方. 其一, 观测数据中有个别数据异常, 其原因并未得到重视和分析; 其二, 人

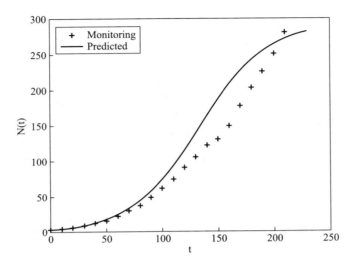

图 1.6　阻滞增长模型预测结果

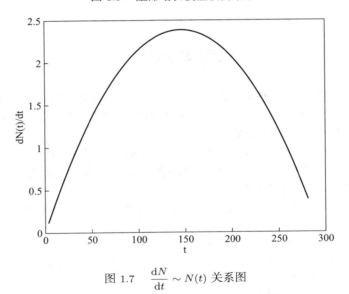

图 1.7　$\dfrac{\mathrm{d}N}{\mathrm{d}t} \sim N(t)$ 关系图

口统计时段包含了美国南北战争、第一次和第二次世界大战, 战争对人口的冲击作用和美国移民政策等对模型的识别和参数估计均会产生影响; 其三, 初始点的选择与初始值的确定, 对模型结果也会产生重要作用.

从以上建模过程可以看出, 在一个完整的数学建模过程中, 正问题与反问题的建模与求解通常是交织在一起的, 很难将它们各自孤立起来.

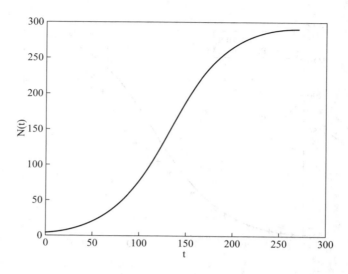

图 1.8 阻滞增长预测模型变化趋势示意图

思考与练习一

1. 有人说 "所有的数学模型都是错的, 但绝大部分是有用的", 你如何理解这句话?

2. 模型假设是建立数学模型的前提, 以自由落体和胡克定律为例, 谈谈模型中做了哪些基本假设以及这些假设成立的前提.

3. 实验是探究自然科学规律的重要手段, 也是探究自然界中量的存在及量与量之间关系的重要方法, 利用实验数据建立经验模型或机理模型是常用的方法. 以欧姆定律为例, 请你设计一个实验验证方案, 验证其正确性?

4. 中学物理中学过许多定律, 请回顾一下, 哪些属于比例模型? 如果要验证这些模型, 应该如何设计你的实验?

5. 针对本章建模案例中的美国人口预测问题, 请思考:

(1) 在马尔萨斯模型中把 r, N_0 均作为未知参数进行了识别, 如假定 $N_0 = 3.9$ 为已知值, 应该如何估计未知参数 r;

(2) 如考虑近期人口决定未来预测结果, 可以考虑采用近 100 年的人口数据进行参数估计, 参数估计结果会有所不同, 请用 MATLAB 编程并求出参数估计的结果, 作图比较结果的可信性.

6. 某学生家长为子女准备了 1 万元婚嫁基金, 准备存放在银行, 假定只考虑定期储蓄, 设定总存期为 10 年.

(1) 请调查目前银行定期储蓄利率情况;

(2) 给出可能的储蓄组合方案;

(3) 试通过建立模型计算并比较各种组合方案的本息, 确定最佳储蓄方案.

7. 将一个温度为 150 °C 的物体放在温度为 24 °C 的空气中冷却, 10 分钟后物体的温度下降为 100 °C. 问 20 分钟后, 物体的温度是多少?

第二章　MATLAB 快速入门

在日常生活与科学研究中, 人们会遇到各种各样的数学问题, 如储蓄、贷款、保险、选举、体育比赛赛程设计、商场购物、手机套餐、产品设计与制造、地震、气象、环境污染、隧道施工、采矿等, 对这些问题的解决, 研究者常常采用数学建模的方法建立起相关问题的数学模型, 然后通过求解数学模型获得所研究问题的解决方案.

求解数学模型, 我们习惯上采用数学理论推导或计算的方法, 这也是大学数学课程体系所传授的主要内容, 所得结果称之为理论解或 "解析解". 但在实际问题中, 并不是所有的数学问题都可以借助于理论推导或手工计算求解, 尤其是大型的科学与工程计算问题, 如飞机的外形设计、地质勘探、地震的预测预报、气象预报等, 这时就需要借助于计算机来完成相应的任务.

数字计算机的发明始于 20 世纪 40 年代, 它的出现与进步, 推动了数值计算技术的研究与发展. 早期的数值计算软件包, 如基于求解矩阵特征值的软件包 EISPACK 和求解线性代数问题的专用软件包 LINPACK, 英国牛津 NAG 公司开发的 NAG 软件包等, 这些软件包大多是求解专门数学问题的子程序集合, 其源程序代码主要使用 C、Fortran 或 Pascal 等编程语言编写而成, 但如何才能正确调用这些子程序却并不容易, 要找到适合的子程序并正确调用, 需要阅读大量的资料, 这对一般用户而言其困难程度可想而知. 如何发展更加高效、稳定、可靠而便于用户使用的数学软件包, 就自然成为数值计算软件包的发展方向.

大学中的许多课程, 如固体力学、弹性力学、流体力学、材料力学、电子技术、自动控制等, 在介绍模型时通常采用简单的、理想的例子, 回避了高阶、多维等复杂问题的模型, 这主要是由于当时的计算机性能和数值计算技术尚不足以支持此类问题的解决, 而仅靠理论推导或手工计算, 无疑是天方夜谭. 利用计算机求解有两种方式: 其一是借助于成熟的求解各类数学专门问题的数值计算算法, 如微分方程、数理统计、代数等, 利用计算机编程的方法求解, 或者寻求专用程序软件包通过调用标准子程序求解; 其二是利用专门的计算机数学语言来求解, 这类语言包括 MATLAB、Maple、Mathematica、Scilab 等, 我们习惯称这类计算机语言为 "数学软件". 顾名思义, 数学软件是指具备数值计算、工程计算、统计计算、图形制作与可视化等功能的可编程的专业软件, 它不仅能求解数值计算的问题, 而且还具备数学公式推导 (即 "符号运算") 和数据可视化功能. 常见的数学软件包括通用数学软件 (如 MATLAB、Maple、Mathematica、Mathcad、Scilab(共享软件), SAGE 等)、专业数学软件 (如专门求解运筹与优化的 Lingo 或 Lindo 软件, 专门求解概率统计问题的统计软件如 SAS、Splus、SPSS、R、Minitab 等, 科学工程计算软件 Ansys(有限元) 等). 利用计算机采用数值计算方法所得到的解称为 "数值解", 是基于一系列离散时间或空间点上的数值.

通常来说, 对数学问题的求解, 数学家区别于科学与工程技术人员, 前者多关注该数学问题解的存在性、唯一性、渐近性和解的解析表达形式, 后者则对如何得到该问题的解更关心, 至于解的表达形式则无关紧要. 而在现实中, 毕业后能够依然记得并能熟练运用数学方法进行推导计算的学生寥寥无几, 然而在工作、学习与研究过程中遇到的数学问题却是五花八门. 鉴于计算机存储、运算性能日益提高, 价格日趋低廉, 不仅在工作场所普遍配置计算机, 而且拥有个人笔记本电脑也在呈普及之趋势. 显然如能熟练运用计算机的某种语言或软件, 快速准确地得到相关数学问题的解, 无疑是给自己插上了飞翔的翅膀.

鉴于数学软件在求解数学问题的高效性、可靠性和简易性等优点, 因此在科技工程领域得到了广泛的应用. 随着大学生数学建模竞赛影响力的提高, 利用数学软件求解数学模型得到了广泛的认可, 由此也推动了大学数学课程教学体系的改革. 利用理论推导和计算机的符号运算交互验证, 有助于学生发现理论学习的问题; 利用数学软件的可视化功能可增加对数学理论的直观观察和想象空间, 有助于提高学生的理解和领悟能力; 利用数学软件的科学计算功能, 有助于实现模型的快速求解.

本章所有内容, 均以 MATLAB2013a 为例, 不同版本在安装方式和窗口桌面、菜单设计上有所区别, 但基本功能差异不大.

2.1　MATLAB 概述

MATLAB 是由美国 The MathWorks 公司开发的集**数值计算**、**符号计算**和**图形可视化**三大基本功能于一体的, 功能强大、操作简单的数学软件, 是国际公认的优秀数学应用软件之一.

2.1.1　MATLAB 简介

MATLAB 是 MATrix LABoratory 的缩写, 意即 "矩阵实验室". 它是由美国新墨西哥大学计算机科学系教授 Cleve Moler 与 Jack Little 等人以矩阵特征值计算软件包 EISPACK 和线性代数计算软件包 LINPACK 中的子程序为基础, 利用 C 语言开发的交互式计算语言. 该语言于 1980 年首次推出免费版本, 该版本一经推出, 就受到了众多科技工作者的高度关注, 于是 Moler 及其研究团队于 1984 年注册成立了 The MathWorks 公司, 进入商业化运作阶段, 开始专注于该语言的开发和利用, 以及 MATLAB 专门工具箱等的开发与设计. 经过众多优秀学者和工程师的努力, MATLAB 语言得到了持续快速的发展, 版本不断更新, 并诞生了越来越多的专门工具箱, 如统计工具箱 (Statistics Toolbox)、优化工具箱 (Optimization Toolbox)、样条工具箱 (Spline Toolbox))、拟合工具箱 (Curve Fitting Toolbox)、偏微方程工具箱 (Partial Differential Equation Toolbox)、图像处理工具箱 (Image Processing Toolbox)、神经网络工具箱 (Neural Network Toolbox)、小波工具箱 (Wavelet Toolbox) 等, 其应用领域越来越广, 功能越来越强大. 已经发展成为适合多学科的大型商业软件.

目前在世界各高校, MATLAB 已经成为线性代数、数值分析、数理统计、运筹学、自动控制、数字信号处理、动态系统仿真等高级课程的基本教学工具软件. 特别是最近几年, MATLAB 在我国大学生数学建模竞赛中得到了广泛的应用, 为参赛者在有限的时间内准确、有效地解决问题提供了有力的保证.

MATLAB 系统由两部分组成, 即 MATLAB **内核**及**辅助工具箱**. 二者的调用构成了 MATLAB 的强大功能.

顾名思义, MATLAB 语言的设计是以矩阵代数运算为核心的, 它以**数组** (即向量) 为基本数据单位, 包括控制流语句、函数、数据结构、输入输出及面向对象等特点, 其主要优点体现在如下几个方面:

(1) 集成度高, 语言简洁, 运算符和库函数丰富. 大量的用于求解各类数学问题的专门算法, 以标准库函数的形式出现, 用户仅需调用简单的函数或工具箱指令, 或者进行简单的编程, 就可以方便地求解复杂的数学问题.

(2) 编程效率高, 可靠性强, 易于维护. 既有高级语言所具有的结构化控制语句, 如 for 循环、while 循环、break 语句、if 条件控制语句和 switch 语句, 又有面向对象的编程特性. 交互式的程序开发环境, 可以使得用户方便地进行程序开发与调试.

(3) 可视化程度高. MATLAB 图形功能十分强大, 它既包括对二维和三维数据的可视化, 也包括图像处理、动画制作等高层次的绘图命令, 同时也包括可以用于交互式生成、编辑图形的图形界面.

(4) 功能强大的工具箱. 工具箱可分为功能性工具箱和学科性工具箱. 功能性工具箱主要用来扩充其符号计算功能、图形建模仿真功能、文字处理功能以及与硬件实时交互的功能; 而学科性工具箱是专业性比较强的专用工具箱, 如优化工具箱、统计工具箱、控制工具箱、小波工具箱、图像处理工具箱、通信工具箱等, 这些工具箱由相关专业领域的数学家和软件工程师共同编写, 可信程度高. 而且随着 MATLAB 的日益普及, 陆续出现了其他科学与工程领域的专用工具箱, 这极大地促进了 MATLAB 在其他诸多领域的应用.

(5) 强大的动态系统仿真功能. Simulink 提供的面向框图的仿真及概念性仿真功能, 使得用户很容易建立复杂系统模型, 准确地对其进行仿真分析. 其概念性仿真模块集允许用户在一个框架下对含有控制环节、机械环节和电子、电机环节的机电一体化系统进行建模与仿真, 这是目前其他计算机语言无法做到的.

(6) 易于扩充. 除内部函数外, 所有 MATLAB 的核心文件和工具箱文件都是可读可改的源文件, 用户可修改源文件和加入自己的文件, 它们可以与库函数一样被调用.

(7) 提供各种应用程序的接口. MATLAB 配备专门的应用程序接口 (API), 方便与用户编写的 C 或 Fortran 程序与 MATLAB 进行交互调用, 同时亦可方便地读取 txt 文件或 Excel 电子表格中的数据.

(8) 无需定义数据类型和计算精度, 系统会根据赋值, 自动识别变量的数据类型, 并默认以双精度数组形式存储, 无需用户进行数据类型声明和转换.

2.1.2 MATLAB 的安装与启动

1. MATLAB 的安装

MATLAB 的安装和其他应用软件类似, 按照安装向导或提示进行安装即可. 需要注意的是, 新版本的 MATLAB 增加了软件激活操作. 激活方式可根据需要, 选择在线激活或离线激活.

2. MATLAB 的启动和退出

启动: MATLAB 的启动有多种方式, 最直接的方式就是双击桌面的 MATLAB 快捷图标. 启动 MATLAB 后, 将打开一个 MATLAB 的欢迎界面, 随后打开 MATLAB 的桌面系统 (Desktop), 如图 2.1 所示.

退出: 退出 MATLAB 很简单, 常用的有如下方法:

(1) 在命令窗口中的命令提示符 ">>" 后输入 quit 或 exit, 或直接按快捷键 "Ctrl+Q".

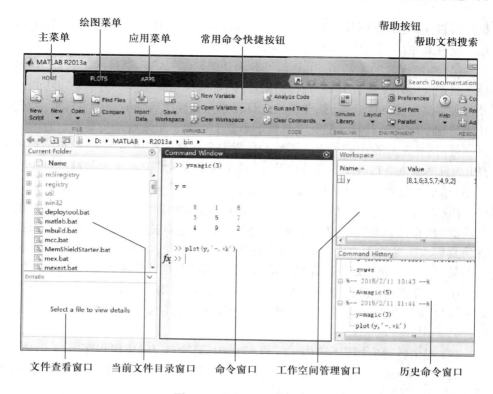

图 2.1　MATLAB 桌面窗口

(2) 点击 MATLAB 主窗口右上角图标 "×".

2.1.3　MATLAB 桌面环境简介

　　MATLAB 为用户提供了方便友好的用户界面, 包括菜单栏、工具栏、常用快捷工具按钮和众多交互性强的窗口, 详见图 2.1 所示.

1. MATLAB 主菜单

　　MATLAB2013 版开始采用了全新的菜单设计风格, 包括: HOME, PLOTS, APPS 三个主要功能菜单, 以及进行保存、操作、复制、粘贴、帮助等常用操作悬浮工作条. 每个菜单项下以桌面按钮或下拉菜单形式给出了用户常用的操作, 其中 "HOME" 菜单主要包括文件的创建、打开、查找、数据导入、工作空间内存变量的管理与保存、系统仿真等工具按钮; "PLOTS" 菜单为专用图形绘制菜单, 包括各种常用的二维、三维图形的绘制, 用户可以通过双击工作空间中保存的内存变量, 选定部分或全部值进行交互式绘图; "APPS" 菜单列出了常用的应用功能或工具箱, 如曲线拟合、最优化、符号计算、信号控制、图像处理等.

2. 命令窗口

命令窗口 (Command Window) 是对 MATLAB 进行操作的主要载体. 一般来说, MATLAB 的所有函数和命令都可以在命令窗口中执行. 在 MATLAB 命令窗口中, 命令的实现不仅可以由菜单操作来实现, 也可以由命令行操作来执行. 利用命令窗口可以保存计算结果, 但不能保存命令. 如果要保存命令, 则需要使用编辑窗口创建 M 文件, 创建方法将在后面相关章节中加以介绍.

(1) MATLAB 命令操作: 掌握 MATLAB 命令行操作是走入 MATLAB 世界最直接和最简单的方式. 命令行操作实现了对程序设计而言简单而又重要的人机交互. 通过对命令行操作, 避免了编程序的麻烦, 体现了 MATLAB 所特有的灵活性.

例 2.1 求 $\sin\left(\dfrac{\pi}{5}\right)$ 的值.

在 MATLAB 命令提示符 ">>" 下, 输入如下代码:

```
>> sin (pi/5)
```

按回车键后, 显示

```
ans=

      0.5878
```

此例中, ">>" 为 MATLAB 命令提示符, 提示用户系统已经做好准备, 等待用户输入指令. "ans" 为默认变量名, 为单词 "answer" 的缩写形式, 所有表达式的计算结果如未经命名, 均默认为 "ans". 计算完成后, 会再次显示命令提示符, 表明可以进行下一次计算了.

由上例可以看出, 为求得表达式的值, 只需按照 MATLAB 语言规则, 在 ">>" 命令提示符下直接将表达式输入即可, 结果会自动返回, 而不必像其他程序设计语言那样, 编制冗长的程序来执行.

若表达式过于复杂, 在一行之内无法写完, 可以换行继续输入, 此时需要使用续行符 "...", 否则 MATLAB 将只计算一行的值, 而不理会该行是否已输入完毕.

例 2.2 计算 $\displaystyle\sum_{k=1}^{9}\sin\left(\dfrac{k}{9}\pi\right)$.

在 MATLAB 中执行如下命令:

```
>> sin(1*pi/9)+sin(2*pi/9)+sin(3*pi/9)+...
   sin(4*pi/9)+sin(5*pi/9)+sin(6*pi/9)+...
   sin(7*pi/9)+sin(8*pi/9)+sin(9*pi/9)
ans =

      5.6713
```

注释:

① MATLAB 每行输入结束后需按回车键才可以执行. 若 MATLAB 命令后为逗号或无标点符号, 则在屏幕上直接显示命令的执行结果; 若命令后为分号, 则禁止显示结果, 用分号抑制不必要的结果输出, 可以极大地提高编程或计算效率.

② "%" 后面所有文字为注释.

③ "..." 表示续行, 使用续行符之后 MATLAB 会自动将前一行保留而不加以计算, 并与下一行衔接, 等待完整输入后再计算整个输入的结果.

④ 在 MATLAB 命令输入操作过程中, 可以使用键盘上的箭头按钮简化操作, 如: "↑" 可用于调出前一个命令行, "↓" 可调出后一个命令行. 由此可极大地提升编程的效率, 避免了重新输入的麻烦.

⑤ 若命令窗口内容过多, 希望恢复初始状态, 则可以输入 "clc" 命令, 清除当前窗口内容.

(2) MATLAB 输入显示方式: 与大多数编程语言不同, 在 MATLAB 命令窗口中输入数据、字符, 系统会自动以醒目的颜色显示.

① 当输入 if, for, end 等控制结构的 MATLAB 关键字时, 系统会采用蓝色字体显示.

② 对输入的非控制命令或数据, 系统默认采用黑色字体显示.

③ 对输入的字符串, 系统会显示为紫色字体.

(3) 运算结果的显示: 如不指定输出格式, 系统会默认输出结果以 5 位有效数字形式显示, 但这并不意味着计算精度只有 5 位有效数字. 事实上, MATLAB 的数值数据通常采用 "占用 64 位内存的双精度" 表示, 以 16 位十进制有效数字的双精度运算格式进行运算和输出. 如用户希望显示更多的数据信息, 可根据需要选择相应的数据显示格式. 常用的数据显示格式及其含义见表 2.1 所示.

表 2.1　数据显示格式控制命令

格式命令	含义	举例说明
format 或 format short	默认格式. 小数点后 4 位, 最多不超过 7 位	314.159 显示为 314.1590
format long	小数点后 15 位有效数字	3.141592653589793
format short e	5 位科学计数表示	3.1416e+00
format long e	15 位科学计数表示	3.14159265358979e+00

(4) 常用标点符号及其含义: 标点符号的使用在 MATLAB 编程和命令操作中十分重要. 常用标点符号及其在 MATLAB 中的意义见表 2.2 所示.

表 2.2   MATLAB 常用标点符号及其含义

名称	符号	含义	名称	符号	含义
分号	;	区分行或取消运行结果显示	点	.	小数点或域访问符
逗号	,	区分列或函数参数分割符	续行号	...	续行符
圆括号	( )	指定运算过程的优先次序	注释号	%	注释标识符
方括号	[ ]	矩阵定义标识符	惊叹号	!	调用操作系统运算
花括号	{ }	单元数组的构成	赋值号	=	赋值符
冒号	:	用途较多	单引号	' '	字符串标识符
空格		用于输入量或数组元素之间的分割		@	函数句柄

(5) 常用操作命令: 熟练掌握 MATLAB 的操作命令对有效使用 MATLAB 具有重要意义. 常用操作命令见表 2.3 所示.

表 2.3   MATLAB 常用操作命令

命令	功能	命令	功能
cd	设置当前工作目录	dir	显示当前目录下的文件和子目录
type	显示指定 M 文件的内容	clear	清除 MATLAB 工作空间中保存的变量
clf	清除图形窗口	clc	清除命令窗口中显示内容
pack	收集内存碎片	echo	工作窗口信息显示开关
hold	图形保持开关	disp	显示变量或文字内容
path	显示搜索路径	save	保存内存变量到指定文件
load	加载指定文件的变量	quit	退出 MATLAB
edit	打开 M 文件编辑器	help	在命令窗口中显示帮助信息

3. 历史命令窗口

历史命令 (Command History) 窗口是一个 MATLAB 重要的用户界面, 默认设置下该窗口会保留自安装时起运行过的所有命令的历史记录, 并标明使用时间, 以方便用户的查询. 而且这些被记录的命令行都可以被复制, 或再运行 (只需鼠标左键双击某一行命令, 即可在命令窗口中重新执行该命令).

4. 当前文件目录窗口

在当前文件目录 (Current Folder) 窗口中可显示当前目录下的所有文件和

子目录, 用户可以根据需要改变当前目录路径或自行设定当前目录.

5. 工作空间管理窗口

工作空间 (Workspace) 管理窗口是 MATLAB 的重要组成部分. 在工作空间管理窗口中将显示所有目前保存在内存中的 MATLAB 变量的变量名、数据结构、字节数以及数据类型, 而且不同的变量类型分别对应不同的变量名图标.

(1) 工作空间管理: MATLAB 用于管理工作空间的常用命令主要有 3 个: who (或 whos), clear 和 pack. who 或 whos 命令用于查询工作空间中的变量, who 命令仅返回保存在工作空间中的变量名, 而 whos 命令不仅返回工作空间中的变量名, 而且还返回变量的大小、数据类型等信息; clear 命令用于清除工作空间管理窗口中的内存变量, 可以清除某个变量 (clear 变量名), 也可以清除所有变量 (clear all); pack 命令用于整理工作空间内的数据碎片.

(2) 编辑或修改变量或数组中的数据: 双击工作空间中的任一个变量名, 系统会打开一个数组编辑窗口, 用户可以在这个窗口下查看变量或数组的数值或编辑修改部分数值. 同时也可以在编辑窗口下选定部分或全部数值, 并根据选定的数据利用菜单栏中的 "PLOTS" 绘图菜单进行交互式绘图.

(3) 存取数据文件: 对工作空间中的变量或数组可以借助于 "HOME" 菜单中的 "Save Workspace" 功能按钮实现数据的保存, 存储结果保存在以 mat 为扩展名的数据文件当中. 若需导入该数据文件, 则可以通过点击 "Import Data" 按钮实现数据的读取.

6. MATLAB 帮助系统

完善的帮助系统是任何应用软件必要的组成部分. MATLAB 提供了丰富的帮助信息, 同时也提供了多种获得帮助的方法, 常用的有

(1) 点击命令窗口上方的 "Getting Started" 链接, 浏览并阅读相关帮助文档.

(2) 通过桌面平台右上侧的在线帮助 "?" 按钮来获得帮助.

(3) 在命令提示符下直接键入 doc 或 help 命令以打开 "帮助导航/浏览器" 交互界面, 或者键入 demos 获得 MATLAB 在线帮助演示系统.

如要获得某个具体命令、函数等的帮助, 可直接在命令提示符下键入 "doc 命令或函数名", 就可以获得关于该命令或函数的帮助信息, 无需通过 "帮助导航/浏览器" 交互界面逐级查找.

例 2.3 在 MATLAB 命令提示符下, 输入

```
>> help sin
   sin    Sine of argument in radians.
   sin(X) is the sine of the elements of X.
   See also asin, sind.
```

```
Overloaded methods:
    codistributed/sin
    gpuArray/sin
Reference page in Help browser
    doc sin
```

2.2　MATLAB 数值计算功能

MATLAB 强大的数值计算功能使其在诸多数学计算软件中傲视群雄, 是 MATLAB 软件的基础. 本节将简要介绍 MATLAB 的数据类型、数组的建立及运算.

2.2.1　MATLAB 数据类型

数值型数据: 包括整数和浮点数 (单精度和双精度), 默认状态下将所有的数都看做是双精度浮点数.

符号型数据: 符号型数据用于公式的推导和数学问题的解析解求解. 在进行解析解推导计算时, 应首先进行符号变量的申明. 申明符号变量可以用 syms( ) 或 sym( ) 函数来实现. 调用格式为

　　syms arg_list var_props　 或者　 syms('arg_list','var_props')

其中, arg_list 给出需要申明的符号变量列表, 可以同时申明多个变量, 各个变量之间用空格分隔; var_props 为所申明变量的类型, 如 real, positive 等, 此为选项, 可以视需要决定取舍. sym( ) 函数调用格式同上, 唯一区别是 sym( ) 函数一次只能申明一个符号变量.

字符串数据: 字符与字符串运算是所有高级编程语言必不可少的组成部分. 字符串的生成可以采用单引号直接定义和赋值, 可以利用 char( ) 函数结合 ASCII 码来生成字符串. 如 'I love matlab' 和 char([73 32 108 111 118 101 32 109 97 116 108 97 98]) 运行结果一样. 字符串的连接方式也很简单, 水平连接可以用 strcat( ) 函数实现, 字符串的长度可以用数组长度测量函数 length( ) 实现.

元胞型与结构型数据: 常规数组或矩阵的每个元素通常只能定义一种数据类型, 但实际工作中, 每个元素有时需要定义包含许多数据类型的结构, 即每个元素可以是一个数组或其他结构形式, 如彩色图像的每个像素值就是一个三维数组. 为解决此类问题, MATLAB 提供了元胞型和结构型数组类型, 可以由赋值语句直接产生, 也可以分别由元胞数组 cell( ) 函数和结构型数组 structure( ) 函

数来定义.

2.2.2　变量与常量

变量是任何程序设计语言的基本要素之一, 与其他语言不同的是 MATLAB 并不要求用户事先对所使用的变量进行类型和数据精度申明, 它自动依据所赋予变量的值或对变量所进行的操作来识别变量的类型. 在赋值过程中如果赋值变量已存在, MATLAB 语言将使用新值代替旧值, 并以新赋值的数据类型代替原值的数据类型. MATLAB 语言的数据类型主要包括: 数字、字符串、矩阵、元胞型数据及结构型数据等.

常量: 在 MATLAB 语言中经常使用一些常量值, 这些值由预先定义好的特殊变量表示, 如表 2.4 所示.

表 2.4　MATLAB 的特殊变量名及其含义

特殊变量名	含　义
ans	用于计算结果的缺省变量名. 当表达式未指定赋值变量时, 默认为 ans
pi	圆周率 π 的双精度浮点数
eps	机器浮点运算的相对精度, 计算机上 eps 的默认值为 2.2204×10^{-16}. 若某个量的绝对值小于 eps, 则自动认为这个量为 0
inf	表示数学上正无穷大量 $+\infty$, 也可以写成 Inf, 一般为 1/0 型运算得出的量; 同样地, $-\infty$ 可以表示为 inf 或 $-$Inf
i 和 j	虚数单位, 通常用于复数的表示, 如 3+2i, $a+bj$ 等. 在实际使用时应确认这两个量未被改写 (在实际编程中, i 和 j 经常被用作循环控制变量), 如想恢复其原始设置, 可以用语句 i=sqrt(-1) 来恢复设置
NaN	或 nan, 表示不定式, 通常由 0/0, inf/inf 或其他类似的运算得出. NaN 是一个奇特的量, 如 NaN 与 inf 的乘积仍为 inf
realmax	可用的最大正实数, 计算机上默认为 1.7977×10^{308}
realmin	可用的最小正实数, 计算机上默认为 2.2251×10^{-308}

注意: 在 MATLAB 中, 定义变量名时应避免与常量名同名, 以防改变这些常量的值. 如果已改变了某个常量的值, 可以通过 "clear 常量名" 命令恢复该常量的初始设定值, 也可通过重新启动 MATLAB 系统来恢复这些常量值.

在 MATLAB 语言中, 变量的命名应遵循如下规则:

(1) 变量名区分大小写, 如 x, X 为两个不同的变量名.

(2) 变量名长度不超过 63 个字符 (英文、数字、下划线等), 第 64 个字符及其之后的所有字符将被 MATLAB 语言所忽略.

(3) 变量名以字母开头, 后面可以跟字母、数字、下划线, 但不能使用标点.

注意: MATLAB 中有 20 个系统关键字, 在命令窗口中输入指令 iskeyword, 就可以得到这些关键字列表, 分别为 break, case, catch, classdef, continue, else, elseif, end, for, function, global, if, otherwise, parfor, persistent, return, spmd, switch, try, while. 这些关键字在命令窗口中显示为蓝色, 若用户把这些关键字用作变量名, 系统会返回错误信息. 此外, MATLAB 默认将所识别的一切变量视为局部变量, 即仅在其使用的 M 文件内有效, 若要将变量定义为全局变量, 则应当在该变量前加关键字 global 进行作用域说明, 一般习惯上全局变量均用大写英文字符表示.

2.2.3 MATLAB 数值计算

MATLAB 的基本数据结构为矩阵, 其所有的运算都是基于矩阵进行的. 矩阵为二维数组, 当矩阵只有一行或一列时 (即线性代数中的行向量或列向量), 即为一维数组, 而向量所在空间的维数可视为数组的长度.

1. 标量的运算

标量是只有一个数值的矩阵 (1×1) 形式, 其运算方法与一般的计算机编程形式完全相同, 如表 2.5 所示.

表 2.5 两个标量之间的算术运算

运算方法	数学表达	MATLAB 表达	示例
加法	$a+b$	a+b	$2+3$
减法	$a-b$	a-b	$2-3$
乘法	$a \times b$	a*b	$2*3$
除法	$\dfrac{a}{b}$ 或 a/b	a/b	$2/3$
幂	a^b	a^b	$2\hat{\ }3$

2. 一维数组的运算

(1) 一维数组的创建

一维数组的创建有 3 种方式, 分别为

① **键盘逐个输入方式**: 采用方括号 [ ] 定义数组, 然后在方括号内采用键盘直接人工输入.

调用格式 I: x=[a b c d e f] 或 x=[a, b, c, d, e, f]

功能说明: 创建包含指定元素值的一维数组 (行向量), 各元素之间可以用逗号分隔, 也可以用空格分隔, 数组的长度等于输入元素的个数, 可以用 length(x) 命令来计算. 数组中每个元素可以是直接输入的数值, 也可以是由表达式计算所得的值.

调用格式 II: x=[a; b; c; d; e; f]

功能说明: 创建包含指定元素的列向量.

② **冒号自动生成方式**. 有如下几种形式:

调用格式 III: x=a:b

功能说明: 创建从起始值 a 开始, 默认以 1 为步长, 到终止值 b 结束的行向量.

调用格式 IV: x=a:h:b

功能说明: 创建从起始值 a 开始, 以增量 h 为步长, 到终止值 b 结束的行向量. 如增量 h 为负数, 则产生一个递减型的行向量.

③ **定数均匀网格点生成方法**.

调用格式 V: x=linspace(a,b,n)

功能说明: 创建从起始值 a 开始, 到终止值 b 结束, 有 n 个元素的行向量, 即把区间 $[a,b]$ 等间距剖分成 $n-1$ 个子区间, 此时步长为 $h=(b-a)/(n-1)$.

例 2.4　试自行在命令窗口下输入如下指令, 观察并体会几种不同的输入方法的差异性.

```
>> x=[1 2 3 4 5 6]      %逐个输入方法, 等价于 x=[1, 2, 3, 4, 5, 6]
>> y=1:5                %缺省步长的冒号自动生成方法
>> z=1:2:10             %指定步长为 2 的冒号自动生成方法
>> u=linspace(0,1,10)   %指定网格点总数的均匀网格生成方法
>> v=[1;2;3;4;5]        %分号分隔的列向量逐个输入方法
```

(2) 一维数组的访问

访问一个元素: 如 x(i) 表示访问数组 x 的第 i 个元素.

访问一块元素: 如 x(i:j:k) 表示访问数组 x: 从第 i 个元素开始, 以步长 j 到第 k 个元素 (但不超过 k), j 可以为负数, j 缺省时默认为 1.

访问指定位置元素: 如 x([i,j,k]) 访问数组 x 中第 i、j、k 个元素, 访问结果构成一个新的数组 $[x(i),x(j),x(k)]$.

例 2.5

```
>> x=1:10;
>> x(3)
ans =
```

```
    3
>> x(3:5)
ans=
    3  4  5
>> x([2 4 6])
ans =
    2  4  6
```

(3) 一维数组的运算

① **标量 – 数组运算**: 数组对标量的加、减、乘、除、乘方运算是数组的每个元素对该标量施加相应的加、减、乘、除、乘方运算. 设 $a = [a_1, a_2, \cdots, a_n]$ 是一长度为 n 的一维数组, c 为标量, 则其 MATLAB 表达及其数学含义见表 2.6 所示.

表 2.6 标量与数组之间的算术运算

运算方法	MATLAB 表达	数学含义
加、减法	a+c 或 a−c	$[a_1 + c, a_2 + c, \cdots, a_n + c]$ 或 $[a_1 - c, a_2 - c, \cdots, a_n - c]$
乘法	a*c, a.*c 或 c*a, c.*a	$[a_1 \times c, a_2 \times c, \cdots, a_n \times c]$
除法	a/c, a./c 或 c\a, c.\a	$[a_1/c, a_2/c, \cdots, a_n/c]$ 或 $[c/a_1, c/a_2, \cdots, c/a_n]$
幂	a.^c 或 c.^a	$[a_1^c, a_2^c, \cdots, a_n^c]$ 或 $[c^{a_1}, c^{a_2}, \cdots, c^{a_n}]$

② **数组 – 数组运算**: 当两个数组有相同维数时, 加、减、乘、除、幂运算是按元素对元素方式进行的, 不同长度的数组之间不能进行运算.

设 $a = [a_1, a_2, \cdots, a_n], b = [b_1, b_2, \cdots, b_n]$, 则其 MATLAB 表达及其数学含义如表 2.7 所示.

表 2.7 数组与数组之间的算术运算

运算方法	MATLAB 表达	数学含义
加、减法	a±b	$[a_1 \pm b_1, a_2 \pm b_2, \cdots, a_n \pm b_n]$
乘法	a.*b	$[a_1 \times b_1, a_2 \times b_2, \cdots, a_n \times b_n]$
左除	a./b	$[a_1/b_1, a_2/b_2, \cdots, a_n/b_n]$
右除	a.\b	$[b_1/a_1, b_2/a_2, \cdots, b_n/a_n]$
点幂	a.^b	$[a_1^{b_1}, a_2^{b_2}, \cdots, a_n^{b_n}]$

例 2.6 求函数 $y = \sin(x)$ 和 $z = \sin^2(x)$ 在区间 $[0, \pi]$ 指定网格点上的函数值.

解　MATLAB 命令及计算结果如下:

```
>> x=0:pi/6:pi; %生成网格点
>> y=sin(x)        %计算并输出正弦函数在指定网格点的函数值
y =
   0    0.5000    0.8660    1.0000    0.8660    0.5000    0.0000
>> z=sin(x).^2  %等价于 z=y.^2
z =
   0    0.2500    0.7500    1.0000    0.7500    0.2500    0.0000
```

3. 二维数组的运算

(1) 二维数组的创建

二维数组就是矩阵, 与一维数组的创建方式类似, 二维数组的创建也有两种方式.

① **键盘直接输入或程序生成方法**: 对于小型矩阵的输入, 最简单也是最直接的方法就是键盘输入方法. 数组输入首先用矩阵定义符 [ ] 界定, 同一行元素之间用逗号或空格分隔, 不同行之间用分号分隔, 或者按回车键开始新一行输入. 注意输入矩阵时, 所有行必须有相同长度的列.

例 2.7

```
>> w=[1, 2, 3, 4; 2, 3, 4, 1; 3, 4, 1, 2; 4, 3, 2, 1]
w=
   1  2  3  4
   2  3  4  1
   3  4  1  2
   4  3  2  1
>> p=[1 1 1 1
      2 2 2 2
      3 3 3 3]
p =
   1    1    1    1
   2    2    2    2
   3    3    3    3
```

在实际科学与工程计算问题中, 大多为大规模高维计算问题, 矩阵阶数十分巨大, 如地下水运移、地震预测预报、航空航天等, 采用键盘输入事实上不可能, 实际系数矩阵的创建通常是采用计算机编程的方法按数值计算算法逐一生成其元素值.

② 利用 **MATLAB** 函数直接生成特殊矩阵: 线性代数中有很多特殊矩阵, 如单位矩阵、零矩阵等, MATLAB 中给出了一系列特殊矩阵生成函数, 见表 2.8 所示.

表 2.8　　MATLAB 特殊函数及其含义

命令	含义
[ ]	产生一个空矩阵, 空矩阵的大小为零
zeros(m,n)	产生一个 m 行、n 列的零矩阵
ones(m,n)	产生一个 m 行、n 列元素全为 1 的矩阵
eye(m,n)	产生一个 m 行、n 列的单位矩阵
rand(m,n)	产生一个服从 (0,1) 区间内均匀分布的 $m \times n$ 伪随机数矩阵
hilb(n)	产生一个 n 阶希尔伯特 (Hilbert) 方阵
magic(n)	产生一个 $n \times n$ 魔方矩阵
vander(v)	产生一个范德蒙德 (Vandermonde) 矩阵, 它的每一列由向量 $\boldsymbol{v}$ 的幂次生成, 其中, $\boldsymbol{A}(i,j) = \boldsymbol{v}(i)\hat{\ }(n-j)$, $n =$length($\boldsymbol{v}$).

(2) 二维数组的访问

二维数组对应数学上的矩阵, 对二维数组的访问方法与一般编程语言类似, 常见的访问方法及 MATLAB 命令表达方式见表 2.9 所示.

表 2.9　　二维数组访问方法

访问目的	MATLAB 命令表达
提取矩阵 $\boldsymbol{A}$ 的第 i 个元素	A(i)
提取矩阵 $\boldsymbol{A}$ 的第 i 行	A(i,:)
提取矩阵 $\boldsymbol{A}$ 的第 j 列	A(:,j)
依次提取矩阵 $\boldsymbol{A}$ 的每一列, 将 $\boldsymbol{A}$ 拉伸为一个列向量	A(:)
提取矩阵 $\boldsymbol{A}$ 的第 i_1 至 i_2 行、第 j_1 至 j_2 列, 构成新矩阵	A(i1:i2,j1:j2)
以逆序提取矩阵 $\boldsymbol{A}$ 的第 i_1 至 i_2 行, 构成新矩阵	A(i2:-1:i1,:)
以逆序提取矩阵 $\boldsymbol{A}$ 的第 j_1 至 j_2 列, 构成新矩阵	A(:, j2:-1:j1)
删除 $\boldsymbol{A}$ 的第 i_1 至 i_2 行, 构成新矩阵	A(i1:i2,:)=[ ]
删除 $\boldsymbol{A}$ 的第 j_1 至 j_2 列, 构成新矩阵	A(:,j1:j2)=[ ]
将矩阵 $\boldsymbol{A}$ 和 $\boldsymbol{B}$ 拼接成新矩阵	[A B],[A;B]

备注: MATLAB 中矩阵元素的编号采用逐行顺序编号方式.

例 2.8

```
>> A=[1 2 3 4; 5 6 7 8;
      9 10 11 12; 13 14 15 16]
A=
    1    2    3    4
    5    6    7    8
    9   10   11   12
   13   14   15   16
>> A(6) %提取矩阵的第6个元素
ans=
     6
>> A(2,:)    %提取第2行
ans =
     5   6   7   8
>> A(:,3)    %提取第3列
ans =
     3
     7
    11
    15
>> A(2:3,3:4) %提取块矩阵
ans =
     7    8
    11   12
>> B=A;
>> [A B]       %矩阵合并运算
ans =
    1    2    3    4    1    2    3    4
    5    6    7    8    5    6    7    8
    9   10   11   12    9   10   11   12
   13   14   15   16   13   14   15   16
>> v=[1 2 3];
>> H=vander(v) %生成向量v的Vandermonde矩阵
```

```
H =
    1    1    1
    4    2    1
    9    3    1
```

(3) 矩阵的运算

MATLAB 中常见矩阵运算格式及其含义见表 2.10 所示.

表 2.10 矩阵运算符及其含义

术语	数学含义	MATLAB 表达
矩阵加减	$\boldsymbol{A}_{m\times n} \pm \boldsymbol{B}_{m\times n} = [a_{ij} \pm b_{ij}]_{m\times n}$	A+B,A−B
标量与矩阵加减	$a \pm \boldsymbol{B}_{m\times n} = [a \pm b_{ij}]_{m\times n}$	a+B,a−B
矩阵乘积	$\boldsymbol{A}_{m\times n}\boldsymbol{B}_{n\times p} = \boldsymbol{C}_{m\times p} = [c_{ij}]_{m\times p} = \left[\sum_{k=1}^{n} a_{ik}b_{kj}\right]_{m\times p}$	A*B
标量与矩阵乘积	$a\boldsymbol{B}_{m\times n} = [ab_{ij}]_{m\times n}$	a*B
矩阵的逆	$\boldsymbol{A}_{n\times n}\boldsymbol{B}_{n\times n}^{-1}, \boldsymbol{A}_{n\times n}^{-1}\boldsymbol{B}_{n\times n}$	A/B, A\ B
矩阵转置	$\boldsymbol{B}^{\mathrm{T}} = [b_{ji}]_{n\times m}$	B′

2.2.4 常见大学数学课程中有关问题的 MATLAB 求解

1. 级数运算

(1) 求和函数 sum( )

调用格式: sum(A)

功能说明: 求数组 A 的所有元素之和.

(2) 求前 n 项和函数 cumsum( )

调用格式: cumsum(A)

功能说明: 求数组 A 的前 n 项之和.

2. 求积运算

(1) 求积函数 prod( )

调用格式: prod(A)

功能说明: 求数组 A 的所有元素之积.

(2) 求前 n 项之积函数 cumprod( )

调用格式: cumprod(A)

功能说明: 求数组 A 的前 n 项之积.

(3) 求有限项级数的符号运算函数 symsum( )

调用格式: syms v,a,b; symsum(f,v,a,b)

功能说明: 求级数 $\displaystyle\sum_{v=a}^{b} f(v)$ 的和.

如在 MATLAB 中输入如下指令:

```
>>A=1:5
ans=
     1    2    3    4    5
>>sum(A)
ans=
     15
>>cumsum(A)
ans=
     1     3     6    10    15
>>prod(A)
ans=
     120
>>cumprod(A)
ans=
     1     2     6    24    120
```

再如分别求级数 $\displaystyle\sum_{k=1}^{n} \frac{1}{k(k+1)}$, $\displaystyle\sum_{k=1}^{\infty} \frac{x^{2k-1}}{2k-1}$ 的和.

```
>> syms n k              %符号变量申明
>> f1=1/(k*(k+1));       %通项公式
>> s1=simple(symsum(f1,k,1,n))  %求级数和并化简
s1 =
     n/(n+1)
>> syms x k
>> f2=x^{2*k-1}/(2*k-1);
>> s2=symsum(f2,k,1,inf)
s2 =
     piecewise([abs(x) < 1, atanh(x)])
```

3. 极限与导数

常见求极限与导数的 MATLAB 函数如表 2.11 所示.

表 2.11   MATLAB 求极限与导数

MATLAB 函数	调用格式	功能说明
limit( )	limit(f,x,a)	求极限 $\lim\limits_{x \to a} f(x)$
	limit(f,x,a,'left')	求左极限 $\lim\limits_{x \to a^-} f(x)$
	limit(f,x,a,'right')	求右极限 $\lim\limits_{x \to a^+} f(x)$
diff( )	dfdvn=diff(f,x,n)	求 $f(x)$ 的 n 阶导数: $\dfrac{\mathrm{d}^n f(x)}{\mathrm{d}x^n}$
taylor( )	p=taylor(f,n,x,a)	求 $f(x)$ 在 $x=a$ 点的 n 阶泰勒级数展开式

4. 函数积分

基本函数: int( ).

调用格式 I: int(f,v)

功能说明: 求一元函数 $f(v)$ 的不定积分 $\int f(v)\mathrm{d}v$.

调用格式 II: int(f,v,a,b)

功能说明: 求一元函数 $f(v)$ 的定积分 $\int_a^b f(v)\mathrm{d}v$.

如求多元积分 $\int_1^2 \int_{\sqrt{x}}^{x^2} \int_{\sqrt{xy}}^{x^2y} (x^2+y^2+z^2)\mathrm{d}z\mathrm{d}y\mathrm{d}x$. MATLAB 命令如下:

```
>> syms x y z
>> f=x^2+y^2+z^2; %输入被积函数 f(x,y,z)
                  %从内层开始，逐层计算积分
>> f1=int(f,z,sqrt(x*y),x^2*y);
>> f2=int(f1,y,sqrt(x),x^2);
>> f3=int(f2,x,1,2)
f3 =
    (14912*2^(1/4))/4641 - (6072064*2^(1/2))/348075
    + (64*2^(3/4))/225 + 1610027357/6563700
>> vpa(f3) %显示积分计算结果
ans=
    224.92153573331143159790710032805
```

5. 微分方程的解析解

基本函数: dsolve( ).

调用格式:

```
dsolve('eq1,eq2,...,eqn','cond1,cond2,...,condn','v')
dsolve('eq1','eq2',...,'eqn','cond1','cond2',...,'condn','v')
```

其中: eqn 表示第 n 个微分方程, 在 MATLAB 中, 用字母 D 表示求导数, D 后面所跟数字表示导数阶数如 D, D2, D3 表示求一阶、二阶、三阶导数, 依此类推. D 后所跟的字母为因变量, 如 Dy 表示 $\dfrac{\mathrm{d}y}{\mathrm{d}t}$, Dny 表示 $\dfrac{\mathrm{d}^n y}{\mathrm{d}t^n}$, 如 D4y 表示 $y^{(4)}(t)$. condn 表示第 n 个边界条件, 输入规则同微分方程, 可以是含等号或不等号的符号或字符串, 如 'y(a)=b', 'Dy(a)=b' 的形式. v 表示自变量, 默认 (缺省) 时 v=t.

如求解线性常微分方程组

$$\begin{cases} xy'' - 3y' = x^2, \\ y(1) = 0, y(5) = 0. \end{cases}$$

MATLAB 求解命令及其求解结果如下:

```
>>y=dsolve('x*D2y-3*Dy=x^2','y(1)=0,y(5)=0','x')
y =
    (31*x^4)/468 - x^3/3 + 125/468
```

6. 线性代数问题的求解

在 MATLAB 中求解指定矩阵的特征参数异常方便, 常见的命令见表 2.12 所示.

表 2.12   MATLAB 求解线性代数问题

命令格式	功能
det(A)	求方阵 $\boldsymbol{A}$ 的行列式值
inv(A)	求方阵 $\boldsymbol{A}$ 的逆 $\boldsymbol{A}^{-1}$
[D]=eig(A)	求方阵 $\boldsymbol{A}$ 的特征向量
[V,D]=eig(A)	求方阵 $\boldsymbol{A}$ 的特征向量矩阵 $\boldsymbol{V}$ 及对应特征值组成的对角矩阵 $\boldsymbol{D}$
[L,U]=lu(A)	求方阵 $\boldsymbol{A}$ 的 LU 分解, $\boldsymbol{L}$ 是单位下三角形矩阵, $\boldsymbol{U}$ 是上三角形矩阵
[Q,R]=qr(A)	求方阵 $\boldsymbol{A}$ 的 QR 分解, $\boldsymbol{Q}$ 是标准正交矩阵, $\boldsymbol{R}$ 是上三角形矩阵
rank(A)	求矩阵 $\boldsymbol{A}$ 的秩
trace(A)	求矩阵 $\boldsymbol{A}$ 的迹, 即矩阵主对角元素之和
x=A\b (或 b/A)	求解线性方程组 $\boldsymbol{A}\boldsymbol{x} = \boldsymbol{b}$, 等价于 $\boldsymbol{x} = \boldsymbol{A}^{-1}\boldsymbol{b}$
norm(A,p)	求矩阵 $\boldsymbol{A}$ 的 L^p 范数, 其中 $p = 1, 2, \inf$ 分别对应 L^1, L^2, L^∞ 范数

2.3　MATLAB 程序设计基础

2.3.1　关系与逻辑运算

MATLAB 语言中用于关系与逻辑比较运算的运算符定义列于表 2.13 中.

表 2.13　　MATLAB 关系与逻辑比较运算符

运算符	说明	运算符	说明	运算符	说明
<	小于	<=	小于或等于	&	与
>	大于	>=	大于或等于	|	或
==	等于	~=	不等于	~	非

2.3.2　创建 M 文件

M 文件有两大类: M 脚本文件 (M-file Scripts) 和 M 函数文件 (M-file Functions). 理论上讲, M 文件的编写可以用任何文本编辑器书写, 但最好直接采用 MATLAB 提供的 M 文件编辑调试器 (Editor/Debugger) 创建和调试. 调用 M 文件编辑调试器的方法非常简单, 步骤如下:

(1) 在 MATLAB 桌面 "HOME" 主菜单中, 点击 "New", 选定其下拉菜单中的脚本文件 "Script" (或函数文件 "Function") 选项, 如图 2.2 所示.

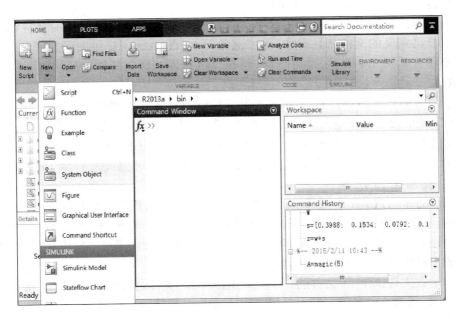

图 2.2　M 文件创建

(2) 在编辑窗口中输入程序内容, 如图 2.3 所示.

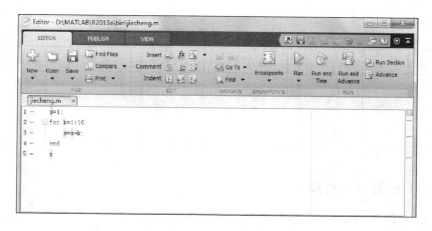

图 2.3　M 文件编辑与执行

(3) 点击 "Save" 或 "Save as", 选定要 "保存" 还是 "另存为" 文件的目录和文件名, 点击确定后, 存盘. 保存好的 M 文件可以在编辑窗口点击 "Run" 按钮直接运行, 也可以在命令窗口下输入所保存的文件名后按 "回车键". 创建的文件默认以 ".m" 为扩展名, 即 M 文件.

值得注意的是: M 文件的命名应符合 "变量名命名规则", 同时还应确保用户自己定义的文件名具有唯一性, 避免与 MATLAB 所提供的函数同名. 如用户希望采用 filter2 作为文件名, 可在 MATLAB 命令窗口中运行如下指令: `which  -all  filter2`.

一般而言, 当运行命令较多或控制结构较为复杂, 或者需要重复运行相关命令时, 使用命令窗口输入和执行相关命令就显得过于繁琐, 此时编写 M 脚本文件最为便捷. 编写 M 脚本文件应养成良好的习惯, 注意用好以 % 开头的注释说明语句, 注明程序的功能、变量含义、输入输出参数规则、算法、作者、修改日期等, 以增强程序的可读性.

尽管 MATLAB 的内部函数库非常丰富, 但总是有限的. 当用户需要定义自己的函数时, 可通过编写 M 函数文件进行定义, 尤其是在科研工作过程中, 可以把自己研究的算法以 M 函数的形式保存在自己指定的目录下, 日积月累, 可以形成自己研究风格的独有的函数库.

函数文件也是 M 文件的一个重要组成部分, 文件名后缀为 ".m". 与脚本文件不同, 函数文件的第一行总是以 "function" 引导的函数申明行开始, 以 "end" 结束. 格式为

`function` 因变量名=函数名(自变量名)

　　　<函数体>

end

需要注意的是, M 函数文件名必须与函数名一致. 函数值的获得必须通过具体的运算实现, 才能赋给因变量.

例 2.9 利用泰勒级数

$$e^x = 1 + x + \frac{x^2}{2!} + \frac{x^3}{3!} + \cdots + \frac{x^n}{n!} + \cdots$$

估计 e 的近似值.

解 令 $x = 1$, 得

$$e = 1 + 1 + \frac{1}{2!} + \frac{1}{3!} + \cdots + \frac{1}{n!} + \cdots.$$

(1) 首先建立 M 函数文件 fexp.m. 程序代码如下:

```
function y = fexp(n) %求级数 1+1+1/2!+1/3!+...+1/n!
s=1;S=1;   %赋初值
for i=1:n
s=s*i;     %计算n的阶乘 n!
S=S+1/s;   %求级数和
end
S
```

(2) 在命令窗口下直接调用函数 fexp.m , 在 MATLAB 命令窗口下键入命令:

```
>> n=10
>> fexp(n)
S =
    2.7183
```

即当 $n = 10$ 时, e 的近似值为 2.7183.

2.3.3 MATLAB 数据流控制语句

MATLAB 提供的数据流控制主要有条件控制和循环控制两种结构形式, 其语言表达和结构形式与其他编程语言十分相似. MATLAB 的流控制语句主要有四个: if, while, for, switch, 它们都用 end 结束.

1. 循环控制结构

(1) for 循环语句: 允许一组命令以固定或预定的次数重复执行.

for 循环语句的一般形式为

    for 循环变量=初值:步长:终值
        <语句体>

```
       end
```
其中, 步长为 1 时可以省略. 对于每一变量值, 语句都按顺序重复执行.

例 2.10   求 $\sum\limits_{k=1}^{10} \sin\left(\dfrac{k\pi}{10}\right)$ 的值.

解   编制 MATLAB 程序如下:

```
clear
s=0;          %赋初值
    for k=1:10
            s=s+sin(k*pi/10); %递归求和
    end
s
```

运行结果为: s = 6.3138.

对多重循环问题, for 语句可以嵌套使用, 如用以下程序可以生成希尔伯特矩阵.

```
function A=fhil(n,m)        %定义函数名为fhil
  A=zeros(n,m);      %初始化矩阵
   for i=1:n
       for j=1:m
           A(i,j)=1/(i+j-1); %生成矩阵元素值
       end
   end
   format rat    %输出结果以有理数形式显示
  end
```

在 MATLAB 命令窗口中输入指令:

```
>> n=4,m=5, A=fhil(n,m)
```

运行结果如下:

```
A =
     1          1/2        1/3        1/4        1/5
    1/2         1/3        1/4        1/5        1/6
    1/3         1/4        1/5        1/6        1/7
    1/4         1/5        1/6        1/7        1/8
```

(2) while 循环语句.

for 循环主要应用于已知循环次数的情况, 如果不确定循环次数, 可以使用 while 循环来完成, 其一般形式为

```
while  <关系表达式>
        <语句体>
end
```

功能说明: <关系表达式> 为判别循环是否结束的条件. 执行该循环时, 若 <关系表达式> 的值为真, 就继续执行循环体内的语句体, 直至 <关系表达式> 为假时终止.

例 2.11 利用 while 语句编程求

$$S = 1 + 2 \times 3 + 3 \times 4 + \cdots + n \times (n+1),$$

其中 n 由键盘输入.

解 编制 MATLAB 程序如下:

```
n=input('请输入正整数n=?');
S=1;k=2;
while k<=n
   S=S+k*(k+1);
    k=k+1;
end
S
```

备注: 在 MATLAB 的 for 和 while 循环体中, 还有两个用于改善和控制循环的常用命令: continue 和 break. 在循环中, 如遇到 continue 命令, 则提前结束当前循环, 并继续执行下一个循环; 如遇到 break 命令, 则直接跳出循环体.

2. 条件控制结构

MATLAB 中, 条件控制由 if ... else ... end 语句实现, 常见形式有如下三种:

(1) 单分支条件结构: 条件控制中 if 语句最简单的用法为

```
if  <条件>
     <语句体>
end
```

如果 <条件> 成立, 则执行 <语句体> 内的语句; 否则, 执行 end 之后的命令.

(2) 双分支条件结构: 调用格式如下:

```
if  <条件>
     <语句体1>
   else
     <语句体2>
end
```

如果 <条件> 成立, 则执行 <语句体 1>; 否则, 即 <条件> 不成立时, 执行 <语句体 2>, 然后执行 end 之后的命令.

(3) 多分支条件控制结构. 当判别条件有多个选择时, 还可以用以下多分支条件控制结构:

```
if <条件1>
   <语句体1>
  elseif  <条件2>
          <语句体2>
          ...
  elseif  <条件n>
          <语句体n>
     else
          <语句体n+1>
  end
```

例 2.12 若 $f(x) = \begin{cases} x^2 + 1, & x > 1, \\ 2x, & x \leqslant 1, \end{cases}$ 求 $f(2), f(-1)$.

解 建立 M 函数文件 fun01.m:

```
function f=fun01(x)
    if x>1
        f=x^2+1;
    else
        f=2*x;
    end
end
```

在 MATLAB 命令窗口下, 输入如下指令:

```
>>fun01(2), fun01(-1)
```

运行结果: f(2)=5, f(-1)=-2.

3. 开关控制结构

MATLAB 中开关控制由 switch 语句实现, 它根据开关表达式的值来确定应执行的语句. 用法如下:

```
switch  <开关表达式>
    case  <表达式1>
          <语句体1>
    case  <表达式2>
```

```
<语句体2>
...
otherwise
<语句体n>
end
```
例 2.13 某商场实行让利销售策略, 具体规定如表 2.14 所示.

表 2.14 商场销售策略

销售价格 /元	0~199	200~499	500~999	1000~2499	2500~4999	≥5000
折扣比例 /%	0	3	5	8	10	14

今有某位顾客选定了总价为 3985 元的商品, 问实际应付多少钱.

解 利用开关结构编制价格计算函数 price( ), 程序如下:

```
function p =price(x)     %输入:x为商品售价; 输出:p为优惠后价格
switch fix(x)
case num2cell(0:199)
    rate=0;
 case num2cell(200:499)
        rate=3/100;
    case num2cell(500:999)
        rate=5/100;
    case num2cell(1000:2499)
        rate=8/100;
    case num2cell(2500:4999)
        rate=10/100;
    otherwise
        rate=14/100;
end
    p=x*(1-rate)
end
```
注意到, 在该程序中利用了 fix( ) 取整函数, 与之相关的取整函数还有: floor( ) (向下取整), ceil( ) (向上取整), round( ) (四舍五入取整). num2cell( ) 函数的功能是把数组转化为元胞数组.

在 MATLAB 命令窗口下, 输入

```
>> x=3985;
>> p=price(x)
```

可得优惠后价格为 3586.5 元.

2.3.4   常用基本函数

MATLAB 中函数库异常庞大, 常见的基本函数见表 2.15 所示.

表 2.15   常用函数名称及调用格式

函数名称	调用格式	函数名称	调用格式
正弦函数	sin	反正弦函数	asin
余弦函数	cos	反余弦函数	acos
正切函数	tan	反正切函数	atan
绝对值	abs	最大值	max
最小值	min	元素的总和	sum
开平方	sqrt	以 e 为底的指数	exp
自然对数	log	以 10 为底的对数	log10
符号函数	sign	取整	fix

以下介绍一些在实际中常用的简单函数定义形式. 如果不是十分必要, 即函数的表达形式比较简单时, 无需单独创建 M 函数文件, 可以直接以字符串或其他形式定义函数表达式, 常见的有如下几种方法.

1. inline( ) 函数

调用格式: inline ('函数表达式', '自变量名')

功能说明: 创建由字符串形式表达的函数表达式, 选项为指定自变量名, 缺省时默认为 't'. 如 fun=inline('3*sin(2*x^2)','x'), 其功能为创建自变量为 x 的函数 $fun = 3\sin(2x^2)$. 该定义也可以等价地改写成

```
f='3*sin(2*x^2)'
fun=inline(f,'x')
```

再如 g=inline('x^2+y^2','x','y') 等.

2. 匿名函数

采用匿名函数来定义函数的表达式是一种简洁、高效的函数描述方式, 其调用格式为

函数名=@(自变量列表)函数表达式

如函数 $f(x,y) = \dfrac{1}{\sqrt{x^2 + y^2}}$, 可以用匿名函数描述为

```
fun=@(x,y)1/(x^2+y^2)^0.5
```

其中 fun 为函数名, 由 @ 后面圆括号内定义的字符为自变量名, 其后为函数表达式.

2.4 MATLAB 绘图

将科学与工程问题的数值计算结果或散乱的实验结果、观测统计数据, 以图形的形式展现出来, 可以直观地观察数据的分布规律和关联关系, 从而有助于发现内在的机理和规律. MATLAB 不仅可以轻松地实现二维和三维图形的绘制, 而且还可以对图形进行各种高级处理, 如渲染、着色、消隐和多视角处理等. 强大的计算功能与图形功能相结合, 为 MATLAB 在科学与工程技术计算和大学数学教学与建模应用等方面提供了更加广阔的天地. 本节着重介绍常见二维图形和三维图形的绘制函数及交互式图形绘制、编辑方法.

2.4.1 二维图形的绘制

二维图形是应用最广泛的图形结构之一, 也是 MATLAB 图形功能的基础. 本节主要介绍常用二维图形的创建、图形属性设置、多重曲线绘制、辅助绘图函数、坐标轴属性设置和多子图绘制, 以及特殊二维图形的绘制方法等.

1. 常用二维图形的绘制

(1) 常用二维图形的创建

MATLAB 常用的二维图形绘制函数是 plot( ) 函数, 其调用方法有 2 种, 分述如下:

调用格式 I: plot(y, '选项')

功能说明: 若 y 为一实数数组或向量, 则以向量 y 的元素下标序号为横坐标, 以 y 对应元素值为纵坐标绘制二维图形; 若 y 为实数矩阵, 则按每列中元素的下标为横坐标, 元素的值为纵坐标逐列绘制多条连续曲线, 曲线条数即为矩阵列数; 进一步地, 若 y 为复数矩阵, 则按每列元素的实部为横坐标, 元素的虚部为纵坐标逐列绘制多条连续曲线. 其中, "选项" 可指定:

① 线型: 如实线、虚线、划线、点划线等.

② 线条宽度 (LineWidth): 指定线条宽度, 如 'LineWidth', 2 (表示线宽为 2 个像素).

③ 颜色: 可指定 8 种常用颜色.

④ 标记 (Marker) 类型: 指定数据点标记类型, 如 "+, *, △, ▽, ★" 等.

⑤ 标记大小 (MarkerSize): 指定标记符号的大小, 如 'MarkerSize', 12.

⑥ 标记符面填充颜色 (MarkerFaceColor): 指定用于填充标记符面的颜色.

⑦ 标记框颜色 (MarkerEdgeColor): 指定标记框的颜色, 如 'MarkerEdgeColor', 'k' (表示标记框周边用黑色).

例 2.14 向量绘图.

```
>> y=[0 0.58 0.70 0.95 0.83 0.25];
>> plot(y)
```

绘图结果如图 2.4 所示.

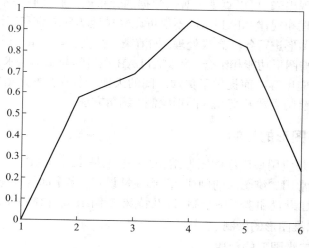

图 2.4 实数向量绘图结果

例 2.15 矩阵绘图.

```
>> y=magic(3)      %生成3阶魔方矩阵
y =

     8     1     6
     3     5     7
     4     9     2
>> plot(y,'-.*')     %以矩阵y绘图, 绘图曲线采用点划线和"*"标记符
```

绘图结果如图 2.5 所示.

调用格式 II: plot(x,y,'选项')

功能说明: 若 x, y 为向量, 则以对应元素为横、纵坐标绘制二维图形. 若 x, y 为矩阵, 可能出现的情况有如下几种:

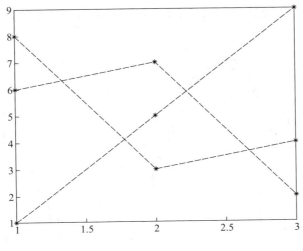

图 2.5 实数矩阵绘图结果

① 若 x 是 n 维列向量, y 是 $n \times m$ 矩阵, 则按列对应 x 绘出 m 条曲线; 类似地, 若 x 是 m 维行向量, y 是 $n \times m$ 矩阵, 则按行对应 x 绘出 n 条曲线.

② 若 x 是 $n \times m$ 矩阵, y 是 n 维列向量或 m 维行向量, 则绘图规则同上.

③ 若 x, y 均为 $n \times m$ 矩阵, 则按列对应绘出 m 条曲线.

例 2.16

```
>> x=0:pi/30:2*pi;
>> y=sin(x);
>> plot(x,y,'-bo',...        %线型为实线,线颜色为蓝色,标记为圆圈
    'LineWidth',3, ...        %设定线宽为3个像素
    'MarkerEdgeColor','k',... %标记边框为黑色
    'MarkerFaceColor',[0.00,0.25,0.50],...
                              %标记符面填充色为[0.00,0.25,0.50]
    'MarkerSize',10)
```

生成的图形见图 2.6 所示.

(2) 图形属性设置

为了使图形更具表现力、更加清晰易读, 常常需要对图形的若干属性进行设置, 其中最重要的是设置曲线的类型、颜色和数据点标记. MATLAB 对这些属性给出了许多选择, 详见表 2.16 所示.

色彩的定义除系统预定义 (如曲线颜色) 外, 有些复杂色彩的属性需要用数组形式定义 (调色板), 如标记符面的色彩, 应采用三维数组形式的颜色配比方

案 [r(红), g(绿), b(蓝)] 来定义, 每个分量可在区间 [0,1] 之间取值, 如表 2.17 所示.

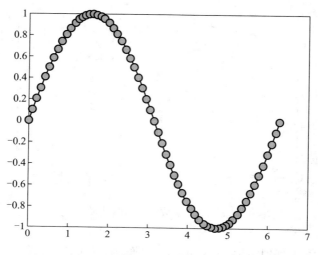

图 2.6　plot( ) 函数按选项定制绘图结果示意图

表 2.16　图形线型、色彩及数据点标记符设置选项一览表

属性	符号及含义
线型	- —— 实线, : —— 虚线, -- —— 双划线, -. —— 点划线
线条颜色	y —— 黄色, r —— 红色, g —— 绿色, b —— 蓝色, w —— 白色, k —— 黑色, m —— 紫色, c —— 青色
数据点标记	. —— 实点, + —— 加号, * —— 星号, x —— 叉号, 。—— 空心圆圈, d —— 菱形, ^ —— 上三角形, v —— 下三角形, > —— 右三角形, < —— 左三角形, s —— 正方形, h —— 正六角形, p —— 正五角形

表 2.17　典型颜色配比方案 [R,G,B]

原色			调配颜色
r (红色)	g (绿色)	b (蓝色)	
1	1	1	白色 (white)
0.5	0.5	0.5	灰色 (gray)

原色			调配颜色
r (红色)	g (绿色)	b (蓝色)	
0	0	0	黑色 (black)
1	0	0	红色 (red)
0	1	0	绿色 (green)
0	0	1	蓝色 (blue)
1	1	0	黄色 (yellow)
1	0	1	洋红色 (magenta)
0	1	1	青色 (cyan)
0.5	0	0	暗红色 (dark red)
1	0.62	0.40	铜色 (copper)
0.49	1	0.83	碧绿色 (aquamarine)

(3) 多重曲线绘制

在实际工作中, 经常需要在同一个图形窗口上一次绘制多条曲线, 有时还要在已经完成的图形上再次添加图形或删除图形. 在 MATLAB 中, 允许用户使用 plot( ) 函数一次绘制多条相互独立的图形.

方法一: 利用 plot( ) 函数的多变量方式绘图.

调用格式: plot(x1, y1, '选项 1', x2, y2, '选项 2',···, xn, yn, '选项 n')

功能说明: $(x_1, y_1), (x_2, y_2), \cdots, (x_n, y_n)$ 分别是成对的同维向量, 每一对向量在图形窗口上绘制一条单曲线, 每条单曲线的线型、颜色、标记等由其后的选项参数确定. 这样可在同一个图形窗口同时绘制 n 条曲线.

例 2.17

```
>> x=0:pi/30:2*pi;
>> y=sin(x);
>> z=cos(x);
>> plot(x,y,'b:+',x,z,'g-.*')
```

运行结果见图 2.7 所示.

方法二: 利用 hold 命令叠加绘图.

利用 MATLAB 提供的 hold on 命令保持窗口图形, 等待添加新的曲线, 待所有图形添加完成后, 再利用 hold off 结束绘图状态, 完成绘图.

如例 2.17 中图 2.7 的绘制, 也可由如下命令完成:

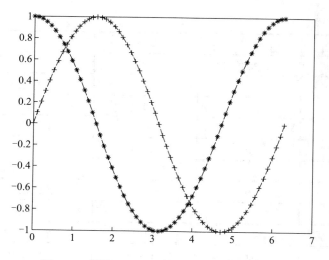

图 2.7　利用 plot( ) 函数绘制多条曲线示意图

```
>> x=0:pi/30:2*pi;
>> y=sin(x);
>> plot(x,y1,'b:+');     %先画正弦曲线
>> hold on               %保持图形窗口的图形
>> z=cos(x);
>> plot(x,y2,'g-.*')     %添加余弦曲线
>> hold off              %结束图形窗口保持状态
```

方法三: 利用矩阵绘图. 当 x, y 为矩阵时, 如前所述, 由 plot(x,y) 函数亦可绘制多条曲线.

(4) 辅助绘图函数

一幅完善的图形除线型、色彩、数据标记外, 还应在图形中包括坐标轴、网格、图形标题等, 对多重曲线图还应给出图例说明等. 这些需求可由辅助作图函数来实现. 常见辅助作图函数及其功能简介如下:

title('字符串'): 指定图形标题.

xlabel('字符串'): 添加 x 坐标轴标注.

ylabel('字符串'): 添加 y 坐标轴标注.

text(x,y, '字符串或表达式'): 在指定图形坐标 (x, y) 处添加字符串或表达式.

gtext('字符串或表达式'): 移动鼠标指针至指定图形坐标位置添加字符串 (图例) 或表达式.

grid on(或 grid off): 给图形添加 (或取消) 网格.

hold on(或 hold off): 保持 (或取消) 图形窗口的图形.

legend('字符串 1', '字符串 2',...): 给图形顺序添加图例.

例 2.18

```
>> x=linspace(0,2*pi,30);
>> y1=cos(x);
>> y2=2*cos(x);
>> y3=3*cos(x);
>> y4=4*cos(x);
>> z=[y1;y2;y3;y4];
>> set(0,'DefaultAxesColorOrder', [0 0 0],...
        'DefaultAxesLinestyleOrder','-|-.|--|:')
>> plot(x,z)  %等价于 plot(x,y1,x,y2,x,y3,x,y4)
>> grid
>> xlabel('Independent Variable X')
>> ylabel('Dependent Variables Y and Z')
>> title('Cosine Curves')
>> legend('cos(x)','2cos(x)','3cos(x)','4cos(x)')
```

运行结果见图 2.8.

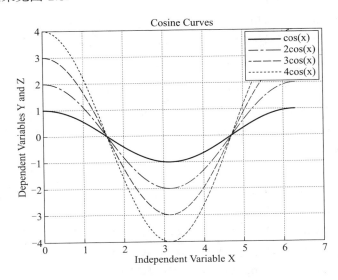

图 2.8　利用辅助绘图函数设置图形

除此之外, 用户也可以在图形的任何位置加上一个字符串或图例, 如

```
>> text(2.5,0.7,'sin(x)')
```

表示在坐标点 $(x = 2.5, y = 0.7)$ 处添加字符串 'sin(x)'. 或者输入命令

```
>> gtext('sin(x)')
```

此时, 在图形上产生一个十字交叉线. 通过移动鼠标, 移动图形上的十字交叉线的交点至指定位置, 然后点击一下鼠标左键即可在相应图形位置上添加图形说明 (字符串或表达式).

(5) 坐标轴属性设置

在缺省情况下, MATLAB 自动选择图形的横、纵坐标的比例, 如果你对这个比例不满意, 可以用 axis 命令控制, 常用的有

axis([xmin xmax ymin ymax]): 以数组形式指定 x 轴和 y 轴的最小值、最大值.

axis equal 或 axis('equal'): 指定 x 轴和 y 轴采用等长度刻度.

axis square 或 axis('square'): 采用正方形绘图框.

axis off 或 axis('off'): 清除坐标轴, 如希望恢复坐标轴, 可采用 axis on 命令.

(6) 在同一图形窗口绘制多幅图形

很多时候, 我们希望把一些图形放在同一个图形画面上, 便于对比分析. MAT-LAB 允许在同一个图形窗口中绘制多个图形, 方法是先把一个图形窗口划分为 $m \times n$ 个图形子区域, 在每个子区域中分别画一个图形, 即子图.

调用格式: subplot(m,n,k)

功能说明: 将图形窗口划分为 $m \times n$ 个绘图子区域, 指定第 k 个子区域为当前子图绘制区域. 子区域采用自上而下, 自左而右的方式顺序编号.

例 2.19   在同一个图形窗口下, 分别绘制

$$y = \sin x, y = \cos x, y = \sin 2x, y = \frac{\sin x}{\cos x}.$$

解   在 MATLAB 命令窗口中输入如下指令:

```
>> x=linspace(0,2*pi,30);
>> y=sin(x);
>> z=cos(x);
>> u=2*sin(x).*cos(x);
>> v=sin(x)./cos(x);
>> subplot(2,2,1),plot(x,y),axis([0 2*pi -1 1]),title('sin(x)')
>> subplot(2,2,2),plot(x,z),axis([0 2*pi -1 1]),title('cos(x)')
>> subplot(2,2,3),plot(x,u),axis([0 2*pi -1 1]),...
   title('2sin(x)cos(x)')
```

```
>> subplot(2,2,4),plot(x,v),axis([0 2*pi -20 20]),...
   title('sin(x)/cos(x)')
```

共得到 4 幅子图, 见图 2.9 所示.

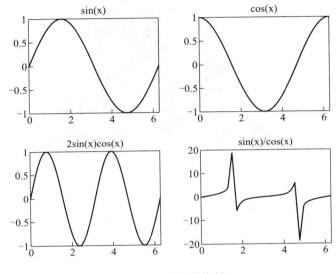

图 2.9   多子图绘制

2. 其他特殊二维图形的绘制

(1) 条形图 (棒形图)

函数及调用格式: bar(y) 或 bar(x,y)

例 2.20   某课程期末考试成绩统计如下: 不及格, 3 人; 及格, 15 人; 中, 25 人; 良好, 40 人; 优秀, 8 人. 试画出成绩分布条形图.

解   编制 MATLAB 程序如下:

```
y=[3 15 25 40 8];
bar(y)
xlabel('Score Level')
ylabel('Students Count')
```

运行结果见图 2.10.

(2) 饼形图

饼形图显示部分与整体之间的比例关系.

函数及调用格式: pie(x,explode) 或 pie3(x,explode)

功能说明: 绘制向量 x 各分量的饼形分布图, 对应结果为各元素占向量所有元素之和的百分比. explode 为与向量 x 同维的向量, 其分量取值为 0 或 1. 如

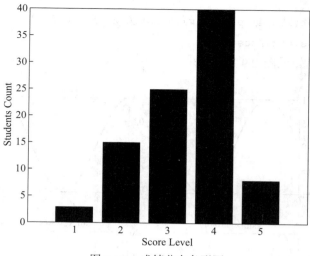

图 2.10　成绩分布条形图

取值为 1, 则对应向量 x 的分量从饼形图中分离出来, 以示区别.

　　例 2.21　某学院专任教师职称情况为: 讲师, 5 人; 副教授, 38 人; 教授, 16 人. 画出该学院的职称结构饼形图, 并把教授对应的区块分离显示.

　　解　编制 MATLAB 程序如下:

```
y=[5 38 16];
p=[0 0 1];  %分离最后一个分量; 如全部分离, 可令p=[1 1 1]
pie(x,p)    %绘制饼形图
legend('Lecture','Associate Prof.','Prof.')
```

生成二维饼形图见图 2.11 所示. pie3( ) 函数绘制三维效果饼形图, 其调用

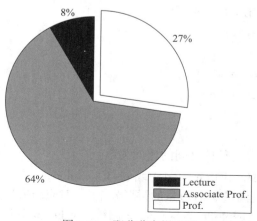

图 2.11　职称分布饼形图

方式与 pie( ) 相同.

(3) 误差条图

误差条图显示数据的置信期间, 或沿曲线的偏差. 用 errorbar( ) 函数绘制.

调用格式 I: errorbar(Y,E)

功能说明: 根据向量 Y 的数据绘图, 并在 Y 的每个元素 $Y(i)$ 处绘一误差条, 误差条两端与 $Y(i)$ 上下距离均为 $E(i)$.

调用格式 II: errorbar(X,Y,E)

功能说明: 根据坐标向量 X, Y 的数据绘图, 并在 $(X(i), Y(i))$ 点处绘一误差条, 误差条两端与 $(X(i), Y(i))$ 点上下距离均为 $E(i)$.

调用格式 III: errorbar(X,Y,E,' 选项')

功能说明: 根据坐标向量 X, Y 的数据绘图, 并在 $(X(i), Y(i))$ 点处绘一误差条, 误差条两端与 $(X(i), Y(i))$ 点上下距离均为 $E(i)$, 线形、颜色等由 "选项" 指定.

例 2.22 已知从 1900—2000 年的美国人口总量统计结果 (见表 2.18 所示).

表 2.18　美国人口总量统计结果

统计年度	人口数/百万	统计年度	人口数/百万
1900	75.995	1960	179.323
1910	91.972	1970	203.212
1920	105.711	1980	226.505
1930	123.203	1990	249.633
1940	131.669	2000	281.422
1950	150.697		

若采用指数模型, 试估计模型参数, 并绘图比较预测误差.

解　不妨记模型的表达形式为

$$P(t) = p_0 e^{rt},$$

其中: t 为预测时间 (单位: 年), $P(t)$ 为 t 时刻人口总量 (单位: 百万), p_0 为初始人口总量 (单位: 百万), r 为人口增长率 (单位: 1/年).

模型中涉及两个参数 p_0 和 r, 要估计此模型中的参数, 就要选择恰当的参数估计值方法, 使得模型的解与已知的观测统计数据拟合程度尽可能地高. 而模型关于参数变量是一个典型的非线性表达式, 要取得参数的估计值有一定难度. 为

此对模型进行适当的数学变换, 即对方程两端分别取自然对数, 可得

$$\ln P(t) = \ln p_0 + rt$$

若令 $y = \ln P(t), s = \ln p_0$, 则模型可简化为线性方程 $y = s + rt$. 由观测数据 $(t_i, y_i = \ln P(t_i))$, 利用线性回归或一次多项式拟合 (见第四章) 即可求得参数 s, r 的估计值, 然后取 $p_0 = e^s$, 即可求得初始人口的估计值 (当然也可以取实际值, 不过这时参数估计方法会有所差异).

编制 MATLAB 程序如下:

```
t=1900:10:2000;
t=t-1900;              %初始化观测年限
p=[75.995 91.972 105.711 123.203 131.669 150.697 179.323 ...
   203.212 226.505 249.633 281.422];
y=log(p);              %计算观测人口的对数值
r=polyfit(t,y,1);%利用一次多项式拟合方法求拟合参数向量
                       %r(1)为人口增长率,r(2)为常数项
p0=exp(r(2));          %计算初始人口数量
P=p0*exp(r(1)*t);%利用指数模型预测各观测年的人口
plot(t,p,'*',t,P,'-+')%绘制实际观测与预测结果的对比图
hold on
error=P-p;             %计算预测结果与实际观测结果的误差
errorbar(t,p,error)%绘制误差条
legend('US Population','Predicted US Population')
xlabel('t'),ylabel('Population(million)')
hold off
p0,r(1) %输出参数估计结果
```

运行该程序, 得参数估计结果为 $p_0 = 80.2774$ (百万), $r = 0.0129$ (1/年). 利用拟合的参数值进行预测, 预测结果比较见图 2.12 所示.

(4) 其他特殊绘图函数及其功能

plotyy(x1,y1,x2,y2): 绘制双纵轴图形.

polar(theta,rho): 绘制极坐标图.

semilogx(x,y): 关于 x, y 绘图, 其中对 x 轴使用对数 ($\log_{10}$) 刻度, 对 y 轴使用线性刻度.

semilogy(x,y): 关于 x, y 绘图, 其中对 y 轴使用对数刻度, 对 x 轴使用线性刻度.

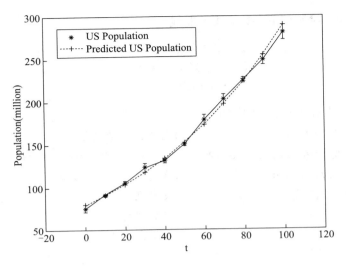

图 2.12   美国人口预测结果验证图

loglog(x,y): 关于 x, y 分别使用对数刻度绘图.

hist(x): 绘制直方图.

2.4.2 三维图形的绘制

对实际问题而言, 尤其是在科学计算与工程领域, 大都可以抽象为三维空间问题. 对此类问题, 单靠二维图形无法表达出完整的信息. MATLAB 提供了大量的三维绘图函数, 这里我们主要介绍三维曲线图和三维曲面图的绘制函数和调用方法.

1. 三维曲线图

MATLAB 中用于绘制三维曲线图的主要函数是 plot3( ), 其调用格式与 plot( ) 类似.

调用格式 I: plot3(x,y,z,'选项')

功能说明: 当 x, y, z 是同维向量时, 绘制以 x, y, z 对应元素为数据点的三维曲线; 当 x, y, z 为同维矩阵时, 则绘制以其对应列元素为坐标的多曲线图, 曲线条数等于矩阵的列数.

调用格式 II: plot3(x1,y1,z1,'选项 1',x2,y2,z2,'选项 2',...,xn,yn,zn,'选项 n')

功能说明: 绘制多条三维曲线图, 各参数含义与二维绘图命令基本相同.

例 2.23   绘制如下参数方程的曲线:

$$\begin{cases} x = \sin(t), \\ y = \cos(t), \quad t \in [0, 2\pi]. \\ z = \cos(2t), \end{cases}$$

解   编制 MATLAB 程序如下:

```
t=0:pi/50:2*pi;            %生成自变量网格点
x=sin(t);y=cos(t);z=cos(2*t);%计算以t为参数的因变量值
plot3(x,y,z,'b-d')         %绘制以x,y,z为数据点的三维曲线图
view([-82,58])             %设定显示图形视角
grid                       %添加网格
box on                     %封闭坐标框
```

绘图结果见图 2.13 所示.

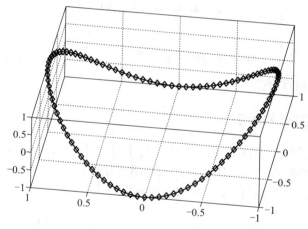

图 2.13   三维心形项链图

2. 三维网格图

利用 MATLAB 绘制二元函数 $z = f(x,y), x, y \in \Omega \subset \mathbf{R}^2$ 的三维曲面图形. 其基本原理是, 首先要对定义域 (一般为矩形区域) $\Omega \subset \mathbf{R}^2$ 进行离散网格化, 即形成区域网格坐标点矩阵 $\boldsymbol{X}, \boldsymbol{Y}$, 这一步骤可借助网格生成函数 [X,Y]=meshgrid(x,y) 来实现, 然后利用曲面函数 $z = f(x,y)$ 或程序 (如样条函数、数值计算等) 计算生成曲面数据点矩阵 $\boldsymbol{Z} = f(\boldsymbol{X}, \boldsymbol{Y})$, 最后利用网格坐标矩阵 $(\boldsymbol{X}, \boldsymbol{Y})$ 和坐标点上的函数值矩阵 $\boldsymbol{Z}$ 生成三维图形.

再利用 mesh( ) 或 surf( ) 函数自动生成 3D 网格或曲面图.

(1) 利用 mesh( ) 函数绘制三维网格图

调用格式 I: mesh(Z)

功能说明: 以二维数组 Z 的列序号为 x 轴网格线, 行序号作为 y 轴网格线, 生成 xOy 平面网格坐标点, 以对应网格点上的 Z 值绘制三维网格图.

例 2.24 在 MATLAB 中执行以下命令:

```
>> z=[ 1  2  3  4  5  6  7  8  9  10;
       2  4  6  8 10 12 14 16 18  20;
       3  4  5  6  7  8  9 10 11  12];
>> mesh(z)
>> xlabel('x'),ylabel('y'),zlabel('z')
```

结果见图 2.14 所示.

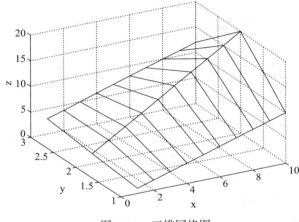

图 2.14　三维网格图

为便于理解网格坐标及数据点的含义, 请读者试运行以下命令:

```
>> x=1:10;
>> y=1:3;
>>[X,Y]=meshgrid(x,y) %生成xOy平面上矩形网格点,并显示生成结果
  X =
     1     2     3     4     5     6     7     8     9    10
     1     2     3     4     5     6     7     8     9    10
     1     2     3     4     5     6     7     8     9    10
  Y =
     1     1     1     1     1     1     1     1     1     1
     2     2     2     2     2     2     2     2     2     2
     3     3     3     3     3     3     3     3     3     3
```

```
>>z=[ 1  2  3  4  5  6  7  8  9  10;
      2  4  6  8 10 12 14 16 18  20;
      3  4  5  6  7  8  9 10 11  12];
>> mesh(X,Y,z)
>> xlabel('x'),ylabel('y'),zlabel('z')
```

试比较一下, 绘图结果与示例有何不同.

调用格式 II: mesh(X,Y,Z)

功能说明: X, Y, Z 为同阶二维数组, 其中 X, Y 为定义在自变量矩形定义域上的网格点坐标矩阵, Z 为网格坐标点上的函数值.

例 2.25 作曲面 $z = f(x,y)$ 的图形:

$$z = \frac{\sin \sqrt{x^2 + y^2}}{\sqrt{x^2 + y^2}}, \quad -7.5 \leqslant x \leqslant 7.5, \quad -7.5 \leqslant y \leqslant 7.5.$$

解 编制并运行 MATLAB 程序如下:

```
x=-7.5:0.5:7.5;     %生成 x 轴网格
y=x;                %生成 y 轴网格
[X,Y]=meshgrid(x,y); %生成xOy平面网格坐标点
R=sqrt(X.^2+Y.^2)+eps;%计算X(i),Y(j)的平方根(加eps是防止出现0/0)
Z=sin(R)./R;        %计算曲面函数z在平面网格点(X(i),Y(j))上的函数值
mesh(X,Y,Z)         %绘制3-D曲面图
xlabel('x'),ylabel('y'),zlabel('z')
colormap cool                       %指定图形色图(colormap)值为cool
```

结果见图 2.15 所示.

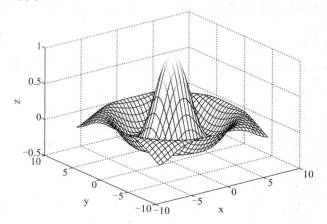

图 2.15   三维网格示意图

备注: 色图 (colormap) 的设置是渲染图形、提高图形可视化程度的重要方式. MATLAB 为用户预设置了许多体现不同色彩风格的色图属性值, 常用的有 autumn, summer, cool, hot, winter, jet, hsv, pink 等, 除预设色图属性值外, 用户也可以自定义色图矩阵, 详细信息可以在命令窗口下运行 doc colormap, 请读者仔细阅读相关帮助说明.

(2) 绘制带有等高线的三维网格图

如用户在绘制三维网格图的同时, 同步绘制二维等高线 (或等值线), 即用不同 Z 值的平面切割曲面, 把形成的切割线垂直投影到 xOy 平面所得的曲线, 显然在这条线上所有点都具有相同的 z 值 (高度值), 即我们通常所称的等高线. MATLAB 用于此类图形绘制的函数为 meshc( ).

调用格式 I: meshc(Z)

调用格式 II: meshc(X,Y,Z)

例 2.26 绘制 $z = \sqrt{x^2+y^2}, x \in [-5,5], y \in [-5,5]$ 的含等高线的三维网格图.

解 编制并运行如下 MATLAB 程序:

```
x=-5:0.5:5;y=x;
[X,Y]=meshgrid(x,y);
Z=sqrt(X.^2+Y.^2);
meshc(X,Y,Z)
xlabel('x'),ylabel('y'),zlabel('z')
legend('sqrt(x^2+y^2)')
colormap jet
```

绘图结果见图 2.16 所示.

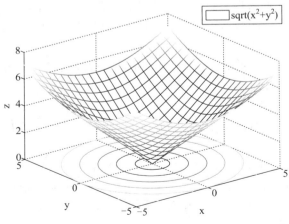

图 2.16 带等高线的三维网格示意图

备注: mesh( ) 函数采用矩形网格绘制空间曲面图, 用户也可以用 trimesh( ) 函数来绘制带有三角形网格的 3D 网格图形, 调用格式与 mesh( ) 函数类似, 但三角形网格的生成需要借助于 delaunay( ) 函数实现. 此外, 也可以用 meshz( ) 绘制带有基准平面的三维网格图, 调用格式同 mesh( ) 函数.

3. 三维曲面图

基本三维曲面绘图函数为 surf( )、surfc( )、surfl( ), 调用格式与 mesh( ) 函数基本相同.

如把例 2.25 中 mesh(X,Y,Z) 更改为 surf(X,Y,Z), 执行结果见图 2.17 所示.

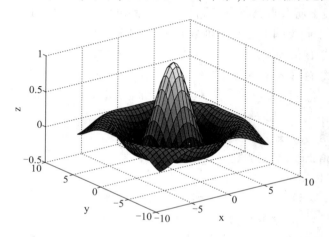

图 2.17   三维曲面示意图

此外, surfc( ) 函数可以绘制含有等高线的三维着色曲面图, surfl( ) 函数则可以绘制包含光照效应的三维着色曲面图, 调用格式同 surf( ) 函数. 无论是 mesh( ) 还是 surf( ) 函数, 均采用规则化矩形网格绘图. 除此之外, 还可以采用非规则数据点的三角形网格绘制三维网格或曲面图, 对此类图形的绘制可采用 trimesh( ) 或 trisurf( ) 函数, 如需同步绘制带有等高线的三维图, 则可采用其衍生函数 trimeshc( ) 和 trisurfc( ) 等.

4. 等高线图形的绘制

基本绘图函数为: contour( )、contourf( ) 或 contour3( ). 其调用格式和基本功能如下:

调用格式: contour(X,Y,Z,N) 或 contour3(X,Y,Z,N)

功能说明: 用 contour( ) 或 contour3( ) 函数绘制三维曲面的二维或三维等高线图形. N 为指定的等高线的条数, 缺省时系统自动根据 Z 的最小值和最大值确定等高线的条数.

例 2.27 利用 peaks( ) 函数 (高斯分布函数) 作图.

解 首先绘制 peaks( ) 函数的三维曲面图, 在 MATLAB 中运行命令如下:

```
>> peaks
```

绘图结果见图 2.18 所示.

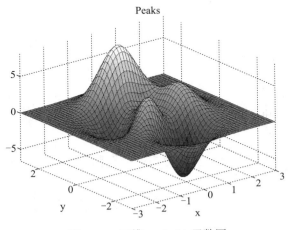

图 2.18 三维 peaks( ) 函数图

类似地, 若同步绘制二维等高线图形, 则可在 MATLAB 命令窗口中继续运行如下命令:

```
>> contour(peaks,10) %创建条数为10的等高线图形
```

见图 2.19 所示.

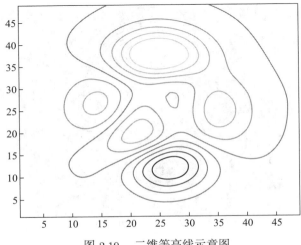

图 2.19 二维等高线示意图

备注: 上述命令等价于

`>> [X,Y,Z]=peaks; contour(X,Y,Z,10)`

三维等高线图形的绘制与上例类似, 如在 MATLAB 中运行如下命令:

`>>contour3(peaks,10)`

见图 2.20 所示.

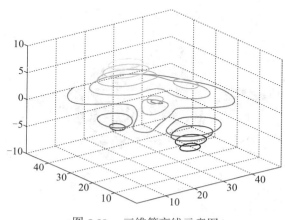

图 2.20　三维等高线示意图

轮廓图的填充: 如希望对等高线之间的区域填充颜色, 可利用 contourf( ) 函数实现. 如在 MATLAB 中运行命令

`>>contourf(peaks,20)`

绘图结果见图 2.21 所示.

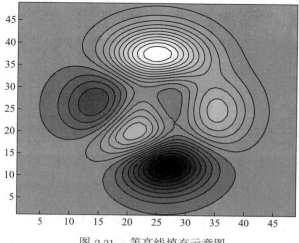

图 2.21　等高线填充示意图

标注等高线的高度值: 在 MATLAB 绘制的等高线中, 每一条曲线都表示一个高度值, 用户如希望在相应曲线上标注其高度值大小, 可通过调用 clabel( ) 函数来实现. 如在 MATLAB 中运行如下命令:

```
>>clf                   %清除图形窗口
>>Z=peaks;              %计算曲面网格点高度矩阵
>>h=contour(Z,10);      %计算高度区间大小并划分为10等份
>>clabel(h)             %按高度值不同分别绘制等高线图，并标注其高度值
```

绘图结果如图 2.22 所示.

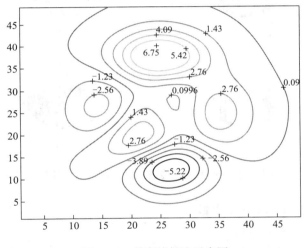

图 2.22   等高线标注示意图

5. 常用辅助作图命令

(1) 色彩控制: shading( ) 函数

调用格式: shading options

功能说明: 设置图形的着色色调, 用于指定图形非数据点处的色彩. options 是 shading 选项参数, 可取值为 flat, interp, faceted.

例 2.28 用 shading( ) 函数的三种不同选项绘制曲面函数 $z = x^2 + y^2, x \in [-4, 4], y \in [-4, 4]$.

解 编制 MATLAB 程序如下:

```
x=-4:4;y=x;
[X,Y]=meshgrid(x,y);
Z=X.^2+Y.^2;
subplot(2,2,1),surf(X,Y,Z),axis off,title('(a)')
```

```
subplot(2,2,2),surf(X,Y,Z),axis off,shading flat,title('(b)')
subplot(2,2,3),surf(X,Y,Z),axis off,shading interp,title('(c)')
subplot(2,2,4),surf(X,Y,Z),axis off,shading faceted,title('(d)')
colormap cool
```

运行结果见图 2.23 所示.

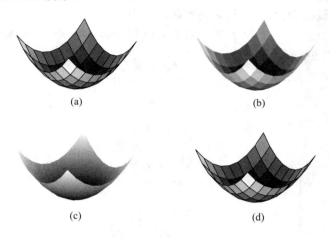

图 2.23   shading 命令选项处理图形效果比较

(2) 视角控制: view( ) 函数

调用格式: view([az,el])

功能说明: 通过方位角 az, 俯视角 el 设置图形视点; 角度设置单位为 "度".

(3) 旋转控制: rotate( ) 函数

调用格式: rotate(h,direction,alpha,origin)

功能说明: 通过旋转参数设置, 改变图形视角, 用以观察、分析图形特征. 各参数选项中: h 为被旋转的图像对象, 如 h=surf(Z); direction 设置旋转轴 (与坐标原点之间形成的轴向量), 可以采用球坐标设置 (二维向量) 或直角坐标设置 (三维向量); alpha 是沿旋转轴按右手准则旋转的角度; origin 为旋转支点坐标, 缺省时默认为坐标原点.

备注: 除色图、色调、视角控制外, 用户还可以设置光照、材质、透明效果等, 限于篇幅, 这里不再一一详述, 有兴趣的读者可阅读有关书籍的相关章节和 MATLAB 帮助或演示系统.

2.4.3   利用符号函数作图

符号计算的结果通常为符号形式表达的数学表达式. MATLAB 对符号运算

结果的作图方式可以有两条途径: 其一是利用符号表达式直接绘图; 其二是根据符号表达式或符号数值结果, 转化为数值数据, 进而利用 MATLAB 数值绘图命令绘制图形. 符号函数作图命令与数值绘图命令十分相似, 其区别是在作图函数名字前多了两个字符 ez (即 easy to 的含义). 常见命令为: ezplot( ), fplot( ), ezpolar( ), ezplot3( ), ezmesh( ), ezsurf( ), ezmeshc( ), ezsurfc( ), ezcontour( ), ezcontourf( ) 等.

1. 利用 ezplot( ) 绘制二维曲线图

在 MATLAB 中, 利用 ezplot( ) 函数可以绘制符号函数的二维曲线图. 其调用格式如下:

调用格式 I: ezplot(f)

功能说明: 在默认区间范围 $[-2\pi, 2\pi]$ 上绘制显式函数 $f = f(x)$ 的图形. 若函数为隐式表达式 $f(x, y) = 0$, 则默认平面区域 $[-2\pi < x < 2\pi, -2\pi < y < 2\pi]$.

调用格式 II: ezplot(f,[a,b])

功能说明: 在指定平面区域 $[a < x < b, a < y < b]$ 内绘制函数表达式为 $f(x, y) = 0$ 的图形.

调用格式 III: ezplot(xt,yt)

功能说明: 在默认区间范围 $[0 < t < 2\pi]$ 内绘制参变量形式的函数 xt=$x(t)$, yt=$y(t)$ 的图形. 进一步, 如指定参变量变化范围 [tmin,tmax], 则函数调用格式变为

ezplot(x,y,[tmin,tmax])

调用格式 IV: ezplot(f,[a,b,c,d])

功能说明: 在指定平面区域 $[a < x < b, c < y < d]$ 内绘制隐函数表达式为 $f(x, y) = 0$ 的图形.

例 2.29

```
>> subplot(3,2,1),ezplot('x^2+y^2-1',[-1.25,1.25])
>> subplot(3,2,2),ezplot('x^3+2*x^2-3*x+5-y^2')
>> subplot(3,2,3),ezplot('sin(t)','cos(t)')
>> subplot(3,2,4),ezplot('sin(3*t)*cos(t)','sin(3*t)*sin(t)',
   [0,pi])
>> subplot(3,2,5),ezplot('t*cos(t)','t*sin(t)',[0,4*pi])
>> subplot(3,2,6),ezplot('tanh(x)')
```

绘图结果如图 2.24 所示.

注意到在上述各例中, 函数 f 的表达式均为字符串形式的显示表达, 除此之外, 也可以采用匿名函数定义的形式直接调用, 如:

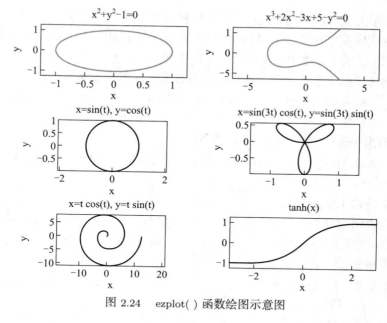

图 2.24   ezplot( ) 函数绘图示意图

```
>> f = @(x)cos(x)+2*sin(x)
f =
    @(x)cos(x)+2*sin(x)
>> ezplot(f)
```

绘图结果如图 2.25 所示.

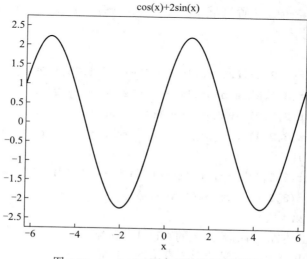

图 2.25   ezplot( ) 匿名函数绘图示意图

fplot( ) 函数的调用格式与功能与 ezplot( ) 函数类似, 这里不再详述.

例 2.30　在 MATLAB 中输入

```
>>ezpolar('sin(tan(t))')
```

运行结果见图 2.26 所示.

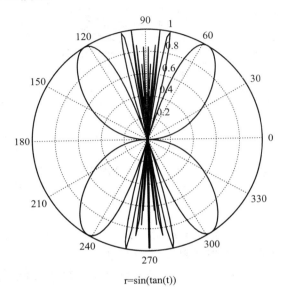

r=sin(tan(t))

图 2.26　ezpolar( ) 函数绘图示意图

2. 二元函数图形绘制

(1) 利用 ezplot3( ) 函数绘制三维曲线

在 MATLAB 中, 利用 ezplot3( ) 函数可以绘制符号函数的三维曲线图. 其调用格式如下:

调用格式: ezplot3(x,y,z)

功能说明: 在默认范围 $[0 < t < 2\pi]$ 内绘制参变量函数 $x = x(t), y = y(t), z = z(t)$ 的曲线. 如指定变量变化范围 [tmin,tmax], 则函数调用格式变为

$$\text{ezplot3(x,y,z,[tmin,tmax])}$$

进一步地, 如增加选项 'animate', 则绘制曲线过程以动画形式显示.

如在 MATLAB 命令窗口下输入:

```
>>ezplot3('cos(t)','t * sin(t)','sqrt(t)',[0,6*pi])
```

则绘图结果见图 2.27.

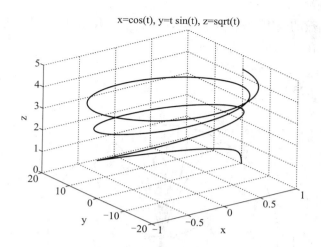

图 2.27   ezplot3( ) 函数绘图示意图

试比较:

```
>>ezplot3('cos(t)','t * sin(t)',...,'sqrt(t)',[0,6*pi],'animate')
```

(2) 利用 ezmesh( ) 函数绘制三维网格图

在 MATLAB 中, 利用 ezmesh( ) 函数可以绘制符号函数的 3D 网格图. 其调用格式如下:

调用格式 I: ezmesh(f)

功能说明: 在默认平面区域范围 $[-2\pi < x < 2\pi, -2\pi < y < 2\pi]$ 内绘制二元函数 $f = f(x, y)$ 的网格图. 类似地, 也可指定空间区域范围, 如 $[a, b]$ 或 $[a, b, c, d]$, 相应区域范围则为 $[a < x < b, a < y < b]$ 或 $[a < x < b, c < y < d]$.

调用格式 II: ezmesh(x,y,z)

功能说明: 绘制参数方程 $x = x(s, t), y = y(s, t), z = z(s, t)$ 在默认平面区域 $[-2\pi < s < 2\pi, -2\pi < t < 2\pi]$ 范围内的三维网格图. 区域范围亦可仿照前述自行设定.

除前述以外, 还有 ezsurf( ), ezmeshc( ), ezsurfc( ) 等, 调用格式类似, 在此不再详述.

(3) 利用 ezcontour( ) 函数绘制等高线图形

在 MATLAB 中, 利用 ezcontour( ) 函数绘制符号函数的等高线图形. 其调用格式如下:

调用格式 I: ezcontour(f)

功能说明: 在默认平面区域范围 $[-2\pi < x < 2\pi, -2\pi < y < 2\pi]$ 内绘制二元

函数 $f = f(x, y)$ 的等高线图形. 若函数为隐式表达式 $f(x, y) = 0$, 则默认平面区域 $[-2\pi < x < 2\pi, -2\pi < y < 2\pi]$.

调用格式 II: ezcontour(f,[a,b])

功能说明: 在指定平面区域 $[a < x < b, a < y < b]$ 内绘制二元函数 $f(x, y)$ 的等高线图形. 进一步地, 如指定变量变化范围 $[a < x < b, c < y < d]$, 则函数调用格式变为: ezcontour(x,y,[a,b,c,d]).

利用 ezcontourf( ) 函数绘制不同颜色填充的等高线图形. 调用格式同 ezcontour( ) 函数, 颜色为自动填充.

2.4.4 利用菜单栏进行交互式图形编辑

在 MATLAB 图形窗口下, 可利用菜单栏对所绘图形进行修饰和完善.

• 点击 "Edit" 菜单, 选择图形属性 "Figure Properties..." 或坐标轴属性 "Axes Properties...", 即可利用选项框对图形进行相应编辑 (添加坐标轴标注、图形颜色、曲线标记、图形标题、修改坐标轴数据等), 如图 2.28 所示.

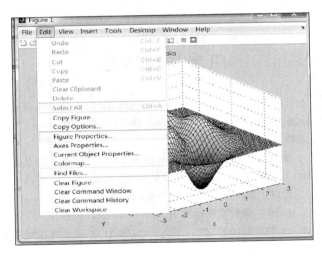

图 2.28 交互式编辑图形示意图

• 点击 "Tools" 菜单, 可改变图形的显示方式: 视角 (图形旋转) 等, 如图 2.29 所示.

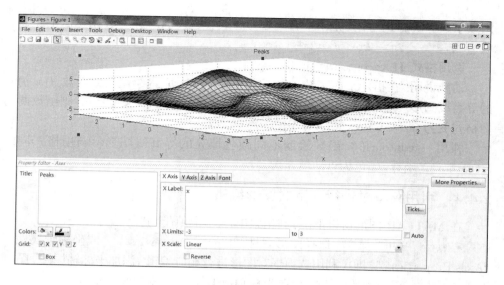

图 2.29   交互式编辑图形示意图

思考与练习二

1. 在 $[0, 2\pi]$ 上绘制 $\sin(x), \cos(x), \tan(x), \cot(x)$ 曲线, 并添加坐标轴 "自变量 x" 和 "因变量 y", 图形标题 "三角函数示意图", 图例和数据标记符. 用 gtext( ) 函数在相应曲线位置一侧添加相应函数名.

2. 在区域 $x \in [-2, 2], y \in [-2, 3]$ 内绘制函数 $z = \mathrm{e}^{-x^2 - y^2}$ 曲面图及等高线图形.

3. 一小球从 100 米高空落下, 每次落地后反弹回原高度的一半, 再落下. 试编程计算小球第 10 次落地时, 共经过了多少米? 第 10 次反弹的高度有多高?

4. 使用 plot( ), fplot( ) 函数绘制函数 $y = \cos(\tan(\pi x))$ 的图形.

5. 试用 ezplot( ) 函数绘制函数 $\mathrm{e}^{xy} - \sin(x + y) = 0$ 在 $[-3, 3]$ 上的图形.

6. 试用 ezplot( ) 函数绘制摆线

$$\begin{cases} x = a(t - \sin t), \\ y = a(1 - \cos t), \end{cases} \quad t \in [0, 2\pi]$$

的图形.

第三章 插值方法

在科学与工程计算中, 经常会遇到譬如野外地质勘探、地下水水位监测、地形地貌测绘、医学断层图像扫描等问题, 这类问题的基本特点是: 要研究的对象是一个曲面, 但表达式未知, 迫于成本过高或观测手段限制, 仅能得到部分离散的、甚至是稀疏的观测点位的函数值, 据此希望得到整个观测区域内任意非观测点的函数值, 而解决这一问题的最好方法就是寻求一个便于计算的函数表达式来近似逼近实际问题. 事实上, 在复杂函数计算时, 我们也经常遇到一些譬如求导数、积分等发生困难, 或者说计算过程过于复杂的问题, 此时利用原函数产生一些点的函数值, 利用解决前述问题的思想, 寻求一个近似的、便于计算的简单函数代替原来复杂的、求解困难的函数, 也是数学上常用的手段之一, 这类函数的近似表达或逼近问题, 在数值微分、数值积分、微分方程数值解中有广泛的应用.

例 3.1 环保部门为观测某河段中水质, 每隔 1 km 设 1 个观测断面, 观测结果见表3.1. 试估计 $x = 1.5, 2.6$ km 或其他任意非观测点处的高锰酸盐浓度值.

表 3.1 高锰酸盐观测结果

观测站点x_i/km	1	2	3	4	5	6
观测浓度y_i/(mg·L^{-1})	16	18	21	17	15	12

问题分析 待估计的点位 $x = 1.5, 2.6$ km 为非观测点, 但在观测区间 $[1, 6]$ 之内. 要计算该区间内任意非观测点的函数值, 就必须给出高锰酸盐在该区间内的分布曲线或函数表达式. 在无法给出机理模型的情况下, 仅仅依靠已有的部分观测数据应该如何解决这一问题呢?

为了观察数据变化特征或规律, 首先绘制二维散点图, 利用 MATLAB 编制

命令如下:

```
>> x=1:6;
>> y=[16 18 21 17 15 12];
>> plot(x,y,'kx')
>> xlabel('x'),ylabel('y')
```

绘图结果见图 3.1 所示.

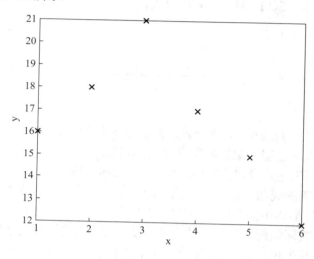

图 3.1   观测结果散点图

从图形上看, 观测坐标点(距离)与相应点的观测浓度之间一定存在某种函数关系, 不妨设为 $y = f(x)$, 但由于不清楚二者变化的机理, 仅靠现有的观测数据, 无法确立二者之间真正的具体函数表达形式, 即 $y = f(x)$ 未知. 在无法从机理上确定其函数表达式的情况下, 寻求一个满足某种特定条件的、相对简单的函数 $\phi(x)$ 替代 $f(x)$, 使 $\phi(x) \approx f(x)$, 无疑是一个很好的选择. 此时, 要估算任意点 $\overline{x}$ 的函数值, 就可以用近似函数 $\phi(\overline{x})$ 的值来估计.

3.1   一 维 插 值

3.1.1   基本概念

问题描述   已知函数 $y = f(x)$ (一般未知) 在 $n+1$ 个互不相同的观测点 $x_0, x_1, x_2, \cdots, x_n$ 处的函数值 (或观测值):

$$y_i = f(x_i), \quad i = 0, 1, \cdots, n.$$

寻求一个近似函数 (即近似曲线) $\phi(x)$, 使之满足

$$\phi(x_i) = y_i, \quad i = 0, 1, \cdots, n. \tag{3.1}$$

即求一条近似曲线 $\phi(x)$, 使其通过所有数据点 $(x_i, y_i), i = 0, 1, \cdots, n$.

对任意非观测点 $\hat{x}(\hat{x} \neq x_i, i = 0, 1, \cdots, n)$, 要估计该点的函数值 $f(\hat{x})$, 就可以用 $\phi(\hat{x})$ 的值作为 $f(\hat{x})$ 的近似估计值, 即 $\phi(\hat{x}) \approx f(\hat{x})$. 通常称此类建模问题为**插值问题**, 而构造近似函数的方法就称为**插值方法**.

基本概念 观测点 $x_i (i = 0, 1, \cdots, n)$ 称为**插值节点**, $f(x)$ 称为**被插函数**或**原函数**, $\phi(x)$ 为**插值函数**, 式 (3.1)称为**插值条件(准则)**, 含 $x_i (i = 0, 1, \cdots, n)$ 的最小区间 $[a, b](a = \min\limits_{0 \leqslant i \leqslant n} \{x_i\}, b = \max\limits_{0 \leqslant i \leqslant n} \{x_i\})$ 称作**插值区间**, $\hat{x}$ 称为**插值点**, $\phi(\hat{x})$ 为被插函数 $f(x)$ 在 $\hat{x} \in [a, b]$ 点处的**插值**.

若 $\hat{x} \in [a, b]$, 则称为**内插**, 否则称为**外推**. 值得注意的是, 插值方法一般用于插值区间内部点的函数值估计或预测, 利用该方法进行趋势外推预测时, 可进行短期预测估计, 对中长期预测并不适用.

特别地, 若插值函数为代数多项式, 则该插值方法称为**多项式插值**.

3.1.2 利用待定系数法确定插值多项式

1. 方法描述

鉴于插值条件 (3.1) 共含有 $n+1$ 个约束方程, 而 n 次多项式也恰好有 $n+1$ 个待定系数. 因此若已知 $y = f(x)$ 在 $n+1$ 个互不相同的观测点 $x_0, x_1, \cdots, x_n$ 处的观测值或函数值 $y_0, y_1, \cdots, y_n$, 则可以确定一个次数不超过 n 的多项式 $P_n(x)$:

$$P_n(x) = a_n x^n + \cdots + a_2 x^2 + a_1 x + a_0, \tag{3.2}$$

使其满足

$$P_n(x_k) = y_k, \quad k = 0, 1, \cdots, n. \tag{3.3}$$

称 $P_n(x)$ 为满足插值条件 (3.3) 的 n **次插值多项式**.

把 $P_n(x)$ 的表达式 (3.2) 代入插值条件 (3.3) 中, 可得关于多项式待定系数的 $n+1$ 元线性方程组

$$\begin{cases} a_n x_0^n + \cdots + a_2 x_0^2 + a_1 x_0 + a_0 = y_0, \\ a_n x_1^n + \cdots + a_2 x_1^2 + a_1 x_1 + a_0 = y_1, \\ \qquad \cdots\cdots\cdots\cdots \\ a_n x_n^n + \cdots + a_2 x_n^2 + a_1 x_n + a_0 = y_n, \end{cases} \tag{3.4}$$

若记

$$\boldsymbol{X} = \begin{pmatrix} x_0^n & \cdots & x_0^2 & x_0 & 1 \\ x_1^n & \cdots & x_1^2 & x_1 & 1 \\ \vdots & & \vdots & \vdots & \vdots \\ x_n^n & \cdots & x_n^2 & x_n & 1 \end{pmatrix}, \boldsymbol{a} = \begin{pmatrix} a_n \\ \vdots \\ a_1 \\ a_0 \end{pmatrix}, \boldsymbol{y} = \begin{pmatrix} y_0 \\ \vdots \\ y_{n-1} \\ y_n \end{pmatrix},$$

则式 (3.4) 可写成矩阵形式

$$\boldsymbol{Xa} = \boldsymbol{y}. \tag{3.5}$$

式中, 系数矩阵 $\boldsymbol{X}$ 为著名的范德蒙德 (Vandermonde) 矩阵.

依据线性代数相关知识, 若 $x_0, x_1, \cdots, x_n$ 互不相同, 则其行列式不为零, 即该矩阵是可逆矩阵, 此时方程组 (3.4) 存在唯一解. 我们不加证明地给出如下插值多项式的存在唯一性定理.

定理 3.1 满足插值条件(3.3) 的次数不超过 n 的多项式存在而且唯一.

几点说明:

(1) 利用待定系数法求插值多项式的系数, 其特点是直观、易理解, 当多项式的次数不高时, 仅利用初等数学学过的消元法知识就可以解决.

(2) 插值节点(观测点)的个数决定了插值多项式的次数, 如插值节点的个数为 n, 则可以确定 $n-1$ 次插值多项式. 但当插值节点较密或插值多项式次数较高时, 问题相应的线性方程组逐渐呈现病态, 求解结果也逐渐变得不可靠.

(3) 待定系数法无法直接构造出插值多项式的表达形式, 插值多项式的次数每提高一次, 都要重新求解, 从而影响了方法的推广.

2. 利用待定系数法确定插值多项式的 MATLAB 实现

当 n 不大, 即插值多项式的次数不高时, 利用 MATLAB 求解 (3.5) 是很容易的事, 只需运行

```
a=X\y
```

命令即可. 返回结果为插值多项式的系数向量 $\boldsymbol{a} = (a_n, \cdots, a_1, a_0)$.

在 MATLAB 中多项式的系数是按幂次从高到低的次序排列的. 在实际计算中, 若希望系数向量按幂次从低到高的次序排列, 则上式中的系数矩阵各列需要按相反次序重新排列, 对应的待求系数向量也需按相反次序调整.

在 MATLAB 中, 可利用 vander( ) 函数直接生成范德蒙德矩阵. 如在 MATLAB 中输入如下命令:

```
>> x=[0 1 2 3];
```

```
>> A=vander(x)
```
输出结果为
```
A =
      0    0    0    1
      1    1    1    1
      8    4    2    1
     27    9    3    1
```
说明: vander(x) 等价于 [x(:).^3, x(:).^2, x(:), ones(4,1)].

例 3.2 利用例 3.1 的数据, 可确定一个 5 次插值多项式. 试用待定系数法编程求取该多项式的系数.

解 编制 MATLAB 命令如下:
```
>> x=[1:6]; %输入观测点
>> y=[16 18 21 17 15 12]; %输入观测值向量
>> V=vander(x); %形成观测点向量x的Vandermonde矩阵
>> a=V\y'
```
返回结果为
```
a =
       -0.2417
        4.3333
      -28.9583
       87.6667
     -115.8000
       69.0000
```
a 即为所求 5 次插值多项式的系数向量. 换言之, 所求 5 次多项式的表达式为

$$P_5(x) = -0.2417x^5 + 4.3333x^4 - 28.9583x^3 + 87.6667x^2 - 115.8x + 69.$$

继续输入如下命令:
```
>> u=0.5:0.1:6.5; %生成插值点坐标向量
>> z=polyval(a,u); %计算以a为系数向量的多项式在插值坐标点u的值
>> plot(x,y,'o',u,z,'-') %绘图比较插值拟合结果
```
绘图比较结果见图3.2 所示.

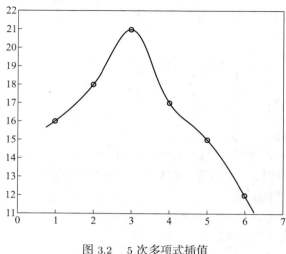

图 3.2　5 次多项式插值

3.1.3　拉格朗日插值方法

拉格朗日插值方法是插值多项式的一种常见的直接构造方法. 为便于观察和理解, 我们按从低次到高次多项式的构造方法逐一进行描述.

1. 拉格朗日线性插值

给定函数 $y = f(x)$ 在互异的两个点 x_0 和 x_1 处的函数值 y_0 和 y_1, 欲求一个次数不超过 1 的多项式 $y = P_1(x)$, 使其满足

$$P_1(x_0) = y_0, \quad P_1(x_1) = y_1. \tag{3.6}$$

利用初等数学的知识, 易知过平面上任意两点 $(x_0, y_0), (x_1, y_1)$ 的直线方程是

$$y = P_1(x) = y_0 + \frac{y_1 - y_0}{x_1 - x_0}(x - x_0).$$

合并含有 y_0 的项, 将它重写成下式:

$$P_1(x) = y_0 \frac{x - x_1}{x_0 - x_1} + y_1 \frac{x - x_0}{x_1 - x_0}. \tag{3.7}$$

为了便于归纳、推广, 引进如下记号:

$$l_0(x) = \frac{x - x_1}{x_0 - x_1}, \quad l_1(x) = \frac{x - x_0}{x_1 - x_0},$$

则 (3.7) 式可以改写成

$$P_1(x) = y_0 l_0(x) + y_1 l_1(x), \tag{3.8}$$

其中 $l_0(x), l_1(x)$ 均为线性函数, 满足:

$$l_0(x_0) = 1, \quad l_0(x_1) = 0;$$
$$l_1(x_0) = 0, \quad l_1(x_1) = 1.$$

称 (3.8) 式为**拉格朗日线性插值函数**或**一次拉格朗日插值公式**, $l_0(x), l_1(x)$ 称为拉格朗日线性插值的**基函数**.

备注: 插值多项式可以表示成各插值节点的同次基函数的线性组合.

2. 抛物型插值

已知 $y = f(x)$ 在互异的 3 个观测点 x_0, x_1 和 x_2 处的观测值 y_0, y_1 和 y_2, 欲求一个次数不超过 2 的多项式 $P_2(x)$, 使其满足

$$P_2(x_0) = y_0, \quad P_2(x_1) = y_1, \quad P_2(x_2) = y_2. \tag{3.9}$$

利用拉格朗日线性插值给我们的启示, 用基函数的线性组合构造满足插值条件 (3.9) 的二次插值多项式. 为此, 分别构造基于插值节点 x_0, x_1 和 x_2 的**二次插值基函数**: $l_0(x), l_1(x), l_2(x)$, 使其分别满足下列条件:

$$l_0(x_0) = 1, \quad l_0(x_1) = 0, \quad l_0(x_2) = 0;$$
$$l_1(x_0) = 0, \quad l_1(x_1) = 1, \quad l_1(x_2) = 0; \tag{3.10}$$
$$l_2(x_0) = 0, \quad l_2(x_1) = 0, \quad l_2(x_2) = 1.$$

利用上述条件可以很容易地推导出 $l_0(x), l_1(x), l_2(x)$ 的表达式. 以 $l_0(x)$ 为例, 由于 $l_0(x)$ 是二次多项式, 且 $l_0(x_1) = 0, l_0(x_2) = 0$, 即 x_1, x_2 是 $l_0(x)$ 的零点, 故 $l_0(x)$ 必为如下形式:

$$l_0(x) = c(x - x_1)(x - x_2),$$

其中 c 为待定系数. 再利用 $l_0(x_0) = 1$, 代入上式, 即可求出

$$c = \frac{1}{(x_0 - x_1)(x_0 - x_2)}.$$

从而得到 $l_0(x)$ 的表达式为

$$l_0(x) = \frac{(x - x_1)(x - x_2)}{(x_0 - x_1)(x_0 - x_2)}.$$

同理可得

$$l_1(x) = \frac{(x - x_0)(x - x_2)}{(x_1 - x_0)(x_1 - x_2)}, \quad l_2(x) = \frac{(x - x_1)(x - x_0)}{(x_2 - x_1)(x_2 - x_0)}.$$

基函数 $l_0(x), l_1(x), l_2(x)$ 的曲线形态如图 3.3 所示.

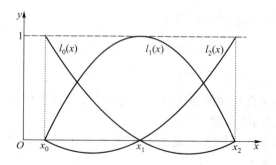

图 3.3   二次插值基函数形状特征

根据以上讨论, 我们得到二次插值多项式为

$$
\begin{aligned}
P_2(x) &= y_0 l_0(x) + y_1 l_1(x) + y_2 l_2(x) \\
&= y_0 \frac{(x-x_1)(x-x_2)}{(x_0-x_1)(x_0-x_2)} + y_1 \frac{(x-x_0)(x-x_2)}{(x_1-x_0)(x_1-x_2)} \\
&\quad + y_2 \frac{(x-x_1)(x-x_0)}{(x_2-x_1)(x_2-x_0)}.
\end{aligned}
\tag{3.11}
$$

称 $P_2(x)$ 为**抛物型插值多项式**或**二次拉格朗日插值多项式**.

例 3.3   根据表 3.1 给出的数据, 用拉格朗日线性插值方法计算 $x = 1.5, 2.6$ 处的函数值.

解   取与 $x = 1.5$ 邻近的两点 $x_0 = 1$, $x_1 = 2$ 为插值节点, 运用插值公式 (3.8), 得

$$
P_1(1.5) = 16 \times \frac{1.5-2}{1-2} + 18 \times \frac{1.5-1}{2-1} = 17.
$$

类似地, 取与 $x = 2.6$ 邻近的两点 $x_1 = 2$, $x_2 = 3$ 为插值节点, 计算得

$$
P_1(2.6) = 18 \times \frac{2.6-3}{2-3} + 21 \times \frac{2.6-2}{3-2} = 19.8.
$$

例 3.4   利用抛物型插值方法计算 $\sqrt{5}$ 的近似值.

解   取离 $x = 5$ 最近的三个点 $x_0 = 1$, $x_1 = 4$, $x_2 = 9$ 作为插值节点, 由 $y = \sqrt{x}$ 计算得函数在这三个点上的函数值分别为: 1、2、3. 根据式 (3.11), 有

$$
\begin{aligned}
\sqrt{5} &\approx P_2(5) \\
&= 1 \times \frac{(5-4)(5-9)}{(1-4)(1-9)} + 2 \times \frac{(5-1)(5-9)}{(4-1)(4-9)} + 3 \times \frac{(5-1)(5-4)}{(9-1)(9-5)} \\
&\approx 2.2667.
\end{aligned}
$$

3. n 次拉格朗日插值

观察构造线性和二次插值多项式的过程, 可以很容易地推广到高次多项式插值的情况.

n **次拉格朗日插值函数**可表示成 $n+1$ 个 n 次插值基函数 $l_0(x), l_1(x), \cdots, l_n(x)$ 的线性组合:

$$P_n(x) = y_0 l_0(x) + y_1 l_1(x) + \cdots + y_n l_n(x) = \sum_{k=0}^{n} y_k l_k(x), \tag{3.12}$$

其中 $l_k(x)$ 表示对应于插值节点 x_k 的 n **次插值基函数**, 满足

$$l_k(x_i) = \begin{cases} 1, & i = k, \\ 0, & i \neq k, \end{cases} \quad k = 0, 1, \cdots, n. \tag{3.13}$$

显然, $l_k(x), k = 0, 1, \cdots, n$ 线性无关, 且均为次数不超过 n 的多项式. 因此, 其线性组合 $P_n(x)$ 亦为次数不超过 n 的多项式, 且满足插值条件

$$P_n(x_k) = y_k, \quad k = 0, 1, \cdots, n.$$

称 $P_n(x)$ 为 $y = f(x)$ 的 n **次拉格朗日插值多项式**或**插值函数**, $l_k(x)$ 为对应于插值节点 x_k 的**拉格朗日插值基函数**或**基本多项式**.

与前面推导类似, 可以由 (3.13) 式得到 $l_k(x)$ 的具体表达式:

$$l_k(x) = \frac{(x - x_0) \cdots (x - x_{k-1})(x - x_{k+1}) \cdots (x - x_n)}{(x_k - x_0) \cdots (x_k - x_{k-1})(x_k - x_{k+1}) \cdots (x_k - x_n)}, \quad k = 0, 1, \cdots, n; \tag{3.14}$$

或简写成

$$l_k(x) = \prod_{j=0, j \neq k}^{n} \frac{x - x_j}{x_k - x_j}, k = 0, 1, \cdots, n.$$

有时为了便于书写, 引进记号:

$$w(x) = (x - x_0)(x - x_1) \cdots (x - x_n).$$

求 $w(x)$ 在 $x_k, k = 0, 1, \cdots, n$ 处的导数, 得

$$w'(x_k) = (x_k - x_0) \cdots (x_k - x_{k-1})(x_k - x_{k+1}) \cdots (x_k - x_n).$$

因此, n **次拉格朗日插值多项式**亦可写成

$$P_n(x) = \sum_{k=0}^{n} y_k \frac{w(x)}{(x - x_k)w'(x_k)}. \tag{3.15}$$

4. 插值多项式的余项及误差估计

无论是待定系数法还是拉格朗日插值方法, 所得到的多项式在形式上和确定方法上有所差异, 由定理 3.1 易知, 二者本质上是同一个问题的两种求解方法, 也就是说两种方法所求得的多项式是相同的、一致的.

为了确定用插值多项式 $P_n(x)$ 逼近函数 $f(x)$ 时的误差, 记

$$R_n(x) = f(x) - P_n(x).$$

称 $R_n(x)$ 为 n 次插值多项式的**截断误差**, 或称为**插值余项**.

以下不加证明地给出如下插值多项式的余项或误差估计定理.

定理 3.2 设 $x_0, x_1, \cdots, x_n$ 是区间 $[a,b]$ 上的互不相同的点, 函数 $f(x)$ 在 $[a,b]$ 上有 n 阶连续导数, 且在 (a,b) 内存在 $n+1$ 阶有界导数, $P_n(x)$ 是基于这 $n+1$ 个点上的 n 次拉格朗日插值多项式, 则对区间 $[a,b]$ 上的任何一点 x, 必存在一点 $\xi \in (a,b)$ (ξ 依赖于 x), 使得

$$R_n(x) = f(x) - P_n(x) = \frac{f^{(n+1)}(\xi)}{(n+1)!}(x-x_0)(x-x_1)\cdots(x-x_n). \tag{3.16}$$

从插值余项表达式可以看出, 插值误差的大小取决于 $f^{(n+1)}(\xi)$ 和 $(x-x_0)(x-x_1)\cdots(x-x_n)$ 两项. 在实际误差估计中, 前者的估计最为困难, 尤其当 $f(x)$ 未知或表达式较为复杂时, 求其高阶导数并估计其上界, 是十分困难的. 对于后者的估计, 从其形式上来看, 当插值点 x 位于插值区间内部, 尤其是中点附近时, 误差相对较小, 当插值点位于插值区间端点附近或在插值区间以外 (外插) 时, 误差相对较大.

拉格朗日插值采取直接构造的思想, 方法直观、易理解、易编程. 其插值公式及其误差估计定理在数值积分、数值微分等数值计算方法的算法设计及其误差估计中有着广泛而重要的应用. 另外一种构造插值多项式的方法是牛顿 (Newton) 方法, 其构造格式形式上类似于微积分中的泰勒 (Taylor) 展开式, 本质上牛顿插值公式是拉格朗日插值公式的变形. 无论是牛顿插值公式, 还是拉格朗日插值公式, 都没有考虑观测点的导数, 假如在观测点上不仅知道函数的观测值, 同时还已知该点的函数导数值, 则仍可采用拉格朗日插值方法中构造基函数的思想, 构造其插值多项式, 这就是著名的埃尔米特 (Hermite) 插值. 有兴趣的同学可进一步阅读这方面的书籍.

5. 任意 n 次拉格朗日插值多项式的 MATLAB 实现

利用 MATLAB 编制拉格朗日插值函数 polyinterp( ), 程序如下:

```
function v=polyinterp(x,y,u)
```
                    %x,y为同维观测点向量,u为计算插值点向量

```
                              %v为返回插值点函数值向量
        n=length(x);          %计算观测点个数
        v=zeros(size(u));     %返回向量初始化
        for k=1:n
            w=ones(size(u));
            for j=[1:k-1 k+1:n];
                w=(u-x(j))./(x(k)-x(j)).*w; %计算插值基函数的值
            end
            v=v+w*y(k);
        end
    end
```

仍然采用例 3.1 的数据, 采用 5 次拉格朗日插值多项式, 计算插值点 $u = 0.75 : 0.05 : 6.5$ 的多项式值, 并绘制图形. MATLAB 命令如下:

```
>> x=1:6;
>> y=[16 18 21 17 15 12]; %6个插值节点, 生成5次Lagrange插值多项式
>> u=0.75:0.05:6.5;       %生成116个插值点
>> v=polyinterp(x,y,u);
                %由5次Lagrange插值多项式计算插值点的多项式值
>> plot(x,y,'o',u,v,'-') %绘制插值结果的光滑曲线图
```

见图 3.4 所示.

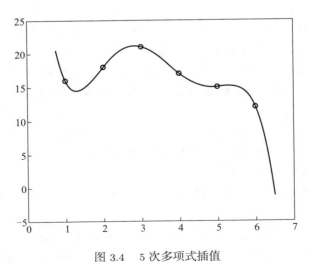

图 3.4 5 次多项式插值

3.1.4　分段插值

高次插值多项式与数值震荡现象: 直观想象中, 似乎可以靠增加插值节点的数目来改善插值的精度, 但是插值多项式的次数会随着节点个数的增加而升高, 这不仅增加了计算的工作量, 同时由于高次多项式本身的震荡特性会导致插值函数的逼近性和稳定性变差, 逼近的效果往往不理想, 容易产生**龙格 (Runge) 震荡现象**.

例 3.5　在区间 $[-5,\ 5]$ 上, 分别用 11 个和 6 个等距节点作插值多项式 $P_{10}(x)$ 和 $P_5(x)$, 使得它们在节点的值与函数 $y(x) = \dfrac{1}{1+x^2}$ 在对应节点的值相等, 试利用 $P_{10}(x)$, $P_5(x)$ 和 $y(x)$ 作图, 观察插值多项式的次数与逼近误差之间的关系.

在 MATLAB 命令窗口中, 输入如下命令:

```
>> x1=-5:1:5; %生成11个等间距网格点
>> x2=-5:2:5; %生成6个等间距网格点
>> y1=1./(1+x1.^2); %计算对应于11个等间距网格点的函数值
>> y2=1./(1+x2.^2); %计算对应于6个等间距网格点的函数值
>> u=-5:0.1:5;      %生成插值点
>> v1=polyinterp(x1,y1,u); %利用10次插值多项式计算插值点的函数值
>> v2=polyinterp(x2,y2,u); %利用5次插值多项式计算插值点的函数值
>> Y=1./(1+u.^2);     %计算函数在插值点的真实值
>> plot(u,Y,'k-',u,v1,'-.k',u,v2,':')  %作图比较
>> legend('1/(1+x^2)','P_10(x)','P_5(x)') %图例说明
```

程序运行结果见图 3.5 所示. 从图中可以看出, 10 次多项式的数值震荡明显高于 5 次多项式. 事实上, 插值多项式的次数越高, 这种数值震荡现象越明显, 此即著名的**龙格 (Runge) 现象**. 但当插值区间宽度较大时, 采用低次多项式插值又显得过于粗糙.

为了便于比较, 仍用例 3.5 的函数, 生成 xOy 平面上的 11 个等间距分布的数据点, 依次用直线段连接这些数据点, 利用 MATLAB 绘图, 并与原函数图形对比, 比较结果见图 3.6 所示.

从图中可以看出, 即使用分段线性插值, 只要网格间距较小, 仍会得到较理想的拟合结果.

分段插值的基本思想是把插值区间剖分成若干个子区间, 在每一个子区间上用低次多项式进行插值 (如线性插值多项式或抛物型插值多项式等), 则在整个插值区间上就得到一个分段插值函数.

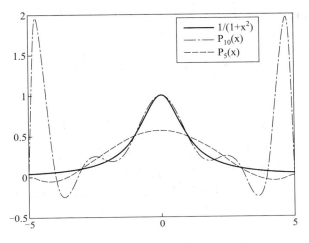

图 3.5　　高次多项式插值的龙格现象

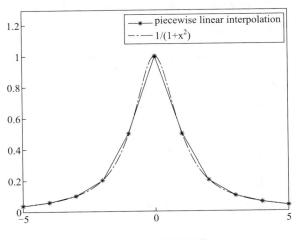

图 3.6　　分段线性插值

　　值得注意的是: 区间的剖分可以是任意的, 各个子区间上插值多项式次数 (依赖于子区间内插值节点的个数) 的选取也可按具体问题选择. 分段插值通常有较好的收敛性和稳定性, 且算法简单, 克服了龙格现象, 但插值函数不如高次拉格朗日多项式光滑.

　　分段插值大致可分为两类: 一类是局部化的简单分段插值; 另一类是非局部化、光滑性较好的分段插值, 即样条插值.

1. 分段线性插值

假定函数 $y = f(x)$ 在 $n+1$ 个插值节点

$$a = x_0 < x_1 < \cdots < x_n = b$$

上的值已知, 分别为

$$y_0 = f(x_0), \quad y_1 = f(x_1), \cdots, y_n = f(x_n).$$

于是得到 $n+1$ 个数据点 $\{(x_i, y_i)\}_{i=0}^n$. 连接相邻两点 $(x_{i-1}, y_{i-1}), (x_i, y_i)$ 得 n 条线段, 它们构成了平面上的一条折线, 把区间 $[a, b]$ 上这条折线表示的近似函数称为关于这 $n+1$ 个数据点的**分段线性插值 (piecewise linear interpolation) 函数**, 记为 $P(x)$.

它有如下**性质**:

(1) $P(x)$ 可以用分段线性函数表示, $P(x_i) = f(x_i) = y_i, i = 0, 1, \cdots, n$, 在区间 $[a, b]$ 上 $P(x)$ 连续, 但在插值节点上一阶导数不连续.

(2) $P(x)$ 在第 i 个子区间 $[x_{i-1}, x_i]$ 上的表达式为

$$P(x) = y_{i-1} \frac{x - x_i}{x_{i-1} - x_i} + y_i \frac{x - x_{i-1}}{x_i - x_{i-1}}, \quad x_{i-1} \leqslant x \leqslant x_i, \tag{3.17}$$

因此对分段线性插值, 可以定义插值基函数为

$$l_0(x) = \begin{cases} \dfrac{x - x_1}{x_0 - x_1}, & x \in [x_0, x_1], \\ 0, & \text{其他}, \end{cases}$$

$$l_i(x) = \begin{cases} \dfrac{x - x_{i-1}}{x_i - x_{i-1}}, & x \in [x_{i-1}, x_i], \\ \dfrac{x - x_{i+1}}{x_i - x_{i+1}}, & x \in [x_i, x_{i+1}], \quad i = 1, \cdots, n-1, \\ 0, & \text{其他}, \end{cases}$$

$$l_n(x) = \begin{cases} \dfrac{x - x_{n-1}}{x_n - x_{n-1}}, & x \in [x_{n-1}, x_n], \\ 0, & \text{其他}. \end{cases}$$

显然, 对任一插值节点 x_i, 其对应的插值基函数 $l_i(x)$ $(i = 0, 1, 2, \cdots, n)$ 满足

$$l_i(x_j) = \begin{cases} 1, & j = i, \\ 0, & j \neq i, \end{cases} \quad j = 0, 1, 2, \cdots, n.$$

于是, 在整个插值区间 $[a, b]$ 上, 分段线性插值多项式 $P(x)$ 可以统一表示为

$$P(x) = \sum_{i=0}^n l_i(x) \cdot y_i. \tag{3.18}$$

定理 3.3　设给定插值节点 $a = x_0 < x_1 < \cdots < x_n = b$ 及节点上的函数值 $f(x_i) = y_i, i = 0, 1, \cdots, n$, $f''(x)$ 在 $[a, b]$ 上存在, 则对任意的 $x \in [a, b]$, 有

$$|R(x)| = |f(x) - P(x)| \leqslant \frac{h^2 M_2}{8},$$

其中

$$h = \max_{1 \leqslant i \leqslant n} \{|x_i - x_{i-1}|\}, \quad M_2 = \max_{x \in [a, b]} \{|f''(x)|\}.$$

除分段线性插值多项式外, 采用类似的方法, 同样也可以构造分段二次 (抛物型) 插值多项式和分段三次插值多项式. 以分段二次插值多项式为例, 首先把插值区间 $[a, b]$ 剖分为如下形式:

$$a = x_0 < x_1 < x_2 < \cdots < x_{2n-1} < x_{2n} = b.$$

以相邻的三个 $x_{2i}, x_{2i+1}, x_{2i+2}$ 为一个子区间 $[x_{2i}, x_{2i+2}], i = 0, 1, \cdots, n-1$. 若已知在所有网格点 $x_i, i = 0, 1, \cdots, 2n$ 上的函数值, 则在每个子区间上都有 3 个数据点, 可以构造二次拉格朗日插值多项式.

2. 三次样条插值

分段插值函数在相邻子区间的端点处 (衔接点) 光滑程度不高, 如分段线性插值函数在插值节点处一阶导数不存在. 对一些实际问题, 不但要求在端点处插值函数的一阶导数连续, 而且要求二阶导数甚至更高阶导数连续. 如飞机的机翼外形, 内燃机的进、排气门的凸轮曲线, 医学断层扫描图像的 3D 重构等, 都要求所作的曲线具有足够的光滑性, 不仅要连续, 而且要有连续的曲率等. 如何由给定的一系列数据点作出一条整体比较光滑 (如二阶导数连续) 的曲线呢? 解决这个问题的常用方法就是采用样条插值函数.

"样条" 一词源于早期工程绘图员所用的一种绘图工具, 它是一个细的、富有弹性或可弯曲的木制或塑料条, 制图时首先把数据点描绘在平面上, 再把一根富有弹性的细直条 (称为**样条**) 弯曲, 依据数据点的分布, 调整其弯曲位置和程度, 然后用压铁固定其形状, 使其一边通过这些数据点, 这样沿样条边即可绘出一条光滑的曲线, 如此画出的曲线称为样条曲线. 如数据点较多时, 往往要用几根样条, 分段完成上述工作, 这时应当让样条连接点也保持光滑. 对绘图员用样条画出的曲线, 进行数学抽象和概化, 进而导出了样条函数的概念和数学模型.

已知函数 $f(x)$ 在区间 $[a, b]$ 上的 $n+1$ 个点

$$a = x_0 < x_1 < \cdots < x_n = b$$

处的函数值 (或观测值): $f(x_i) = y_i, i = 0, 1, \cdots, n$.

$S(x)$ 是一个分段定义的插值函数, 满足下列条件:

(1) $S(x)$ 在每个子区间 $[x_i, x_{i+1}]$ 上是一个三次多项式, 记为 $S_i(x), i = 0, 1, \cdots, n - 1$.

(2) $S(x_i) = y_i = f(x_i), i = 0, 1, \cdots, n$.

(3) $S(x)$ 在区间 (a, b) 上有连续的二阶导数, 即在所有插值内点处, 满足

$$S_j(x_{j+1}) = S_{j+1}(x_{j+1}), \quad j = 0, 1, \cdots, n - 2,$$
$$S'_j(x_{j+1}) = S'_{j+1}(x_{j+1}), \quad j = 0, 1, \cdots, n - 2,$$
$$S''_j(x_{j+1}) = S''_{j+1}(x_{j+1}), \quad j = 0, 1, \cdots, n - 2.$$

若记在子区间 $[x_i, x_{i+1}]$ 上的三次多项式 $S_i(x)$ 为

$$S_i(x) = a_i x^3 + b_i x^2 + c_i x + d_i,$$

即要精确确定每个子区间上的三次多项式, 共需要 $4n$ 个插值条件, 而条件 (2) 有 $n + 1$ 个条件, 条件 (3) 可给出 $3 \times (n - 1)$ 个条件, 全部条件合计为 $4n - 2$ 个, 仍少两个条件. 为此, 需要增加两个条件, 即下述的边界条件 (4).

(4) 在端点处满足如下边界条件之一:

① **自由边界**或**自然边界条件** (**free boundary condition**):

$$S''(x_0) = f''(a), S''(x_n) = f''(b).$$

特殊地, $S''(x_0) = S''(x_n) = 0$(自然样条).

② **固定边界条件** (**clamped boundary condition**):

$$S'(x_0) = f'(x_0), \quad S'(x_n) = f'(x_n).$$

③ **周期边界条件** (**periodic boundary condition**): 当 $y = f(x)$ 是以 $b - a = x_n - x_0$ 为周期的周期函数时, 要求 $S(x)$ 也是周期函数, 故端点要满足 $S'(x_0) = S'(x_n), S''(x_0) = S''(x_n)$ (当然其前提条件是 $S(x_0) = S(x_n)$).

称满足以上条件的 $S(x)$ 为 $f(x)$ 的**三次样条插值函数**, 简称**三次样条 (cubic spline)**. 三次样条的计算方法在数值分析或计算方法类图书中都有介绍, 有兴趣的读者可查阅相关资料.

在许多实际插值问题中, 它往往既要求所求的近似函数 (曲线或曲面) 有足够的光滑性, 又要求与实际函数有相同的凹凸性, 一般插值函数和样条插值函数都不具备这种性质. 解决这类问题的方法可以采用磨光函数、有理函数、B 样条函数等构造方法, 按照这类方法构造的插值函数既可以保证插值函数具有足够的光滑性, 而且也具有较好的保凹凸性.

3.1.5 一维分段插值的 MATLAB 实现

1. 一维插值函数

利用 MATLAB 求解一维插值问题, 其基本函数是 interp1( ), 调用格式为

$$interp1(x,y,cx,'methods')$$

其中 x, y 分别为数据点的横、纵坐标向量, x 必须单调. cx 为需要插值的横坐标数据 (或数组向量), 注意 cx 不能超出 x 的区间范围, 'methods' 为可选插值方法, 根据需要可从以下四个方法中任选一个:

- 'nearest': 最邻近点插值;
- 'linear': 分段线性插值 (缺省值);
- 'spline': 分段三次样条插值;
- 'cubic': 保形分段三次插值.

例 3.6　仍采用例 3.1 的数据, 分别利用上述四个方法选项进行插值, 编制 MATLAB 程序如下:

```
x0=1:6;
y0=[16 18 21 17 15 12];
cx=1:0.1:6;
y1=interp1(x0,y0,cx,'nearest');
y2=interp1(x0,y0,cx,'linear');
y3=interp1(x0,y0,cx,'spline');
y4=interp1(x0,y0,cx,'cubic');
subplot(2,2,1), plot(x0,y0,'o',cx,y1,'-r')
axis([0,7,10,24]),title('Nearest Interpolant')
subplot(2,2,2), plot(x0,y0,'o',cx,y2,'-k')
axis([0,7,10,24]),title('Linear Interpolant')
subplot(2,2,3), plot(x0,y0,'o',cx,y3,'-b')
axis([0,7,10,24]),title('Spline Interpolant')
subplot(2,2,4), plot(x0,y0,'o',cx,y4,'-k')
axis([0,7,10,24]),title('Cubic Interpolant')
```

运行结果见图 3.7 所示.

例 3.7　在连续 12 小时内, 每隔 1 小时测量一次某物体的温度, 观测结果见表 3.2 所示. 试估计在时间 3.2, 6.5, 7.1, 11.7 时的温度值.

解　在 MATLAB 中输入命令:

```
>> t0=1:12;
>> T0=[5 8 9 15 25 29 31 30 22 25 27 24];
```

```
>> t=[3.2 6.5 7.1 11.7];
>> T1=interp1(t0,T0,t); %分段线性插值
>> T2=interp1(t0,T0,t,'spline'); %三次样条插值
>> T1,T2
```

运行结果

T1=10.2000	30.0000	30.9000	24.9000
T2= 9.6734	30.0427	31.1755	25.3820

比较样条插值与线性插值的计算结果发现: 方法不同, 结果会有一定差异. 因为插值是一个估计或猜测的过程, 应用不同的估计方法将导致不同的结果.

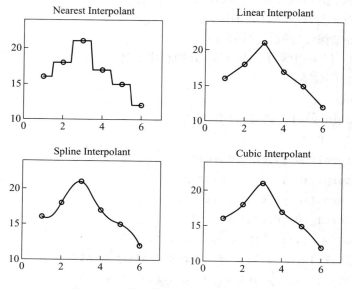

图 3.7   四种插值函数的插值效果示意图

表 3.2   温度测量结果

时间 t_i/h	1	2	3	4	5	6	7	8	9	10	11	12
温度 T_i/°C	5	8	9	15	25	29	31	30	22	25	27	24

2. 三次样条插值在 MATLAB 中的实现

MATLAB 根据不同的对象, 提供了许多可用于求取三次样条插值的函数, 常用的有如下一些函数.

(1) interp1( ) 函数

调用格式: y=interp1(x0,y0,cx,'spline')

其中, x0,y0 是给定数据点的横坐标和纵坐标向量, cx 是插值点.

功能说明: 默认 "非扭结" 端点条件 (not-a-knot end conditions), 返回插值点 cx 处的函数值. "非扭结" 是没有具体指定插值区间端点的边界条件, 而对边界条件的处理采取近似方法, 即强制第 1 个和第 2 个三次多项式的三阶导数相等, 对最后 1 个和倒数第 2 个三次多项式也作同样的处理.

(2) spline( ) 函数

调用格式 I: y=spline(x0,y0,cx)

功能说明: 与 y=interp1(x0,y0,cx,'spline') 相同.

调用格式 II:

$$pp=spline(x0,y0)$$

功能说明: 默认 "非扭结" 端点条件, 返回样条插值的分段多项式的形式结构. 如

```
>> x0=1:6;
>> y0=[16 18 21 17 15 12];
>> pp=spline(x0,y0)
```

显示结果如下:

```
pp =
      form: 'pp'
    breaks: [1 2 3 4 5 6]
     coefs: [5x4 double]
    pieces: 5
     order: 4
       dim: 1
```

结果显示: 结构形式为 'pp', 即分段多项式 (piecewise polynomial), 共有 6 个观测点 (breaks), 分段多项式的系数为 5×4 双精度矩阵, 5 个子区间 (pieces), 每个子区间有 4 个待识别参数 (order), 一维插值 (dim). 如果希望进一步给出每一段的三次样条多项式的具体表达式, 则可继续输入如下命令:

```
>> pp.coefs
ans =
    -2.2222    7.1667   -2.9444   16.0000
    -2.2222    0.5000    4.7222   18.0000
     3.1111   -6.1667   -0.9444   21.0000
    -1.2222    3.1667   -3.9444   17.0000
    -1.2222   -0.5000   -1.2778   15.0000
```

每行系数对应各段的三次样条插值多项式的系数, 即各段三次样条插值多项式的表达形式为

$$S(x) = \begin{cases} -2.2222(x-1)^3 + 7.1667(x-1)^2 - 2.9444(x-1) + 16, & 1 \leqslant x \leqslant 2, \\ -2.2222(x-2)^3 + 0.5(x-2)^2 + 4.7222(x-2) + 18, & 2 \leqslant x \leqslant 3, \\ 3.1111(x-3)^3 - 6.1667(x-3)^2 - 0.9444(x-3) + 21, & 3 \leqslant x \leqslant 4, \\ -1.2222(x-4)^3 + 3.1667(x-4)^2 - 3.9444(x-4) + 17, & 4 \leqslant x \leqslant 5, \\ -1.2222(x-5)^3 - 0.5(x-5)^2 - 1.2778(x-5) + 15, & 5 \leqslant x \leqslant 6. \end{cases}$$

如希望利用得到的三次样条插值多项式 pp, 计算其在插值点 cx 处的函数值, 可调用 ppval( ) 函数来实现.

调用格式: y=ppval(pp,cx)

(3) csape( ) 函数

调用格式: pp=csape(x0,y0,conds, valconds)

其中

• csape( ) 函数的返回值是分片 3 次多项式 pp 形式, conds 为指定边界条件, valconds 为边界条件值. 如进一步要求计算在插值点的插值函数值, 则可通过调用函数 ppval( ) 实现.

• csape( ) 中 conds 是指确定样条插值的边界条件, 其值可为

– 'complete': 缺省条件, 边界为一阶导数;

– 'not-a-knot': 非扭结条件;

– 'periodic': 周期性边界条件;

– 'second': 给定边界的二阶导数值;

– 'variational': 自然样条, 设定边界的二阶导数值为零.

对于 pp=csape(x0,y0,conds) 调用中的一些特殊的边界条件处理, 可以通过 conds 的一个二维条件行向量来表示, 条件向量元素的取值为 1 或 2. 此时, 调用函数格式为

$$pp=csape(x0,y0\_ext,conds)$$

其中 y0_ext=[left, y0, right], 这里 left 表示左边界的取值, right 表示右边界的取值. conds 的第一个元素表示左边界的条件, 第二个元素表示右边界的条件, 如 conds=[2,1] 表示左边界是二阶导数, 右边界是一阶导数, 对应的值由 left 和 right 给出.

对于三次样条插值, 建议使用 csape( ) 函数.

(4) csaps( ) 函数

调用格式: pp=csaps(x0,y0,p)

其中, p 为权因子 (0<p<1), p 越大, 与数据越接近. 特别地, 若 p=0, 则为分段线性拟合; 若 p=1, 则为自然样条.

功能说明: 返回值是 pp 形式, 实现光滑拟合.

(5) csapi( ) 函数

调用格式: pp=csapi(x0,y0)

功能说明: 返回值是 pp 形式, 实现 3 次样条函数的光滑拟合.

(6) 辅助函数

样条函数的插值结果, 可以借助于 fnplt( ) 函数绘制插值函数效果图, 调用格式为

```
fnplt(pp)
```

若需计算所得样条函数在插值向量 cx 处的函数值, 则可通过调用函数

```
y=fnval(pp,cx)
```

来实现.

(7) splinetool 工具箱

这是一个专门求解样条插值的人机交互式 MATLAB 工具箱. 读者无需了解具体的插值方法和公式构造过程, 可以直接导入数据, 选择各种方法, 通过比较拟合效果, 确定插值方法和插值函数.

例 3.8 利用 $y = \sin(x)$ 生成区间 $[0,10]$ 上的 11 个数据点, 然后利用 spline( ) 函数求加密后的插值点的函数值并绘制图形.

解 编制 MATLAB 程序如下:

```
x=0:10;
y=sin(x);
xx=0:.25:10;
yy=spline(x,y,xx);
plot(x,y,'o',xx,yy,'-b')
legend('sin(x)','spline interpolation')
```

运行结果见图 3.8 所示.

例 3.9 给定平面上观测数据如表 3.3 所示, 假定在端点上满足 $f'(-4) = f'(4) = 0$, 试用 csape( ) 函数估算插值点的函数值.

表 3.3 观测数据

x_i	−4	−3	−2	−1	0	1	2	3	4
$f(x_i)$	0	0.15	1.12	2.36	2.36	1.46	0.49	0.06	0

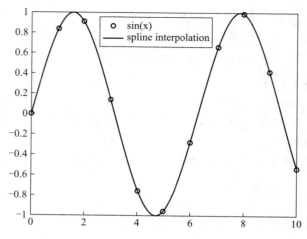

图 3.8   spline( ) 函数的样条插值效果示意图

解   编制 MATLAB 程序如下：

```
x=-4:4;
y=[0 0.15 1.12 2.36 2.36 1.46 0.49 0.06 0];
pp=csape(x,[0,y,0],[1,1]);%求满足边界条件的三次样条函数
cx=-4:0.1:4;%插值点
yy=ppval(pp,cx);%利用所求三次样条函数估计插值点的函数值
plot(x,y,'ok',cx,yy,'-b')
```

运行结果见图 3.9 所示.

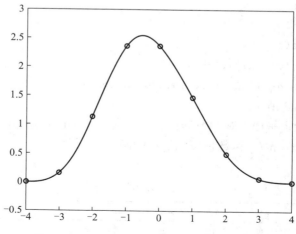

图 3.9   csape( ) 函数的样条插值效果示意图

3.2 二 维 插 值

二维插值问题的描述: 给定 xOy 平面上 $m \times n$ 个互不相同的插值节点

$$(x_i, y_j), \quad i = 1, 2, \cdots, m, \quad j = 1, 2, \cdots, n$$

处的观测值 (函数值)

$$z_{i,j}, \quad i = 1, 2, \cdots, m, \quad j = 1, 2, \cdots, n,$$

求一个近似的二元插值曲面函数 $f(x, y)$, 使其通过全部已知节点, 即

$$f(x_i, y_j) = z_{i,j}, \quad i = 1, 2, \cdots, m, \quad j = 1, 2, \cdots, n.$$

要求任一插值点 $(x^*, y^*)((x^*, y^*) \neq (x_i, y_j), i = 1, 2, \cdots, m, j = 1, 2, \cdots, n)$ 处的函数值, 可利用插值函数 $f(x, y)$ 近似求得 $z^* = f(x^*, y^*)$.

    二维插值常见的可分为两种: 网格节点插值和散乱数据插值. 网格节点插值用于规范矩形网格点插值情形, 而散乱数据插值适用于一般的数据点, 尤其是数据点不太规范的情况.

    二维插值函数的构造思想与一维插值基本相同, 仍可采用构造插值基函数的方法.

3.2.1 网格节点插值法

    为方便起见, 不妨设定

$$a = x_1 < \cdots < x_m = b, \quad c = y_1 < \cdots < y_n = d,$$

则 $[a, b] \times [c, d]$ 构成了 xOy 平面上的一个矩形插值区域.

    显然, 一系列平行直线 $x = x_i, y = y_j, i = 1, \cdots, m, j = 1, \cdots, n$ 将区域 $[a, b] \times [c, d]$ 剖分成了 $(m-1) \times (n-1)$ 个子矩形网格, 所有网格的交叉点即构成了 $m \times n$ 个插值节点.

1. 最邻近点插值

    二维或高维情形的最邻近点插值, 即零次多项式插值, 取插值点的函数值为其最邻近插值节点的函数值. 最邻近点插值一般不连续. 具有连续性的最简单的插值是分片线性插值.

2. 分片线性插值

    分片线性插值对应于一维情形的分段线性插值. 其基本思想是: 若插值点 (x, y) 在矩形网格子区域内, 即 $x_i \leqslant x \leqslant x_{i+1}, y_j \leqslant y \leqslant y_{j+1}$, 如图 3.10 所示. 连

接两个节点 $(x_i, y_j), (x_{i+1}, y_{j+1})$ 构成一条直线段, 将该子区域划分为两个三角形区域.

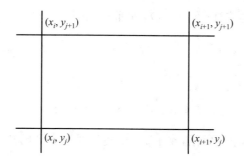

图 3.10   矩形网格示意图

在上三角形区域内, (x, y) 满足

$$y > \frac{y_{j+1} - y_j}{x_{i+1} - x_i}(x - x_i) + y_j,$$

则其插值函数为

$$f(x, y) = z_{i,j} + (z_{i+1,j+1} - z_{i,j+1})\frac{x - x_i}{x_{i+1} - x_i} + (z_{i,j+1} - z_{i,j})\frac{y - y_j}{y_{j+1} - y_j}.$$

在下三角形区域, (x, y) 满足

$$y \leqslant \frac{y_{j+1} - y_j}{x_{i+1} - x_i}(x - x_i) + y_j,$$

则其插值函数为

$$f(x, y) = z_{i,j} + (z_{i+1,j} - z_{i,j})\frac{x - x_i}{x_{i+1} - x_i} + (z_{i+1,j+1} - z_{i+1,j})\frac{y - y_j}{y_{j+1} - y_j}.$$

3. 双线性插值

双线性插值是由一片一片的空间网格构成. 以某一个子矩形网格为例 (如图 3.10 所示), 不妨设该网格的四个顶点坐标为

$$(x_i, y_j), (x_{i+1}, y_j), (x_i, y_{j+1}), (x_{i+1}, y_{j+1}).$$

设在该子区域内, 其双线性插值函数形式如下:

$$f(x, y) = Axy + Bx + Cy + D,$$

其中 A, B, C, D 为待定系数, 其值可利用待定系数方法确定, 即利用该函数在矩形的四个顶点 (插值节点) 的函数值:

$$f(x_i, y_j) = z_{i,j}, \qquad f(x_{i+1}, y_j) = z_{i+1,j},$$
$$f(x_{i+1}, y_{j+1}) = z_{i+1,j+1}, \qquad f(x_i, y_{j+1}) = z_{i,j+1}.$$

代入上述函数表达式即得到四个代数方程, 求解即可得四个待定系数.

采用拉格朗日插值构造方法亦可以给出其插值函数表达式. 类似于一维插值的方法, 首先构造四个网格点的插值基函数:

$$\phi_{i,j}(x,y) = \frac{(x-x_{i+1})(y-y_{j+1})}{(x_i-x_{i+1})(y_j-y_{j+1})}, \quad \phi_{i+1,j}(x,y) = \frac{(x-x_i)(y-y_{j+1})}{(x_{i+1}-x_i)(y_j-y_{j+1})},$$
$$\phi_{i+1,j+1}(x,y) = \frac{(x-x_i)(y-y_j)}{(x_{i+1}-x_i)(y_{j+1}-y_j)}, \quad \phi_{i,j+1}(x,y) = \frac{(x-x_{i+1})(y-y_j)}{(x_i-x_{i+1})(y_{j+1}-y_j)}.$$

则在矩形子区域 $[x_i, x_{i+1}] \times [y_j, y_{j+1}]$ 内的插值函数可表示为

$$f(x,y) = z_{i,j}\phi_{i,j}(x,y) + z_{i+1,j}\phi_{i+1,j}(x,y) + z_{i+1,j+1}\phi_{i+1,j+1}(x,y) + z_{i,j+1}\phi_{i,j+1}(x,y).$$

3.2.2 散乱数据插值法

问题描述 已知在 $T = [a,b] \times [c,d]$ 内散乱分布 N 个观测点 $V_k = (x_k, y_k), k = 1, 2, \cdots, N$ 及其观测值 z_k, 要求寻找 T 上的二元函数 $f(x,y)$, 使

$$f(x_k, y_k) = z_k, \quad k = 1, 2, \cdots, N.$$

解决散乱数据点插值问题, 常见的是 "反距离加权平均" 方法, 又称 Shepard (谢巴德) 方法. 其基本思想是: 由已知数据点的观测值估算任意非观测点 (x,y) 处的函数值, 其影响程度按距离远近不同而不同, 距离越远影响程度越低, 距离越近影响程度越大, 因此每一观测点的函数值对 (x,y) 处函数值的影响可用两个点之间距离的倒数, 即反距来度量, 所有数据点对 (x,y) 处函数值的影响可以采用加权平均的形式来估算.

首先计算任意观测点 $V_k = (x_k, y_k)$ 离插值点 (x,y) 的欧氏距离:

$$r_k = \sqrt{(x-x_k)^2 + (y-y_k)^2}, \quad k = 1, 2, \cdots, N;$$

然后定义第 k 个观测点的观测值对 (x,y) 点函数值的影响权值:

$$W_k(x,y) = \frac{\dfrac{1}{r_k^2}}{\displaystyle\sum_{k=1}^{N} \frac{1}{r_k^2}}, \quad k = 1, 2, \cdots, N.$$

则 (x, y) 处的函数值可由已知数据按与该点距离的远近作反距离加权平均决定, 即

$$f(x, y) = \begin{cases} z_k, & \text{当 } r_k = 0 \text{ 时,} \\ \sum_{k=1}^{N} W_k(x, y) z_k, & \text{当 } r_k \neq 0 \text{ 时.} \end{cases}$$

按 Shepard 方法定义的插值曲面是全局相关的, 即对曲面的任一点作插值计算都要涉及全体观测数据, 当实测数据点过多, 空间范围过大时, 采用这种方法处理, 会导致计算工作量偏大. 此外, $f(x, y)$ 在每个插值点 (x_k, y_k) 附近产生一个小的 "平台", 使曲面不具有光滑性. 但因为这种做法思想简单, 仍具有很强的应用价值.

为提高其光滑性, 人们对它进行了种种改进, 例如: 取适当常数 $R > 0$, 令

$$\omega(r) = \begin{cases} \dfrac{1}{r}, & 0 < r \leqslant \dfrac{R}{3}, \\ \dfrac{27}{4R} \left(\dfrac{r}{R} - 1 \right)^2, & \dfrac{R}{3} < r \leqslant R, \\ 0, & r > R. \end{cases}$$

由于 $\omega(r)$ 是可微函数, 使得如下定义的 $f(x, y)$ 在性能上有所改善:

$$f(x, y) = \sum_{k=1}^{N} W_k(x, y) z_k,$$

其中

$$W_k(x, y) = \frac{\omega(r_k)}{\sum\limits_{k=1}^{N} \omega(r_k)}, \quad k = 1, 2, \cdots, N.$$

3.2.3　二维插值的 MATLAB 实现

1. 二维矩形网格数据的插值

MATLAB 为矩形网格插值问题提供了基本插值函数 interp2( ), 其调用格式如下:

```
ZI=interp2(X,Y,Z,XI,YI,'methods')
```

其中, X,Y 为已知网格坐标点对应的横、纵坐标矩阵, Z 为对应网格坐标点处的函数值或观测值, XI, YI 为插值点坐标矩阵, methods 为插值方法选项, 可选项为: nearest, linear, cubic,spline.

例 3.10 考虑矩形区域 $x \in [-3,3], y \in [-2,2]$ 上的函数

$$f(x,y) = (x^2 - 2x)\mathrm{e}^{-x^2-y^2-xy}.$$

利用该函数在指定区域内生成的矩形网格点的函数值作为数据点, 然后用 interp2( ) 函数计算较细网格点的函数值, 并做出其三维网格图.

解 编制 MATLAB 程序如下:

```
x=-3:0.5:3;y=-2:0.5:2; %网格剖分
[X,Y]=meshgrid(x,y);    %生成矩形网格坐标点
Z=(X.^2-2*X).*exp(-X.^2-Y.^2-X.*Y);%计算网格点上的函数值
subplot(1,2,1),mesh(X,Y,Z) %绘制三维网格图
x1=-3:0.2:3; y1=-2:0.2:2;
[XI,YI]=meshgrid(x1,y1); %生成加细的插值网格点坐标矩阵
ZI=interp2(X,Y,Z,XI,YI,'Cubic');
                        %按分片三次插值方法计算插值点的插值
subplot(1,2,2), mesh(XI,YI,ZI),title('Cubic Interpolant')
```

运行结果见图 3.11 所示.

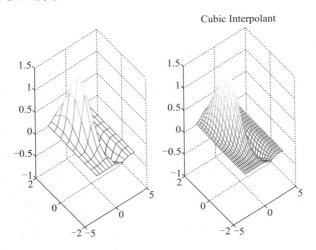

图 3.11 三维插值效果对照图

2. 不规则网格数据点的插值

若网格数据坐标点是不规则的, 即 z 的数据不完全, 不能构成网格矩阵, 此时 interp2( ) 函数不能再用. 为解决此类问题, MATLAB 提供了基于三角形网格的更一般的 griddata( ) 函数. 其调用格式为

$$ZI=griddata(x,y,z,XI,YI,'methods')$$

其中, x,y 是已知数据点坐标, 它可以是规则的, 也可以是不规则的, 均为向量形式给出, z 是已知数据点上的函数值; XI,YI 是插值点坐标, 可以是某个点, 也可以是向量或网格型矩阵, 得出的 ZI 是与 XI,YI 同维的插值结果; methods 选项除 'v4' 外, 其他均与 interp2( ) 函数相同. 'v4' 是 MATLAB4.0 版本中开始提供的基于 Delaunay (德洛内) 三角形网格剖分 (尽可能多地生成锐角三角形, 且边线不交叉) 的新型插值算法, 目前仍未有正式名称, 也是目前公认的插值效果较好的算法之一.

例 3.11 仍然采用例 3.10 中的被插函数

$$f(x,y) = (x^2 - 2x)e^{-x^2-y^2-xy}, x \in [-3,3], y \in [-2,2].$$

利用随机数生成函数 rand( ) 随机生成部分网格坐标点, 然后利用函数 $f(x,y)$ 生成网格点上的函数值. 以这些数据为已知数据, 用 griddata( ) 函数进行插值处理, 并做出插值结果图形.

解 首先生成平面上网格数据点, 编制 MATLAB 程序如下:

```
x=-3+6*rand(100,1);y=-2+4*rand(100,1);
                              %随机生成不规则网格数据点坐标
z=(x.^2-2*x).*exp(-x.^2-y.^2-x.*y);   %计算数据点的函数值
subplot(1,2,1),plot(x,y,z,'*'),title('Scattered Data')
tri=delaunay(x,y);
subplot(1,2,2),triplot(tri,x,y),title('Delaunay Triangulation')
```

运行结果见图 3.12 所示.

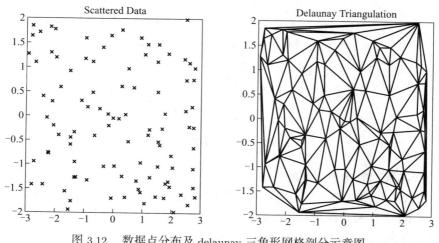

图 3.12   数据点分布及 delaunay 三角形网格剖分示意图

继续运行如下命令:

```
clf
x1=-3:0.2:3;y1=-2:0.2:2;
[XI,YI]=meshgrid(x1,y1); %生成插值网格点坐标矩阵
ZI=griddata(x,y,z,XI,YI,'v4'); %采用'v4'算法计算插值结果
surf(XI,YI,ZI)   %利用插值数据绘制三维曲面图
hold on
plot(x,y,z,'*')    %绘制已知数据点的散点图
hold off
```

插值结果见图 3.13 所示.

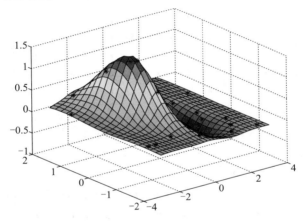

图 3.13　插值结果示意图

3.3　应　用　案　例

已知某地为了测绘当地地形地貌, 采用 GPS 标定了观测点的位置坐标 (x,y), 以及海拔高度 (单位: m), 观测结果如表 3.4 所示 (**备注**: 数据来源于 2011 年全国大学生数学建模竞赛 A 题). 试根据观测结果计算观测区域内任一点的海拔高度, 并绘制三维地形地貌图.

问题分析　在实际问题观测时, 不可能观测每一个点的海拔高度值, 只能借助于部分空间观测数据, 对整体空间中任一点进行数值估计. 因此该问题可以归结为空间数据插值问题.

模型建立与求解　本题中所提供的观测点是一个明显的空间散乱数据插值问题, 这里我们采用最简单的基于 "反距离加权平均" 的 Shepard 方法.

表 3.4   某地地形地貌观测结果

x	y	海拔/m	x	y	海拔/m	x	y	海拔/m	x	y	海拔/m	x	y	海拔/m
74	781	5	7304	5230	10	13093	4339	56	20101	10774	40	22965	13535	78
1373	731	11	7048	4600	24	13920	5354	79	21072	10404	32	23198	13523	62
1321	1791	28	8180	4496	15	14844	5519	62	20215	9951	31	24685	14278	98
0	1787	4	9328	4311	24	16569	6055	78	18993	12371	78	28654	8755	23
1049	2127	12	9090	5365	20	16387	6609	44	19968	12961	42	24003	15286	90
1647	2728	6	8049	5439	18	16061	7352	28	21766	12348	67	21684	13101	114
2883	3617	15	8077	6401	29	15658	7594	24	22674	12173	52	22193	12185	79
2383	3692	7	8017	7210	39	14298	7418	36	22535	11293	54	17079	5894	81
2708	2295	22	6869	7286	18	14177	6684	35	25221	5795	27	15255	5110	110
2933	1767	7	7056	8348	37	15092	6936	32	26453	5577	11	15007	5535	70
4233	895	6	7747	8260	49	12778	5799	93	26416	6508	14	3518	2571	59
4043	1895	14	8457	8991	21	17044	10691	93	27816	5581	11	3469	2308	52
2427	3971	2	9460	8311	45	17087	11933	43	25361	6423	49	3762	2170	30
3526	4357	7	9062	7639	45	17075	12924	25	24065	7353	104	3927	2110	27
5062	4339	5	9319	6799	49	17962	12823	25	25998	7032	51	4153	2299	73
4777	4897	8	10631	6472	57	18413	11721	88	27177	7771	17	3267	793	0
5868	4904	16	10685	5528	34	19007	11488	84	26424	8639	8	4684	1364	37
6534	5641	6	10643	4472	45	18738	10921	53	26073	8807	38	5495	1205	9
5481	6004	0	11702	4480	71	17814	10707	64	24631	9422	76	5664	1653	13
4592	4603	6	11730	5532	54	18134	10046	41	24702	9522	62	5541	2093	26
2486	5999	2	11482	6354	61	17198	9810	37	25461	9834	68	5451	2757	92
3299	6018	4	10700	8184	50	17144	9081	20	24813	10799	46	4020	2990	27
3573	6213	5	10630	8774	29	18393	9183	26	26086	11094	53	4026	3913	13
4741	6434	5	11678	8618	17	19767	8810	46	26015	12078	57	5101	4080	13
5375	8643	15	11902	7709	30	21006	8819	55	27700	11609	165	5438	3994	10
5635	7965	29	13244	7056	37	21091	9482	43	27696	11621	169	5382	3012	50
5394	8631	12	12746	8450	21	22846	9149	69	27346	13331	100	5314	2060	40
5291	7349	10	12855	8945	18	23664	9790	46	26591	13715	126	5503	1127	6
4742	7293	9	13797	9621	18	22304	10527	40	27823	14737	189	5636	133	17
4948	7293	6	14325	8666	23	21418	10721	35	27232	14482	150	6605	374	6
5567	6782	7	15467	8658	17	21439	11383	45	24580	13319	107	7093	1381	45
7004	6226	11	12442	4329	65	20554	11228	43	24153	12450	71	7100	2449	89

x	y	海拔/m	x	y	海拔/m	x	y	海拔/m	x	y	海拔/m	x	y	海拔/m
6837	3490	28	16823	4207	67	8446	11200	4	15248	9106	16	19041	15769	90
7906	3978	22	17008	4775	82	7612	11938	2	16428	9069	20	18906	16346	173
8045	3052	39	17203	6218	40	7912	12840	1	16289	10072	43	18467	17001	308
8394	2035	27	17005	7212	33	8866	13143	3	16267	11058	60	17414	15476	97
8403	1075	6	16947	7487	41	9296	13102	9	16440	12068	47	15748	15728	56
8079	0	16	16301	8299	24	9475	12000	9	16440	13232	24	15517	17034	77
9663	1288	3	17904	8287	25	9212	11305	5	15412	12982	21	16607	17365	155
9469	2286	15	18303	7385	39	8629	12086	1	14269	12877	27	15952	18397	103
9178	3299	42	18438	6539	22	7776	10613	9	13277	13204	19	22605	14301	93
9095	3975	26	18556	5588	15	8622	10638	4	13175	12238	31	23146	15382	153
10225	3821	19	18954	4874	4	9237	9872	28	12153	12336	16	22046	17634	171
10210	2789	19	18012	4414	20	8307	9726	14	11958	13313	13	23785	17643	194
10340	1764	7	19072	8519	36	7106	9467	44	10800	13282	9	25981	18051	173
11557	1581	7	20282	8590	57	6423	8831	40	10022	12204	5	27380	18202	136
11415	2585	12	21475	8540	85	7458	8920	36	9333	14631	4	25021	16290	104
11649	3515	27	21450	7555	58	8904	8868	24	9277	16148	18	23325	16701	105
12734	4015	43	20261	7586	29	10547	9591	32	11121	16432	23	26852	16114	225
12696	3024	27	19569	7348	70	10398	10360	0	10856	14727	41	17981	18449	93
12400	2060	13	19411	6934	28	10395	11203	8	12644	14943	43	14482	12692	20
12591	1063	18	19501	6091	9	11529	11243	16	12625	16259	66	14318	13569	30
13765	1353	15	20582	6548	13	11563	10298	12	9036	17538	3	10352	17133	31
13694	2357	33	19909	5300	3	11646	9381	14	10599	17980	11	9095	16414	29
13855	3345	79	21018	5764	9	12641	9560	11	12632	17949	33	10510	15314	19
14862	2524	28	22176	5492	25	14000	8970	14	14405	18032	152	13954	5615	61
14896	1603	4	23359	5325	28	14207	9980	14	14074	16516	124	10142	1662	8
15387	729	8	23238	6502	169	14065	10987	25	14262	15129	66	17765	3561	8
15810	2307	8	22624	4818	27	12734	10344	32	14624	14004	25	6924	5696	7
16032	3061	35	21703	6591	65	12727	7691	32	16629	14481	41	4678	3765	40
15801	3966	115	5006	8846	6	14173	11941	14	18470	14411	59	6182	2005	25
15087	3512	69	5734	9659	3	15467	12080	23	20591	13549	42	5985	2567	44
16872	2798	10	6395	10443	4	15140	11101	30	20983	15862	93	7653	1952	48
17734	3629	14	7405	10981	6	15198	10100	28	20177	17642	276			

MATLAB 参考程序如下:

```
A=[...]; %导入数据(可直接复制单元格采用粘贴方式导入)
X=A(:,1);Y=A(:,2);H=A(:,3);%提取坐标点和观测值
    %若按表中格式导入数据, 则数据提取方式为X=A(:,1:3:15)
    %Y=A(:,2:3:15),H=A(:,3:3:15)
subplot(1,2,1),plot(X,Y,'+'),title('(a)')
xlabel('x'),ylabel('y')
L=length(X);
x=min(X):50:max(X);y=min(Y):50:max(Y);
m=length(x);n=length(y);
ZI=zeros(n,m);
[XI,YI]=meshgrid(x,y);
for i=1:n
    for j=1:m
        rk2=(XI(i,j)-X).^2+(YI(i,j)-Y).^2;%计算距离的平方向量
        for k=1:L
            if rk2(k)==0
             flag=k; %判断插值点是否为观测点,是,则记录观测点编号
            else
             flag=0;
            end
        end
            if flag>0
             ZI(i,j)=Z(flag);
            else
            weight=sum(1./rk2);
            ZI(i,j)=sum((1./rk2).*Z)/weight;
            end
    end
end
subplot(1,2,2),contour(XI,YI,ZI),title('(b)')
xlabel('x'),ylabel('y')
```

运行结果如图 3.14 所示.

备注: 采用反距离加权平均的方法并不是一种最好的插值方法, 其主要缺

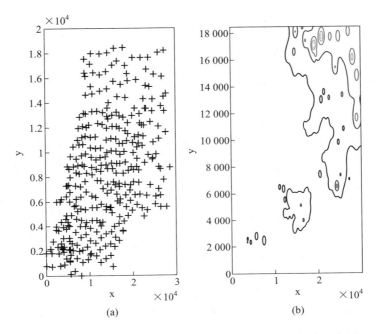

图 3.14　数据观测散点图和 "反距离加权平均" 方法插值示意图

点是在观测点及其附近区域有较明显的尖峰, 在二维等值线图形上表现为明显的 "牛眼" 现象, 即该方法缺乏足够的光滑性. 如采用类似于例 3.11 中所提的 griddata( ) 函数并选择 'v4' 选项, 则绘制出来的三维插值曲面图会光滑得多.

　　基于空间散乱数据插值的方法有很多, 常见的还有梯度距离平方反比法、Kriging (克里格) 方法等. Kriging 插值法又称空间自协方差插值方法, 它是基于随机过程的地质统计方法, 广泛地应用于地下水水文、水质以及地质统计的估计, 也是空间数据三维可视化的一种常用插值方法, 有兴趣的读者可查阅文献 [14, 15].

思考与练习三

　　1. 已知 $\sqrt{x}$ 在 $x = 100, 121, 169$ 处的函数值, 分别用线性和抛物型插值方法求 $\sqrt{110}$ 的近似值并分析误差.

　　2. 用 $x = 1$ 和 $x = 4$ 时函数 $f(x) = \sqrt{x}$ 的值作线性插值函数, 并求 $x = 2$ 和 $x = 3$ 时函数 $f(x)$ 的近似值.

　　3. 怎样选取步长 h, 才能使分段线性插值函数和 $\sin x$ 的误差小于 $\frac{1}{2} \times 10^{-6}$.

4. 求满足下列条件的三次样条插值函数 $s(x)$:

$$s(1) = s(2) = 1, \quad s(3) = 2, \quad s'(1) = 0, \quad s'(3) = 3.$$

5. 在化工生产中常常需要知道丙烷在各种温度 T 和压力 P 下的导热系数 K. 表 3.5 是实验得到的一组数据, 试求 $T = 99\,^{\circ}\mathrm{C}$ 和 $P = 10.3 \times 10^3\ \mathrm{kN/m^2}$ 下的 K.

表 3.5   各时段和一天总用水量及两个供水时段水泵的功率

$T/^{\circ}\mathrm{C}$	68	68	87	87	106	106	140	140
$P/(10^3\ \mathrm{kN \cdot m^{-2}})$	9.7981	13.324	9.0078	13.355	9.7918	14.277	9.6563	12.463
$K/(\mathrm{W \cdot (m \cdot {}^{\circ}C)^{-1}})$	0.0848	0.0897	0.0762	0.0807	0.0696	0.0753	0.0611	0.0651

6. 试用如式 (3.18) 所示的分段线性插值多项式 $P(x)$ 近似替代原函数 $f(x)$, 求 $\int_a^b f(x)\mathrm{d}x$ 的近似值.

7. 表 3.6 给出了某一海域以码为单位的直角坐标为 X, Y 的水面一点处以英尺为单位的水深 Z, 水深数据是在低潮时测得的. 船的吃水深度为 5 英尺. 问在矩形区域 $(75, 200) \times (-50, 150)$ 中, 哪些地方船要避免进入.

表 3.6   水道测量数据

X	129	140	103.5	88	185.5	195	105.5
	157.5	107.5	77	81	162	162	117.5
Y	7.5	141.5	23	147	22.5	137.5	85.5
	−6.5	−81	3	56.5	−66.5	84	−33.5
Z	4	8	6	8	6	8	8
	9	9	8	8	9	4	9

第四章   数据拟合方法

在大部分实际观测或实验中, 由于采样点位设置、采样方式、样本储运、测试方法、仪器精度等因素, 观测数据不可避免地会存在不同程度的观测误差或实验误差, 甚至得到的数据是错误的. 如考虑误差因素, 要求做出的近似函数或曲线如插值方法一样通过所有观测点, 显然是不必要的. 通常只要所作的拟合曲线 "尽可能" 靠近所有观测点即可. 此外, 在实际实验观测中, 为保证实验结果的可信性, 经常需要进行重复性实验, 如河流断面污染物浓度观测, 一般要求每日 3 次观测, 这样在同一个坐标点即产生了 3 个数据点, 这时采用插值方法进行数据建模时要求观测坐标点互不相同的假设就不再满足, 必须寻求另外可行的建模方法.

问题提出   已知平面上 n 个数据点

$$(x_i, y_i), \quad i = 1, 2, \cdots, n,$$

希望寻求某个函数 $y = \phi(x)$, 使 $\phi(x)$ 在**某种准则**下与所有数据点**最为接近**, 称此类数学问题为**数据拟合 (data fitting) 问题**.

从几何意义上直观理解, 就是求一条曲线, 使得曲线在所有观测点处与所有数据点最为接近, 即曲线拟合得最好. 因此, 此类问题也称为**曲线拟合 (curve fitting) 问题**.

曲线或曲面 (三维情形) 拟合问题涉及数学上的三类一般性问题: 一类是已知函数的具体显式表达式, 希望求一 "更简单" 的函数, 如多项式、三角函数或级数等, 用来逼近原函数, 这类问题称为**函数逼近 (function approximation) 问题**; 另一类是给定一系列数据点, 在不清楚其内部关联关系或机理的情形下, 寻求某一特定形式的 "最佳" 的函数, 来拟合给定的数据, 称之为**数据拟合问题**, 由此建立起来的函数关系称为**经验公式**; 最后一类问题是已知数学模型 (如常微分方程、偏微分方程、函数关系等) 及该模型的部分解 (通常为过去或现在一定时期或一定空间范围内的观测值),据此确定模型中的参数, 如人口模型的人口增长率、地下水流与水质模型中的地质参数识别等,这类问题通常称为**参数识别问题**, 是反问题求解的重要内容之一.

解决这类问题的思想在大学微积分理论及前面所讲的插值方法中已有所涉及, 如求函数 $f(x)$ 在 x_0 附近某点的近似值, 若已知函数在 x_0 点的函数值和各阶导数值 (直至 n 阶), 可采用泰勒 (Taylor) 展开式 (多项式) 得到很好的近似值.

上一章讨论的拉格朗日插值多项式和三次样条函数等, 也是解决这类近似估计问题的重要方法. 但插值方法的使用存在一些限制条件, 如

(1) 数据点是真实的, 不考虑误差因素;

(2) 所求函数曲线必须通过所有数据点;

(3) 所有观测点必须互不相同, 不能处理重复或多次观测数据处理问题.

本章讨论一类克服以上方法缺陷的重要方法, 即在参数识别研究中广泛采用的**最小二乘逼近 (least squares approximation) 方法**, 也称为最小二乘方法.

4.1　线性最小二乘拟合方法

4.1.1　直线拟合问题

本节首先考虑最简单的直线拟合问题.

例 4.1　给定一组实验观测数据, 如表 4.1 所示. 试建立数学模型, 并给出模型中的参数识别结果.

表 4.1　实验观测结果

x_i	1	2	3	4	5	6	7	8	9	10
y_i	1.3	3.5	4.2	5.0	7.0	8.8	10.1	12.5	13.0	15.6

问题分析　为了观察数据所具有的函数特征, 先对观测数据用 MATLAB 作散点图.

在 MATLAB 中输入如下命令:

```
>> x=[1  2  3  4  5  6  7  8  9  10];
>> y=[1.3  3.5  4.2  5.0  7.0  8.8  10.1  12.5  13.0  15.6];
>> plot(x,y,'*')
```

运行结果见图 4.1 所示.

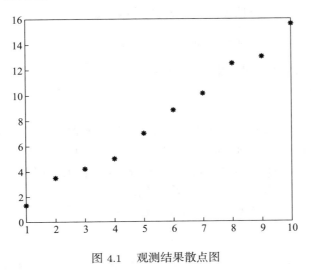

图 4.1 观测结果散点图

从图 4.1 中可以直观地看出, x 和 y 之间大致符合线性 (直线) 关系.

模型建立 为叙述方便起见, 记

$$(x_i, y_i), \quad i = 1, 2, \cdots, n$$

为平面上给定的数据点, x_i 为观测点, y_i 为在观测点 x_i 处的观测值, $i = 1, 2, \cdots, n$.

进一步地, 由图形观察结果可知, 输入 – 输出之间满足线性关系, 因此可设所求直线方程为

$$\phi(x) = a_1 x + a_0, \tag{4.1}$$

其中, a_1, a_0 为待定系数. 显然, 只要 a_1, a_0 已知, 就可以利用式 (4.1) 估算任意点的函数值.

参数识别 由初等数学的知识可知, 过平面上任意两点即可做出一条直线, 也可以做出不通过所有观测点, 但仍然很靠近所有数据点的直线. 显然可供选择的直线很多, 那么哪一条直线是 "最好" 的呢? 进一步分析发现, 事实上不可能存在任何一条直线准确拟合所有数据点. 有鉴于此, 问题就变为如何建立 "最佳" 拟合准则, 以及在相应拟合准则下, 如何求取参数 a_1, a_0, 即所谓的**参数辨识 (parameter identification) 问题**或**参数识别 (parameter recognition) 问题**.

曲线 "最佳" 拟合准则的建立 假如参数 a_1, a_0 已知, 则

$$\phi(x_i) = a_1 x_i + a_0, \quad i = 1, 2, \cdots, n$$

即为所求函数在观测点 x_i 处的计算值.

记观测值 y_i 和计算值 $\phi(x_i)$ 在 x_i 点的偏差为

$$e_i = y_i - \phi(x_i) = y_i - (a_1 x_i + a_0), \quad i = 1, 2, \cdots, n.$$

以各数据点的偏差为向量元素, 构成偏差向量

$$\boldsymbol{e} = (e_1, e_2, \cdots, e_n)^{\mathrm{T}}.$$

显然, 尽可能 "靠近" 所有数据点等价于让拟合曲线在每个观测点 x_i 的计算值与观测值的偏差 e_i 尽可能地小. 若 $e_i = 0$, 则意味着拟合曲线通过该点. 因此 "最佳" 拟合准则是求参数 a_0, a_1 的最优解 $\hat{a}_0, \hat{a}_1$, 使得误差向量 $\boldsymbol{e}$ 的每个分量或向量范数 (模) 尽可能地小 (趋近于零).

准则 I 极大极小准则 (minimax criterion)

求 $\hat{a}_0, \hat{a}_1$, 使

$$E(\hat{a}_0, \hat{a}_1) = \min_{a_0, a_1} \max_{1 \leqslant i \leqslant n} \{|e_i|\} = \min_{a_0, a_1} \max_{1 \leqslant i \leqslant n} \{|y_i - (a_1 x_i + a_0)|\}. \tag{4.2}$$

由于绝对值函数在坐标原点的一阶导数不存在, 因此目标函数在数据点处不可导. 求解此类极值问题在数学方法上过于复杂, 一般不采用.

准则 II 绝对偏差准则 (absolute deviation criterion)

求 $\hat{a}_0, \hat{a}_1$, 使

$$E(\hat{a}_0, \hat{a}_1) = \min_{a_0, a_1} \sum_{i=1}^{n} |e_i| = \min_{a_0, a_1} \sum_{i=1}^{n} |y_i - (a_1 x_i + a_0)|. \tag{4.3}$$

同样地, 由于绝对值函数的一阶导数在零点不连续, 因此该目标函数光滑性不好, 实践中一般也不采用该准则.

准则 III 离散最小二乘准则 (discrete least squares criterion)

求 $\hat{a}_0, \hat{a}_1$, 使

$$E(\hat{a}_0, \hat{a}_1) = \min_{a_0, a_1} \boldsymbol{e}^{\mathrm{T}} \boldsymbol{e} = \min_{a_0, a_1} \sum_{i=1}^{n} [y_i - (a_1 x_i + a_0)]^2. \tag{4.4}$$

显然, 该目标函数 $E(a_0, a_1)$ 关于参变量 (待定系数) a_1, a_0 是凸函数 (二次函数), 可利用微分理论中多元极值原理求解. 式 (4.4) 称为**最小二乘偏差平方和**, 有时也称**残差平方和**, 它的大小是衡量模型好坏的重要依据.

参数计算 由 (4.4) 式, 利用多元函数极值原理可知: 若目标函数 $E(a_0, a_1)$ 的极小值存在, 一定有

$$\frac{\partial E}{\partial a_0} = 0, \quad \frac{\partial E}{\partial a_1} = 0.$$

展开得法方程组或**正规方程组 (normal equations):**

$$0 = \frac{\partial}{\partial a_0} \sum_{i=1}^{n} [y_i - (a_1 x_i + a_0)]^2 = \sum_{i=1}^{n} 2(y_i - a_1 x_i - a_0)(-1),$$

$$0 = \frac{\partial}{\partial a_1} \sum_{i=1}^{n} [y_i - (a_1 x_i + a_0)]^2 = \sum_{i=1}^{n} 2(y_i - a_1 x_i - a_0)(-x_i).$$

化简得

$$a_0 \cdot n + a_1 \sum_{i=1}^{n} x_i = \sum_{i=1}^{n} y_i,$$

$$a_0 \sum_{i=1}^{n} x_i + a_1 \sum_{i=1}^{n} x_i^2 = \sum_{i=1}^{n} x_i y_i.$$

利用消元法求解此二元一次方程组, 得

$$a_0 = \frac{\sum_{i=1}^{n} x_i^2 \sum_{i=1}^{n} y_i - \sum_{i=1}^{n} x_i y_i \sum_{i=1}^{n} x_i}{n \left(\sum_{i=1}^{n} x_i^2 \right) - \left(\sum_{i=1}^{n} x_i \right)^2}, \tag{4.5}$$

$$a_1 = \frac{n \sum_{i=1}^{n} x_i y_i - \sum_{i=1}^{n} x_i \sum_{i=1}^{n} y_i}{n \left(\sum_{i=1}^{n} x_i^2 \right) - \left(\sum_{i=1}^{n} x_i \right)^2}. \tag{4.6}$$

把 (4.5) 和 (4.6) 分别代入 (4.1) 中, 即得所求的线性多项式拟合的具体函数表达式.

根据例 4.1 的数据, 利用式 (4.5) 和 (4.6) 求待定参数 $\hat{a}_0, \hat{a}_1$. 在 MATLAB 命令窗口下输入如下指令:

```
>> x=1:10;
>> y=[1.3  3.5  4.2  5.0  7.0  8.8  10.1  12.5  13.0  15.6];
>> n=length(x);    %求数据点的个数
>> a=sum(x);        %计算向量x的各分量之和
>> b=sum(y);        %计算向量y的各分量之和
>> c=sum(x.*y);     %计算向量x.*y的各分量之积的和
>> d=sum(x.^2);     %计算向量x.^2的各分量平方之和
>> a0=(d*b-c*a)/(n*d-a^2);
```

```
>> a1=(n*c-a*b)/(n*d-a^2);
>> a0,a1
```

运行结果为

```
 a0=
    -0.3600
 a1=
     1.5382
```

继续输入命令:

```
>> Y=a1*x+a0;      %计算拟合函数在插值点上的预测值
>> plot(x,y,'o',x,Y,'-k')
```

得到拟合直线与观测点散点图, 见图 4.2 所示.

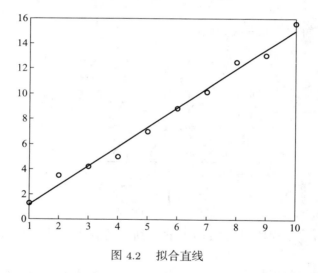

图 4.2　拟合直线

最小二乘偏差平方和的计算, 可继续通过输入如下命令实现:

```
>> e=Y-y;          %求计算值与实际观测值的误差向量
>> E=sum(e.^2) %计算最小二乘偏差平方和
```

得到运行结果为: E=2.3447.

在实际应用中, 有许多常用的曲线函数, 可通过适当的变换即可把一个复杂的非线性拟合问题化为简单的线性拟合问题, 如

(1) 幂函数曲线: $y = \alpha x^{\beta}$ 可化为 $\ln y = \ln \alpha + \beta \ln x$;

(2) 指数函数曲线: $y = \alpha e^{\beta x}$ 可化为 $\ln y = \ln \alpha + \beta x$;

(3) 对数函数曲线: $y = \ln bx$ 可化为 $e^y = bx$;

(4) 双曲线 (单支): $y = \dfrac{a}{x} + b$ 可化为 $y = a\dfrac{1}{x} + b$.

4.1.2 一般意义下的线性最小二乘方法

1. 方法描述

给定一系列观测数据 $(x_i, y_i), i = 1, 2, \cdots, n$, 令拟合函数

$$\phi(x) = a_1 r_1(x) + a_2 r_2(x) + \cdots + a_m r_m(x), \tag{4.7}$$

其中, $r_k(x), k = 1, 2, \cdots, m$ 是事先选定的一组已知函数 (称为**基函数**), $a_k, k = 1, 2, \cdots, m\,(m < n)$ 为待定系数. 则求拟合函数 $\phi(x)$ 使其尽可能逼近所有数据点的问题, 就转变为求最佳参数估计 $\hat{a}_1, \hat{a}_2, \cdots, \hat{a}_m$, 使下式达到最小:

$$\begin{aligned}
J(\hat{a}_1, \hat{a}_2, \cdots, \hat{a}_m) &= \min_{a_1, a_2, \cdots, a_m} \sum_{i=1}^{n} [\phi(x_i) - y_i]^2 \\
&= \min_{a_1, a_2, \cdots, a_m} \sum_{i=1}^{n} \left[\sum_{k=1}^{m} a_k r_k(x_i) - y_i \right]^2.
\end{aligned} \tag{4.8}$$

在式 (4.7) 中, 拟合函数 $\phi(x)$ 本质上是 m 个已知函数的线性组合, 即其表达式关于待定参数 $a_1, a_2, \cdots, a_m$ 是线性的, 故称此类最小二乘问题为**线性最小二乘曲线拟合 (linear least square curve fitting) 问题**, 或**线性最小二乘拟合方法**. 又由于拟合函数是基于时间或空间上一系列离散的观测点建立的, 故该问题又称**离散的线性最小二乘曲线拟合 (discrete linear least square curve fitting) 问题**.

进一步思考 式 (4.8) 可以视作一个等权值的偏差平方和的极值问题. 在实际应用中, 有时要考虑数据点的数据可靠性. 对完全不可靠的数据点, 通常采取直接删除该数据点的做法; 对可靠性差的数据点, 希望降低其对最小二乘偏差平方和的影响, 其改进策略是把目标函数变为加权求和问题. 模型描述如下:

求最佳参数估计 $\hat{a}_1, \hat{a}_2, \cdots, \hat{a}_m$, 使

$$\begin{aligned}
J(\hat{a}_1, \hat{a}_2, \cdots, \hat{a}_m) &= \min_{a_1, a_2, \cdots, a_m} \sum_{i=1}^{n} \omega_i [\phi(x_i) - y_i]^2 \\
&= \min_{a_1, a_2, \cdots, a_m} \sum_{i=1}^{n} \omega_i \left[\sum_{k=1}^{m} a_k r_k(x_i) - y_i \right]^2
\end{aligned} \tag{4.9}$$

达到最小, 其中 $\omega_i > 0, i = 1, 2, \cdots, n$ 为权值系数, 满足 $\sum_{i=1}^{n} \omega_i = 1$.

2. 参数的确定

由 (4.8) 式, 要求 $a_1, a_2, \cdots, a_m$ 使 J 达到最小, 只需利用高等数学中多元极值的必要条件:

$$\frac{\partial J}{\partial a_k} = 0, \quad k = 1, 2, \cdots, m,$$

即可得到关于 $a_1, a_2, \cdots, a_m$ 的线性方程组 (即法方程组):

$$\begin{cases} \sum_{i=1}^{n} r_1(x_i) \left(\sum_{k=1}^{m} a_k r_k(x_i) - y_i \right) = 0, \\ \quad\quad\cdots\cdots\cdots\cdots \\ \sum_{i=1}^{n} r_m(x_i) \left(\sum_{k=1}^{m} a_k r_k(x_i) - y_i \right) = 0. \end{cases} \tag{4.10}$$

若令

$$\boldsymbol{R} = \begin{bmatrix} r_1(x_1) & r_2(x_1) & \cdots & r_m(x_1) \\ r_1(x_2) & r_2(x_2) & \cdots & r_m(x_2) \\ \vdots & \vdots & & \vdots \\ r_1(x_n) & r_2(x_n) & \cdots & r_m(x_n) \end{bmatrix}, \quad \boldsymbol{a} = \begin{bmatrix} a_1 \\ a_2 \\ \vdots \\ a_m \end{bmatrix}, \quad \boldsymbol{y} = \begin{bmatrix} y_1 \\ y_2 \\ \vdots \\ y_n \end{bmatrix},$$

则 (4.10) 可以写成矩阵形式

$$\boldsymbol{R}^{\mathrm{T}} \boldsymbol{R} \boldsymbol{a} = \boldsymbol{R}^{\mathrm{T}} \boldsymbol{y}. \tag{4.11}$$

注意到, $\boldsymbol{R}$ 是一个 $n \times m$ 矩阵, $\boldsymbol{a}$ 为 m 维待求参数列向量, $\boldsymbol{y}$ 为 n 维观测数据列向量. 故 $\boldsymbol{R}^{\mathrm{T}} \boldsymbol{R}$ 为 $m \times m$ 方阵, $\boldsymbol{R}^{\mathrm{T}} \boldsymbol{y}$ 为 m 维列向量.

当 $\{r_1(x), \cdots, r_m(x)\}$ 线性无关时, $\boldsymbol{R}$ 是列满秩的, $\boldsymbol{R}^{\mathrm{T}} \boldsymbol{R}$ 可逆, 方程组 (4.11) 有唯一解, 其解析解为 $\boldsymbol{a} = (\boldsymbol{R}^{\mathrm{T}} \boldsymbol{R})^{-1} \boldsymbol{R}^{\mathrm{T}} \boldsymbol{y}$.

在 MATLAB 中求解 (4.11) 式, 只需执行命令

$$a = R\backslash y \quad 或 \quad a = R'R\backslash R'y$$

仍以例 4.1 的数据为例, 采用式 (4.11) 的方法求直线拟合方程的系数, 此时 $r_1(x) = x, r_2(x) = 1$. 在 MATLAB 中输入如下命令:

```
>> x=1:10;
>> y=[1.3,3.5,4.2,5.0,7.0,8.8,10.1,12.5,13.0,15.6];
>> n=length(x); %计算数据点的个数
>> R=[x',ones(n,1)]; %生成R矩阵
>> a=R\y' %求直线拟合方程的系数向量, a1=a(1),a0=a(2)
```

运行结果为

```
a =
    1.5382
   -0.3600
```

可见, 两种方法的结果是一致的.

3. 基函数 $r_1(x), \cdots, r_m(x)$ 的选取

对一组数据 (x_i, y_i), $i = 1, 2, \cdots, n$, 用线性最小二乘法作曲线拟合时, 关键是恰当地选取 $r_1(x), \cdots, r_m(x)$. 如果能通过机理分析, 知道 x 与 y 之间应该有什么样的函数关系, 则 $r_1(x), \cdots, r_m(x)$ 就容易确定.

若无法知道 x 与 y 之间的关系, 通常可以利用数据作图, 直观地判断应该用什么样的曲线去作拟合. 实际操作中可以在直观判断的基础上, 选几种可能的曲线分别作拟合, 然后比较, 看哪条曲线的最小二乘指标 (偏差平方和) J 最小.

4.1.3 最小二乘多项式拟合

在线性最小二乘法中, 若取基函数 $r_1(x) = 1, r_2(x) = x, \cdots, r_m(x) = x^{m-1}$, 则此时的线性最小二乘拟合问题就是多项式拟合问题.

问题提出 已知观测数据 (x_i, y_i), $i = 1, 2, \cdots, n$, 求一个次数不超过 m $(m < n)$ 的多项式

$$P_m(x) = a_m x^m + \cdots + a_2 x^2 + a_1 x + a_0, \tag{4.12}$$

即求最优参数 $\hat{a}_0, \hat{a}_1, \cdots, \hat{a}_m$, 使得

$$
\begin{aligned}
&J(\hat{a}_0, \hat{a}_1, \cdots, \hat{a}_m) \\
&= \min_{a_0, a_1, \cdots, a_m} \sum_{i=1}^{n} [y_i - P_m(x_i)]^2 \\
&= \min_{a_0, a_1, \cdots, a_m} \sum_{i=1}^{n} [y_i - a_m x_i^m - a_{m-1} x_i^{m-1} - \cdots - a_1 x_i - a_0]^2
\end{aligned}
\tag{4.13}
$$

取最小值. 称此类问题为**最小二乘多项式拟合问题 (least square polynomial fitting problem)**.

类似地, 利用多元函数极值定理, 可得其法方程组的矩阵形式为

$$\boldsymbol{R}^{\mathrm{T}} \boldsymbol{R} \boldsymbol{a} = \boldsymbol{R}^{\mathrm{T}} \boldsymbol{y}, \tag{4.14}$$

其中

$$\boldsymbol{R}_{n \times (m+1)} = \begin{bmatrix} x_1^m & x_1^{m-1} & \cdots & 1 \\ x_2^m & x_2^{m-1} & \cdots & 1 \\ \vdots & \vdots & & \vdots \\ x_n^m & x_n^{m-1} & \cdots & 1 \end{bmatrix}, \quad \boldsymbol{a} = \begin{bmatrix} a_m \\ a_{m-1} \\ \vdots \\ a_0 \end{bmatrix}, \quad \boldsymbol{y} = \begin{bmatrix} y_1 \\ y_2 \\ \vdots \\ y_n \end{bmatrix}.$$

注意:

(1) 在系数矩阵 $\boldsymbol{R}$ 的列结构中, 每一列都对应于相应幂次的函数项, 如第 j 列对应 x^{m-j+1} 项, 如在拟合函数中没有此项, 则相应列也不存在. 如在拟合多项式中没有常数项, 则 $\boldsymbol{R}$ 中最后一列应该删掉. 在实际应用时, 应根据拟合多项式的结构, 灵活运用.

(2) 把多项式的结构写成按幂次由高到低的次序排列, 是为了适应 MATLAB 习惯的需要. 若多项式 (4.12) 的结构为按幂次由低到高的次序排列, 则 $\boldsymbol{R}$ 的列的次序也应顺序颠倒, 对应的解向量分量的排列次序也相应地为按对应多项式的幂次由低到高的次序排列.

(3) 一般而言, 对曲线拟合问题, 待定参数的个数远小于已知数据点的数目, 我们称此类问题为**超定 (overdetermined) 问题**.

在 MATLAB 中, 求解式 (4.14) 可以通过如下命令求解:

$$a = R \backslash y$$

例 4.2　利用函数

$$y = x^3 - 2x,$$

在区间 $[-1,1]$ 上生成等间距的 11 个数据点 (见表 4.2).

表 4.2 　 已 知 数 据

x_i	−1.000	−0.800	−0.600	−0.400	−0.200	0	0.200	0.400	0.600	0.800	1.000
y_i	1.000	1.088	0.984	0.736	0.392	0	−0.392	−0.736	−0.984	−1.088	−1.000

试利用多项式拟合方法, 求形式为

$$\phi(x) = ax^3 + bx$$

的多项式拟合系数.

解　MATLAB 命令如下:

```
>> x=-1:0.2:1; %生成观测点
>> y=x.^3-2*x; %生成观测点的函数值
>> x=x'; y=y'; %把行向量形式转置为列向量形式
>> R=[x.^3 x]; %生成对应列的列向量
>> a=R\y
```

运行结果为

```
a =
    1.0000
   -2.0000
```

结果与实际一致.

4.2　非线性最小二乘拟合方法

最小二乘拟合问题本质上是一个无约束优化问题, 广泛应用于参数识别问题.

如基函数 $r_1(x), r_2(x), \cdots, r_m(x)$ 本身就是关于某些参变量的非线性函数, 则由这些非线性基函数的线性组合构成的拟合函数仍为非线性函数. 如

(1) 有理函数: 分子中的系数是线性的, 而分母中的系数是非线性的:

$$r_j(x) = \frac{x^{j-1}}{\alpha_1 x^{n-1} + \cdots + \alpha_{m-1} x + \alpha_m}, \quad j = 1, 2, \cdots, m,$$

$$\phi(x) = \frac{\beta_1 x^{m-1} + \cdots + \beta_{m-1} x + \beta_m}{\alpha_1 x^{n-1} + \cdots + \alpha_{m-1} x + \alpha_m}.$$

(2) 指数函数: 衰减速率 λ_j 是非线性的:

$$r_j(x) = \mathrm{e}^{-\lambda_j x}, \quad j = 1, 2, \cdots, m,$$

$$\phi(x) = \beta_1 \mathrm{e}^{-\lambda_1 x} + \cdots + \beta_m \mathrm{e}^{-\lambda_m x}.$$

(3) 高斯函数: 均值和方差均是非线性的:

$$r_j(x) = \mathrm{e}^{-\frac{x-\mu_j}{\sigma_j}}, \quad j = 1, 2, \cdots, m,$$

$$\phi(x) = \beta_1 \mathrm{e}^{-\frac{x-\mu_1}{\sigma_1}} + \cdots + \beta_m \mathrm{e}^{-\frac{x-\mu_m}{\sigma_m}}.$$

在最小二乘意义下, 用非线性函数拟合给定观测数据, 称为**离散的非线性最小二乘拟合方法**.

加权非线性最小二乘拟合问题可描述为: 已知观测数据 $(x_i, y_i), i = 1, 2, \cdots, n$, 对选定的拟合函数

$$\phi(x) = \phi(x; a_1, a_2, \cdots, a_m)$$

和给定的一组权系数 $\omega_1, \omega_2, \cdots, \omega_m$, 求待定参数 $\hat{a}_1, \cdots, \hat{a}_m$, 使得

$$\min \sum_{i=0}^{n} \omega_i [y_i - \phi(x_i; a_1, a_2, \cdots, a_m)]^2 \tag{4.15}$$

达到最小.

值得注意的是, 对加权求和问题, 权系数的确定一般由实验观测人员根据实际操作规程中的规范程度人为确定, 也可以通过数据观察找出异常点, 对异常点采用小权值系数值.

4.3 用 MATLAB 求解数据拟合问题

4.3.1 最小二乘多项式拟合

多项式拟合是线性最小二乘拟合中最常用的方法, 在 MATLAB 中通过调用 polyfit( ) 函数实现. 调用格式如下:

调用格式: p=polyfit(x,y,m)

其中 m 为拟合多项式的次数, x, y 分别为数据点的横、纵坐标向量, 返回值 p 为所求多项式按幂次由高到低排列的系数向量.

利用所得拟合多项式估计在插值点 x_i 处的值 y_i, 可用多项式求值函数 polyval( ) 实现.

调用格式: yi=polyval(p,xi)

功能说明: 求系数向量为 p 的多项式在指定点 x_i (可以为某个点, 或向量、矩阵) 处的函数值 y_i.

备注:

(1) 在 MATLAB 中所取拟合多项式函数形式为

$$\varphi(x) = a_m x^m + a_{m-1}x^{m-1} + \cdots + a_1 x + a_0,$$

即系数项按幂次由高到低的次序排列.

(2) 若 $m = n-1$, 即由 n 个数据点, 构造一个 $n-1$ 次多项式, 在这种情况下若插值节点互不相同, 则采用 polyfit(x,y,m) 函数所求得的拟合多项式与采用拉格朗日插值方法所得结果一致.

例 4.3 利用表 4.3 中所列的一组数据作二次多项式拟合.

表 4.3 观 测 数 据

x_i	0	0.1	0.2	0.3	0.4	0.5	0.6	0.7	0.8	0.9	1
y_i	−0.447	1.978	3.28	6.16	7.08	7.34	7.66	9.56	9.48	9.30	11.2

解 1 利用超定方程方法求解.

在 MATLAB 中依次输入以下命令:

```
>> x=0:0.1:1;
>> y=[-0.447 1.978 3.28 6.16 7.08 7.34 7.66 9.56 9.48 9.30 11.2];
>> R=[(x.^2)', x', ones(11,1)]; %或R=[x(:).^2, x(:), ones(11,1)]
>> a=R\y'
```

运行结果为

```
a =
    -9.8108
    20.1293
    -0.0317
```

解 2 采用 MATLAB 多项式拟合函数 polyfit( ) 方法求解.

输入以下命令:

```
>> x=0:0.1:1;
>> y=[-0.447 1.978 3.28 6.16 7.08 7.34 7.66 9.56 9.48 9.30 11.2];
>> a=polyfit(x,y,2);
>> z=polyval(a,x);
>> plot(x,y,'k+',x,z,'r')
>> a
```

计算结果完全相同, 运行结果见图 4.3 所示.

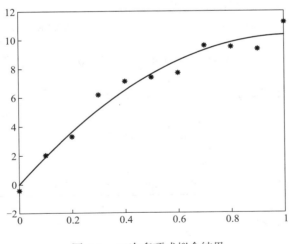

图 4.3   二次多项式拟合结果

4.3.2 非线性最小二乘拟合

最小二乘问题是一个比较特殊的优化问题, 针对不同的非线性模型, MAT-
LAB 优化工具箱 (Optimization Toolbox) 中提供了许多拟合函数供选择.

1. lsqcurvefit( ) 函数

已知观测点 $(x_i, y_i), i = 1, 2, \cdots, n$, 以及待拟合函数 $f(\boldsymbol{a}, x)$, 其中 $\boldsymbol{a}$ 为待定

参数向量, 求 $\hat{\boldsymbol{a}} = (\hat{a}_1, \hat{a}_2, \cdots, \hat{a}_m)$ 使目标函数

$$\min_{\boldsymbol{a}} J = \sum_{i=1}^{n}[f(\boldsymbol{a}, x_i) - y_i]^2$$

取极小值. 式中 $\boldsymbol{a} = (a_1, a_2, \cdots, a_m)$ 为待求参数变量, m 为待求参数个数.

利用 MATLAB 中 lsqcurvefit( ) 函数求解上述最优化模型, 调用格式为

调用格式 I: [a,J]=lsqcurvefit(fun,a0,x,y)

调用格式 II: [a,J]=lsqcurvefit(fun,a0,x,y,lb,ub)

其中 a0 是参数向量 a 的初始值向量, 其维数等于参变量的个数; x 为观测点向量, y 为观测值向量; fun 是待求拟合函数的表达式, 可以是 M 函数文件, 也可以是匿名函数或由 inline( ) 函数定义的函数; lb, ub 是参数向量的下界向量和上界向量, 即 lb ⩽ a⩽ ub, 如某个变量 a(i) 无界, 则设该分量为 lb(i)=−inf, ub(i)=inf . 运行结果返回参数向量 a 的计算结果和最小二乘偏差平方和 J (目标函数) 的值.

其他调用格式可在 MATLAB 中查阅相应帮助文档.

例 4.4   给定一组观测数据如表 4.4, 且已知该数据满足的拟合函数为

$$f(x) = ax + bx^2\mathrm{e}^{-cx} + d,$$

试求满足下面数据的最小二乘解 a, b, c, d 的值.

表 4.4   观 测 数 据

x_i	0.1	0.2	0.3	0.4	0.5	0.6	0.7	0.8	0.9	1.0
y_i	2.3201	2.6470	2.9707	3.2885	3.6008	3.9000	4.2147	4.5191	4.8232	5.1275

解   记参数向量为

$$\boldsymbol{a} = [a(1), a(2), a(3), a(4)] = [a, b, c, d].$$

编制 MATLAB 命令如下:

```
>> x=0.1:0.1:1;
>> y=[2.3201 2.6470 2.9707 3.2885 3.6008 3.9000 4.2147 4.5191...
    4.8232 5.1275];
>> a0=[2  2  2  2];%给出参数向量的初值
>> f=@(a,x)a(1)*x+a(2)*x.^2.*exp(-a(3)*x)+a(4);%定义拟合函数
```

```
>> [a,J]=lsqcurvefit(f,a0,x,y);
>> y1=f(a,x); %求拟合函数在数据坐标点的计算值
>> plot(x,y,'o',x,y1,'-k') %绘图比较
>> a, J
    a =
        3.1104    1.6382    4.4151    1.9984
    J =
      5.7294e-005
```

观测值与拟合函数计算值对比结果, 见图 4.4 所示, 拟合曲线与观测点的最小二乘偏差平方和为 $J = 5.7294 \times 10^{-5}$.

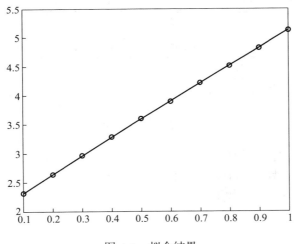

图 4.4　拟合结果

2. lsqnonlin( ) 函数

lsqnonlin( ) 函数用来求向量函数 $\boldsymbol{F}(\boldsymbol{x}) = (F_1(\boldsymbol{x}), F_2(\boldsymbol{x}), \cdots, F_n(\boldsymbol{x}))^{\mathrm{T}}$ 中参量 $\boldsymbol{x}$ (向量) 的值. 对应的数学模型如下:

$$\min_{\boldsymbol{x}} \|\boldsymbol{F}(\boldsymbol{x})\|_2^2 = \boldsymbol{F}(\boldsymbol{x})^{\mathrm{T}} \boldsymbol{F}(\boldsymbol{x}) = \sum_{i=1}^{n} F_i^2(\boldsymbol{x}).$$

对于非线性最小二乘问题, 要利用该函数求参数向量. 可根据问题的描述, 自行定义对应的目标函数.

设已知数据点 $\{(x_1, y_1), (x_2, y_2), \cdots, (x_n, y_n)\}$, 且设拟合函数表达式为 $y = f(\boldsymbol{a}, x)$, 其中 $\boldsymbol{a}$ 为参数向量. 则目标函数向量可定义为

$$\boldsymbol{F}(\boldsymbol{a}) = (f(\boldsymbol{a}, x_1) - y_1, f(\boldsymbol{a}, x_2) - y_2, \cdots, f(\boldsymbol{a}, x_n) - y_n)^{\mathrm{T}}.$$

调用格式: [a,J]=lsqnonlin(fun, a0)

其中 fun 是含参数向量的函数, a0 是参数向量的初始值向量. 返回最优解 a(参数向量) 和目标函数值 (最优值).

例 4.5 已知某放射性物质衰减的观测数据记录如表 4.5 所示.

表 4.5   观 测 数 据

时间 t	0.0	0.1	0.2	0.3	0.4	0.5	0.6
浓度 y	5.8955	3.5639	2.5173	1.9790	1.8990	1.3938	1.1359
时间 t	0.7	0.8	0.9	1.0	1.1	1.2	1.3
浓度 y	1.0096	1.0343	0.8435	0.6856	0.6100	0.5392	0.3946
时间 t	1.4	1.5	1.6	1.7	1.8	1.9	2.0
浓度 y	0.3903	0.5474	0.3459	0.1730	0.2211	0.1704	0.2636

试用表中数据拟合出函数

$$y(t) = \beta_1 \mathrm{e}^{-\lambda_1 t} + \beta_2 \mathrm{e}^{-\lambda_2 t}$$

中参数 $\beta_1, \lambda_1, \beta_2, \lambda_2$ 的估计值.

解 1   利用函数 lsqcurvefit( ) 求解.

编制 MATLAB 程序如下:

```
clc
t=0:0.1:2;
y=[5.8955 3.5639 2.5173 1.9790 1.8990 1.3938 1.1359...
    1.0096 1.0343 0.8435 0.6856 0.6100 0.5392 0.3946...
    0.3903 0.5474 0.3459 0.1730 0.2211 0.1704 0.2636];
fun=@(a,t)a(1)*exp(-a(2)*t)+a(3)*exp(-a(4)*t);%定义函数表达式
a0=[1 1 1 1]; %赋参数初始值向量
[a,J]=lsqcurvefit(fun,a0,t,y) %求参数向量及目标函数值
Y=fun(a,t);    %利用参数向量计算在数值点的预测值
plot(t,y,'o',t,Y,'-k') %绘制观测及计算结果对照图
xlabel('t'),ylabel('y')
```

运行结果显示:

```
Local minimum possible...
a=
```

```
        2.8726    1.3911    3.0229   10.5091
J=
        0.1395
```

即得到了局部最优解. 参数向量最优解为

$$\beta_1 = 2.8726, \quad \lambda_1 = 1.3911, \quad \beta_2 = 3.0229, \quad \lambda_2 = 10.5091,$$

残差向量的平方和为 0.1395.

绘图比较结果如图 4.5 所示.

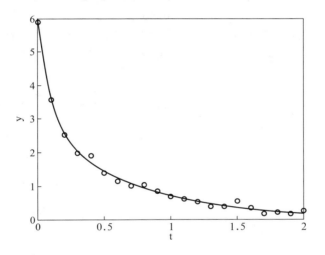

图 4.5　非线性最小二乘拟合结果

解 2　利用函数 lsqnonlin( ) 求解.

编制 MATLAB 程序如下:

```
clc
t=0:0.1:2;
y=[5.8955 3.5639 2.5173 1.9790 1.8990 1.3938 1.1359...
   1.0096 1.0343 0.8435 0.6856 0.6100 0.5392 0.3946...
   0.3903 0.5474 0.3459 0.1730 0.2211 0.1704 0.2636];
fun=@(a)a(1)*exp(-a(2)*t)+a(3)*exp(-a(4)*t)-y;
a0=[1 1 1 1];
[a,J]=lsqnonlin(fun,a0)
```

运行结果与 lsqcurvefit( ) 相同.

值得说明的是, 由于非线性最优化问题一般采用搜索算法求解, 需要给出参数初始值. 初始值的确定对能否顺利找到最优解至关重要. 在实际计算时常常会遇到因初始参数向量赋值不当找不到最优解或拟合偏差过大的问题, 因此在操作过程中应尝试不同赋值的寻优结果. 此外, 参数向量估计问题的最优解通常不唯一, 在确定时可参考目标函数的值, 选其中最小者对应的最优解作为参数估计结果.

4.3.3　交互式曲线拟合

MATLAB 提供了一个求解一维数据拟合的交互式工具箱. 调用命令如下:

>> cftool

进入曲线拟合窗口 cftool(Curving Fitting Tool). 在 MATLAB2013a 中, 这个工具箱直接列在主菜单栏 "APPS" 菜单下, 直接点击其启动按钮即可打开. 如图 4.6 所示.

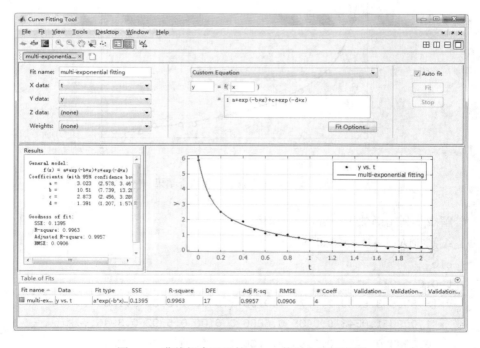

图 4.6　曲线拟合工具箱 cftool 使用方法示意图

以例 4.5 中的数据和拟合函数为例, 说明该工具箱的使用方法.

(1) 在工具箱窗口上方 "Fit name" 栏, 填入拟选用的拟合方法或图例名字, 如 "multi-exponential fitting"; 然后创建关联数据向量, 即把自变量 t 和因变量 y

提交到数据关联空间, 事实上如果工作空间中保存了相应的变量, 则点击窗口左上方的 "X data" "Y data" 数据栏的右侧下拉按钮, 即出现所有保存在工作空间中变量的名字, 选定相应变量即可.

(2) 选择拟合函数: 在工具箱上方中部, 有一个下拉式拟合函数选择按钮, MATLAB 提供了如高斯分布、插值、多项式、样条、有理函数、傅里叶函数、指数函数、幂函数等常用函数选项, 本例中选择 "Custom Equation" 选项, 该选项提供了一个交互窗口, 用户可以根据需要自行定义所中意的拟合函数形式.

只要给出了选定数据点和拟合函数表达式, 系统会自动进行求解, 求解结果列在窗体左下侧的 "Results" 窗口内, 结果不仅包含了参数向量的估计值, 而且还给出了置信区间, 最小二乘偏差平方和等. 而在窗体右下部, 会同步显示拟合效果对照图.

4.4 应用案例: 给药方案问题

给药方案制定问题: 一种新药用于临床之前, 必须设计给药方案. 在快速静脉注射的给药方式下, 所谓**给药方案**是指: 初次注射给药量? 间隔多长时间? 每次注射剂量多大?

药物进入机体后通过血液输送到全身, 在这个过程中不断地被吸收、分布、代谢, 最终排出体外. 药物在血液中的浓度, 即单位体积血液中的药物含量, 称为**血药浓度**. 在最简单的一室模型中, 将整个机体看做一个房室, 称中心室, 室内血药浓度是均匀的. 快速静脉注射药物后, 药物浓度立即上升, 并迅速均匀充满全身血液; 随后, 随着人体的新陈代谢, 血药浓度会不断下降. 当浓度降低到一定程度时, 会影响治疗效果, 此时需要及时补充药物; 当浓度太高时, 又可能导致药物中毒或副作用太强, 影响人体健康.

临床上, 每种药物有一个最小有效浓度 c_1 和一个最大有效浓度 c_2. 设计给药方案时, 要使血药浓度保持在 $c_1 \sim c_2$ 之间, 这里设 $c_1 = 10(\mu g/mL)$, $c_2 = 25(\mu g/mL)$.

通过实验, 对某人用快速静脉注射方式一次注入该药物 300 mg 后, 在一定时刻 t (单位: h) 采集血药, 测得血药浓度 c (单位: $\mu g/mL$), 如表 4.6 所示.

表 4.6 血药浓度观测结果

观测时间 t/h	0.25	0.5	1	1.5	2	3	4	6	8
观测浓度 $c/(\mu g \cdot mL^{-1})$	19.21	18.15	15.36	14.10	12.89	9.32	7.45	5.24	3.01

问题分析　要设计给药方案, 必须知道给药后血药浓度随时间变化的规律. 为此首先进行数据观察: 以观测时间为横坐标, 以观测浓度为纵坐标, 作散点图, 见图 4.7 所示.

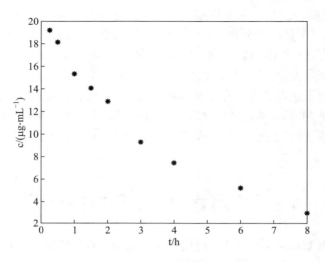

图 4.7　血药浓度观测结果

从中大致可以推断: 药物衰减符合负指数衰减规律.

为进一步验证观察结果, 在新坐标 $t \sim \ln c$ 中做出 t 与 $\ln c$ 的关系, 见图 4.8. 由图形观察结果, 验证了血药浓度数据符合负指数衰减规律.

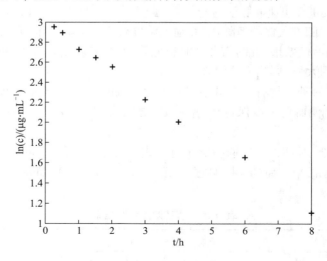

图 4.8　血药浓度对数变化趋势图

基本假设

(1) 把机体看做一个房室.

(2) 药物进入机体后迅速均匀分布于整个室内, 即药物进入机体到分布均匀所需的时间不计.

(3) 药物排除速率与血药浓度成正比, 比例系数为 $k(> 0)$.

模型建立　记机体内血液容积为 V (单位: L), 初始 $(t = 0)$ 时药物注射剂量为 d (单位: mg), 则初始血药浓度为 d/V. 因此, 由基本假设有

$$\frac{\mathrm{d}c}{\mathrm{d}t} = -kc, \tag{4.16}$$

$$c(0) = \frac{d}{V}. \tag{4.17}$$

模型求解　解微分方程 (4.16), (4.17), 得

$$c(t) = \frac{d}{V}\mathrm{e}^{-kt}. \tag{4.18}$$

参数估计　根据题目给定的初始注射量 $d=300$ mg, 及观测数据表 4.6, 首先通过最小二乘数据拟合方法求出待定参数 k 和 V.

方法一: 用线性最小二乘拟合.

(1) 先将非线性函数转化为线性函数, 即对 (4.18) 式两端取对数得

$$\ln c = \ln\frac{d}{V} - kt.$$

令 $y = \ln c, a_1 = -k, a_2 = \ln\frac{d}{V}$, 则上式可以写成

$$y = a_1 t + a_2.$$

(2) 编写 MATLAB 程序如下:

```
clc,clear
d=300;
t=[0.25 0.5 1 1.5 2 3 4 6 8];
c=[19.21 18.15 15.36 14.10 12.89 9.32 7.45 5.24 3.01];
y=log(c);
a=polyfit(t,y,1)
k=-a(1)
V=d/exp(a(2))
```

计算得结果为 $k=0.2347(1/h)$, $V=15.02(L)$.

方法二: 用非线性最小二乘拟合 lsqcurvefit( ) 方法.

编写 MATLAB 命令如下:

```
clc,clear
d=300;
t=[0.25 0.5 1 1.5 2 3 4 6 8];
c=[19.21 18.15 15.36 14.10 12.89 9.32 7.45 5.24 3.01];
f=@(a,t)(a(1)\d).*exp(-a(2)*t);%定义函数, 其中a(1)=V; a(2)=k
a0=[10,0.5];
a=lsqcurvefit(f,a0,t,c)
```

计算得结果为 $k=0.2420\,(1/h)$, $V=14.8212\,(L)$.

两种方法所得结果很接近.

结果分析与验证 把方法一所求得的参数代入模型 (4.18) 中, 计算模型在所有观测时刻的预测值, 并作图对比观察, 见图 4.9 所示.

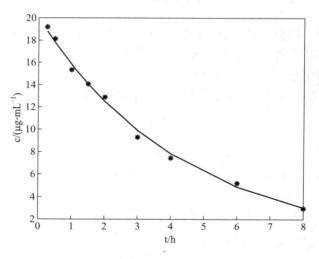

图 4.9 预测值与观测值对比结果

给药方案制定 建模的目的是制定给药方案, 单纯由模型得不到明确的答案, 需要针对问题具体计算.

给药方案的确定就是给出初始注射剂量、其后每次注射剂量、每次注射间隔多长时间. 记初次注射剂量为 D_0, 每次注射剂量 D, 间隔时间为 τ, 则给药方案可记为 $\{D_0, D, \tau\}$.

根据题意: 给药方案应使得治疗期内血药浓度 $c(t)$ 满足: $c_1 \leqslant c(t) \leqslant c_2$.

(1) 初始注射剂量的确定: 初始注射剂量应尽量使得血药浓度达到上限值, 因此有

$$D_0 = Vc_2 = 15.02 \times 25 = 375.5 \text{ (mg)}.$$

(2) 注射间隔时间的确定: 当血液中血药浓度达到有效值下限时, 应及时注射, 即注射间隔时间应为血药浓度从上限值衰减为下限值时所经过的时间.

$$c_1 = c_2 \mathrm{e}^{-k\tau},$$

即

$$\tau = \frac{1}{k} \ln \frac{c_2}{c_1} = \frac{1}{0.2347} \ln \frac{25}{10} = 3.904 \text{ (h)}.$$

(3) 每次注射剂量的确定: 每次注射剂量应为在注射间隔内机体排泄的量, 或为恢复峰值时应补充的药剂量.

$$D = V(c_2 - c_1) = 15.02 \times (25 - 10) = 225.3 \text{ (mg)}.$$

因此最终的给药方案可确定为: 首次注射剂量约为 375 mg, 其后每次注射剂量约为 225 mg, 注射的间隔时间约为 4 h.

思考与练习四

1. 插值与数据拟合方法都是基于数据的建模方法, 试分析二者的区别与联系.
2. 如考虑观测数据的可靠性, 试推导加权的最小二乘多项式拟合的参数计算公式.
3. 用电压 $U = 10$ V 的电池给电容器充电, 已知电容器上 t 时刻的电压满足

$$u(t) = U - (U - U_0)\mathrm{e}^{-\frac{t}{\tau}},$$

其中 U_0 是电容器的初始电压, τ 是充电常数. 试由表 4.7 中数据确定 U_0 和 τ.

表 4.7　充电效果测试数据

t/s	0.5	1	2	3	4	5	7	9
u/V	6.36	6.48	7.26	8.22	8.66	8.99	9.43	9.63

4. 弹簧在拉力 F 作用下的拉伸长度 x, 在一定范围内服从胡克定律: F 与 x 成正比, 即 $F = kx$. 一旦拉力超出某个限值, 胡克定律就不再成立. 表 4.8 给出了某弹簧的拉伸试验数据, 请根据试验数据确定 k, 以及胡克定律不成立时的近似公式.

表 4.8　弹簧拉伸实验数据

x	1	2	4	7	9	12	13	15	17
F	1.5	3.9	6.6	11.7	15.6	18.8	19.6	20.6	21.1

5. 已知一组观测数据, 如表 4.9 所示.

表 4.9　观 测 数 据

x_i	−2	−1.7	−1.4	−1.1	−0.8	−0.5	−0.2	0.1
y_i	0.10289	0.11741	0.13158	0.14483	0.15656	0.16622	0.17332	0.17750
x_i	0.4	0.7	1	1.3	1.6	1.9	2.2	2.5
y_i	0.17853	0.17635	0.17109	0.16302	0.15255	0.1402	0.12655	0.11219
x_i	2.8	3.1	3.4	3.7	4	4.3	4.6	4.9
y_i	0.09768	0.08353	0.07015	0.05876	0.04687	0.03729	0.02914	0.02236

(1) 试用插值方法绘制出 $x \in [-2, 4.9]$ 区间内的光滑曲线, 并比较各种插值算法的优劣;

(2) 试用最小二乘多项式拟合方法拟合表中数据, 选择一个能较好拟合数据点的多项式的阶次, 给出相应多项式的系数和偏差平方和;

(3) 若表中数据满足正态分布函数 $y(x) = \dfrac{1}{\sqrt{2\pi}\sigma}\mathrm{e}^{-\frac{(x-\mu)^2}{2\sigma^2}}$, 试用最小二乘非线性拟合方法求出分布参数 μ, σ 值, 并利用所求参数值绘制拟合曲线, 观察拟合效果.

6. 如采用加权形式的最小二乘拟合算法, 请思考一下应如何修改相关 MATLAB 程序, 以例 4.5 为例进行说明.

第五章　差分方程建模方法

在现实生活中, 许多问题 (如储蓄问题、贷款问题、人口问题、河流水质断面监测问题等) 的观测数据通常都是在一系列离散时间或空间上进行观测得到的. 如果把每个离散点 (时间或空间位置) 的观测值或计算量看做一个状态, 那么后一个状态结果与前面的状态行为有关.

通过收集这些时间或空间上离散点的观测数据 (状态), 识别出相邻状态变量之间的变化机理和关联关系, 进而建立起离散的状态变量关联方程, 并利用方程预测状态变量的变化趋势, 从而达到预测、管理或控制的目的.

这种基于时间或空间上离散点之间的关系建立起来的关联方程就是本章要介绍的**差分方程**. 如果把这种状态的变化行为看做是在时间或空间上连续发生的, 那么模型构建的结果就是下一章描述的**微分方程**模型. 差分与微分都是描述状态变化问题的机理建模方法, 是同一建模问题的两种思维 (离散或连续) 方式.

利用差分方程建模, 通常是把问题看做一个系统, 考察系统状态变量的变化. 即首先考察任意两个相邻位置 (时间或空间), 通常称之为一个**微元**, 考察状态值在这个微元内的变化, 即输入、输出变化情况, 分析变化的原因, 进而利用自然科学中的一些相应规律, 如质量守恒、动量守恒、能量守恒等公理或定律建立起微元两端状态变量之间的关联方程. 其遵循的一个基本准则就是: **未来值 = 现在值 + 变化值**.

若记 a_k 为第 k 个时刻或位置的状态变量值, 则把各个状态变量的状态值次序排列, 就形成了一个有序序列 $\{a_k\}_{k=1}^n$. 若序列中的 a_k 和其前一个状态或前几个状态值 a_i $(0 \leqslant i < k)$ 存在某种关联, 则把它们的关联关系用代数方程的形式表达出来, 即建立起状态之间的关联方程, 称之为**差分方程 (difference equation)**. 差分方程也叫做**递推关系 (recursive relation)**.

5.1　差分方程建模

例 5.1　储蓄问题

问题提出　考虑储蓄额度为 1000 元的储蓄存单, 月利率为 1%, 试计算第 n 个月后该存单的实际价值.

问题分析　若在存期内利率保持不变, 则该问题就是我们所说的复利计算问题.

基本假设　假定存单在存期内利率保持不变.

模型建立　记 r 为月利率; x_k 为第 k 个月末该存单的价值 (本息合计, 单位: 元). 则第 $k+1$ 个月末存单的价值为 x_{k+1}. 以第 k 个月末到第 $k+1$ 个月末作为一个时间单元, 则第 $k+1$ 个月末存单的实际价值为上月月末存单实际价值加上当月价值变动量, 而当月价值变动量等于上月末存单价值在该月产生的利息. 也就是说, 在这个时间单元内, 存单的实际价值变化量为

$$x_{k+1} - x_k = rx_k, \quad k = 0, 1, 2, \cdots, n-1. \tag{5.1}$$

或改写为如下差分方程形式:

$$x_{k+1} = x_k + rx_k = (1+r)x_k, \quad k = 0, 1, 2, \cdots, n-1. \tag{5.2}$$

由已知条件, 起始存单储蓄额度为 1000 元 (初始值), 即 $x_0 = 1000$, 于是联立即得相应的差分动力系统方程:

$$\begin{cases} x_{k+1} = (1+r)x_k, \quad k = 0, 1, \cdots, n-1, \\ x_0 = 1000. \end{cases} \tag{5.3}$$

模型求解　由递推关系, 可得问题的解析解为

$$x_n = (1+r)x_{n-1} = (1+r)^2 x_{n-2} = \cdots = (1+r)^n x_0. \tag{5.4}$$

计算结果见表 5.1 所示.

表 5.1　复利计算结果

初始	第一个月末	第二个月末	$\cdots$	第 $n-1$ 个月末	第 n 个月末
1000	1010	1020.1	$\cdots$	$1000 \times 1.01^{n-1}$	1000×1.01^n

例 5.2　贷款问题

在现实生活中, 经常会遇到贷款问题, 如购房、买车、投资等, 如何根据自身偿还能力, 确定合适的贷款额度及偿还期限, 是每个借贷人应考虑的现实问题.

问题提出 假定某消费者购房需贷款 30 万元, 期限为 30 年, 已知贷款年利率为 3.6%, 采用固定额度还款方式, 问每月应还款额是多少?

问题分析 当月欠款 = 上月欠款的当月本息 − 当月还款.

基本假设 假定在还款期限内, 利率保持不变.

模型建立 记 T_n 为第 n 个月的欠款总数 (单位: 万元); r 为月利率, $r = \dfrac{0.036}{12} \times 100\% = 0.3\%$; x 为月应还款额度 (单位: 万元); N 为还款期限, $N = 12 \times 30 = 360$ (月); Q 为贷款总额 (单位: 万元).

则数学模型为

$$\begin{cases} T_{n+1} = (1+r)T_n - x, & n = 0, 1, 2, \cdots, N-1, \\ T_0 = Q. \end{cases} \tag{5.5}$$

模型求解 由式 (5.5), 可通过递推方法求得

$$\begin{aligned} T_n &= (1+r)T_{n-1} - x \\ &= (1+r)[(1+r)T_{n-2} - x] - x \\ &= \cdots \\ &= (1+r)^n T_0 - x[1 + (1+r) + (1+r)^2 + \cdots + (1+r)^{n-1}] \\ &= (1+r)^n T_0 - x\frac{1 - (1+r)^n}{1 - (1+r)} \\ &= (1+r)^n T_0 - x\frac{(1+r)^n - 1}{r}. \end{aligned}$$

每月应还款额的确定: 由条件, 到期应全部还清, 即 $T_N = T_{360} = 0$,

$$0 = T_N = (1+r)^N Q - x\frac{(1+r)^N - 1}{r},$$

解得

$$x = \frac{rQ(1+r)^N}{(1+r)^N - 1} = \frac{0.003 \times 30 \times (1 + 0.003)^{360}}{(1 + 0.003)^{360} - 1} \approx 0.136394 \text{ (万元)}.$$

到期后累计还款额度约为 $0.136394 \times 360 = 49.10184$ (万元).

例 5.1、例 5.2 都是一阶差分方程的例子.

例 5.3 斐波那契 (Fibonacci) 序列

问题提出 某人将一对刚出生的兔子放于一个四周都是围墙的地方, 如果假设新生的兔子两月后长成成兔, 从第三月开始繁殖, 每月月初生产雌雄各一的一对小兔, 新增小兔也按此规律繁殖. 那么一年后由最初的那对兔子一共产生多少对兔子?

该问题的解称为斐波那契序列, 或称斐波那契数列, 又称黄金分割数列.

基本假设   假定研究期内兔子无异常死亡现象.

问题分析   因第 n 月末兔子的对数包括两部分, 一部分为上月留下的 (即该月月初兔子的对数), 另一部分为当月新生的兔子对数, 而由题意可知当月生的小兔队数等于 2 个月前的兔子对数.

模型建立   设第 n 月末共有 F_n 对兔子, 则

$F_n =$ 上个月兔子总数 $F_{n-1} +$ 当月出生数 (即两个月前的兔子总数) F_{n-2}.

由已知条件, $F_1 = 1, F_2 = 1$, 由此得到关于 F_n 的差分方程:

$$\begin{cases} F_n = F_{n-1} + F_{n-2}, n = 3, 4, \cdots, \\ F_1 = 1, \quad F_2 = 1. \end{cases} \tag{5.6}$$

模型求解   这是一个二阶差分方程的示例. 利用 MATLAB 编程, 很容易就可以求得各月末兔子的对数. 计算结果见表 5.2 所示.

表 5.2   斐波那契数列计算结果

月份	1	2	3	4	5	6	7	8	9	10	11	12
兔子对数	1	1	2	3	5	8	13	21	34	55	89	144

例 5.4   再论美国人口增长模型

以 10 年作为一个时间间隔步长, 记 P_k 为 $t = k$ 时的人口总量 (单位: 百万), 考察从 $t = k$ 到 $t = k+1$ 时段内人口的变化量. 若假定人口增长率 r 为常数, 则可建立如下所示的差分方程模型:

$$P_{k+1} - P_k = rP_k, \tag{5.7}$$

也可改写成

$$P_{k+1} = (1 + r)P_k.$$

进一步地, 若假定起始时人口总量为 P_0, 则通过递推方法可求得差分方程的解为

$$P_n = (1 + r)^n P_0, n = 1, 2, \cdots. \tag{5.8}$$

类似地, 若假设美国人口增长服从逻辑斯谛 (logistic) 规律, 则模型 (5.7) 可修正为

$$P_{k+1} - P_k = r(1 - sP_k)P_k,$$

或改写为

$$\begin{cases} P_{k+1} = (1 + r - rsP_k)P_k = (\alpha + \beta P_k)P_k, & k = 0, 1, \cdots, \\ P_0 = p_0, \end{cases} \tag{5.9}$$

其中 $\alpha = 1 + r, \beta = -rs, \beta < 0, p_0$ 为初始时刻的人口总量.

该模型是一个非线性一阶差分方程的实例.

5.2 差分方程组建模

例 5.5 追踪问题

设位于坐标原点 $P_0(0,0)$ 的甲舰向位于 x 轴上点 $Q_0(1,0)$ 处的乙舰发射导弹, 导弹头 (自动导航) 始终对准乙舰. 如果乙舰以最大的速度 v (常数) 沿平行于 y 轴的直线行驶, 设导弹的速度是 $5v$, 求导弹运行的曲线方程. 又乙舰行驶多远时, 导弹将它击中?

问题分析 把导弹与乙舰看做两个运动的质点 $P(x(t), y(t))$ 和 $Q(x(t), y(t))$, 则该问题就变成两个质点随时间的运动问题.

基本假设

(1) 忽略潮流对两个质点运动的阻尼作用, 即始终假定导弹和乙舰以恒定速度运动.

(2) 导弹运动方向自始至终都指向乙舰, 即任意时刻导弹运动轨迹曲线的切线与 P、Q 两点之间的割线重合.

模型建立 首先把时间等间距散化为一系列时刻:

$$t_0 < t_1 < t_2 < \cdots < t_k < t_{k+1} < \cdots,$$

其中 $\Delta t = t_{k+1} - t_k$ 为等时间步长.

记 v 为乙舰运行的速度, u 为导弹运行的速度, 则由已知 $u = 5v$. 进一步地, 记 $P_k(x_k, y_k)$ 为质点 P 在 $t = t_k$ 时刻的位置, 则 Q 点位置是 $Q_k = (1, vt_k)$, 如图 5.1 所示. 从点 P_k 到 Q_k 构成的割线向量 $\overrightarrow{P_kQ_k}$ 为

$$\overrightarrow{P_kQ_k} = (1 - x_k, vt_k - y_k),$$

其中 $x_k = x(t_k), y_k = y(t_k)$.

由基本假设 (2) 可知, P 点的运动方向始终指向 Q, 故向量 $\overrightarrow{P_kQ_k}$ 的方向就是导弹在 $t = t_k$ 时刻运动的方向, 其方向向量可由如下单位向量 (方向余弦) 表

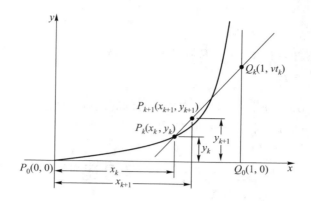

图 5.1　导弹追踪示意图

示:

$$\boldsymbol{e}^{(k)} = (e_1^{(k)}, e_2^{(k)}) = \frac{\overrightarrow{P_k Q_k}}{\left\| \overrightarrow{P_k Q_k} \right\|},$$

其中

$$\left\| \overrightarrow{P_k Q_k} \right\| = \sqrt{(1 - x_k)^2 + (vt_k - y_k)^2},$$

$$e_1^{(k)} = \frac{1 - x_k}{\sqrt{(1 - x_k)^2 + (vt_k - y_k)^2}},$$

$$e_2^{(k)} = \frac{vt_k - y_k}{\sqrt{(1 - x_k)^2 + (vt_k - y_k)^2}}.$$

以时间从 t_k 到 t_{k+1} 作为一个微元, 当运动时间从 t_k 变为 t_{k+1} 时, 在这个微小的时间单元内, 假定导弹质点的运动方向不变, 则在 $t = t_{k+1} = t_0 + (k+1)\Delta t$ 时刻, P 点的位置为 $P_{k+1}(x_{k+1}, y_{k+1})$, 满足

$$\begin{cases} x_{k+1} = x_k + ue_1^{(k)} \cdot \Delta t, \\ y_{k+1} = y_k + ue_2^{(k)} \cdot \Delta t, \\ x_0 = 0, \quad y_0 = 0, \end{cases} \tag{5.10}$$

其中, $u = 5v$ 是导弹的运行速度, $ue_1^{(k)}$ 为导弹的速度矢量在 x 轴方向的投影分量, $ue_2^{(k)}$ 为导弹的速度矢量在 y 轴方向的投影分量, x_0, y_0 为导弹的初始位置.

这是一个关于参变量 (时间 t) 的差分方程组. 令 $k = 0, 1, 2, \cdots$, 即可求出在一系列离散时间点上的导弹位置.

模型求解　取 $v = 1, \Delta t = 0.002$, 利用 MATLAB 编制程序如下:

```
clc
clear all
v=1;u=5*v; %定义速度
x0=0;y0=0;t0=0;h=0.002; %设置初始位置和时间步长
plot(x0,y0,'*')
hold on
while x0<0.99        %设定循环终止条件
    s1=1-x0;s2=v*t0-y0;
    pq=sqrt(s1^2+s2^2); %计算线段长度
    t0=t0+h;
    x0=x0+u*s1*h/pq;
    y0=y0+u*s2*h/pq;
    plot(x0,y0,'*')
    hold on
end
 hold off
 xlabel('x'),ylabel('y')
 x0,y0,t0
```

计算结果见图 5.2 所示. 即乙舰大约行驶到 0.2 处时被击中 (取 $v=1$), 经过的时间大约为 0.2.

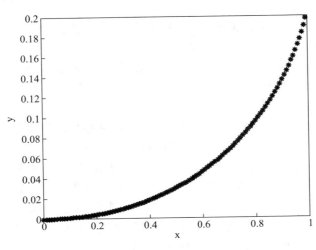

图 5.2　导弹追踪计算结果

例 5.6　特拉法尔加战争模型

在 1805 年爆发的特拉法尔加战争中, 由拿破仑率领的法国、西班牙海军联军 (简称法西联军) 和由海军上将纳尔逊指挥的英国海军作战. 起始时, 法西联军拥有战舰 33 艘, 英军拥有战舰 27 艘. 假定在每一次遭遇战役中每方的战舰损失都是对方战舰的 10%. 记 n 表示战役阶段, B_n 表示第 n 个阶段英军的战舰数, F_n 表示第 n 个阶段法西联军的战舰数. 则由假设, 有

$$\begin{cases} B_{n+1} = B_n - 0.1F_n, \\ F_{n+1} = F_n - 0.1B_n, \\ B_0 = 27, F_0 = 33. \end{cases} \tag{5.11}$$

在全部军力介入的情况下, 求解该模型得各阶段两军的战舰力量对比, 见表 5.3 所示. 从计算结果中可以看出, 经过 10 次遭遇战后 (即第 11 个阶段战役开始前), 法西联军剩余战舰约为 18 艘, 英军剩余战舰约为 3 艘, 其中 1 艘严重受损, 即英军完败.

表 5.3　各阶段战舰力量对比

战役阶段	1	2	3	4	5	6	7	8	9	10	11
英军	27	23.7	20.67	17.88	15.29	12.88	10.63	8.50	6.48	4.55	2.68
法西联军	33	30.3	27.93	25.86	24.08	22.55	21.26	20.20	19.35	18.70	18.24

纳尔逊分割及各个击破战略　已知拿破仑的法西联军作战分三个战斗编组: A 组 3 艘、B 组 17 艘、C 组 13 艘, 三个战斗编组沿一条直线呈一字队形展开. 纳尔逊采用的策略是: 用 13 艘英军战舰迎战战斗编组 A 组, 另外 14 艘备用; 战斗后剩余下来的战舰加上备用的 14 艘战舰去迎战战斗编组 B 组; 最后用战斗后剩下的所有战舰迎战战斗编组 C 组.

假设在三次战役中, 每一次战役中各方的战舰损失都是对方的 5%. 修改模型 (5.11) 中的相应参数, 分别计算各次战役的战况, 计算结果为: 第一次战役, 英军以 13 艘战舰迎战法西联军的 A 组编队的 3 艘战舰, 经过 3 次交锋, 以 1 艘战舰受损的代价击败对方; 第二次战役, 英军以 26 艘战舰迎战对方 B 组编队的 18 艘 (A 组剩余的 1 艘战舰加入) 战舰, 计算结果表明经过约 15 次交锋, 英军以 6 艘战舰损失、1 艘受损的代价击败对方 (剩余 1 艘, 1 艘严重受损); 最后进入战役的决战阶段, 英军以剩余的 19 艘战舰迎战对方的 C 组 14 艘 (第二次战役剩余 1 艘), 最后以剩余 12 艘战舰的战绩完胜对方.

上述利用分割并各个击破的战略是一个经典的战例, 模型预测结果与历史上真实的战争结果相似. 纳尔逊爵士率领的英国海军确实最终赢得了特拉法尔加战争的胜利, 尽管法西联军没有参加第三次战役, 而是把剩余的约 13 艘战舰撤回了法国. 不幸的是纳尔逊爵士在战斗中牺牲, 但他为英国赢得了战争的最终胜利.

5.3 差分方程 (组) 的稳定性理论*

5.3.1 基本概念和定解理论

基本概念   称形如

$$a_n + b_1 a_{n-1} + b_2 a_{n-2} + \cdots + b_k a_{n-k} = 0 \tag{5.12}$$

的差分方程为 k **阶常系数线性齐次差分方程**, 其中 b_i 为常数, $b_k \neq 0, n \geqslant k$.
    称方程

$$\lambda^k + b_1 \lambda^{k-1} + \cdots + b_{k-1} \lambda + b_k = 0 \tag{5.13}$$

为差分方程 (5.12) 的**特征方程**, 方程的根称为差分方程 (5.12) 的**特征根**.
    称形如

$$a_n + b_1 a_{n-1} + b_2 a_{n-2} + \cdots + b_k a_{n-k} = f(n) \tag{5.14}$$

的差分方程为 k **阶常系数线性非齐次差分方程**, 其中 $b_1, \cdots, b_k$ 为常数, $b_k \neq 0, f(n) \neq 0, n \geqslant k$.
    定理 5.1   若 k 阶差分方程 (5.12) 的特征方程 (5.13) 有 k 个互异的特征根 $\lambda_1, \lambda_2, \cdots, \lambda_k$, 则

$$a_n = c_1 \lambda_1^n + c_2 \lambda_2^n + \cdots + c_k \lambda_k^n \tag{5.15}$$

是差分方程 (5.12) 的一个通解, 其中 $c_1, c_2, \cdots, c_k$ 为任意常数.
    进一步地, 若给定一组初始条件:

$$a_0 = u_0, a_1 = u_1, \cdots, a_{k-1} = u_{k-1}, \tag{5.16}$$

则利用待定系数法, 可以确定差分方程满足初始条件的特解.
    定理 5.2   若 k 阶差分方程 (5.12) 的特征方程 (5.13) 有 t 个互异的特征根 $\lambda_1, \lambda_2, \cdots, \lambda_t$, 重数依次为

$$m_1, m_2, \cdots, m_t,$$

其中 $m_1 + m_2 + \cdots + m_t = k$. 则差分方程的通解为

$$a_n = \sum_{j=1}^{m_1} c_{1j} n^{j-1} \lambda_1^n + \sum_{j=1}^{m_2} c_{2j} n^{j-1} \lambda_2^n + \cdots + \sum_{j=1}^{m_t} c_{tj} n^{j-1} \lambda_t^n. \tag{5.17}$$

定理 5.3 k 阶常系数非齐次差分方程 (5.14) 的通解等于对应齐次差分方程的通解加上非齐次差分方程的特解, 即

$$a_n = a_n^* + \bar{a}_n, \tag{5.18}$$

其中 a_n^* 是对应齐次差分方程的**通解**, $\bar{a}_n$ 是对应非齐次差分方程的特解.

例 5.7 斐波那契方程的求解

已知斐波那契方程及其初始条件为

$$\begin{cases} F_n - F_{n-1} - F_{n-2} = 0, n = 3, 4, \cdots, \\ F_1 = 1, \quad F_2 = 1. \end{cases}$$

其特征方程为

$$\lambda^2 - \lambda - 1 = 0,$$

它有两个实根

$$\lambda_1 = \frac{1 + \sqrt{5}}{2}, \quad \lambda_2 = \frac{1 - \sqrt{5}}{2}.$$

所以, 其通解为

$$F_n = c_1 \left(\frac{1 + \sqrt{5}}{2} \right)^n + c_2 \left(\frac{1 - \sqrt{5}}{2} \right)^n.$$

由初始条件 $F_1 = 1, F_2 = 1$, 代入得关于待定系数 c_1, c_2 的线性方程组:

$$\begin{cases} c_1 \dfrac{1 + \sqrt{5}}{2} + c_2 \dfrac{1 - \sqrt{5}}{2} = 1, \\ c_1 \left(\dfrac{1 + \sqrt{5}}{2} \right)^2 + c_2 \left(\dfrac{1 - \sqrt{5}}{2} \right)^2 = 1. \end{cases}$$

解此线性方程组可得

$$c_1 = \frac{1}{\sqrt{5}}, \quad c_2 = -\frac{1}{\sqrt{5}}.$$

从而

$$F_n = \frac{1}{\sqrt{5}} \left[\left(\frac{1 + \sqrt{5}}{2} \right)^n - \left(\frac{1 - \sqrt{5}}{2} \right)^n \right].$$

这就是斐波那契数列的通项公式. 从其表达式我们会惊奇地发现一个事实, 即一个非常有规律的整数数列的通项竟然由无理数来表达, 而且当 n 充分大时, 前一项与后一项的比值渐次逼近于黄金分割数 0.618, 这从一个方面展示了数学的奇妙之处.

5.3.2 差分方程的平衡点及稳定性

1. 一阶线性方程的平衡点及稳定性

考虑一阶线性常系数差分方程, 一般形式为

$$x_{k+1} + ax_k = b, \quad k = 0, 1, 2, \cdots, \tag{5.19}$$

其中 a, b 为定常数.

称 x^* 为方程 (5.19) 的**平衡点**, 如果满足 $x^* + ax^* = b$. 求解得 $x^* = \dfrac{b}{1+a}$.

当 $k \to \infty$ 时, 若 $x_k \to x^*$, 则平衡点 x^* 是**稳定**的, 否则 x^* 是**不稳定**的.

为了理解平衡点的稳定性, 可以用变量代换方法将方程 (5.19) 的平衡点的稳定性问题转换为

$$x_{k+1} + ax_k = 0, \quad k = 0, 1, 2, \cdots \tag{5.20}$$

的平衡点 $x^* = 0$ 的稳定性问题. 而对于方程 (5.20), 其解可由递推公式直接给出:

$$x_k = (-a)^k x_0, \quad k = 1, 2, \cdots.$$

所以当且仅当 $|a| < 1$ 时, 方程 (5.20) 的平衡点 (从而方程 (5.19) 的平衡点) 才是稳定的.

2. 一阶线性常系数差分方程组的平衡点及稳定性

对于 n 维向量 $\boldsymbol{x}(k)$ 和 $n \times n$ 常数矩阵 $\boldsymbol{A}$ 构成的一阶线性常系数齐次差分方程组

$$\boldsymbol{x}(k+1) + \boldsymbol{A}\boldsymbol{x}(k) = \boldsymbol{0}, \quad k = 0, 1, 2, \cdots. \tag{5.21}$$

其平衡点 $\boldsymbol{x}^* = \boldsymbol{0}$ 稳定的条件是 $\boldsymbol{A}$ 的所有特征根均有 $|\lambda_i| < 1 \ (i = 1, 2, \cdots, n)$, 即均在复平面上的单位圆内.

对于 n 维向量 $\boldsymbol{x}(k)$ 和 $n \times n$ 常数矩阵 $\boldsymbol{A}$ 构成的一阶线性常系数非齐次差分方程组

$$\boldsymbol{x}(k+1) + \boldsymbol{A}\boldsymbol{x}(k) = \boldsymbol{B}, \quad k = 0, 1, 2, \cdots. \tag{5.22}$$

其平衡点为: $\boldsymbol{x}^* = (\boldsymbol{E} + \boldsymbol{A})^{-1}\boldsymbol{B}$, 其中 $\boldsymbol{E}$ 为 n 阶单位方阵. 其稳定性条件与齐次形式 (5.21) 相同, 即 $\boldsymbol{A}$ 的所有特征根均有 $|\lambda_i| < 1 \ (i = 1, 2, \cdots, n)$.

3. 二阶线性常系数差分方程的平衡点及稳定性

考察二阶线性常系数齐次差分方程

$$x_{k+2} + a_1 x_{k+1} + a_2 x_k = 0 \tag{5.23}$$

的平衡点 $(x^* = 0)$ 的稳定性.

已知方程 (5.23) 的特征方程为

$$\lambda^2 + a_1\lambda + a_2 = 0.$$

记它的特征根为 λ_1, λ_2, 则方程 (5.23) 的通解可表示为

$$x_k = c_1\lambda_1^k + c_2\lambda_2^k, \tag{5.24}$$

其中 c_1, c_2 为待定常数, 由初始条件 x_1, x_2 的值确定.

由 (5.24) 很容易就可以得到, 当且仅当

$$|\lambda_1| < 1, |\lambda_2| < 1$$

时, 方程 (5.23) 的平衡点才是稳定的.

与一阶线性齐次方程一样, 非齐次方程

$$x_{k+2} + a_1 x_{k+1} + a_2 x_k = b$$

的平衡点的稳定性条件和方程 (5.23) 相同.

上述结果可以推广到 n 阶线性常系数差分方程的平衡点及其稳定性问题. 即平衡点稳定的充要条件是其特征方程的根 λ_i 均有 $|\lambda_i| < 1$ $(i = 1, 2, \cdots, n)$.

4. 一阶非线性差分方程

考察一阶非线性差分方程

$$x_{k+1} = f(x_k), \tag{5.25}$$

其中 $f(x_k)$ 为已知函数. 其平衡点 x^* 由代数方程 $x^* = f(x^*)$ 解出.

现分析 x^* 的稳定性. 将方程的右端在 x^* 点作泰勒多项式展开, 只取一阶导数项, 则上式可近似为

$$x_{k+1} \approx f'(x^*)(x_k - x^*) + f(x^*), \tag{5.26}$$

故 x^* 也是近似齐次线性差分方程 (5.26) 的平衡点. 从而由一阶齐次线性差分方程的平衡点稳定性理论可知, x^* 稳定的充要条件为 $|f'(x^*)| < 1$.

5.4　应用案例: 最优捕鱼策略

问题提出　生态学表明, 对可再生资源的开发策略应在保证可持续收获的前提下追求最大经济效益. 考虑具有 4 个年龄组: 1 龄鱼、2 龄鱼、3 龄鱼、4 龄鱼

的某种鱼. 该鱼类在每年后 4 个月季节性集中产卵繁殖. 而按规定, 捕捞作业只允许在前 8 个月进行, 每年投入的捕捞能力固定不变, 单位时间捕捞量与各年龄组鱼群条数的比例称为捕捞强度系数. 使用只能捕捞 3 、4 龄鱼的 13 mm 网眼的拉网, 捕捞强度系数比为 0.42 : 1. 渔业上称这种方式为固定努力量捕捞. 已知该鱼群相关数据如下:

(1) 各年龄组鱼的自然死亡率为 0.8 (1/年), 其平均重量 (单位: g) 分别为 5.07、11.55、17.86、22.99.

(2) 1 龄鱼和 2 龄鱼不产卵. 产卵期间, 平均每条 4 龄鱼产卵量为 1.109×10^5 (个), 3 龄鱼为其一半.

(3) 卵孵化的成活率为 $\dfrac{1.22 \times 10^{11}}{1.22 \times 10^{11} + n}$ (n 为产卵总量).

要求通过建模回答如何才能实现可持续捕获 (即每年开始捕捞时渔场中各年龄组鱼群不变), 并在此前提下得到最高收获量.

问题分析 这是一个分年龄结构的种群预测问题, 因此以一年为一个考察周期, 研究各年龄组种群的年内变化. 在一个研究周期内, 依据条件, 1 龄鱼和 2 龄鱼没有捕捞, 只有自然死亡; 3 龄鱼与 4 龄鱼的变化受两个因素制约, 即自然死亡和被捕捞. 如把当年内剩余的 3 龄鱼与 4 龄鱼产卵孵化后成活的鱼群视为 0 龄鱼, 则下一个年度自然转化为 1 龄鱼.

基本假设

(1) 把渔场看做一个封闭的生态系统, 只考虑鱼群的捕捞与自然繁殖的变化, 忽略种群的迁移.

(2) 各年龄的鱼群全年任何时间都会发生自然死亡, 死亡率相同.

(3) 捕捞作业集中在前 8 个月, 产卵孵化过程集中在后 4 个月完成, 不妨假设产卵集中在 9 月初集中完成, 其后时间为自然孵化过程. 成活的幼鱼在下一年度初自然转化为 1 龄鱼, 其他各龄鱼未被捕捞和自然死亡的, 下一年度初自然转化为高一级龄鱼.

(4) 考虑到鱼群死亡率较高, 不妨假定 4 龄以上的鱼全部自然死亡, 即该类种群的自然寿命为 4 龄.

主要符号 记第 t 年年初各龄组的鱼群数量构成的鱼群向量为

$$\boldsymbol{X}(t) = (X_1(t), X_2(t), X_3(t), X_4(t))^{\mathrm{T}},$$

则下一年年初的鱼群数为

$$\boldsymbol{X}(t+1) = (X_1(t+1), X_2(t+1), X_3(t+1), X_4(t+1))^{\mathrm{T}}.$$

进一步地, 记

d 为年自然死亡率, c 为年自然存活率, 由已知, $d = 0.8$ (1/年), $c = 1 - d = 0.2$ (1/年).

α 为鱼群的月自然死亡率, 则利用复利计算的思想和已知条件, 有

$$(1 - \alpha)^{12} = 1 - 0.8 = 0.2.$$

求解上式得: $\alpha = 0.1255$.

k_3, k_4 为单位时间内 3 龄鱼和 4 龄鱼的捕捞强度系数, 由已知 $k_3 : k_4 = 0.42 : 1$, 即 $k_3 = 0.42k_4$. 为方便起见, 记 $k_4 = k$, 则 $k_3 = 0.42k$.

β 为孵化卵成活率, $\eta = 1.22 \times 10^{11}$, 由已知条件, $\beta = \dfrac{\eta}{\eta + n}$, n 为产卵总量 (单位: 个).

m 为 4 龄鱼的平均产卵量, $m = 1.109 \times 10^5$ (个), 3 龄鱼为其一半.

$\boldsymbol{w} = (w_1, w_2, w_3, w_4)^{\mathrm{T}}$ 为各龄组鱼群的平均重量向量 (单位: g), 即

$$\boldsymbol{w} = (5.07, 11.55, 17.86, 22.99)^{\mathrm{T}}.$$

模型建立   以一年为一个研究周期, 以 1 个月为一个离散时间单位, 即 $\Delta t = 1/12$, 则当月月末种群数量等于下月初的种群数量, 而当年年底剩余的 i 龄鱼的数量等于下年度年初 $i + 1$ 龄鱼的种群数量.

(1) 对 1 龄鱼和 2 龄鱼而言, 其种群年内变化只受自然死亡影响, 至年底剩余量全部转为下年初的 2 龄鱼和 3 龄鱼, 于是有

$$\begin{cases} X_2(t+1) = (1-\alpha)^{12} X_1(t) = c X_1(t), \\ X_3(t+1) = (1-\alpha)^{12} X_2(t) = c X_2(t). \end{cases} \tag{5.27}$$

(2) 对 3 龄鱼和 4 龄鱼而言, 由于该种群在每年的前 8 个月为捕捞期, 而后 4 个月为产卵孵化期, 因此整个种群数量变化的研究应分为两个时段.

① 第一阶段: 捕捞期.

若记第 t 年 i 龄鱼在第 j 个月末的鱼群总量为 $X_i\left(t + \dfrac{j}{12}\right), i = 3, 4$. 则从 1 月到 8 月这 8 个月份, 有

$$\begin{cases} X_3\left(t + \dfrac{j}{12}\right) = (1 - \alpha - k_3) X_3\left(t + \dfrac{j-1}{12}\right), \\ X_4\left(t + \dfrac{j}{12}\right) = (1 - \alpha - k_4) X_4\left(t + \dfrac{j-1}{12}\right), \end{cases} \quad j = 1, 2, \cdots, 8. \tag{5.28}$$

显然, 递推上述差分方程, 到第 8 个月月末, 捕捞期结束时, 各龄组种群数量为

$$\begin{cases} X_3\left(t + \dfrac{2}{3}\right) = (1 - \alpha - k_3)^8 X_3(t), \\ X_4\left(t + \dfrac{2}{3}\right) = (1 - \alpha - k_4)^8 X_4(t). \end{cases} \tag{5.29}$$

在固定努力量捕捞的生产策略下, 累计捕捞量 (重量):

$$Z = \sum_{j=1}^{8}(1-\alpha-k_3)^{j-1}k_3 X_3(t)w_3 + \sum_{j=1}^{8}(1-\alpha-k_4)^{j-1}k_4 X_4(t)w_4$$

$$= w_3 \frac{k_3[1-(1-\alpha-k_3)^8]}{\alpha+k_3}X_3(t) + w_4 \frac{k_4[1-(1-\alpha-k_4)^8]}{\alpha+k_4}X_4(t). \quad (5.30)$$

② 第二阶段: 产卵孵化期.

9 月到 12 月为产卵孵化期. 不妨假定 8 月底剩余下来的 3 龄鱼和 4 龄鱼在 9 月初集中产卵. 则由假设, 产卵总量为

$$n = \frac{m}{2} \cdot X_3 \left(t+\frac{2}{3}\right) + m \cdot X_4 \left(t+\frac{2}{3}\right)$$

$$= \frac{m}{2}(1-\alpha-k_3)^8 X_3(t) + m(1-\alpha-k_4)^8 X_4(t). \quad (5.31)$$

由已知条件, 卵孵化成活的总量为 βn, 转至下年初全部变为 1 龄鱼, 因此有

$$X_1(t+1) = \beta n = \beta \frac{m}{2}(1-\alpha-k_3)^8 X_3(t) + \beta m(1-\alpha-k_4)^8 X_4(t). \quad (5.32)$$

在后 4 个月, 3 龄鱼和 4 龄鱼的种群数量变化只有自然死亡, 根据假设, 至 年末剩余下来的 3 龄鱼全部转化为下年初的 4 龄鱼, 而剩余下来的 4 龄鱼至年 底则全部死亡, 因此

$$X_4(t+1) = (1-\alpha)^4 X_3 \left(t+\frac{2}{3}\right) = (1-\alpha-k_3)^8(1-\alpha)^4 X_3(t). \quad (5.33)$$

联立 (5.32), (5.27), (5.33), 可得该种群问题的差分方程组模型:

$$\begin{cases} X_1(t+1) = \beta \dfrac{m}{2}(1-\alpha-k_3)^8 X_3(t) + \beta m(1-\alpha-k_4)^8 X_4(t), \\ X_2(t+1) = (1-\alpha)^{12}X_1(t) = cX_1(t), \\ X_3(t+1) = (1-\alpha)^{12}X_2(t) = cX_2(t), \\ X_4(t+1) = (1-\alpha-k_3)^8(1-\alpha)^4 X_3(t). \end{cases} \quad (5.34)$$

为简便起见, 把上式简记为

$$\begin{cases} X_1(t+1) = \dfrac{\beta m}{2}f_3(k)X_3(t) + \beta m f_4(k)X_4(t), \\ X_2(t+1) = cX_1(t), \\ X_3(t+1) = cX_2(t), \\ X_4(t+1) = \rho f_3(k)X_3(t), \end{cases} \quad (5.35)$$

其中: $k = k_4$, $k_3 = 0.42k$, $\rho = (1 - \alpha)^4$, $f_3(k) = (1 - \alpha - k_3)^8 = (1 - \alpha - 0.42k)^8$, $f_4(k) = (1 - \alpha - k_4)^8 = (1 - \alpha - k)^8$, $\beta = \dfrac{\eta}{\eta + n}$, $\eta = 1.22 \times 10^{11}$, $n = \dfrac{m}{2} f_3(k) X_3(t) + m f_4(k) X_4(t)$, $m = 1.109 \times 10^5$.

若记

$$\boldsymbol{P} = \begin{bmatrix} 0 & 0 & \dfrac{\beta m}{2} f_3(k) & \beta m f_4(k) \\ c & 0 & 0 & 0 \\ 0 & c & 0 & 0 \\ 0 & 0 & \rho f_3(k) & 0 \end{bmatrix},$$

于是差分方程组 (5.35) 可以改写成如下矩阵形式:

$$\boldsymbol{X}(t+1) = \boldsymbol{P}\boldsymbol{X}(t). \tag{5.36}$$

所谓可持续捕获战略, 就是在每年的年初渔场的种群数量基本不变, 也就是求差分方程组 (5.36) 的平衡解 $\boldsymbol{X}^* = (x_1^*, x_2^*, x_3^*, x_4^*)^{\mathrm{T}}$, 使得

$$\boldsymbol{X}^* = \boldsymbol{P}\boldsymbol{X}^*.$$

综上分析, 所研究的渔场追求在经过一定时间的可持续捕捞策略, 并且达到稳定的状态下, 获得最大生产量. 因此数学模型描述为

决策变量　固定努力量, 即 k 值.

目标函数

$$\max Z = w_3 \frac{0.42k(1 - f_3(k))}{\alpha + 0.42k} x_3^* + w_4 \frac{k_4(1 - f_4(k))}{\alpha + k} x_4^*. \tag{5.37}$$

约束条件

$$\boldsymbol{X}^* = \boldsymbol{P}\boldsymbol{X}^*. \tag{5.38}$$

由差分方程稳定性理论知, 差分方程组 (5.36) 的平衡解稳定的充要条件为: 对 $\boldsymbol{P}$ 的所有特征根 λ_i, 有 $|\lambda_i| < 1$ $(i = 1, 2, \cdots, n)$.

直接求解式 (5.38) 中 $\boldsymbol{P}$ 的特征值需要利用行列式的概念, 实际求解时由于矩阵 $\boldsymbol{P}$ 第一行元素中含有分母 n, 而它是包含未知解 $X_3(t), X_4(t)$ 的线性组合, 因此实施起来有一定困难. 这里, 我们采用直接解法. 事实上, 由约束条件易知

$$x_4^* = \rho f_3(k) x_3^*, \quad x_3^* = c x_2^*, \quad x_2^* = c x_1^*,$$

直接可以推导出

$$x_4^* = \rho f_3(k) c^2 x_1^*, \quad x_3^* = c^2 x_1^*. \tag{5.39}$$

把 (5.39) 式代入 (5.31) 可得

$$n = \frac{m}{2} f_3(k) c^2 x_1^* + m f_4(k) \rho f_3(k) c^2 x_1^* = \left(\frac{mc^2}{2} f_3(k) + m\rho c^2 f_3(k) f_4(k) \right) x_1^*.$$

把它代入 $x_1^* = \dfrac{\eta n}{\eta + n}$ 中, 整理得

$$x_1^* = \frac{F(k) - 1}{F(k)} \eta, \tag{5.40}$$

其中, $F(k) = \dfrac{mc^2}{2} f_3(k) + m\rho c^2 f_3(k) f_4(k)$.

把 (5.40) 代入 (5.39) 中, 进而再代入目标函数 (5.37) 中, 即可将目标函数转化为关于变量 k 的非线性表达式. 利用 MATLAB 编程, 采用遍历方法模拟 k 值与 Z 值的关系, 得最佳月捕捞强度系数为: 4 龄鱼 $k_4 = k = 0.78$, 3 龄鱼 $k_3 = 0.42k = 0.3276$; 在可持续最佳捕获下, 可获得的稳定的最大生产量为 5.9968×10^{10} (g)=59968 (t). 捕捞生产量与月捕捞强度系数 $k = k_4$ 之间的变化关系见图 5.3 所示.

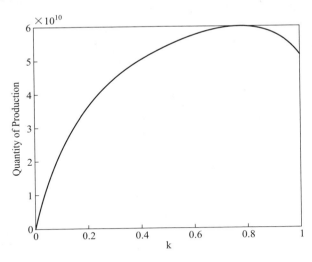

图 5.3 稳定生产策略下年捕捞量与努力量之间的关系

备注: 模型假设中假定该种群的鱼龄寿命为 4 龄, 如果取消这一假设, 即假定 4 龄以上的鱼体重不再增长, 仍为 4 龄鱼, 则需要重新修改模型, 请读者考虑一下, 应该如何修改, 修改后重新计算模型的结果.

思考与练习五

1. 若贷款分为两部分: 公积金贷款和商业贷款, 年利率分别为: 5% 和 7.2%, 贷款周期均为 30 年, 则每月应还款额为多少? 如贷款周期分别为 20 年和 30 年, 应如何设计还款方案? 考虑到收入的逐步增长, 根据收入增长预期, 如何确定提前还贷时间及还款额度? 考虑个人所从事的职业及收入增长预测, 如何确定合理的最大贷款额度及还款周期.

2. 银行存款或贷款通常以年利率形式给出, 根据年利率如何确定月利率? 买房、买车时, 经常会有一些诸如零首付, 日还款额等于多少的广告宣传, 请调查当地的部分案例, 并解释日还款额是如何计算出来的? 如把年息改为月息、日息或按小时计算的利息, 甚至再进行细致一点的划分, 应该如何建模求得一定时期的本息合计?

3. 考虑购房、买房策略问题: 某家庭考虑购买某位置住宅公寓, 总价为 60 万元, 按开发商要求至少需首付 20 万元, 剩余款项可申请银行贷款. 假定贷款期限为 30 年, 月利率为 0.36%, 而租用相同住房月付金额为 1500 元/月, 建立模型测算购房合适还是租房合适?

4. 针对例 5.4 所建立的两个美国人口预测问题的差分方程模型, 请解答如下问题:

(1) 如何识别模型中的参数 r 或 α, β? 给出识别方法和识别结果;

(2) 利用所求的模型参数识别结果, 编程分别计算指数增长模型与逻辑斯谛模型的等价差分形式 (5.7) 和 (5.9) 的离散解, 并与第一章的预测结果对比, 看看有什么不同? 并试着解释其原因;

(3) 人口增长率与哪些因素有关系? 请谈一谈你的看法.

第六章　微分方程建模方法

在科学研究与工程实践以及日常生活中, 存在大量关于 "变化" 的问题, 如种群增长、核废料扩散与衰减、运动轨迹、物价变化、国内生产总值 (GDP) 增长问题、股票、投资等. 从系统角度来看, 人们关注最多的是系统状态变量的变化特征和趋势预测, 如种群总量、核污染物质的范围及程度、任意时刻空间质点的位置等, 建模的目的是研究其变化的机理或变化的规律, 进而利用其机理或所服从的规律建立起关于系统状态 "变化" 的数学模型. 通过建立数学模型, 分析其变化规律, 进而预测其未来动态, 以便于管理与控制.

微分方程建模方法是把所研究的状态变化过程看做是随时间或空间连续变动的过程, 是一种机理建模方法. 其基本思想仍然是采用微元法 (关于时间或空间) 或利用已知的物理、化学、生物等规律建立数学模型, 通过分析状态变量在微元内的变化机理或者所遵循的规律, 如质量守恒、能量守恒、动量守恒、牛顿定律、胡克定律等, 据此建立关于量的变化率的关系方程.

本章主要介绍常见的常微分方程 (ordinary differential equation, 简称 ODE) 或常微分方程组, 和简单的偏微分方程 (partial differential equation, 简记为 PDE) 建模问题和建模方法, 以及求解此类数学模型的数值计算方法和 MATLAB 求解技巧.

6.1　常微分方程问题的数学模型

6.1.1　再论导弹追踪

记 t 时刻导弹的位置为 $P(x(t), y(t))$, 乙舰的位置为 $Q(1, vt)$. 由于导弹头始终指向乙舰, 故线段 $\overline{PQ}$ 的斜率即为导弹轨迹曲线在 P 点的切线斜率. 如图 6.1 所示.

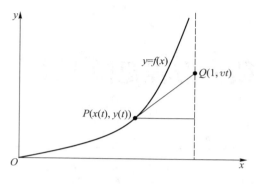

图 6.1   导弹追踪示意图

设导弹运行轨迹曲线为 $y = y(x)$, 则在任意 t 时刻导弹的运行轨迹曲线在 $P(x(t), y(t))$ 处的切线的斜率为 $\dfrac{\mathrm{d}y}{\mathrm{d}x}$. 线段 PQ 的斜率为 $\dfrac{vt - y}{1 - x}$. 由于导弹始终指向乙舰, 故二者相等. 于是有

$$\frac{\mathrm{d}y}{\mathrm{d}x} = \frac{vt - y}{1 - x}. \tag{6.1}$$

由于模型中含有参变量 t, 故要求解该模型应增加附加条件. 解决这个问题可从问题描述中寻求办法.

方法一: 任意两个匀速运动的物体, 相同时间内所经过的距离与其速度成正比.

由已知, 导弹的速度 5 倍于乙舰, 即在同一时间段 t 内, 导弹运行轨迹的总长亦应 5 倍于乙舰, 即 $\overset{\frown}{P_0P}$ 的弧长 5 倍于线段 $\overline{Q_0Q}$ 的长度. 由弧长计算公式可得

$$\int_0^x \sqrt{1 + \left(\frac{\mathrm{d}y}{\mathrm{d}x}\right)^2}\, \mathrm{d}x = 5vt, \tag{6.2}$$

方程两边关于 x 求导, 得

$$\sqrt{1 + \left(\frac{\mathrm{d}y}{\mathrm{d}x}\right)^2} = 5v\frac{\mathrm{d}t}{\mathrm{d}x}. \tag{6.3}$$

方法二: 利用速度分量合成的概念.

由于在点 $P(x(t), y(t))$ 导弹的速度恒为 $5v$, 而该点的速度大小等于该点在 x

轴和 y 轴上的速度分量 $x'(t), y'(t)$ 的合成, 故有

$$\sqrt{\left(\frac{\mathrm{d}x}{\mathrm{d}t}\right)^2 + \left(\frac{\mathrm{d}y}{\mathrm{d}t}\right)^2} = 5v, \tag{6.4}$$

或改写成

$$\frac{\mathrm{d}x}{\mathrm{d}t}\sqrt{1 + \left(\frac{\mathrm{d}y}{\mathrm{d}x}\right)^2} = 5v. \tag{6.5}$$

两边同除以 $\dfrac{\mathrm{d}x}{\mathrm{d}t}$ 即得 (6.3). 由此可见, 利用弧长的概念或速度的概念得到的结果是一致的.

为了消去中间变量 t, 把方程 (6.1) 改写为

$$(1 - x)\frac{\mathrm{d}y}{\mathrm{d}x} = vt - y. \tag{6.6}$$

然后两边关于 x 求导, 得

$$(1 - x)\frac{\mathrm{d}^2 y}{\mathrm{d}x^2} - \frac{\mathrm{d}y}{\mathrm{d}x} = v\frac{\mathrm{d}t}{\mathrm{d}x} - \frac{\mathrm{d}y}{\mathrm{d}x},$$

整理后, 得

$$(1 - x)\frac{\mathrm{d}^2 y}{\mathrm{d}x^2} = v\frac{\mathrm{d}t}{\mathrm{d}x}. \tag{6.7}$$

联立 (6.7) 和 (6.3) 得

$$\begin{cases} \sqrt{1 + \left(\dfrac{\mathrm{d}y}{\mathrm{d}x}\right)^2} = 5v\dfrac{\mathrm{d}t}{\mathrm{d}x}, \\[3mm] (1 - x)\dfrac{\mathrm{d}^2 y}{\mathrm{d}x^2} = v\dfrac{\mathrm{d}t}{\mathrm{d}x}. \end{cases}$$

消去中间变量 $\dfrac{\mathrm{d}t}{\mathrm{d}x}$, 得关于轨迹曲线的二阶非线性常微分方程:

$$(1 - x)\frac{\mathrm{d}^2 y}{\mathrm{d}x^2} = \frac{1}{5}\sqrt{1 + \left(\frac{\mathrm{d}y}{\mathrm{d}x}\right)^2}, \quad 0 < x \leqslant 1.$$

要求此问题的定解, 还需要给出两个初始条件. 事实上, 初始时刻轨迹曲线通过坐标原点, 即 $x = 0$ 时, $y(0) = 0$; 此外在该点的切线平行于 x 轴, 因此有 $y'(0) = 0$. 归纳可得导弹轨迹问题的数学模型为

$$\begin{cases} (1 - x)\dfrac{\mathrm{d}^2 y}{\mathrm{d}x^2} = \dfrac{1}{5}\sqrt{1 + \left(\dfrac{\mathrm{d}y}{\mathrm{d}x}\right)^2}, & 0 < x \leqslant 1, \\[3mm] y(0) = 0, y'(0) = 0, & x = 0. \end{cases} \tag{6.8}$$

此模型为二阶常微分方程初值问题. 求解此类问题, 通常采用降阶法.

令 $p = y'$, 则 $y'' = \dfrac{\mathrm{d}p}{\mathrm{d}x}$, 则 (6.8) 式变为关于 p 的常微分方程初值问题:

$$\begin{cases} (1-x)\dfrac{\mathrm{d}p}{\mathrm{d}x} = \dfrac{1}{5}\sqrt{1+p^2}, & 0 < x \leqslant 1, \\ p(0) = 0. \end{cases}$$

利用分离变量法, 求解并代入初始条件得

$$\ln\left(p + \sqrt{1+p^2}\right) = -\frac{1}{5}\ln(1-x),$$

化简得

$$p + \sqrt{1+p^2} = (1-x)^{-1/5}.$$

为求得 p 的显式表达式, 利用上式作如下等式变换:

$$-p + \sqrt{1+p^2} = \frac{1}{p + \sqrt{1+p^2}} = (1-x)^{1/5}.$$

以上两式相减, 得关于 p 的表达式, 从而得到关于 y 的一阶常微分方程初值问题:

$$\begin{cases} \dfrac{\mathrm{d}y}{\mathrm{d}x} = p = \dfrac{1}{2}[(1-x)^{-1/5} - (1-x)^{1/5}], \\ y(0) = 0. \end{cases}$$

求解此微分方程, 即得导弹运行的轨迹曲线方程为

$$y = -\frac{5}{8}(1-x)^{4/5} + \frac{5}{12}(1-x)^{6/5} + \frac{5}{24}. \tag{6.9}$$

何处击中乙舰? 在解 (6.9) 中, 令 $x = 1$, 得 $y = \dfrac{5}{24}$, 即在 $\left(1, \dfrac{5}{24}\right)$ 处击中乙舰.

何时击中乙舰? 击中乙舰时, 乙舰航行距离 $y = \dfrac{5}{24}$, 由 $y = vt$ 得

$$t = \frac{5}{24v}$$

时击中乙舰.

6.1.2 传染病预测问题

问题提出 世界上存在着各种各样的疾病, 许多疾病是传染的, 如 SARS、艾滋病、禽流感等, 每种病的发病机理与传播途径都各有特点. 如何根据其传播机理预测疾病的传染范围及染病人数等, 对传染病的控制意义十分重大.

模型 I 指数传播模型

基本假设

(1) 所研究的区域是一封闭区域, 在一个时期内人口总量相对稳定, 不考虑人口的迁移 (迁入或迁出).

(2) t 时刻染病人数 $N(t)$ 是随时间连续变化的、可微的函数.

(3) 每个病人在单位时间内的有效接触 (足以使人致病) 或传染的人数为 λ ($\lambda > 0$ 为常数).

模型建立与求解 记 $N(t)$ 为 t 时刻染病人数, 则 $t + \Delta t$ 时刻的染病人数为 $N(t + \Delta t)$. 从 $t \to t + \Delta t$ 时间内, 净增加的染病人数为

$$N(t + \Delta t) - N(t),$$

根据假设 (3), 有

$$N(t + \Delta t) - N(t) = \lambda N(t)\Delta t.$$

若记 $t = 0$ 时刻, 染病人数为 N_0, 则由假设 (2), 在上式两端同时除以 Δt, 并令 $\Delta t \to 0$, 得传染病染病人数的微分方程预测模型:

$$\begin{cases} \dfrac{\mathrm{d}N(t)}{\mathrm{d}t} = \lambda N(t), & t > 0, \\ N(0) = N_0, & t = 0. \end{cases} \tag{6.10}$$

利用分离变量法可很容易地得到该模型的解析解为

$$N(t) = N_0 \mathrm{e}^{\lambda t}.$$

结果分析与评价 模型结果显示传染病的传播是按指数函数增加的. 一般而言在传染病发病初期, 对传播源和传播途径未知, 以及没有任何预防控制措施的情况下, 这一结果是正确的. 此外, 我们注意到, 当 $t \to \infty$ 时, $N(t) \to \infty$, 这显然不符合实际情况. 事实上, 在封闭系统的假设下, 区域内人群总量是有限的. 预测结果出现明显失误. 为了与实际情况吻合, 有必要在原有基础上修改模型假设, 以进一步完善模型.

模型 II　SI 模型
基本假设

(1) 在传播期内, 所考察地区的人口总数为 N, 短期内保持不变, 既不考虑生死, 也不考虑迁移.

(2) 人群分为**易感染者** (susceptible) 和**已感染者** (infective), 即健康人群和病人两类.

(3) 设 t 时刻两类人群在总人口中所占的比例分别为 $s(t)$ 和 $i(t)$, 则 $s(t) + i(t) = 1$.

(4) 每个病人在单位时间 (每天) 内接触的平均人数为常数 λ, λ 称为**日感染率**, 当病人与健康者有效接触时, 可使健康者受感染成为病人.

(5) 每个病人得病后, 经久不愈, 且在传染期内不会死亡.

　模型建立与求解　根据假设 (4), 每个病人每天可使 $\lambda s(t)$ 个健康者变为病人, 而 t 时刻病人总数为 $Ni(t)$, 故在 $t \to t + \Delta t$ 时段内, 共有 $\lambda N s(t) i(t) \Delta t$ 个健康者被感染.

　于是有

$$\frac{Ni(t + \Delta t) - Ni(t)}{\Delta t} = \lambda N s(t) i(t).$$

令 $\Delta t \to 0$, 得微分方程

$$\frac{\mathrm{d}i(t)}{\mathrm{d}t} = \lambda s(t) i(t).$$

又由假设 (3) 知: $s(t) = 1 - i(t)$, 代入上式得

$$\frac{\mathrm{d}i(t)}{\mathrm{d}t} = \lambda i(t)(1 - i(t)).$$

假定起始时 $(t = 0)$, 病人占总人口的比例为

$$i(0) = i_0.$$

于是 SI 模型可描述为

$$\begin{cases} \dfrac{\mathrm{d}i(t)}{\mathrm{d}t} = \lambda i(t)(1 - i(t)), & t > 0, \\ i(0) = i_0, & t = 0. \end{cases} \tag{6.11}$$

用分离变量法求解此常微分方程初值问题, 得解析解为

$$i(t) = \frac{1}{1 + \left(\dfrac{1}{i_0} - 1\right)\mathrm{e}^{-\lambda t}}. \tag{6.12}$$

结果分析与评价 模型 (6.11) 事实上就是阻滞增长模型, 此时病人占总人口的最大比例为 1, 即当 $t \to \infty$ 时, 区域内所有人都被传染.

医学上称 $\dfrac{\mathrm{d}i}{\mathrm{d}t} \sim t$ 为传染病曲线, 它表示传染病人增加率与时间的关系, 见图 6.2 所示. 预测结果曲线见图 6.3 所示.

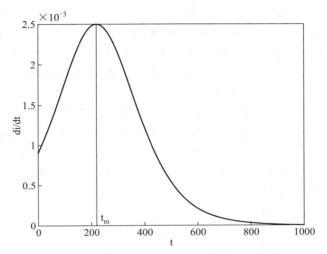

图 6.2 SI 模型的 $\dfrac{\mathrm{d}i}{\mathrm{d}t} \sim t$ 曲线 $(i_0 = 0.1, \lambda = 10^{-2})$

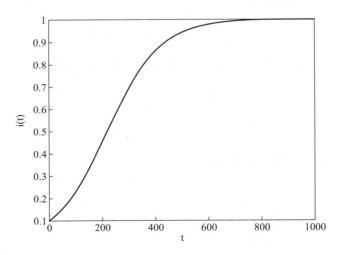

图 6.3 SI 模型的 $i(t) \sim t$ 曲线 $(i_0 = 0.1, \lambda = 10^{-2})$

由模型 (6.11) 易知, 当病人总量占总人口比值达到 $i = \dfrac{1}{2}$ 时, $\dfrac{\mathrm{d}i}{\mathrm{d}t}$ 达到最大

值, 即 $\dfrac{\mathrm{d}^2 i}{\mathrm{d}t^2} = 0$, 也就是说, 此时达到传染病传染高峰期. 利用 (6.12) 易得传染病高峰到来的时刻为

$$t_m = \frac{1}{\lambda} \ln\left(\frac{1}{i_0} - 1\right).$$

医学上, 这一结果具有重要的意义. 在 $t = t_m$ 时, $\dfrac{\mathrm{d}i}{\mathrm{d}t}$ 达到最大值, 这意味着此时病人增加的速度最快, 即传染病高峰的到来. 由于 t_m 与 λ 成反比, 故当 λ (反应医疗水平或传染控制措施的有效性) 增大时, t_m 将变小, 预示着传染病高峰期来得越早. 若已知日接触率 λ (由统计数据得出), 即可预报传染病高峰到来的时间 t_m, 这对于防治传染病是有益处的.

当 $t \to \infty$ 时, 由 (6.12) 式可知, $i(t) \to 1$, 即最后人人都要生病. 这显然是不符合实际情况的. 其原因是假设中未考虑病人得病后可以治愈, 人群中的健康者只能变为病人, 而病人不会变为健康者. 而事实上对某些传染病, 如伤风、痢疾等病人治愈后免疫力低下, 可假定无免疫性. 于是病人被治愈后成为健康者, 健康者还可以被感染再变成病人.

模型 III   SIS 模型

SIS 模型在 SI 模型假设的基础上, 进一步假设:

(6) 每天被治愈的病人人数占病人总数的比例为 μ.

(7) 病人被治愈后成为仍可被感染的健康者.

于是 SI 模型可被修正为

$$N\frac{\mathrm{d}i(t)}{\mathrm{d}t} = \lambda N s(t)i(t) - \mu N i(t). \tag{6.13}$$

由假设 $s(t) + i(t) = 1$, 代入上式, 可得模型 (6.11) 的修正形式, 即 SIS 模型:

$$\begin{cases} \dfrac{\mathrm{d}i}{\mathrm{d}t} = \lambda i(1-i) - \mu i, & t > 0, \\ i(0) = i_0, & t = 0. \end{cases} \tag{6.14}$$

模型 (6.14) 的解析解可表示为

$$i(t) = \begin{cases} \left[\dfrac{\lambda}{\lambda-\mu} + \left(\dfrac{1}{i_0} - \dfrac{\lambda}{\lambda-\mu}\right) \mathrm{e}^{-(\lambda-\mu)t}\right]^{-1}, & \lambda \neq \mu, \\ \left(\lambda t + \dfrac{1}{i_0}\right)^{-1}, & \lambda = \mu. \end{cases} \tag{6.15}$$

若令

$$\sigma = \lambda/\mu,$$

称 σ 为**接触数**, 即在一个传染周期内每个病人有效接触的平均人数.

利用 σ 的定义, 方程 (6.14) 可改写为

$$\begin{cases} \dfrac{\mathrm{d}i}{\mathrm{d}t} = -\lambda i\left[i - \left(1 - \dfrac{1}{\sigma}\right)\right], \\ i(0) = i_0. \end{cases}$$

相应地, 模型的解析解可表示为

$$i(t) = \begin{cases} \left[\dfrac{1}{1 - \dfrac{1}{\sigma}} + \left(\dfrac{1}{i_0} - \dfrac{1}{1 - \dfrac{1}{\sigma}}\right)e^{-\lambda\left(1 - \frac{1}{\sigma}\right)t}\right]^{-1}, & \sigma \neq 1, \\ \left(\lambda t + \dfrac{1}{i_0}\right)^{-1}, & \sigma = 1. \end{cases} \tag{6.16}$$

结果分析与评价 由 (6.16) 得, 当 $t \to \infty$ 时, 有

$$i(\infty) = \begin{cases} 1 - \dfrac{1}{\sigma}, & \sigma > 1, \\ 0, & \sigma \leqslant 1. \end{cases} \tag{6.17}$$

由上式可知, $\sigma = 1$ 是一个阈值.

若 $\sigma \leqslant 1$, 随着时间的推移, $i(t)$ 逐渐变小, 当 $t \to \infty$ 时趋于零. 这是由于治愈率大于有效感染率, 最终所有病人都会被治愈.

若 $\sigma > 1$, 则当 $t \to \infty$ 时, $i(t)$ 趋于极限 $1 - \dfrac{1}{\sigma}$, 这说明当治愈率小于传染率时, 总人口中总有一定比例的人口会被传染而成为病人.

6.1.3 单一种群的增长问题

自然界中存在各种各样的种群问题, 如动物、植物、微生物、细菌、病毒等种群问题, 研究生物群体的变化和发展规律, 特别是生物群体中生物的种群总量变化规律, 对保持或控制生态平衡等具有重要意义.

实际问题中生物群体的总量是一个整数值, 但当群体总量很大时, 生物量增加或减少一个, 相对于总量来说, 其改变是十分微小的. 因此为研究方便起见, 可以把生物群体的总量看做是一个随时间连续变化的实函数.

一般而言, 种群的生存环境或区域是固定的, 环境所能提供的资源如水资源、食物资源等都是一定的, 因此可供养的种群总量应该是有限的.

记 t 时刻种群的总量为 $N(t)$, 起始时总量为 N_0. 在自然环境与资源限制下, 可供养的种群总数可能达到的最大限值 (称为生存极限数) 为 K. 若开始时群体

的自然增长率为 r, 随着群体的增大, 增长率下降, 一旦群体中生物总数达到环境与资源能够容纳的最大种群数 K, 群体停止增长, 即增长率为零. 即种群相对增长率应该是群体中生物总数的函数, 可以用 $r\left(1 - \dfrac{N(t)}{K}\right)$ 来描述, 于是单一种群的阻滞增长模型可描述为

$$\begin{cases} \dfrac{\mathrm{d}N}{\mathrm{d}t} = r\left(1 - \dfrac{N}{K}\right)N, \\ N(0) = N_0. \end{cases} \tag{6.18}$$

引入常数 $c = \dfrac{r}{K}$, 模型 (6.18) 的第一式可改写为

$$\begin{cases} \dfrac{\mathrm{d}N}{\mathrm{d}t} = rN - cN^2, \\ N(0) = N_0, \end{cases} \tag{6.19}$$

其中方程右端第二项反映了群体在有限的生存空间和资源下对自身继续增长的限制, 称为**自限项**, c 称为**自限系数**. 因此阻滞增长模型有时也称逻辑斯谛 (logistic) **模型**或**自限模型**.

模型 (6.19) 不难用分离变量法求解, 其解析解为

$$N(t) = \frac{KN_0\mathrm{e}^{rt}}{N_0(\mathrm{e}^{rt} - 1) + K}$$

或

$$N(t) = \frac{K}{1 + \left(\dfrac{K}{N_0} - 1\right)\mathrm{e}^{-rt}}. \tag{6.20}$$

从 (6.20) 可见, 若 $N_0 < K$, 则对一切 t 有 $N(t) < K$ 成立; 若 $N_0 > K$, 则对一切 t, $N(t) > K$, 且当 $t \to \infty$ 时, $N(t) \to K$.

6.2   常微分方程组问题的数学模型

6.2.1   再论传染病预测问题

大多数传染病, 如天花、麻疹、流感、肝炎等疾病经治愈后均有很强的免疫力. 病愈后的人因已具有免疫力, 既非健康者 (易感染者) 也非病人 (已感染者), 即这部分人已退出感染系统.

模型 IV   SIR 模型

基本假设

(1) 人群分**健康者**、**病人**和病愈后因具有免疫力而退出系统的**移出者**三类. 设任意时刻 t, 这三类人群占总人口的比例分别为: $s(t)$, $i(t)$ 和 $r(t)$.

(2) 病人的**日接触率**为 λ, **日治愈率**为 μ, 传染期**接触数**为 $\sigma = \lambda/\mu$.

(3) 人口总数 N 为固定常数.

模型建立　类似于前述问题的建模过程, 依据假设, 有

对所有人群,

$$s(t) + i(t) + r(t) = 1; \tag{6.21}$$

对系统移出者,

$$N\frac{\mathrm{d}r}{\mathrm{d}t} = \mu N i; \tag{6.22}$$

对病人,

$$N\frac{\mathrm{d}i}{\mathrm{d}t} = \lambda N s i - \mu N i; \tag{6.23}$$

对健康者,

$$N\frac{\mathrm{d}s}{\mathrm{d}t} = -\lambda N s i. \tag{6.24}$$

联立 (6.21)—(6.24), 可得 SIR 模型:

$$
\begin{cases}
\dfrac{\mathrm{d}i}{\mathrm{d}t} = \lambda s i - \mu i, \\[2mm]
\dfrac{\mathrm{d}s}{\mathrm{d}t} = -\lambda s i, \\[2mm]
\dfrac{\mathrm{d}r}{\mathrm{d}t} = \mu i, \\[1mm]
i(0) = i_0, s(0) = s_0, r(0) = 0.
\end{cases}
\tag{6.25}
$$

SIR 模型是一个较典型的系统动力学模型, 其突出特点是模型形式为关于多个相互关联的系统变量之间的常微分方程组. 类似的建模问题有很多, 如河流中水体各类污染物质的耗氧、复氧、反应、迁移、吸附、沉降等, 食物在人体中的分解、吸收、排泄, 污水处理过程中的污染物降解、微生物、细菌增长或衰减等. 鉴于求解此类模型精确解的数学方法过于复杂, 这里我们不去讨论. 读者如感兴趣, 可进一步阅读相关专业文献资料.

6.2.2　多种群竞争问题

问题提出　通常在一定的生态环境中, 存在着多个物种的生物群体, 如草原上的牛、羊等. 每一个单一物种的生物群体中种群数量的变化除受到自身群体的

自限规律制约外, 同时又受到其他物种群体的影响. 有的群体之间为争夺赖以生存的同一资源相互竞争; 有的群体之间弱肉强食; 有的物种相互依存等.

本节仅考虑两个种群相互竞争的数学建模问题.

基本假设　设在 t 时刻两个种群群体的总数分别为 $N_1(t)$ 和 $N_2(t)$. 假定:

(1) 初始时两种群群体的总数均较小. 分别为 N_1^0, N_2^0, 此后在一定时期内各自以自然增长率增长.

(2) 每一种群群体的增长都受到逻辑斯谛 (logistic) 规律的制约. 设其自然增长率分别为 r_1 和 r_2, 在同一资源、环境制约下只维持第一个或第二个种群群体的生存极限数分别为 K_1 和 K_2.

(3) 两个种群依靠同一种资源生存, 这两个种群的数量越多, 可获得的资源就越少, 从而物种的种群增长率就会降低. 而且随着种群群体总数的增加, 各自种群的增量都会对对方种群的变化产生一定的限制影响.

模型建立　对第一个种群而言, 若第二个种群的每个个体消耗资源量相当于第一个种群每个个体消耗资源量的 α_1 倍, 则第一个种群群体总数的增长率为

$$r_1\left(1 - \frac{N_1 + \alpha_1 N_2}{K_1}\right)N_1.$$

同理, 设第一个种群的每个个体消耗的资源量为第二个种群每个个体消耗资源量的 α_2 倍, 则第二个种群群体总数的增长率为

$$r_2\left(1 - \frac{N_2 + \alpha_2 N_1}{K_2}\right)N_2.$$

综上所述, 二种群群体竞争系统的群体总数 $N_1(t)$ 和 $N_2(t)$ 应满足微分方程组:

$$\begin{cases} \dfrac{\mathrm{d}N_1}{\mathrm{d}t} = r_1\left(1 - \dfrac{N_1 + \alpha_1 N_2}{K_1}\right)N_1, \\[2mm] \dfrac{\mathrm{d}N_2}{\mathrm{d}t} = r_2\left(1 - \dfrac{N_2 + \alpha_2 N_1}{K_2}\right)N_2, \\[2mm] N_1(0) = N_1^0, \ \ N_2(0) = N_2^0. \end{cases} \tag{6.26}$$

6.2.3　弱肉强食问题

本节讨论另一类生物链问题的数学建模问题, 即弱肉强食问题. 此类问题广泛存在于自然界中, 如大鱼吃小鱼、狼群与羊群等.

设 t 时刻第一个种群的总量和第二个种群的总量分别为 $N_1(t)$ 和 $N_2(t)$. 起始时种群总量分别为 N_1^0, N_2^0.

基本假设

(1) 第一个种群的生物捕食第二个种群的生物. 其种群数量的变化除了自身受逻辑斯谛规律的制约外, 还受到被捕食的第二个种群的数量影响.

(2) 第二个种群的总量变化除了自身受自限规律影响外, 还受其天敌第一个种群的数量影响. 第二个种群的种群数量越多, 被捕杀的机会越多, 从而第一个种群的繁殖越快.

(3) 设两个种群的自然增长率分别为 r_1 和 r_2, 各自独自生存的生存极限数分别为 K_1 和 K_2.

模型建立 对强食型的第一个种群, 其种群总量的增长率受自身逻辑斯谛规律限制, 同时还受第二个种群供应水平影响: 供应能力 (即第二个种群数量) 越强, 对第一个种群的数量增长刺激越明显. 不妨假定单位时间内第一个种群的单位个体与第二个种群的有效接触数为 $b_{12}N_2(t)$, 其中 $b_{12} > 0$ 为比例系数.

$$\frac{\mathrm{d}N_1}{\mathrm{d}t} = r_1\left(1 - \frac{N_1}{K_1}\right)N_1 + b_{12}N_1N_2.$$

另一方面, 第一个种群数量越多, 第二个种群被捕杀的数量也就越多, 从而种群数量减少得越快, 考虑到自限规律的因素, 第二个种群的增长率应为

$$\frac{\mathrm{d}N_2}{\mathrm{d}t} = r_2\left(1 - \frac{N_2}{K_2}\right)N_2 - b_{21}N_1N_2,$$

其中 b_{12}, b_{21} 均为正实数, 为两个种群之间的接触系数.

因而 $N_1(t)$, $N_2(t)$ 应满足微分方程组:

$$\begin{cases} \dfrac{\mathrm{d}N_1}{\mathrm{d}t} = r_1\left(1 - \dfrac{N_1}{K_1}\right)N_1 + b_{12}N_1N_2, \\ \dfrac{\mathrm{d}N_2}{\mathrm{d}t} = r_2\left(1 - \dfrac{N_2}{K_2}\right)N_2 - b_{21}N_1N_2, \\ N_1(0) = N_1^0, \ N_2(0) = N_2^0. \end{cases} \tag{6.27}$$

该模型是较经典的捕食者 – 食饵模型的一种形式. 更多的讨论可基于食物链中各种群的增长规律以及种群之间的相互依存关系, 建立基于各类具体问题的数学模型.

把类似的讨论应用到其他研究领域, 也可以得到相似的模型, 如市场中同类商品价格的相互竞争问题等.

6.3　偏微分方程问题的数学模型

6.3.1　河流水质中污染物的迁移扩散问题

问题提出　假定河道上游某处因排污造成水质污染, 环境管理部门希望通过建立数学模型预测下游各个监测断面的水质浓度.

问题分析　依据现有的知识, 我们知道污染物在水体中的运动主要与三个因素有关联:

(1) 污染物随水流流动发生的推流迁移, 就如树叶随水流向下流动一样.

(2) 因污染物在空间各点的浓度不均匀而产生的分子扩散现象和因各点速度不均引起的动力弥散现象, 其扩散速度与浓度梯度成正比.

(3) 因污染物与水体中的悬浮颗粒发生的吸附与沉降作用、或与其他物质发生化学反应等, 称之为水体自净.

在实际问题中, 河流的任意横断面各点在各个方向上的流速大小是不一样的, 而且即使在流速恒定的情形下, 水深方向上各点的污染物浓度也不均衡, 因此实际研究中通常根据需要做出必要的简化假设.

基本假设

(1) 假设河道很长, 河宽很窄, 即河宽与河长相比可忽略不计, 同时假定河道顺直、平滑, 且无剧烈的弯曲.

(2) 假定水深较浅, 不考虑水质在河深方向上的差异.

(3) 同一河流断面中, 各点的污染物浓度分布均匀.

(4) 假定各点水流流速 u、横断面面积 S 和扩散系数 D 均为常数.

(5) 污染物的衰减速率符合一阶化学反应动力方程, 即 $\dfrac{\mathrm{d}c}{\mathrm{d}t} = -kc$, 其中 k 为化学反应速率 (单位: 1/s).

模型建立　依据假设, 可以把河流水质的反应扩散问题简化成沿河流方向的空间一维问题. 为此首先建立坐标系, 以污染源排放点为坐标原点, 以水流方向为 x 轴方向. 记河流断面面积为 S (单位: m²); 流速为 u (单位: m/s); $c(x,t)$ 为任一点 x 处在任一时刻 t 的污染物浓度 (单位: mg/m³); k 为自净系数 (单位: 1/s); D 为扩散系数 (单位: m²/s).

考察 x 方向上任一微小单元 (简称微元): $x \to x + \Delta x$ 内污染物在 Δt 时段内的质量变化情况, 如图 6.4.

首先考察污染物在 x 点所在的河流断面流入的污染物质量:

单位时间内通过断面流入该微元的污染物分为推流进入和扩散进入, 其质量通量 (单位时间内通过单位面积的质量) 分别为 $uc(x,t)$ 和 $-D\dfrac{\partial c}{\partial x}\bigg|_x$ (注意: 污

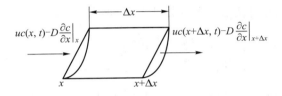

$$uc(x,t)-D\frac{\partial c}{\partial x}\Big|_x \qquad\qquad uc(x+\Delta x,t)-D\frac{\partial c}{\partial x}\Big|_{x+\Delta x}$$

图 6.4　微元河段示意图

染物的运动方向是由高浓度向低浓度方向运动, 与浓度的梯度方向相反). 因此在 Δt 时间内进入该断面的污染物质量为

$$\left(uc(x,t)-D\frac{\partial c}{\partial x}\Big|_x\right)S\Delta t.$$

类似地, 在 Δt 时段内通过 $x+\Delta x$ 所在的断面流出该微元的污染物的质量为

$$\left(uc(x+\Delta x,t)-D\frac{\partial c}{\partial x}\Big|_{x+\Delta x}\right)S\Delta t.$$

则该微元内的污染物的质量变化量 (= 流入 − 流出) 为

$$\left[u(c(x,t)-c(x+\Delta x,t))+\left(D\frac{\partial c}{\partial x}\Big|_{x+\Delta x}-D\frac{\partial c}{\partial x}\Big|_x\right)\right]S\Delta t.$$

而滞留在该微元内的污染物, 一部分在水体中, 以水体中污染物浓度 c 体现, 总质量为

$$\frac{\partial c}{\partial t}S\Delta x\Delta t;$$

另一部分则以自净的形式转移 (分解、沉降、吸附等), 其质量为

$$kc\cdot S\Delta x\Delta t.$$

由质量守恒定律得

$$\frac{\partial c}{\partial t}S\Delta x\Delta t+kc\cdot S\Delta x\Delta t=\left[u(c(x,t)-c(x+\Delta x,t))+\left(D\frac{\partial c}{\partial x}\Big|_{x+\Delta x}-D\frac{\partial c}{\partial x}\Big|_x\right)\right]S\Delta t.$$

两端同除以 $S\Delta x\Delta t$, 并令 $\Delta x\to 0$, 取极限, 得河流水质的对流扩散方程:

$$\frac{\partial c}{\partial t}+u\frac{\partial c}{\partial x}=D\frac{\partial^2 c}{\partial x^2}-kc,\quad 0<x<+\infty. \tag{6.28}$$

当然, 要求解此模型还需补充初始及边界条件. 如

$$\begin{cases} \text{初始条件}: c(x,0) = 0, \\ \text{边界条件}: c(0,t) = c_0, c(\infty,t) = 0. \end{cases}$$

事实上, 在研究此类问题时, 初始条件应确定为污染发生前的原始状态, 可以是一个关于 x 的函数, 也可以取为 0(此即意味着水质初期非常纯净, 不含有该污染物). 边界条件也可以通量形式给出, 如 $D\dfrac{\partial c}{\partial x} = q$ 等. 具体如何确定初始及边界条件, 应视具体问题而定.

几类特殊情形:

(1) 若污染源持续稳定排放, 则经过一定时间后, 河流各断面的污染物浓度呈现稳定状态, 即不再与时间有关, 此时模型中可令 $\dfrac{\partial c}{\partial t} = 0$, 模型相应变为稳态形式:

$$u\frac{\partial c}{\partial x} = D\frac{\partial^2 c}{\partial x^2} - kc, \quad 0 < x < +\infty.$$

(2) 如河流流速非常缓慢, 呈现静止状态, 此时可忽略推流作用项 $u\dfrac{\partial c}{\partial x}$, 模型变为纯粹扩散方程形式:

$$\frac{\partial c}{\partial t} = D\frac{\partial^2 c}{\partial x^2} - kc.$$

(3) 如 k 为正值, 则为汇项 (即存在自净); 如 k 为负值, 则为源项, 即存在外来污染源加入; 如 $k = 0$, 即意味着此污染物为持久性污染物.

6.3.2　热传导问题

热传导问题是热力学理论中的基本问题, 本节为了说明此类问题的建模方法, 以一个最简单的一维热传导方程的建模过程, 说明此类问题的建模方法及其过程.

问题提出　假定有一个长度为 1 个单位的细铁棒, 假定铁棒外表面 (侧面) 涂有隔热材料. 对其一端加热, 预测细铁棒各点的内部温度.

问题分析　由热力学知识可知, 热量是由温度高的地方往温度低的一侧传播, 其单位时间内传播的热通量与温度梯度的负梯度成正比.

基本假设　假定细铁棒材质均匀, 即各点的质量密度与比热系数相同.

模型建立　首先建立坐标系, 以加热的一端为坐标原点, 以铁棒的轴心方向为 x 轴, 指向另一个端点.

记 ρ 为质量密度, c 为比热系数, $T(x,t)$ 为 x 点在时刻 t 的温度, S 为截面面积.

考察铁棒上的一微小区域 $[x, x + \Delta x]$. 热量由 x 的左侧流入, 由 $x + \Delta x$ 的右侧流出. 则在 Δt 时段内通过这一个微小区域热损耗 (= 流入 – 流出) 为

$$\left(k\frac{\partial T}{\partial x}\bigg|_{x+\Delta x} - k\frac{\partial T}{\partial x}\bigg|_{x} \right) S\Delta t.$$

而任意时刻该微小区域内铁棒 (体积为 $S\Delta x$) 的热量为

$$cmT = c\rho T S\Delta x,$$

其中 m 为该微小区域内铁棒的质量. 因此在 Δt 时段内, 其热量的变化量为

$$\frac{\partial(c\rho T)}{\partial t} S\Delta x \Delta t.$$

由能量守恒定律得

$$\frac{\partial(c\rho T)}{\partial t} = \frac{1}{\Delta x}\left(k\frac{\partial T}{\partial x}\bigg|_{x+\Delta x} - k\frac{\partial T}{\partial x}\bigg|_{x} \right).$$

令 $\Delta x \to 0$ 得

$$\frac{\partial(\rho c T)}{\partial t} = \frac{\partial}{\partial x}\left(k\frac{\partial T}{\partial x} \right),\ 0 < x < 1. \tag{6.29}$$

边界条件:

$$T(0,t) = \alpha(t),\ T(1,t) = \beta(t),$$

其中 $\alpha(t), \beta(t)$ 为已知的关于时间的函数或常数.

初始条件:

$$T(x,0) = g(x),$$

其中 $g(x)$ 为已知函数.

6.4 常微分方程的数值计算方法

无论是常微分方程 (组) 还是偏微分方程的定解问题, 除极少数问题在满足某种特定条件下有数学意义上的解析解外, 大部分问题尤其是非线性微分方程的定解问题通常很难求出甚至无法求出**解析解**, 因此常需要求其能满足一定精度要求的近似解, 即**数值解**.

6.4.1 一阶非线性常微分方程初值问题

考察一阶非线性常微分方程的初值问题 (initial value problem of ordinary differential equation):

$$\begin{cases} \dfrac{\mathrm{d}y}{\mathrm{d}x} = f(x,y), & x \in (a,b], \\ y(a) = \alpha, \end{cases} \tag{6.30}$$

其中, $[a,b]$ 为求解区间. 这里 $f(x,y)$ 是一个关于 y 的隐函数, 即它无法写成或分离成 $f(x,y) = g(x)h(y)$ 的形式. 此外, 这里 x 是自变量, 它可以是时间变量, 也可以是空间变量.

定理 若函数 $f(x,y)$ 关于 y 满足利普希茨 (Lipschitz) 条件, 则常微分方程初值问题 (6.30) 的解存在且唯一.

6.4.2 一阶非线性常微分方程初值问题的数值计算方法

利用数值计算方法求连续问题的数值解, 源于数字计算机的发明. 利用计算机强大的数学计算功能, 通过设计数值计算格式与算法, 然后通过计算机编程来实现数学问题的计算机求解. 其基本思想是把连续问题离散化, 即首先把求解区间 $[a,b]$ 离散成一系列离散点 $a = x_0 < x_1 < x_2 < \cdots < x_n = b$, 然后通过把连续方程离散成基于离散点的差分方程, 即数值计算格式, 从而把求连续解析解 (不妨记为 $y = y(x)$) 的问题转化为求解析解在各离散点上的数值近似值的问题, 最后通过计算机编程求得相应差分方程的解, 即得原数学问题的数值解.

大规模或高维的科学工程计算问题, 几乎都依赖于基于计算机的数值计算方法. 常见的用于求解科学与工程中的数学问题的数值计算方法主要有差分方法、有限元方法、边界元方法、混合元方法等. 无论采用何种方法, 判别方法优劣的主要依据是其稳定性和精确度. 本节主要介绍基于差分方法的求解形如 (6.30) 式的常微分方程初值问题的数值计算方法.

采用数值计算方法求解常微分方程初值问题, 需要执行如下几个步骤:

(1) 首先, 把求解区间 $[a,b]$ 剖分成 N 个子区间, 即离散成 $N+1$ 个网格点:

$$a = x_0 < x_1 < x_2 < \cdots < x_N = b.$$

记

$$h_k = x_{k+1} - x_k, k = 0,1,2,\cdots,N-1,$$

称为**网格步长**. 显然, 任意网格点的坐标可以写为

$$x_{k+1} = x_k + h_k, k = 0,1,2,\cdots,N-1.$$

若 $h_k, k = 0, 1, 2, \cdots, N-1$ 不完全相同, 则称相应的数值计算方法为**变步长方法**. 特别地, 若网格剖分均匀, 则记 $h = \dfrac{b-a}{N}$ 为网格步长, 此时任意网格点可以表示为

$$x_k = a + kh, k = 0, 1, 2, \cdots, N.$$

(2) 其次, 构造数值计算格式.

(3) 编程求解并输出计算结果.

1. 欧拉 (Euler) 格式

欧拉格式是求解常微分方程的最简单、最经典的计算方法. 尽管目前基本不再用这个方法, 但由于后期发展起来的绝大部分的计算格式大多受该方法的构造思想影响, 因此我们首先介绍其计算格式的构造思想.

欧拉格式的构造方法可以从多个角度进行诠释, 每种构造方法都有其优缺点, 本节介绍主要的三种构造方法.

(1) 泰勒 (Taylor) 法. 若 $y \in C^2[a,b]$, 则由泰勒展开式, 有

$$\begin{aligned}
y(x_{k+1}) &= y(x_k + h_k) \\
&= y(x_k) + y'(x_k)h_k + \frac{y''(x_k)}{2}h_k^2 \\
&= y(x_k) + f(x_k, y(x_k))h_k + O(h_k^2).
\end{aligned}$$

当网格步长 $\max\limits_{k} h_k$ 充分小时, 由问题假设 $y \in C^2[a,b]$, 可知 y'' 有界, 因此等式右端第三项可以写成 $O(h_k^2)$, 构成高阶无穷小量, 我们称该项为**局部截断误差项**. 若忽略该项, 则有

$$y(x_{k+1}) \approx y(x_k) + f(x_k, y(x_k))h_k.$$

若已知 $y(x_k)$, 则由上式很容易计算出 $y(x_{k+1})$ 在网格点 $x = x_{k+1}$ 的近似值, 即数值解.

为便于区分解析解及数值解, 我们用 $y(x_k)$ 表示 $y(x)$ 在 x_k 点的解析解, 用 y_k 表示 $y(x)$ 在 x_k 点的数值解. 则有相应的数值计算格式:

$$\begin{cases} y_0 = \alpha, \\ y_{k+1} = y_k + h_k f(x_k, y_k), \ k = 0, 1, 2, \cdots, N-1. \end{cases} \tag{6.31}$$

称格式 (6.31) 为求解常微分方程初值问题 (6.30) 的**欧拉格式**.

备注: 由于形如 (6.31) 的格式右端项均为已知项, 所以此类格式是显式格式, 称为**欧拉显式格式**, 有时也叫**向前欧拉格式**. 该类格式编程计算简单, 计算量小, 但精度很低, 其截断误差为 $O(h^2)$.

(2) 差分法. 利用导数的定义, 用差商替代微商:

$$\frac{y(x_{k+1}) - y(x_k)}{x_{k+1} - x_k} = \frac{y(x_{k+1}) - y(x_k)}{(x_k + h_k) - x_k} = \frac{y(x_{k+1}) - y(x_k)}{h_k}$$
$$\approx y'(x_k) = f(x_k, y(x_k)),$$

则可容易导出相同的数值计算格式.

(3) 积分法. 把 (6.30) 中的微分方程改写成微分形式:

$$\mathrm{d}y = f(x, y)\mathrm{d}x,$$

两端分别在子区间 $[x_k, x_{k+1}]$ 上求定积分:

$$y(x_{k+1}) - y(x_k) = \int_{x_k}^{x_{k+1}} \mathrm{d}y = \int_{x_k}^{x_{k+1}} f(x, y)\mathrm{d}x, \tag{6.32}$$

右端积分值的计算采用左矩形公式近似, 亦得相同的结果.

由于在计算 y_{k+1} 时, 只用到了前一个点的函数值 y_k, 故这里讨论的数值计算格式均为**单步方法**, 即只利用前一个点的状态函数值, 估计当前状态点的函数值, 而在很多情形下, 若综合考虑利用已知的多个状态点的函数值, 构造相应的数值计算格式时, 利用积分法构造数值计算格式是最常见的方法, 如把式 (6.32) 中的积分下限改为 $k - l$, 则此时所构造的格式为**多步方法**.

特殊地, 若区间剖分为均匀的, 则网格剖分步长 $h = \dfrac{b - a}{N}$, 则欧拉显式格式可简写为

$$\begin{cases} y_0 = \alpha, \\ y_{k+1} = y_k + hf(x_k, y_k), k = 0, 1, 2, \cdots, N - 1. \end{cases}$$

欧拉显式格式的几何意义: 由微分方程的表达形式易知, $f(x, y)$ 事实上就是函数曲线 $y = y(x)$ 在 x 点的斜率, 因此欧拉显式格式本质上就是过点 (x_k, y_k)、斜率为 $f(x_k, y_k)$ 的直线 (点斜式方程) 在点 $x = x_{k+1}$ 的值.

若对方程 (6.30) 的导数项采用向后差商:

$$\frac{y(x_{k+1}) - y(x_k)}{h} \approx \left.\frac{\mathrm{d}y}{\mathrm{d}x}\right|_{x=x_{k+1}} = f(x_{k+1}, y(x_{k+1})),$$

或在方程 (6.32) 右端采用右矩形公式近似, 则可给出**向后欧拉格式**, 也叫**欧拉隐式格式**:

$$\begin{cases} y_0 = \alpha, \\ y_{k+1} = y_k + hf(x_{k+1}, y_{k+1}), k = 0, 1, 2, \cdots, N - 1. \end{cases} \tag{6.33}$$

类似地, 若对方程 (6.32) 右端采用梯形公式近似, 则可导出下列计算格式:

$$\begin{cases} y_0 = \alpha, \\ y_{k+1} = y_k + \dfrac{h}{2}[f(x_k, y_k) + f(x_{k+1}, y_{k+1})], k = 0, 1, 2, \cdots, N - 1. \end{cases} \tag{6.34}$$

这一差分格式称作**梯形格式**. 单从构造方法上看, 梯形格式的计算精度要比单纯的欧拉格式要高. 事实上, 梯形格式的局部截断误差为 $O(h^3)$.

无论是向后欧拉格式或梯形格式, 由于格式右端均含有 $f(x_{k+1}, y_{k+1})$, 而 y_{k+1} 是一个未知量, 故它们本质上都是隐式格式. 求解此类问题, 无法直接求解, 通常需要用迭代方法求解, 计算量大.

影响数值解计算精度的因素主要有: 截断误差和舍入误差. 截断误差主要由格式设计方法产生, 舍入误差主要来自计算机的浮点运算. 两种误差都会随计算工作量的增加而产生累积误差. 提高数值解计算精度的方法主要有如下几个方面:

(1) 减小离散网格步长 h. 由数值计算格式的设计就可以看出, 其截断误差的大小依赖于网格步长 h, 因此适当减小网格步长 h 的值, 有助于改善计算结果的精确度. 注意到, 数值计算格式中每一个状态值 y_{k+1} 的大小都与上一个状态 y_k 有关, 而每一步计算都会产生一个截断误差和舍入误差, 当网格步长变得很小时, 会导致状态点无限制地增加, 进而会因计算工作量无限制增大而造成误差的累积. 同时, 因计算点的增加, 也会引起计算速度的减慢.

(2) 要解决误差累积和计算速度减慢的问题, 一个好的思想是采用变步长方法. 何时采用大的步长, 何时采用小的步长, 与解的稳定性有关. 当问题的解变动较为剧烈时, 应采用小步长; 而当解变动较为平缓时, 应采用大步长. 通常情况下, 很难一次性判别步长的取决策略, 较为成熟的做法是, 先取一个试验步长, 观察求解结果, 根据结果的变化, 决定修改步长的策略, 根据修改后的步长, 重新计算结果.

(3) 改进数值计算格式, 尽量采用高精度的格式或算法. 一个好的改进策略是, 模仿数值积分的思想或积分的定义, 采用插值的方法, 即在利用公式 (6.32) 进行数值计算格式设计时, 适当地在求解区间 $[x_k, x_{k+1}]$ 内增加几个中间点, 无疑会提高解的精度. 根据这个思想, 提出的改进欧拉算法有很多, 比较成功的有龙格 – 库塔 (Runge-Kutta) 方法、亚当斯 (Adams) 方法等.

2. 改进的欧拉格式 —— 预估 – 校正格式

鉴于梯形格式是隐式计算格式, 无法直接求解, 但计算精度高于欧拉格式, 为此构造基于梯形格式的修正格式, 即**预估 – 校正格式**.

预估: 先用显式欧拉方法求得一个初步的近似值 $\overline{y}_{k+1}$, 称之为预估值;

校正: 用它代替 (6.34) 式右端的 y_{k+1} 再直接计算, 得到校正值 y_{k+1}.

计算方法如下: 令 $y_0 = 0$, 对每一个 k $(k = 0, 1, 2, \cdots, N-1)$, 计算

$$\text{预估:} \quad \overline{y}_{k+1} = y_k + hf(x_k, y_k), \tag{6.35}$$

$$\text{校正:} \quad y_{k+1} = y_k + \frac{h}{2}[f(x_k, y_k) + f(x_{k+1}, \overline{y}_{k+1})]. \tag{6.36}$$

3. 龙格 – 库塔方法

基本思想: 采用欧拉方法或梯形方法, 构造的公式精度太低, 若希望提高解的精度同时避免计算导数, 则可采用龙格 – 库塔 (Runge-Kutta) 方法. 其基本思想是在利用 (6.33) 估计右端积分时, 由积分的定义, 网格步长越小, 积分结果越逼近精确解, 因此可以考虑在 $[x_k, x_{k+1}]$ 内增加几个虚拟内点, 然后采用函数 $f(x, y)$ 在这些虚拟内点上函数值的加权和形式, 作为 $\int_{x_k}^{x_{k+1}} f(x,y)\mathrm{d}x$ 的近似估计, 则有可能构造出具有高精度的计算格式.

M **阶龙格 – 库塔方法的一般形式**:

$$y_{n+1} = y_n + \sum_{i=1}^{M} c_i K_i,$$

其中 n 为网格点序号, $c_i, \alpha_i, b_{ij}, j = 1, 2, \cdots, i-1, \ i = 1, 2, \cdots, M$ 为系数项,

$$K_1 = hf(x_n, y_n),$$
$$K_i = hf(x_n + \alpha_i h, y_n + \sum_{j=1}^{i-1} b_{ij} K_j), \quad i = 2, 3, \cdots, M.$$

以下以二阶龙格 – 库塔方法为例说明格式的构造过程.

考虑 $M = 2$ 的情形, 则二阶龙格 – 库塔格式为

$$y_{n+1} = y_n + c_1 K_1 + c_2 K_2, \tag{6.37}$$

其中

$$K_1 = hf(x_n, y_n),$$
$$K_2 = hf(x_n + \alpha_2 h, y_n + b_{21} K_1).$$

由二元泰勒展开式得

$$f(x_n + \alpha_2 h, y_n + b_{21} K_1) = f(x_n, y_n) + \left(\alpha_2 h \frac{\partial f(x_n, y_n)}{\partial x} + b_{21} K_1 \frac{\partial f(x_n, y_n)}{\partial y} \right) + O(h^2)$$
$$= f + \left(\alpha_2 h \frac{\partial f}{\partial x} + b_{21} K_1 \frac{\partial f}{\partial y} \right) + O(h^2).$$

代入 (6.37) 得

$$y_{n+1} = y_n + c_1 K_1 + c_2 K_2$$
$$= y_n + (c_1 + c_2) hf + c_2 \alpha_2 h^2 \frac{\partial f}{\partial x} + c_2 b_{21} h^2 \frac{\partial f}{\partial y} f + O(h^3).$$

而由泰勒展开式, 有

$$
\begin{aligned}
y_{n+1} = y(x_n + h) &= y(x_n) + hy'(x_n) + \frac{h^2}{2}y'' + O(h^3) \\
&= y(x_n) + hf + \frac{h^2}{2}f' + O(h^3) \\
&= y(x_n) + hf + \frac{h^2}{2}\left(\frac{\partial f}{\partial x} + \frac{\partial f}{\partial y}f\right) + O(h^3).
\end{aligned}
$$

比较以上两式, 令 $y(x_n) = y_n$, 可得

$$
c_1 + c_2 = 1, \quad c_2\alpha_2 = \frac{1}{2}, \quad c_2 b_{21} = \frac{1}{2}.
$$

该方程组有 4 个变量 3 个方程, 因此有无穷多个解.

若 $c_1 = 0$, 则 $c_2 = 1, \alpha_2 = 1/2, b_{21} = 1/2$, 得**中点格式** (midpoint scheme):

$$
\begin{cases}
y_0 = \alpha, \\
y_{i+1} = y_i + hf\left(x_i + \dfrac{h}{2}, y_i + \dfrac{h}{2}f(x_i, y_i)\right), \quad i = 1, 2, \cdots, N-1.
\end{cases}
$$

若 $c_1 = 1/2$, 则 $c_2 = 1/2, \alpha_2 = 1, b_{21} = 1$, 此为前述的预估校正格式, 即**欧拉修正格式** (modified Euler scheme):

$$
\begin{cases}
y_0 = \alpha, \\
y_{i+1} = y_i + \dfrac{h}{2}\left[f(x_i, y_i) + f(x_{i+1}, y_i + hf(x_i, y_i))\right], \quad i = 1, 2, \cdots, N-1.
\end{cases}
$$

二阶龙格 – 库塔格式的局部截断误差比欧拉格式高一阶, 为 $O(h^3)$.

用类似的方法可以得到更高阶的龙格 – 库塔格式, 常用的是经典的四阶龙格 – 库塔格式:

$$
\begin{cases}
y_0 = \alpha, \\
y_{i+1} = y_i + \dfrac{h}{6}(K_1 + 2K_2 + 2K_3 + K_4), \quad i = 0, 1, \cdots, N-1,
\end{cases} \tag{6.38}
$$

其中

$$
\begin{cases}
K_1 = f(x_i, y_i), \\
K_2 = f\left(x_i + \dfrac{h}{2}, y_i + \dfrac{h}{2}K_1\right), \\
K_3 = f\left(x_i + \dfrac{h}{2}, y_i + \dfrac{h}{2}K_2\right), \\
K_4 = f(x_i + h, y_i + hK_3).
\end{cases}
$$

6.4.3　一阶常微分方程组和高阶常微分方程的数值计算方法

1. 一阶常微方程组

前面研究了单个方程 $y' = f$ 的差分方法, 只要把 y 和 f 理解为向量, 则所提供的各种算法即可推广应用到一阶方程组的情形.

对于一阶常微方程组

$$\begin{cases} y' = f(x, y, z), y(x_0) = y_0, \\ z' = g(x, y, z), z(x_0) = z_0. \end{cases}$$

令 $x_n = x_0 + nh, n = 1, 2, \cdots, N$ 表示网格节点, 以 y_n, z_n 表示 $y = y(x), z = z(x)$ 在节点 x_n 的数值解, 则其梯形公式的预估 – 校正格式可写成如下形式:

预估: $\overline{y}_{n+1} = y_n + hf(x_n, y_n, z_n),$

$\qquad \overline{z}_{n+1} = z_n + hg(x_n, y_n, z_n),$

校正: $\overline{y}_{n+1} = y_n + \dfrac{h}{2}[f(x_n, y_n, z_n) + f(x_n, \overline{y}_{n+1}, \overline{z}_{n+1})],$

$\qquad \overline{z}_{n+1} = z_n + \dfrac{h}{2}[g(x_n, y_n, z_n) + g(x_n, \overline{y}_{n+1}, \overline{z}_{n+1})].$

相应的四阶龙格 – 库塔格式为

$$\begin{cases} y_{n+1} = y_n + \dfrac{h}{6}(K_1 + 2K_2 + 2K_3 + K_4), \\[2mm] z_{n+1} = z_n + \dfrac{h}{6}(L_1 + 2L_2 + 2L_3 + L_4), \\[2mm] K_1 = f(x_n, y_n, z_n), \\[2mm] L_1 = g(x_n, y_n, z_n), \\[2mm] K_2 = f\left(x_n + \dfrac{h}{2}, y_n + \dfrac{h}{2}K_1, z_n + \dfrac{h}{2}L_1\right), \\[2mm] L_2 = g\left(x_n + \dfrac{h}{2}, y_n + \dfrac{h}{2}K_1, z_n + \dfrac{h}{2}L_1\right), \\[2mm] K_3 = f\left(x_n + \dfrac{h}{2}, y_n + \dfrac{h}{2}K_2, z_n + \dfrac{h}{2}L_2\right), \\[2mm] L_3 = g\left(x_n + \dfrac{h}{2}, y_n + \dfrac{h}{2}K_2, z_n + \dfrac{h}{2}L_2\right), \\[2mm] K_4 = f(x_{n+1}, y_n + hK_3, z_n + hL_3), \\[2mm] L_4 = g(x_{n+1}, y_n + hK_3, z_n + hL_3). \end{cases}$$

2. 高阶常微分方程

高阶微分方程的初值问题, 原则上通过降阶法总可以归结为一阶方程组来求解. 以二阶常微分方程为例:

$$\begin{cases} y''(x) = f(x, y, y'), x_0 \leqslant x \leqslant x_n, \\ y(x_0) = y_0, y'(x_0) = z_0. \end{cases}$$

则可令 $z = y'$, 化为一阶方程组求解:

$$\begin{cases} y'(x) = z, & y(x_0) = y_0, \\ z'(x) = f(x, y, z), & z(x_0) = z_0, \end{cases}$$

其中 $x_0 \leqslant x \leqslant x_n$.

6.4.4 偏微分方程数值计算方法

偏微分方程数值计算格式的构造方法有很多, 一类是基于数值微分的有限差分方法, 另一类是基于数值积分的有限元、混合元、边界元等方法, 本节以有限差分方法为例, 说明其构造过程和格式.

以热传导方程为例进行说明:

$$\frac{\partial u}{\partial t} = d \frac{\partial^2 u}{\partial x^2}, a < x \leqslant b, 0 < t \leqslant T$$

满足初始及边界条件

$$u(x, 0) = \alpha(t), u(a, t) = u_0, u(b, t) = 0.$$

首先, 将求解区间 $[a, b]$ 离散化, 生成 N 个网格点. 不妨假定网格剖分为等步长, 步长为 h, 记为

$$a = x_0 < x_1 < \cdots < x_N = b, \quad h = \frac{b - a}{N}.$$

同时将求解时间区域也进行等时间网格剖分, 时间步长为 Δt:

$$0 = t_0 < t_1 < \cdots < t_M = T, \quad \Delta t = \frac{T}{M}.$$

其次, 利用数值微分将微分方程离散化. 由泰勒展开式得

$$f(x_{i+1}) = f(x_i) + h f'(x_i) + \frac{h^2}{2} f''(x_i) + O(h^3). \tag{6.39}$$

忽略掉二阶导数项, 可得**向前差分公式**:

$$f'(x_i) = \frac{f(x_{i+1}) - f(x_i)}{h}.$$

类似地, 有

$$f(x_{i-1}) = f(x_i) - hf'(x_i) + \frac{h^2}{2}f''(x_i) + O(h^3). \tag{6.40}$$

同样忽略掉二阶导数项, 可得**向后差分公式**:

$$f'(x_i) = \frac{f(x_i) - f(x_{i-1})}{h}.$$

联立 (6.39) 和 (6.40) 可得二阶导数的差分近似公式:

$$f''(x_i) = \frac{f(x_{i+1}) - 2f(x_i) + f(x_{i-1})}{h^2}.$$

若记所求方程的解在任一时间层 t_{k+1} 的解为 $u(x_i, t_{k+1})$, 数值解记为 u_i^{k+1}, $i = 1, 2, \cdots, N$, $k = 0, 1, \cdots, M-1$. 则利用上述数值差分格式, 对偏微分方程进行离散, 即得有限差分计算格式:

$$\frac{u_i^{k+1} - u_i^k}{\Delta t} = d\frac{u_{i+1}^k - 2u_i^k + u_{i-1}^k}{h^2}.$$

此式为一显式计算格式, 利用给定的初始及边界条件直接计算即可. 或者采用隐式形式的计算格式:

$$\frac{u_i^{k+1} - u_i^k}{\Delta t} = d\frac{u_{i+1}^{k+1} - 2u_i^{k+1} + u_{i-1}^{k+1}}{h^2}.$$

在每一时间层上当取遍空间网格内所有点时, 形成一个对角占优的三对角矩阵, 利用初始及边界条件, 整理矩阵代数方程并求解即可.

6.5　利用 MATLAB 求解微分方程

6.5.1　微分方程 (组) 的数值解

本节主要介绍利用 MATLAB 求解常微分方程数值解的常用函数及其使用方法.

考虑如下常微分方程初值问题:

$$\begin{cases} \dfrac{\mathrm{d}y}{\mathrm{d}t} = f(t, y), & t > t_0, \\ y(t_0) = y_0. \end{cases} \tag{6.41}$$

在 MATLAB 中, 用于求解常微分方程数值解的函数较多, 常用的函数如表 6.1 所示. 每一个函数都有自己的适用对象, 因此在具体使用时应先了解方程的形式和刚性性质, 再确定使用哪个函数求解. 如希望详细了解有关信息, 读者可在 MATLAB 启动页面中点击命令窗口的 "Getting Started", 查看目录:

MATLAB\Mathematics\Functions\Nonlinear Numerical Methods

然后在此目录下查看 "Ordinary Differential Equations" 子目录, 即可了解相关函数调用方式, 相关算法及应用示例.

表 6.1　MATLAB 的微分方程求解器

求解函数	适用类型	求解算法	注释
ode45( )	非刚性微分方程	龙格 – 库塔方法	Runge-Kutta(4,5) 格式, 适用于了解不多的初学者
ode23( )	非刚性微分方程	龙格 – 库塔方法	Runge-Kutta(2,3) 格式, 适用于中等刚性微分方程求解
ode113( )	非刚性微分方程	亚当斯方法	多步法
ode15s( )	刚性微分方程和微分代数方程	NDF(BDF)	采用数值微分 (NDF) 和向后微分 (BDF) 方法求解
ode23s( )	刚性微分方程	Rosenbrock	修正的 Rosenbrock 方法
ode23t( )	适度刚性微分方程和微分代数方程	梯形方法	适用于无数值衰减问题
ode23tb( )	刚性微分方程	TR-BDF2	利用带有梯形格式的隐式 Runge-Kutta 方法和二阶向后微分 (BDF) 公式求解
ode15i( )	全隐式微分方程	BDF	采用向后差分 (BDF) 方法求解 $f(y, y', t) = 0$ 形式的微分方程

在常微分方程求解过程中, 了解所研究的问题是否属于刚性问题是十分重要的. 一个问题被称之为是刚性 (stiffness) 的, 是指其解产生过程变化很慢, 同时存在很接近的变化很快的解. 直观理解就是问题的解在某个自变量的小邻域内, 函数值的变化非常剧烈, 或者说函数曲线变得非常陡峭. 因此解决这类问题必须采用小步长计算. 所谓刚性问题通常是针对微分方程组而言的.

对初学者或者对微分方程了解不多的读者来说, 选择一个可以兼顾刚性和非刚性问题, 而且处理效率和可信度较高的函数, 是一个不错的选择, MATLAB 中 ode45( ) 函数就具有这一特性. 以下以 ode45( ) 函数为例, 说明函数的调用方法.

调用格式: [t,y]=ode45(odefun,tspan,y0)

其中 odefun 为表示微分方程的右端项 $f(t, y)$ 的函数句柄或 inline( ) 函数. tspan 表示自变量的变化范围, 用区间 [t0,ts] 表示, t0 表示自变量的初始时间, ts 表示自变量取值的上限值, 若上限值为无穷大时可取一个足够大的正实数替代; 若 tspan 为一个向量形式, 如 [t0, t1,t2,···,tN], 则表示给定网格剖分点, 求微分方程在这些给定点的数值解, 系统默认 t0 为初始点. y0 是微分方程的初始值向量, 其元素的个数等于微分方程的阶数, 特别地若方程为一阶常微分方程, 则 y0 为一个数值标量即在 t0 点的初始值; 输出参数 t, y 为系统自行设定的计算网格点以及网格点上的数值计算结果, 为向量或矩阵形式.

例 6.1　求解描述振荡器的经典的范德波尔 (van der Pol) 微分方程:

$$\begin{cases} \dfrac{\mathrm{d}^2 y}{\mathrm{d}t^2} - \mu(1 - y^2)\dfrac{\mathrm{d}y}{\mathrm{d}t} + y = 0, \\ y(0) = 1, \quad y'(0) = 0. \end{cases}$$

解　首先把二阶常微分方程化成常微分方程组. 设 $y_1 = y$, $y_2 = y'$, 则原问题转化为常微分方程组的形式:

$$\begin{cases} y_1' = y_2, \\ y_2' = \mu(1 - y_1^2)y_2 - y_1, \\ y_1(0) = 1, y_2(0) = 0. \end{cases}$$

取 $\mu = 1$, 创建描述该微分方程组的函数文件 (vdp1.m):

```
function dy=vdp1(t,y)
dy=zeros(2,1);
dy(1)=y(2);
dy(2)=1*(1-y(1)^2)*y(2)-y(1);
end
```

调用 MATLAB 求解函数 ode45( ). 对于初值 $y(0) = 1, y'(0) = 0$, 取求解区间上限为 ts=20, 在 MATLAB 命令窗口下运行:

```
>> [t,Y]=ode45(@vdp1,[0 20],[1 0]);
>> plot(t,Y(:,1),'k-o')
>> xlabel('t'),ylabel('y'),title('van der Pol Equation')
```

利用图形输出求解的结果, 见图 6.5 所示.

范德波尔模型是一个较典型的刚性微分方程, 读者如希望尝试用其他求解函数计算, 只需把 ode45( ) 改为其他函数 (如 ode15s( )) 即可.

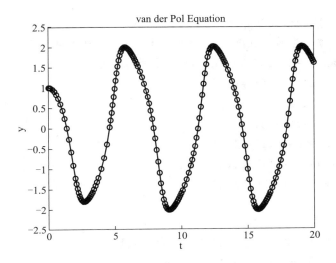

图 6.5 范德波尔方程数值计算结果示意图

例 6.2 分别用欧拉格式、梯形格式、龙格 – 库塔格式求微分方程初值问题的解:

$$\begin{cases} \dfrac{\mathrm{d}x}{\mathrm{d}t} = x - 2\dfrac{t}{x}, & 0 < t \leqslant 4, \\ x(0) = 1. \end{cases}$$

解 该问题的解析解为 $x = \sqrt{1+2t}$.

(1) 分别编制三种算法的 MATLAB 算法的函数文件.

① 欧拉格式 MATLAB 算法函数:

```
function[t,y]=euler(odefun,tspan,y0,n)
            % 欧拉显式格式
            % n为网格点个数.x0为初始值, tspan为求解区间
h=(tspan(2)-tspan(1))/(n-1);%计算网格步长
t(1)=tspan(1); y(1)=y0;
 for i=1:n-1
   t(i+1)=t(i)+h;
   y(i+1)=y(i)+h*odefun(t(i),y(i));
 end
end
```

② 梯形格式 (欧拉修正算法) MATLAB 算法函数:

```
function [t,y]=Meuler(odefun,tspan,y0,n)
```

```
          % 预估校正算法
          % n为网格点个数.x0为初始值，tspan为求解区间
h=(tspan(2)-tspan(1))/(n-1);%计算网格步长
t(1)=tspan(1); y(1)=y0;
  for i=1:n-1
    t(i+1)=t(i)+h;
    k1=odefun(t(i),y(i));
    k2=odefun(t(i)+h,y(i)+h*k1);
    y(i+1)=y(i)+h*(k1+k2)/2;
  end
end
```

③ 四阶龙格 – 库塔格式 MATLAB 算法函数:

```
function [t,y]=RK4(odefun,tspan,y0,n)
          % 预估四阶龙格库塔格式
          % n为网格点个数.x0为初始值，tspan为求解区间
h=(tspan(2)-tspan(1))/(n-1);%计算网格步长
t(1)=tspan(1); y(1)=y0;
 for i=1:n-1
    t(i+1)=t(i)+h;
    k1=odefun(t(i),y(i));
    k2=odefun(t(i)+h/2,y(i)+h*k1/2);
    k3=odefun(t(i)+h/2,y(i)+h*k2/2);
    k4=odefun(t(i)+h,y(i)+h*k3);
  y(i+1)=y(i)+h*(k1+2*k2+2*k3+k4)/6;
 end
end
```

(2) 在 MATLAB 命令窗口下, 分别运行相应函数, 命令如下:

```
>>t=linspace(0,4,11);
>>y=sqrt(1+2*t);
>>[t,y1]=Euler(@(t,x)x-2*t/x,[0,4],1,11);
>>[t,y2]=Meuler(@(t,x)x-2*t/x,[0,4],1,11);
>>[t,y3]=RK4(@(t,x)x-2*t/x,[0,4],1,11);
t,y,y1,y2,y3
```

为便于比较这三种算法的优劣或计算精度情况, 我们把计算结果列在表 6.2 中.

表 6.2   算法精确度对比

网格点坐标	0.40	0.80	1.20	1.60	2.00	2.40	2.80	3.20	3.60	4.00
精确解	1.35	1.61	1.84	2.05	2.24	2.41	2.57	2.72	2.86	3.00
欧拉格式	1.40	1.73	2.05	2.41	2.84	3.41	4.22	5.37	7.05	9.46
梯形格式	1.37	1.67	1.95	2.26	2.64	3.17	3.97	5.22	7.17	10.17
四阶龙格 – 库塔格式	1.34	1.61	1.85	2.05	2.24	2.43	2.61	2.80	3.03	3.34

其他类型的常微分方程形式还有两点边值问题或时滞问题形式等, 读者可在相应目录下找到你所要的求解函数. 耐心研究一下, 就会找到你所需要的工具和使用方法.

6.5.2   利用偏微分方程工具箱求解偏微分方程

利用 MATLAB 求解偏微分方程的最简单的做法就是直接利用偏微分方程 (PDE) 工具箱求解, 调用方式为直接在命令窗口下键入 pdetool, 即可进入人机交互界面, 用户可根据实际需要选择相应的 PDE 类型及参数 (定义域、边界条件、初始条件等), 选择求解区域并生成所需要的矩形或三角形网格. 然后直接求解即可.

思考与练习六

1. 已知平面上有条曲线经过点 (1,3), 且在每一点切线的斜率都是该点横坐标的 2 倍, 试写出该曲线满足的微分方程, 并求出其解析解.

2. 将某物体放置在空气中, 在 $t = 0$ 时刻测得其温度为 $u_0 = 150\,°C$, 10 min 后测得温度 $u_1 = 87\,°C$, 假定空气的温度为 $24\,°C$. 试建立数学模型给出物体的温度 u 与时间 t 的关系, 并计算 20 min 后物体的温度.

3. 假设在某商场中, 某种商品在 t 时刻的价格为 $P(t)$, 若假定其变化率与商品的需求量 D 和供给量 S 之差成正比 (比例系数为 k), 若

$$D = a - bP, \quad S = -c + dP,$$

其中 a, b, c, d 均为正常数, 若已知初始价格为 P_0, 求任意时刻 t 时该商品的价格.

4. 在用积分法构造数值计算格式时, 若把积分区间更改为 $[x_{k-l}, x_{k+l}]$, l 取某个正整数, 把被积函数 $f(x, y)$ 写成在该区间上的分段线性插值多项式, 则可以构造丰富多彩的多步法

数值计算格式. 如令 $l = 1$, 被积函数 $f(x, y)$ 写成在区间 $[x_{k-1}, x_{k+1}]$ 上的分段线性插值多项式, 请读者自行推导出相应的数值计算格式.

5. 若修改例题 6.1 模型中的参数 μ 的值, 如取 $\mu = 20$, 对应修改 vdp1.m 中的相应项, 保存后执行相同的命令, 观察一下结果有何变化? 若把初始条件 $y(0) = 1$ 修改为 $y(0) = 2$, 或者其他的值, 观察一下初始条件与结果的关系.

第七章 线 性 规 划

优化问题建模是数学建模或数学应用中常见的一类建模问题. 无论我们做任何事, 总希望达到最好的结果. 购物时, 总希望用最低的价格买到质量最好的产品; 生产管理经营者, 希望通过组织合理的人力物力投入, 用最少的投入, 产出更多合格的产品; 投资者总希望选择最好的项目, 用有限的经费投入, 获取最大的收益; 计算机编程人员希望用最少的存储和计算量来解决计算机信息传输、科学工程计算等问题, 以提高计算机的处理效率等.

线性规划 (linear programming, 简记为 LP) 是优化理论中最重要的一个分支, 是研究较早、理论相对完善、应用也最广泛的一类数学方法. 这类方法涉及的研究问题主要包括两个方面: 一是对于给定的任务, 如何以最小的成本或费用(如人力、资金、时间等)去完成这项任务; 二是在现有的资源下, 如何组织或安排, 以产生最大的收益.

7.1 从示例看线性规划问题

本节通过几个简单的例子介绍线性规划问题的建模过程, 然后给出线性规划模型的常见形式.

例 7.1 利润最大化问题

某工厂用 3 种原料 P_1, P_2, P_3 生产 3 种产品 Q_1, Q_2, Q_3. 已知的生产条件如表 7.1 所示, 试制订出总利润最大的生产计划.

问题分析 这是一个生产计划安排问题. 问题的建模目的是制订使总利润最大的产品生产方案, 在单位产品价格和利润水平确定的情况下, 其利润水平的大小取决于产品的产量, 而产品的产量受制于原材料的供应量, 即构成了问题的约

表 7.1　单位产品所需原材料的数量

原料	产品			原材料可用量/(千克·日$^{-1}$)
	Q_1	Q_2	Q_3	
P_1	2	3	0	1500
P_2	0	2	4	800
P_3	3	2	5	2000
单位产品的利润/万元	3	5	4	

束条件.

模型建立　设产品 Q_j 的日产量为 x_j 个单位, $j=1,2,3$, 则其总利润的表达式为

$$z = 3x_1 + 5x_2 + 4x_3.$$

而产品的日产量受制于原材料的供应量: 首先, 产量不可能取负值, 即 $x_j \geqslant 0, j=1,2,3$; 其次, 生产过程中对三种原料的日消耗量不能超过日可用量. 于是有

$$2x_1 + 3x_2 \leqslant 1500,$$
$$2x_2 + 4x_3 \leqslant 800,$$
$$3x_1 + 2x_2 + 5x_3 \leqslant 2000.$$

因此, 该问题的数学模型可描述为

$$\max z = 3x_1 + 5x_2 + 4x_3$$
$$\text{s.t.} \begin{cases} 2x_1 + 3x_2 \leqslant 1500, \\ 2x_2 + 4x_3 \leqslant 800, \\ 3x_1 + 2x_2 + 5x_3 \leqslant 2000, \\ x_j \geqslant 0, \quad j=1,2,3, \end{cases}$$

其中, "s.t." 为英文 "subject to" 的缩写形式, 即为决策变量 $x_j, j=1,2,3$ 应满足的约束条件或允许取值的范围.

此类问题称为**最优生产计划安排问题**, 把它推广到一般问题, 可描述如下: 利用 m 种资源 $B_1, B_2, \cdots, B_m$, 组织生产 n 种产品 $A_1, A_2, \cdots, A_n$. 记 b_j 表示资源 B_j 的限制量, c_i 表示产品 A_i 的单位利润, a_{ij} 表示生产单位产品 A_i 消耗资源 B_j 的数量, $i=1,2,\cdots,n, j=1,2,\cdots,m$, 如表 7.2.

表 7.2 　最优生产计划安排基本数据表

资源	产品				资源限制量
	A_1	A_2	$\cdots$	A_n	
B_1	a_{11}	a_{12}	$\cdots$	a_{1n}	b_1
B_2	a_{21}	a_{22}	$\cdots$	a_{2n}	b_2
$\vdots$	$\vdots$	$\vdots$		$\vdots$	$\vdots$
B_m	a_{m1}	a_{m2}	$\cdots$	a_{mn}	b_m
单位产品利润	c_1	c_2	$\cdots$	c_n	

若记 $x_1, x_2, \cdots, x_n$ 为产品 $A_1, A_2, \cdots, A_n$ 的计划产量, 则该问题的数学模型可描述为

$$\max z = c_1 x_1 + c_2 x_2 + \cdots + c_n x_n$$
$$\text{s.t.} \begin{cases} a_{11} x_1 + a_{12} x_2 + \cdots + a_{1n} x_n \leqslant b_1, \\ a_{21} x_1 + a_{22} x_2 + \cdots + a_{2n} x_n \leqslant b_2, \\ \qquad \cdots\cdots\cdots\cdots \\ a_{m1} x_1 + a_{m2} x_2 + \cdots + a_{mn} x_n \leqslant b_m, \\ x_j \geqslant 0, \quad j = 1, 2, \cdots, n. \end{cases}$$

备注: 模型中 $a_{ij}, c_j, b_i, i = 1, 2, \cdots, m, j = 1, 2, \cdots, n$ 均为常数, 由具体的实际问题给出.

例 7.2　运输问题

一个制造厂要把若干单位的产品从 A_1、A_2 两个仓库发送到四个零售点 B_1、B_2、B_3、B_4. 已知仓库 A_i 能供应产品的数量为 $a_i, i = 1, 2$; 零售点 B_j 所需产品的数量为 $b_j, j = 1, 2, 3, 4$. 假设各仓库能供应产品的总量等于各零售点需求的总量, 即 $\sum\limits_{i=1}^{2} a_i = \sum\limits_{j=1}^{4} b_j$. 进一步地, 若已知从仓库 A_i 运送一个单位的产品到 B_j 的运价为 $c_{ij}, i = 1, 2, j = 1, 2, 3, 4$. 问应如何组织运输才能使总的运输费用最小?

问题分析　在单位产品运输费用一定的情况下, 即运输方式和路线固定, 则运输总费用的大小取决于从各个仓库往各个目的地发送货物的数量. 而从仓库发送货物受制于可供应量或库存量, 每个零售点接收的来自各仓库的供应量受制于需求量.

模型建立　记 $x_{ij}, i = 1, 2, j = 1, 2, 3, 4$ 为从仓库 A_i 运往零售点 B_j 的产

品数量, 即运量. 由已知条件, 运输费用取决于运价和运量, 因此总运费为

$$z = c_{11}x_{11} + c_{12}x_{12} + c_{13}x_{13} + c_{14}x_{14} + c_{21}x_{21} + c_{22}x_{22} + c_{23}x_{23} + c_{24}x_{24}$$
$$= \sum_{i=1}^{2} \sum_{j=1}^{4} c_{ij}x_{ij}.$$

在供需平衡的假设下, 运量 x_{ij}, $i = 1, 2$, $j = 1, 2, 3, 4$ 应满足如下几个方面的限制或约束:

首先, 从每个仓库运往四个零售点的产品数量总和应等于该仓库能供应的数量, 即

$$x_{11} + x_{12} + x_{13} + x_{14} = a_1,$$
$$x_{21} + x_{22} + x_{23} + x_{24} = a_2.$$

其次, 每个零售点接收的来自各个仓库运送的产品数量总量应满足该零售点的需求量, 即

$$x_{11} + x_{21} = b_1,$$
$$x_{12} + x_{22} = b_2,$$
$$x_{13} + x_{23} = b_3,$$
$$x_{14} + x_{24} = b_4.$$

最后, x_{ij} 表示运量, 不能取负值, 即 $x_{ij} \geqslant 0$ $(i = 1, 2, j = 1, 2, 3, 4)$.

归纳以上分析, 该问题的数学模型为

$$\min z = \sum_{i=1}^{2} \sum_{j=1}^{4} c_{ij}x_{ij}$$

$$\text{s.t.} \begin{cases} x_{11} + x_{12} + x_{13} + x_{14} = a_1, \\ x_{21} + x_{22} + x_{23} + x_{24} = a_2, \\ x_{11} + x_{21} = b_1, \\ x_{12} + x_{22} = b_2, \\ x_{13} + x_{23} = b_3, \\ x_{14} + x_{24} = b_4, \\ x_{ij} \geqslant 0, \quad i = 1, 2, \quad j = 1, 2, 3, 4. \end{cases}$$

在本例中发货点产品供应总量与收货点产品需求总量相等, 此类问题称为**收发均衡型的运输问题**, 否则称为**收发不均衡型的运输问题**. 该问题可以很容易

地推广到一般意义下的运输问题, 请有兴趣的读者自行给出问题的描述和模型的表达形式.

例 7.3 下料问题

现有一批长度为 7.4 m 的钢管, 由于生产的需要, 要求截出规格为: 2.9 m, 2.1 m 和 1.5 m 的钢管. 数量分别为: 1000 根, 2000 根和 1000 根. 请问应该如何下料 (即截取原材料钢管), 才能既满足生产的需求, 又使得消耗原材料钢管的数量或浪费的材料最少?

问题分析 对固定长度的钢管下料, 其产出的规格和数量, 以及残料长度取决于下料方式, 即裁截方案. 显然, 对固定长度的钢管和有限的截取规格, 其下料方式也是有限的, 可以直接利用枚举法给出, 枚举结果如表 7.3 所示. 如按照 B_1 的方式下料, 则可以得到规格为 2.9 m 的钢管 2 根, 1.5 m 的钢管 1 根. 因此问题转化为求每种下料方式需要多少根原材料钢管, 才能使得原材料总的使用根数达到最少 (等价于总的废料长度最小).

表 7.3   钢管下料数据计算表

钢管规格/m	下料方式								需求量/根
	B_1	B_2	B_3	B_4	B_5	B_6	B_7	B_8	
2.9	2	1	1	1	0	0	0	0	1000
2.1	0	0	2	1	2	1	3	0	2000
1.5	1	3	0	1	2	3	0	4	1000
残料长度/m	0.1	0	0.3	0.9	0.2	0.8	1.1	1.4	

模型建立 若记 $x_1, x_2, \cdots, x_8$ 分别为按照 $B_1, B_2, \cdots, B_8$ 方式下料的原料根数, 则问题的数学模型可以描述为

$$\min z = x_1 + x_2 + \cdots + x_8 = \sum_{i=1}^{8} x_i$$

$$\text{s.t.} \begin{cases} 2x_1 + x_2 + x_3 + x_4 \geqslant 1000, \\ 2x_3 + x_4 + 2x_5 + x_6 + 3x_7 \geqslant 2000, \\ x_1 + 3x_2 + x_4 + 2x_5 + 3x_6 + 4x_8 \geqslant 1000, \\ x_i \geqslant 0, i = 1, 2 \cdots, 8, 且为整数. \end{cases}$$

下料问题的一般描述为: 已知一批固定长度为 L 的原材料钢管, 由于生产需要, 要求截出规格长度分别为 $l_1, l_2, \cdots, l_m$ 的零件各 $b_1, b_2, \cdots, b_m$ 根. 问如何截

取才能使得总用料最省? 请有兴趣的读者仿照前述建模过程给出该问题的一般意义下的数学模型.

这样的例子不胜枚举, 其研究对象和具体内容也各不相同, 但归结出的数学模型的基本结构形式却属于同一类问题, 即在一组线性等式或不等式约束之下, 求一个线性函数的最大值或最小值的问题, 我们将这类问题称为**线性规划问题**.

7.2   线性规划模型

7.2.1   建立线性规划模型的基本步骤

从前面三个示例中可以看出, 建立一个线性规划模型大致需要如下几个步骤.

第一步: 明确问题, 确定在何种条件下追求什么样的目标.

第二步: 确定问题的**决策变量** (decision variable): 即用一组变量 $x_1, x_2, \cdots, x_n$ 表示解决问题的方案. 决策变量是决策过程中可以控制的变量, 它所取的每一组值都表示一个具体的决策方案. 一般决策变量的取值是非负的.

第三步: 明确问题要达到的目标, 构造模型的**目标函数** (objective function), 即用决策变量的线性组合形式, 给出关于决策变量的线性函数最大化 (或最小化) 形式的数学表达式.

第四步: 确定决策变量允许取值的范围, 即**约束条件** (constraint condition), 即用一组关于决策变量的线性等式或不等式表示决策变量应遵循的限制条件.

决策变量、目标函数、约束条件并称为优化问题的三个要素.

7.2.2   线性规划模型的形式

1. 一般形式

线性规划模型的**一般形式**可描述为

$$\max(\text{或 } \min)f = c_1 x_1 + c_2 x_2 + \cdots + c_n x_n$$

$$\text{s.t.} \begin{cases} a_{11} x_1 + a_{12} x_2 + \cdots + a_{1n} x_n \leqslant (\text{或 } =, \geqslant) b_1, \\ a_{21} x_1 + a_{22} x_2 + \cdots + a_{2n} x_n \leqslant (\text{或 } =, \geqslant) b_2, \\ \qquad\qquad\cdots\cdots\cdots\cdots \\ a_{m1} x_1 + a_{m2} x_2 + \cdots + a_{mn} x_n \leqslant (\text{或 } =, \geqslant) b_m, \\ x_j \geqslant 0, \quad j = 1, 2, \cdots, n, \end{cases} \tag{7.1}$$

其中, $x_1, x_2, \cdots, x_n$ 为**决策变量**, $f = c_1x_1 + c_2x_2 + \cdots + c_nx_n$ 为**目标函数**,
"s.t." 后面的表达式为决策变量应满足的**约束条件**, a_{ij}, b_i, c_j $(i = 1, 2, \cdots, m, j = 1, 2, \cdots, n)$ 均为常数.

当约束条件中的等式或不等式表达过于混杂时, 为便于研究, 一般我们会将模型 (7.1) 简化为规范形式或标准形式.

2. 规范形式

若模型 (7.1) 中约束条件只包含不等式约束, 记由系数 a_{ij} 组成的矩阵

$$\boldsymbol{A} = \begin{pmatrix} a_{11} & a_{12} & \cdots & a_{1n} \\ a_{21} & a_{22} & \cdots & a_{2n} \\ \vdots & \vdots & & \vdots \\ a_{m1} & a_{m2} & \cdots & a_{mn} \end{pmatrix}$$

为**约束矩阵**; 向量 $\boldsymbol{x} = (x_1, \cdots, x_n)^{\mathrm{T}}$ 称为**决策向量**, 向量 $\boldsymbol{c} = (c_1, \cdots, c_n)^{\mathrm{T}}$ 称为**价值向量**, $c_j (j = 1, \cdots, n)$ 称为**价值系数**; $f = c_1x_1 + c_2x_2 + \cdots + c_nx_n = \sum_{j=1}^{n} c_jx_j = \boldsymbol{c}^{\mathrm{T}}\boldsymbol{x}$ 称为**目标函数**; 向量 $\boldsymbol{b} = (b_1, \cdots, b_m)^{\mathrm{T}}$ 称为**右端向量**.

则模型 (7.1) 可以用矩阵向量形式表示为

$$\min \boldsymbol{c}^{\mathrm{T}}\boldsymbol{x}$$
$$\text{s.t.} \begin{cases} \boldsymbol{A}\boldsymbol{x} \geqslant \boldsymbol{b}, \\ \boldsymbol{x} \geqslant \boldsymbol{0}. \end{cases} \tag{7.2}$$

称形如 (7.2) 式的模型形式为问题 (7.1) 的**规范形式**.

规范化方法

(1) 若原目标函数为求极大值 $\max f = c_1x_1 + c_2x_2 + \cdots + c_nx_n$ 形式, 则只需将目标函数改写为

$$\min(-f) = -c_1x_1 - c_2x_2 - \cdots - c_nx_n,$$

即可等价地转化为求极小值问题.

(2) 若约束条件中, 不等式约束为 "小于等于", 则只需在不等式两端同时乘以 "-1", 即可等价地转化为 "大于等于" 形式.

(3) 若约束条件中, 某个约束为 "等式" 约束, 如在模型的一般形式 (7.1) 中, 一个等式约束

$$\sum_{j=1}^{n} a_{ij}x_j = b_i$$

可用下述两个不等式约束去替代:

$$\sum_{j=1}^{n} a_{ij}x_j \geqslant b_i,$$

$$\sum_{j=1}^{n} (-a_{ij})x_j \geqslant -b_i.$$

3. 标准形式

若模型 (7.1) 中的约束条件除非负约束外,其他均为 "等式" 约束,则相应的模型可以用矩阵和向量的形式写为

$$\min \boldsymbol{c}^{\mathrm{T}}\boldsymbol{x}$$
$$\text{s.t.} \begin{cases} \boldsymbol{Ax} = \boldsymbol{b}, \\ \boldsymbol{x} \geqslant \boldsymbol{0}. \end{cases} \tag{7.3}$$

称形如 (7.3) 式的线性规划模型为线性规划问题的**标准形式**.

标准化方法 为了把一般形式的线性规划模型 (7.1) 转换为标准形式,必须消除其不等式约束,方法如下:

(1) 对一个不等式约束

$$\sum_{j=1}^{n} a_{ij}x_j \geqslant b_i,$$

可引入一个非负变量 s_i,用

$$\sum_{j=1}^{n} a_{ij}x_j - s_i = b_i, \ s_i \geqslant 0$$

代替上述的不等式约束,称 s_i 为**剩余变量**.

(2) 对下述形式的约束:

$$\sum_{j=1}^{n} a_{ij}x_j \leqslant b_i,$$

可引入一个非负变量 t_i,用

$$\sum_{j=1}^{n} a_{ij}x_j + t_i = b_i, \ t_i \geqslant 0$$

代替上述的不等式约束,称 t_i 为**松弛变量**.

备注:

(1) 增加 "剩余变量" 或 "松弛变量" 并不改变模型的目标函数, 因此对原问题的解并不产生影响.

(2) 在线性规划的数学理论研究中, 一般是针对模型的标准形式进行的.

(3) 无论是一般形式, 还是规范形式, 抑或标准形式, 三种形式都是等价的, 即其中任何一种形式总可以经过简单的变换化为另一种形式.

7.3 线性规划模型的求解理论*

7.3.1 基本概念

一个满足所有约束条件的决策向量 $\boldsymbol{x} = (x_1, \cdots, x_n)^{\mathrm{T}}$ 称为线性规划问题 (7.1) 的**可行解**或**可行点**. 所有可行解组成的集合称为问题 (7.1) 的**可行域**, 记为 D. 因此线性规划模型 (7.1) 可以等价地表述为

$$\max_{\boldsymbol{x} \in D}(\text{或} \min_{\boldsymbol{x} \in D})f(\boldsymbol{x}) = \boldsymbol{c}^{\mathrm{T}}\boldsymbol{x}.$$

可行域是决策向量所有可能取值的范围. 在可行域中, 使目标函数值达到最大 (或最小) 值的可行解 $\boldsymbol{x}^*(\boldsymbol{x}^* \in D)$ 称为优化问题 (7.1) 的**最优解**, 而与之相应的目标函数值 $f(\boldsymbol{x}^*) = \boldsymbol{c}^{\mathrm{T}}\boldsymbol{x}^*$ 称为**最优值**. 因此, 线性规划问题 (7.1) 的求解问题, 本质上是在可行域中寻求一点 $\boldsymbol{x}^* \in D$, 使得对任给的 $\boldsymbol{x} \in D$, 都有

$$f(\boldsymbol{x}) \leqslant f(\boldsymbol{x}^*) \quad (\text{或} f(\boldsymbol{x}) \geqslant f(\boldsymbol{x}^*)).$$

由线性代数和微分学中求条件极值的知识可知, 给定一个线性规划问题, 下列三种情况必居其一:

(1) 可行域为空集, 即 $D = \varnothing$, 称该问题**无解**或**不可行**;

(2) 可行域非空, 即 $D \neq \varnothing$, 但目标函数在 D 上无界, 此时称该问题**无界**;

(3) $D \neq \varnothing$, 且目标函数有有限的最优值, 此时称该问题**有最优解**.

求解一个线性规划问题就是要判断该问题属于哪种情况, 当问题有最优解时, 还需要在可行域中求出使目标函数达到最优值的点 (不一定唯一), 也就是最优解, 以及目标函数的最优值.

7.3.2 线性规划的求解方法

本节介绍只有两个决策变量的线性规划问题的图解法, 以及多个决策变量的线性规划问题最优解的相关理论和单纯形求解方法.

1. 图解法

如果一个问题只有两个决策变量, 则它的可行域可以在平面上具体画出. 这便于我们直观地了解可行域 D 的结构, 同时又可方便地利用目标函数与可行域的关系用图解法求解该问题.

例 7.4 求解下述线性规划:

$$\max z = -x_1 + x_2$$

$$\text{s.t.} \begin{cases} 2x_1 - x_2 \geqslant -2, \\ x_1 - 2x_2 \leqslant 2, \\ x_1 + x_2 \leqslant 5, \\ x_1 \geqslant 0, x_2 \geqslant 0. \end{cases}$$

解 这一问题的可行域如图 7.1 所示: 变量 x_1, x_2 的非负约束决定了可行域必须在第一象限, 不等式约束 $2x_1 - x_2 \geqslant -2$ 决定了以直线 $2x_1 - x_2 = -2$ 为边界的右下半平面, 其他两个不等式也决定了两个半平面. 所以, 可行域 D 是由三个不等式约束所决定的三个半平面在第一象限中的交集, 即图 7.1 中的区域 $OA_1A_2A_3A_4O$.

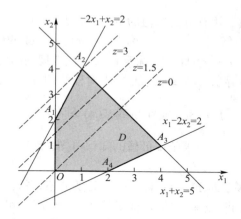

图 7.1   可行域示意图

由约束条件可知, 在区域 $OA_1A_2A_3A_4O$ 的内部及边界上的每一个点都是可行点. 目标函数的等值线束 $z = -x_1 + x_2$ (z 取不同的常数值) 沿着它的法线方向 $(-1, 1)^{\mathrm{T}}$ 移动, 当移动到点 $A_2 = (1, 4)^{\mathrm{T}}$ 时, 再继续移动就与区域 D 不相交了. 于是点 A_2 就是最优解, 而最优值为 $z = -1 + 4 = 3$. 图 7.1 中画出了 $z = 0, z = 1.5$ 和 $z = 3$ 的等值线.

求解例 7.4 的过程称为对两个变量的线性规划问题的**图解法**.

如果将例 7.4 改为求 $z = 4x_1 - 2x_2$ 的最小值, 可行域不变, 用图解法求解的过程如图 7.2 所示.

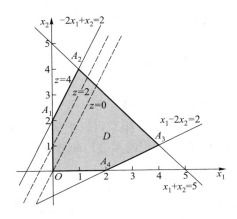

图 7.2　图解法求解示意图

平行线束 $z = 4x_1 - 2x_2$ 沿着它的负法线方向 $(-4, 2)^{\mathrm{T}}$ 移动, 当移动到与可行域 D 的一条边 A_1A_2 重合 (此时 $z = -4$) 时, 再继续移动就与 D 不相交了. 于是, 线段 A_1A_2 上的每一个点均使目标函数 $z = 4x_1 - 2x_2$ 达到最小值 -4, 即线段 A_1A_2 上的每一个点均为该问题的最优解. 特别地, 线段 A_1A_2 的两个端点, 即可行域 D 的两个顶点 $A_1 = (0, 2)^{\mathrm{T}}$, $A_2 = (1, 4)^{\mathrm{T}}$ 也是该线性规划问题的最优解.

图解法简单直观, 有助于了解线性规划问题求解的基本原理. 从上面的模型求解过程, 容易得到下面两个重要结论:

(1) 线性规划模型的可行域 D 是若干个半平面的交集, 它形成了一个有界的或无界的凸多边形;

(2) 对于给定的线性规划问题, 如果最优解存在, 则最优解总可以在可行域 D 的某个顶点上达到.

2. 线性规划问题解的基本定理**

对于有 $n\,(n \geqslant 2)$ 个变量的一般的线性规划问题也有类似的结论. 为此我们要引进若干定义将二维平面上的直线推广到高维空间中的超平面, 将二维平面上的凸多边形推广到高维空间中的多面凸集; 然后确切地定义多面凸集的顶点, 即基本可行解; 最后证明线性规划问题若存在最优解, 则一定可以在某一个基本可行解上达到.

不失一般性, 考虑标准形式的线性规划问题:

$$\min f = \boldsymbol{c}^{\mathrm{T}} \boldsymbol{x}$$
$$\text{s.t.} \begin{cases} \boldsymbol{A}\boldsymbol{x} = \boldsymbol{b}, \\ \boldsymbol{x} \geqslant \boldsymbol{0}. \end{cases} \tag{7.4}$$

记 $\mathbf{R}^n$ 为 n 维欧氏空间, 这里 $\boldsymbol{x} \in \mathbf{R}^n, \boldsymbol{c} \in \mathbf{R}^n, \boldsymbol{b} \in \mathbf{R}^m, \boldsymbol{A} \in \mathbf{R}^{m \times n}$. 不妨设可行域

$$D = \{\boldsymbol{x} \in \mathbf{R}^n | \boldsymbol{A}\boldsymbol{x} = \boldsymbol{b}, \boldsymbol{x} \geqslant \boldsymbol{0}\} \neq \varnothing.$$

若线性方程组 $\boldsymbol{A}\boldsymbol{x} = \boldsymbol{b}$ 相容 (有解), 则总可以把多余方程去掉 (可通过矩阵的行初等变换实现), 使剩下的等式约束的系数行向量线性无关. 不妨设 $\mathrm{rank}(\boldsymbol{A}) = m \ (m < n)$.

定义 设 $\boldsymbol{B}$ 是秩为 m 的约束矩阵 $\boldsymbol{A} \in \mathbf{R}^{m \times n}$ 中的一个 m 阶满秩子方阵, 则称 $\boldsymbol{B}$ 为一个**基**. $\boldsymbol{B}$ 中 m 个线性无关的列向量称为**基向量**, 变量 $\boldsymbol{x}$ 中与之对应的 m 个分量称为**基变量**, 其余的分量称为**非基变量**.

任取 $\boldsymbol{A}$ 中的 m 个线性无关的列向量组成**基** (也称**基矩阵**) $\boldsymbol{B}$, 其余列向量组成**非基矩阵** $\boldsymbol{N}$, 将 $\boldsymbol{A}$ 的列向量重新排列次序后可写成 $\boldsymbol{A} = (\boldsymbol{B}, \boldsymbol{N})$, 相应地按对应次序重排决策变量 $\boldsymbol{x}$ 的分量, 重排后的 $\boldsymbol{x}$ 可写成 $\boldsymbol{x} = \begin{pmatrix} \boldsymbol{x}_B \\ \boldsymbol{x}_N \end{pmatrix}$, 于是 $\boldsymbol{A}\boldsymbol{x} = \boldsymbol{b}$ 可重新改写成

$$\begin{bmatrix} \boldsymbol{B} & \boldsymbol{N} \end{bmatrix} \begin{bmatrix} \boldsymbol{x}_B \\ \boldsymbol{x}_N \end{bmatrix} = \boldsymbol{B}\boldsymbol{x}_B + \boldsymbol{N}\boldsymbol{x}_N = \boldsymbol{b}.$$

将所有的非基变量取值为零, 得到的解

$$\boldsymbol{x}^* = \begin{pmatrix} \boldsymbol{x}_B \\ \boldsymbol{x}_N \end{pmatrix} = \begin{pmatrix} \boldsymbol{B}^{-1}\boldsymbol{b} \\ \boldsymbol{0} \end{pmatrix}$$

称为相应于 $\boldsymbol{B}$ 的**基本解**. 当 $\boldsymbol{B}^{-1}\boldsymbol{b} \geqslant \boldsymbol{0}$ 时, 称基本解 $\boldsymbol{x}$ 为**基本可行解**, 这时对应的基 $\boldsymbol{B}$ 称为**可行基**.

显然任取 $\boldsymbol{A}$ 中 m 个线性无关的列, 即可组成一个基, 进而得到一个基本解, 由排列组合的知识可以得出最多可以得到 $\begin{pmatrix} n \\ m \end{pmatrix} = \dfrac{n!}{m!(n-m)!}$ 个基本解. 可以证明, 只要线性规划问题 (7.4) 存在可行解, 则一定存在基本可行解, 而且由所有可行解构成的可行域是一个凸多面体, 而基本可行解正好对应该凸多面体的顶点. 下面, 我们给出线性规划问题解的两个基本定理.

定理 7.1 一个标准形式的线性规划问题 (7.4), 若可行解存在, 则至少有一个是基本可行解.

定理 7.2 若一个标准形式的线性规划问题 (7.4) 有有限的最优值, 则一定存在一个基本可行解是最优解.

若某个基本可行解 $\boldsymbol{x}^* = \begin{pmatrix} \boldsymbol{x}_B \\ \boldsymbol{x}_N \end{pmatrix} = \begin{pmatrix} \boldsymbol{B}^{-1}\boldsymbol{b} \\ \boldsymbol{0} \end{pmatrix}$ 为模型 (7.4) 的最优解, $\boldsymbol{c}_B$ 为目标函数中对应基变量的系数向量, 则 $f(\boldsymbol{x}^*) = \boldsymbol{c}_B^{\mathrm{T}}\boldsymbol{B}^{-1}\boldsymbol{b}$ 即为模型 (7.4) 的最优值.

3. 单纯形方法的基本思想

求解线性规划问题的基本方法是单纯形方法 (simplex method), 是由丹齐格 (G. B. Dantzig) 在 1947 年提出的. 其基本思想就是根据线性规划问题解的基本定理, 给出某种搜索规则和算法, 在基本可行解的一个子集中逐步搜索, 最终求得最优解或判别问题无最优解. 具体算法和相关理论, 在运筹学或线性规划的书籍中均有详尽的论述, 如参考文献 [18, 19].

4. 灵敏度分析

在线性规划模型中, 其系数项 $a_{ij}, b_i, c_j, i = 1, 2, \cdots, m, j = 1, 2, \cdots, n$ 通常都假定为定常数, 但实际上这些常数项通常为观察统计值或估计值, 如实际条件 (市场需求、原材料价格、人工成本、工艺技术装备水平等) 发生变化, 则最优化水平可能会随之发生变化. 因此, 我们需要研究当一个或几个系数项发生变化时, 所研究的线性规划模型的最优解会发生什么样的变化? 或者当这些系数在什么范围内变化时, 模型的最优解基本不发生变化, 或者变化非常小.

所谓**灵敏度分析**就是讨论在最优基或基本可行解不变的情况下, 目标函数的系数 $c_j\,(j = 1, 2, \cdots, n)$ 或约束条件中的右端项 $b_i\,(i = 1, 2, \cdots, m)$ 可以变化的范围. 对线性规划模型的灵敏度分析通常分如下几种情形考虑:

(1) 资源约束 (右端项向量 $\boldsymbol{b}$) 数量变化的灵敏度分析.

资源约束数量发生变化是指模型约束条件中右端的系数项 $b_i\,(i=1,2,\cdots,m)$ 发生变化, 可以是其中一个或多个发生变化, 其变化量一般用 $\Delta\boldsymbol{b}$ 表示, 此时右端向量由原来的 $\boldsymbol{b}$ 变为 $\boldsymbol{b}+\Delta\boldsymbol{b}$, 因而原问题的基本可行解变为

$$\boldsymbol{x}' = \begin{pmatrix} \boldsymbol{x}'_B \\ \boldsymbol{x}_N \end{pmatrix} = \begin{pmatrix} \boldsymbol{B}^{-1}\boldsymbol{b} + \boldsymbol{B}^{-1}\Delta\boldsymbol{b} \\ \boldsymbol{0} \end{pmatrix}.$$

此时, 基变量与基矩阵均保持不变, 但最优解发生了变化, 其变动量为 $\boldsymbol{B}^{-1}\Delta\boldsymbol{b}$. 相应地, 目标函数最优值的变动量为

$$\Delta f = f' - f^* = \boldsymbol{c}_B^{\mathrm{T}}\boldsymbol{B}^{-1}(\boldsymbol{b}+\Delta\boldsymbol{b}) - \boldsymbol{c}_B^{\mathrm{T}}\boldsymbol{B}^{-1}\boldsymbol{b} = \boldsymbol{c}_B^{\mathrm{T}}\boldsymbol{B}^{-1}\Delta\boldsymbol{b} = \boldsymbol{\lambda}^{\mathrm{T}}\Delta\boldsymbol{b} = \sum_{i=1}^{m} \lambda_i \Delta b_i.$$

其中 $\boldsymbol{\lambda}^{\mathrm{T}} = \boldsymbol{c}_B^{\mathrm{T}}\boldsymbol{B}^{-1}$ 称为**拉格朗日 (Lagrange) 乘子**.

要理解 λ_i 的含义, 考察目标函数值关于右端项的变化率

$$\frac{\partial f}{\partial b_i} = [(\boldsymbol{B}^{-1})^{\mathrm{T}} \boldsymbol{c}_B]_i = \lambda_i.$$

也就是说当 b_i 改变一个单位 ($\Delta b_i = 1$, 其他条件不变) 时, 最优值改变了 λ_i 个单位.

这一结果有着明显的经济学意义, 一般称 λ_i 为对应约束的影子价格 (边际价格或对偶价格), 它描述了当资源数量发生一个单位的变化时, 对应目标函数发生的变动量 (价格变动). 此外, 应注意拉格朗日乘子只有在 $\boldsymbol{B}^{-1}(\boldsymbol{b} + \Delta \boldsymbol{b}) \geqslant \boldsymbol{0}$ 时才有意义.

(2) 目标函数中价值系数 c_j 变化的灵敏度分析.

对目标函数中价值系数 c_j 的灵敏度分析, 通常分两种情形分别讨论:

① 若 c_j 是非基变量的系数.

② 若 c_j 是基变量的系数.

针对这两种情况, 分别讨论价值系数 c_j 在何种范围内变化时, 才不会影响模型的最优解, 即无需改变决策方案.

(3) 约束矩阵 $\boldsymbol{A}$ 的灵敏度分析.

当约束矩阵中某个元素发生变化, 即约束矩阵 $\boldsymbol{A}$ 变为 $\boldsymbol{A} + \Delta \boldsymbol{A}$, 甚至约束矩阵 $\boldsymbol{A}$、右端向量 $\boldsymbol{b}$、价值系数向量 $\boldsymbol{c}$ 同时发生变化时, 最优解与最优值的变化分析过程较为复杂, 这里不作进一步讨论.

7.4 利用优化软件求解线性规划模型

对决策变量个数较少的情况下, 利用单纯形表可以直接解出问题的最优解和最优值, 但当决策变量和约束条件个数规模很大时, 只能借助于计算机编程计算. 值得高兴的是, 即使在决策变量或约束条件的个数达到几万个甚至更多的情况下, 利用成熟的数学专用求解软件在性能一般的计算机上, 在不太长的时间内就可以得到问题的解答, 而无需担心结果是否可靠的问题.

本节主要介绍利用 MATLAB 软件中的优化工具箱和 LINGO 软件, 分别求解线性规划模型的基本函数和调用方法.

7.4.1 线性规划问题的 MATLAB 求解方法

1. MATLAB 函数及其调用方法

MATLAB 优化工具箱中用于求解线性规划问题的基本函数为 linprog( ), 其调用格式和功能说明如下.

调用格式 I: x = linprog(c,A,b)

功能说明: 用于求解模型

$$\min_{\boldsymbol{x}} \boldsymbol{c}^{\mathrm{T}}\boldsymbol{x}$$
$$\text{s.t. } \boldsymbol{Ax} \leqslant \boldsymbol{b}. \tag{7.5}$$

调用格式 II: x = linprog(c,A,b,Aeq,beq)

功能说明: 用于求解模型

$$\min_{\boldsymbol{x}} \boldsymbol{c}^{\mathrm{T}}\boldsymbol{x}$$
$$\text{s.t. } \begin{cases} \boldsymbol{Ax} \leqslant \boldsymbol{b}, \\ \text{Aeq } \boldsymbol{x} = \text{beq}, \end{cases} \tag{7.6}$$

其中, Aeq, beq 分别为等式约束矩阵与右端向量, 若 $\boldsymbol{Ax} \leqslant \boldsymbol{b}$ 不存在, 则可令 $\boldsymbol{A} = [\ ], \boldsymbol{b} = [\ ]$.

调用格式 III: x = linprog(c,A,b,Aeq,beq,lb,ub)

功能说明: 用于求解模型

$$\min_{\boldsymbol{x}} \boldsymbol{c}^{\mathrm{T}}\boldsymbol{x}$$
$$\text{s.t. } \begin{cases} \boldsymbol{Ax} \leqslant \boldsymbol{b}, \\ \text{Aeq } \boldsymbol{x} = \text{beq}, \\ \text{lb} \leqslant \boldsymbol{x} \leqslant \text{ub}, \end{cases} \tag{7.7}$$

其中 lb, ub 分别为决策向量的下界和上界约束向量. 若上、下界不存在, 可用空矩阵代替. 如第 i 个变量 x_i 的下界为 "$-\infty$", 可令 lb(i) $= -$inf; 类似地, 如第 i 个变量 x_i 的上界为 "∞", 可令 ub(i) $=$ inf.

调用格式 IV:

[x,fval,exitflag,out,lambda] = linprog(c,A,b,Aeq,beq,lb,ub,x0,options)

功能说明: 用于求解模型 (7.7). 其中 c, A, b,Aeq, beq,lb,ub 含义同前; x0 表示迭代初始点 (为与决策向量同维向量); options 为控制参数, 可以通过 optimoptions( ) 函数来具体定义, 用于指定模型的求解算法、计算精度和最大允许迭代次数等, MATLAB 提供了三种用于求解线性规划问题的算法, 分别为单纯形方法 (simplex method)、有效集方法 (active-set method)、内点法 (interior-point method, 缺省时默认). 单纯形方法是从可行域的一个顶点到另一个顶点进行迭代搜索, 而内点法是从可行域的内部出发逼近最优解, 对大规模计算问题较为有效. 返回最优解 $\boldsymbol{x}$ 及 $\boldsymbol{x}$ 处的目标函数值 fval. exitflag 为迭代结束控制条件, 若 exitflag=1, 表示问题收敛到最优解; 若 exitflag=0, 表示迭代次数超过系统限值而终止迭代; exitflag= −2、−3、−4 分别表示找不到可行解、解无界、解不定或未找到最优解; out 返回包含最优信息的结构, 包括迭代次数、变量规模、搜索算法等; lambda 也是一个结构变量, 包含四个域, 即 lambda.ineqlin, lambda.eqlin, lambda.upper, lambda.lower, 分别对应不等式约束、等式约束、变量上界约束和变量下界约束的拉格朗日乘子.

2. 应用实例

例 7.5   求解如下线性规划:

$$\min z = -5x_1 - 4x_2 - 6x_3$$

$$\text{s.t.} \begin{cases} x_1 - x_2 + x_3 \leqslant 20, \\ 3x_1 + 2x_2 + 4x_3 \leqslant 42, \\ 3x_1 + 2x_2 \leqslant 30, \\ 0 \leqslant x_1, 0 \leqslant x_2, 0 \leqslant x_3. \end{cases}$$

解   在 MATLAB 命令窗口中输入:

```
>> c=[-5 -4 -6];
>> A=[1 -1  1; 3  2  4; 3  2  0];
>> b=[20; 42; 30];
>> lb=zeros(3,1);
>> [x,fval]=linprog(c,A,b,[ ],[ ],lb)
```

运行结果为

```
x=
    0.0000
   15.0000
    3.0000
fval=
     -78.0000
```

例 7.6   利用 MATLAB 求解例 7.1 的模型.

解   编写并运行 MATLAB 命令如下:

```
>> c=[-3 -5 -4];
>> A=[ 2 3 0; 0 2 4; 3 2 5];
>> b=[1500;800;2000];
>> [x,fval]=linprog(c,A,b)
```

运行结果为: x1 = 375, x2 = 250, x3 = 75, 最优值为 2675 (**备注**: 求解时将目标函数标准化为极小值问题, 还原后应将计算结果乘以 "−1").

例 7.7   利用 MATLAB 求解例 7.3 的模型.

解 运行如下 MATLAB 命令:

```
>> c=ones(8,1);
>> A=[-2 -1 -1 -1 0 0 0 0; 0 0 -2 -1 -2 -1 -3 0; -1 -3 0...
     -1 -2 -3 0 -4]
>> b=[-1000;-2000;-1000];
>> lu=zeros(8,1);
>> [x,fval,e]=linprog(c,A,b,[ ],[ ],lu)
```

运行结果为

$$
\begin{aligned}
&121.1625\\
&\quad78.8375\\
&678.8375\\
&\quad\ 0.0000\\
&321.1625\\
&\quad\ 0.0000\\
&\quad\ 0.0000\\
&\quad\ 0.0000
\end{aligned}
$$

鉴于原料钢管的根数应取值为整数, 因而对求解结果取整可得下料方式为: 方式 B_1 121 根, 方式 B_2 79 根, 方式 B_3 679 根, 方式 B_5 321 根, 累计 1200 根钢管.

备注:

(1) MATLAB 中的 linprog( ) 函数求解线性规划问题的基本算法内核是基于原 – 对偶内点算法 (primal-dual interior-point method) 编写的.

(2) 利用 linprog( ) 函数求线性规划问题的解, 有时需要试探一下调用形式. 在许多情形下, 决策变量的取值上下界和初始迭代值, 会对结果产生一定的影响, 因此需要多次试探, 才可以求得最终的最优解和最优值.

(3) 下料问题本质上是一个整数规划问题, 即钢管的个数应为整数, 但这里我们把它当做线性问题求解, 会发现同样也可以得到问题的最优解. 这给我们求解整数规划问题带来了一个启示, 即有时求解整数规划问题可以尝试用线性规划问题的方法求解 (如果小数点后数字的舍入对结果的影响可以忽略不计). 例 7.3 的最优解并不唯一, 利用单纯形方法求得的最优解为: 下料方式 B_2 200 根, 方式 B_3 800 根, 方式 B_5 200 根, 其他方式皆为 0 根, 累计 1200 根钢管.

例 7.8 食谱问题

某学校为学生提供营养套餐, 希望以最小的费用满足学生对营养的基本需求. 按照营养学家的建议, 每个学生每天对蛋白质、维生素 A、钙的需求为: 蛋白质 50 g、维生素 A 4000 IU (国际计量单位)、钙 1000 mg. 假定可以提供的食物为: 苹果、香蕉、胡萝卜、枣汁和鸡蛋, 其营养成分含量见表 7.4 所示. 学校希望确定每日提供给学生的数量, 以最小的费用满足营养学家建议的营养需求, 并考虑:

(1) 对维生素 A 的需求增加一个单位时, 是否应改变食谱? 成本增加多少?

(2) 若胡萝卜的价格增加 1 美分, 是否需要改变食谱? 成本增加多少?

表 7.4　食物种类、规格、营养构成及价格

食物	单位	蛋白质/g	维生素 A/IU	钙/mg	价格/美分
苹果	中等大小一个 (138 g)	0.3	73	9.6	10
香蕉	中等大小一个 (118 g)	1.2	96	7	15
胡萝卜	中等大小一个 (72 g)	0.7	20253	19	5
枣汁	一杯 (178 g)	3.5	890	57	60
鸡蛋	中等大小一个 (44 g)	5.5	279	22	8

问题分析　这是一个组合方案优化问题.

决策变量　设 x_1, x_2, x_3, x_4, x_5 分别为五类可选食物: 苹果、香蕉、胡萝卜、枣汁和鸡蛋的数量, 即决策变量.

目标函数　总费用最小, 即

$$\min z = 10x_1 + 15x_2 + 5x_3 + 60x_4 + 8x_5.$$

约束条件　满足学生对营养的基本需求:

(1) 蛋白质需求量: $0.3x_1 + 1.2x_2 + 0.7x_3 + 3.5x_4 + 5.5x_5 \geqslant 50$;

(2) 维生素 A 需求量: $73x_1 + 96x_2 + 20253x_3 + 890x_4 + 279x_5 \geqslant 4000$;

(3) 钙需求量: $9.6x_1 + 7x_2 + 19x_3 + 57x_4 + 22x_5 \geqslant 1000$;

(4) 非负约束: $x_i \geqslant 0, i = 1, 2, 3, 4, 5$.

因此该问题的数学模型可以描述为

$$\min z = 10x_1 + 15x_2 + 5x_3 + 60x_4 + 8x_5$$

$$\text{s.t.} \begin{cases} 0.3x_1 + 1.2x_2 + 0.7x_3 + 3.5x_4 + 5.5x_5 \geqslant 50, \\ 73x_1 + 96x_2 + 20253x_3 + 890x_4 + 279x_5 \geqslant 4000, \\ 9.6x_1 + 7x_2 + 19x_3 + 57x_4 + 22x_5 \geqslant 1000, \\ x_i \geqslant 0, i = 1, 2, 3, 4, 5. \end{cases}$$

模型求解　利用 MATALB 求解, 程序如下:

```
c=[10 15 5 60 8];
A=(-1)*[0.3 1.2 0.7 3.5 5.5
        73 96 20253 890 279
        9.6 7 19 57 22];
b=(-1)*[50;4000;1000];
lb=zeros(5,1);
ub=[ ];
x0=ones(5,1);
[x,f,exit,out,lambda]=linprog(c,A,b,[ ],[ ],lb,ub)
```

运行后得到最优解为 x=(0,0,49.3827,0,2.8058), 最优值为 269.3603 (即每天吃 49.3827 个胡萝卜、2.8058 个鸡蛋, 即可满足营养的基本需求, 此时最小成本为 269.36 美分); exit=1 表示取得最优解. 参数 out、lambda 的输出结果为

```
out=
        iterations: 14              % 表示共迭代了14次
        algorithm: 'interior-point' % 搜索算法为内点法
        cgiterations: 0
                                    % PCG迭代次数(0表示采用内点算法)
        message:  'Optimization terminated.' % 迭代终止信息
lambda=
        ineqlin: [3x1 double]
        eqlin: [0x1 double]
        upper: [5x1 double]
        lower: [5x1 double]
```

在 MATLAB 窗口运行 lambda.ineqlin, 显示不等式约束的拉格朗日乘子信息为

```
>> lambda.ineqlin
ans =
     0.4714
    -0.0000
     0.2458
```

结果显示第二个不等式约束对应的拉格朗日乘子值为 0, 说明该约束不是有效约束, 即维生素 A 的需求增加一个单位时, 最优解与最优值均无变化, 即无需改变食谱, 而且成本无变化. 但对蛋白质的需求提高一个单位时, 成本增加 0.4714 美分; 对钙的需求增加一个单位时, 成本增加 0.2458 美分.

对问题 (1) 和 (2) 的解答, 也可通过直接修改源程序中相关系数项, 重新执行一遍程序, 可得

(1) 若维生素 A 的需求增加一个单位, 最优解与最优值均无变化, 即无需改变食谱, 而且成本无变化.

(2) 若胡萝卜的价格增加 1 美分, 最优解无变化, 即不需要改变食谱, 但成本增加了 49.3827 美分.

7.4.2 利用 LINGO 软件求解线性规划

LINGO 是英文 "linear interactive and general optimizer" 的缩写, 意即 "交互式线性及通用优化求解器", 是美国 LINDO 公司研制开发的用于求解专业大型数学规划问题的软件包, LINDO 公司目前开发的主要产品有: What's Best, LINGO, LINDO, GINO 等.

What's Best 是一个 MS-Excel 的插件, 它允许你在 Excel 电子表格中以自由组合的方式建立大型优化模型. 可用于求解大型的线性规划、整数规划和非线性规划问题. 借助于电子表格, What's Best 允许用户以表格的方式运行最优化应用程序. 其特点是: 建立模型迅速、容易, 丰富的文档帮助及众多实际范例供模仿练习.

LINGO 是一个用来创建和求解线性规划、非线性规划 (凸规划、非凸规划、全局最优化)、整数规划、二次规划、随机规划等的专用优化问题工具软件, 它使得优化问题的建模与求解更加快速、容易和高效率. LINGO 提供了一个完全整合的软件包, 包括强大的内置建模语言和可编程、可编辑调试环境, 还有一套快速的内建求解器. 它允许以简练、直观的方式描述较大规模的优化问题, 模型中所需的数据可以以一定格式保存在独立的文件中.

LINDO 是 "linear interactive and discrete optimizer" 的缩写形式, 由 Linus Schrage 首先开发, 集众多专业优化软件: GINO, LINGO, LINGO NL (又称 LINGO2) 和 "What's Best!" 等于一体, 可以用来求解线性规划、整数规划和二次规划问题.

GINO 是 "general interactive optimizer" 的缩写形式, 可以用来求解非线性规划问题, 也可用于求解一些线性和非线性方程 (组), 以及代数方程求根等. GINO 中包含了各种一般的数学函数, 可供使用者建立问题模型时调用.

LINGO 软件广泛应用于生产线规划、运输、财务金融、投资分派、资本预算、混合排程、库存管理、资源配置等, 在教学、科研和工业界得到广泛应用.

软件下载: 学生版和演示版可从 LINDO 官网免费下载.

利用 LINGO 软件求解线性规划, 并不需要输入像 MATLAB 软件中 linprog( ) 那样的命令, 只需要在 "Model Window" 中按照要求书写线性规划模型, 然后直接执行就可以得到结果.

在 LINGO 软件中, 线性规划的不同类型是靠 "Model Window" 中输入模型语句的不同来区分的. 除了特别说明, LINGO 默认变量是非负的.

例 7.9 求解如下线性规划

$$\min 5x_1 + 21x_3$$
$$\text{s.t.} \begin{cases} x_1 - x_2 + 6x_3 - x_4 = 2, \\ x_1 + x_2 + 2x_3 - x_5 = 1, \\ x_j \geqslant 0, j = 1, 2, 3, 4, 5. \end{cases}$$

解 首先打开 LINGO 窗口, 在 "Model Window" 中输入以下语句:

```
min=5*x1+21*x3;
x1-x2+6*x3-x4=2;
x1+x2+2*x3-x5=1;
end
```

点击窗口左上角的 "File" 菜单, 选择 "Save As", 选择保存文件路径, 输入你要保存的程序文件名, 点击 "保存". 保存就绪后, 再点击 "LINGO" 菜单, 选择 "Solve" 求解器求解即可.

求解结果如下:

```
Global optimal solution found.
   Objective value:                          7.750000
   Total solver iterations:                         3
          Variable          Value        Reduced Cost
                X1       0.5000000            0.000000
                X3       0.2500000            0.000000
                X2       0.000000             0.5000000
                X4       0.000000             2.750000
                X5       0.000000             2.250000
             Row   Slack or Surplus          Dual Price
               1        7.750000            -1.000000
               2        0.000000            -2.750000
               3        0.000000            -2.250000
```

即只需 3 次迭代求解过程即可求得全局最优解为 $(0.5, 0, 0.25, 0, 0)$, 目标函数最优值为 7.75.

几点说明:

(1) LINGO 中假设所有的变量是非负的, 非负约束不必再输入到计算机中.

(2) LINGO 也不区分变量中的大小写字符 (任何小写字符将被转换为大写字符).

(3) 约束条件中的 "≤" 及 "≥" 可用 "<" 及 ">" 代替.

(4) 在 "LINGO" 菜单下点击 "Solve", 即可进行模型求解过程. 求解结果显示在 "Solution Report" 窗口.

(5) "Reduced Cost" 表示减小的费用. 其中基变量的 "Reduced Cost" 值应为 0; 对于非基变量, 相应的 "Reduced Cost" 值表示当该非基变量增加一个单位时 (其他非基变量保持不变) 目标函数减少量 (对于最大化问题, 则是目标函数应该增加的量).

(6) "Slack or Surplus" 给出剩余或松弛变量的值, 表示约束是否为起作用的约束. 其中第 1 行表示目标函数所在行; 第 2、3 行松弛变量均为 0, 表示对应这两个约束均为起作用的约束 (取等号).

(7) "Dual Prices" 给出约束的对偶价格 (或影子价格) 的值. 第 2、3 行的影子价格为 -2.75、-2.25, 表示对应约束增加一个单位 (其中一个变动, 其他不动) 时, 相应成本增加 2.75 和 2.25 个单位.

(8) LINGO 缺省时, 不作灵敏度分析. 若希望同步作模型系数的灵敏度分析, 需要修改 LINGO 求解选项, 操作方式为: 点击 LINGO 窗口, 选定 "Options..." 选项, 此时出现含有多个选项卡的选项设置窗口, 选择 "General Solver" 选项卡, 将其中的 "Dual Computations" 选项选为 "Prices & Ranges", 然后点击 "OK" 保存该设置后退出该菜单. 重新运行 LINGO 菜单中的 "Solve" 命令进行求解, 然后运行 LINGO 菜单中的 "Range" 命令即可. 仍以例 7.9 为例, 执行以上过程后, 显示结果为

```
Ranges in which the basis is unchanged:
                        Objective Coefficient Ranges
                 Current       Allowable      Allowable
    Variable    Coefficient     Increase       Decrease
       X1        5.000000      0.2500000      1.500000
       X3        21.00000      9.000000       1.000000
       X2        0.0           INFINITY       0.5000000
       X4        0.0           INFINITY       2.750000
       X5        0.0           INFINITY       2.250000
                        Righthand Side Ranges
```

Row	Current RHS	Allowable Increase	Allowable Decrease
2	2.000000	1.000000	1.000000
3	1.000000	1.000000	0.3333333

结果显示的是当前最优基保持不变的充分条件, 包括目标函数中决策变量对应的系数的变化范围 (Objective Coefficient Ranges) 和约束条件的右端项的变化范围 (Righthand Side Ranges) 两部分. 如第一部分的结果中, 第 1 行表示决策变量为 x_1, 对应系数为 5, 允许增加 0.25, 减少 1.5, 即目标函数中该变量对应的系数在区间 $[3.5, 5.25]$ 内变化 (其他条件不变), 当前最优基保持不变. 后一部分的输出结果的第 1 行显示当前右端项为 2, 允许增加 1, 减少 1, 即该系数在区间 $[1,3]$ 范围内变化 (其他条件不变) 时, 当前最优基保持不变.

(9) 对小规模的优化模型, 即变量个数和约束条件不多时, 可以直接在 LINGO 窗口下, 像书写计算公式一样给出模型即可.

例 7.10 求解如下线性规划:

$$\max(100x + 150y)$$
$$\text{s.t.} \begin{cases} x + 2y \leqslant 160, \\ x \leqslant 100, \\ y \leqslant 120, \\ x, y \geqslant 0. \end{cases}$$

解 在 "Model Window" 中输入以下语句:

```
max=100*x+150*y;  ! this is a comment;
x<=100;
y<=120;
x+2*y<=160;
```

保存并按运行按钮, 在 "Solution Report" 窗口得到以下结果:

```
Global optimal solution found at iteration:        2
Objective value:                          14500.00
```

Variable	Value	Reduced Cost
X	100.0000	0.000000
Y	30.00000	0.000000

Row	Slack or Surplus	Dual Price
1	14500.00	1.000000
2	0.000000	25.00000

| | 3 | 90.00000 | 0.000000 |
| | 4 | 0.000000 | 75.00000 |

结果显示: 全局最优解仅需 2 步迭代即可达到; 最优解为 $x = 100, y = 30$, 目标函数最优值为 14500.

当决策变量或约束条件过多时, 单纯依靠人工输入来解决模型的输入问题是不现实的. 这时就需要借助于 LINGO 编程. 编程技巧与方法, 请读者自行查阅相关文献. 有关此类资料很多, 一般见于运筹学类图书或数学建模类图书, 如参考文献 [22, 23].

7.5　应用案例: 人力资源分配问题

问题提出　某个中型百货商场对售货人员 (周工资 200 元) 的需求量经统计如表 7.5.

表 7.5　员工需求量统计表

星期	一	二	三	四	五	六	日
人数	12	15	12	14	16	18	19

为了保证员工充分休息, 要求每位员工每周工作 5 天, 休息 2 天. 问应如何安排员工的工作时间, 使得所配员工的总费用最小.

问题分析　员工安排问题就是要确定每天工作的人数, 由于连续休息 2 天, 因此确定每个人开始休息的时间就等于知道他开始工作的时间, 因而确定每天休息的人数就知道每天开始工作的人数, 从而就求出每天工作的人数. 与人员配置及安排有关的因素有周工资、日需求量、周工作日和休息时间.

模型假设

(1) 每天工作 8 小时, 不考虑夜班的情况;

(2) 每个人的休息时间为连续的两天时间;

(3) 每天安排的人数不得低于需求量, 但可以超过需求量.

决策变量　第 i 天开始休息的人数 x_i, $i = 1, 2, \cdots, 7$.

约束条件

(1) 每人每周休息时间 2 天, 自然满足.

(2) 每天工作人数不低于需求量, 任意一天工作的人数就是从该日起往前数

5 天内开始工作的人数, 所以有约束:

$$x_2 + x_3 + x_4 + x_5 + x_6 \geqslant 12,$$
$$x_3 + x_4 + x_5 + x_6 + x_7 \geqslant 15,$$
$$x_4 + x_5 + x_6 + x_7 + x_1 \geqslant 12,$$
$$x_5 + x_6 + x_7 + x_1 + x_2 \geqslant 14,$$
$$x_6 + x_7 + x_1 + x_2 + x_3 \geqslant 16,$$
$$x_7 + x_1 + x_2 + x_3 + x_4 \geqslant 18,$$
$$x_1 + x_2 + x_3 + x_4 + x_5 \geqslant 19.$$

(3) 变量非负约束: $x_i \geqslant 0, i = 1, 2, \cdots, 7$.

目标函数　总费用最小. 总费用与使用的总人数成正比. 由于每个人必然在且仅在某一天开始休息, 所以总人数等于 $\sum\limits_{i=1}^{7} x_i$. 人均周工资为 200 元, 所以总费用为 $200 \sum\limits_{i=1}^{7} x_i$.

模型建立

$$\min 200 \sum_{i=1}^{7} x_i$$

$$\text{s.t.} \begin{cases} x_2 + x_3 + x_4 + x_5 + x_6 \geqslant 12, \\ x_3 + x_4 + x_5 + x_6 + x_7 \geqslant 15, \\ x_1 + x_4 + x_5 + x_6 + x_7 \geqslant 12, \\ x_1 + x_2 + x_5 + x_6 + x_7 \geqslant 14, \\ x_1 + x_2 + x_3 + x_6 + x_7 \geqslant 16, \\ x_1 + x_2 + x_3 + x_4 + x_7 \geqslant 18, \\ x_1 + x_2 + x_3 + x_4 + x_5 \geqslant 19, \\ x_i \geqslant 0, i = 1, 2, \cdots, 7. \end{cases} \tag{7.8}$$

模型求解　在 LINGO 窗口下输入:

```
min=200*(x1+x2+x3+x4+x5+x6+x7);
x2+x3+x4+x5+x6>=12;
x3+x4+x5+x6+x7>=15;
x1+x4+x5+x6+x7>=12;
x1+x2+x5+x6+x7>=14;
x1+x2+x3+x6+x7>=16;
```

x1+x2+x3+x4+x7>=18;

x1+x2+x3+x4+x5>=19;

end

运行结果为

Global optimal solution found.

Objective value: 4400.000

Total solver iterations: 4

Variable	Value	Reduced Cost
X1	7.000000	0.000000
X2	0.000000	0.000000
X3	8.000000	0.000000
X4	0.000000	0.000000
X5	4.000000	0.000000
X6	0.000000	66.66667
X7	3.000000	0.000000

Row	Slack or Surplus	Dual Price
1	4400.000	-1.000000
2	0.000000	0.000000
3	0.000000	-66.66667
4	2.000000	0.000000
5	0.000000	-66.66667
6	2.000000	0.000000
7	0.000000	-66.66667
8	0.000000	-66.66667

即员工休息安排方案为: 星期一 7 人, 星期三 8 人, 星期五 4 人, 星期日 3 人, 总员工需求量为 7+8+4+3=22 (人). 每周应付员工的最低工资为 4400 元.

思考与练习七

1. 农场种植计划问题

某农场根据土地的肥沃程度, 把耕地分为 I、II、III 三等, 相应的耕地面积分别为 100 km^2、300 km^2 和 200 km^2, 计划种植水稻、大豆和玉米. 要求三种作物的最低收获量分别为 190 t、130 t 和 350 t. I、II、III 等耕地种植三种作物的单位产量如表 7.6 所示 (单位: t/km^2).

表 7.6 不同等级耕地不同作物单位产量

类别	单位产量/$(t \cdot km^{-2})$		
	I	II	III
水稻	11	9.5	9
大豆	8	6.8	6
玉米	14	12	10

若三种作物的售价分别为: 水稻 1.2 元/kg, 大豆 1.50 元/kg, 玉米 0.80 元/kg.

(1) 如何制订种植计划, 才能使总产量最大?

(2) 如何制订种植计划, 才能使总产值最大?

2. 军事方案问题

某战略轰炸机群奉命摧毁敌人军事目标. 已知该目标有 4 个要害部位, 只要摧毁其中之一即可达到目的. 完成此项任务的汽油消耗量限制为 48000 L、重型炸弹 48 枚、轻型炸弹 32 枚. 飞机携带重型炸弹时每升汽油可飞行 2 km, 携带轻型炸弹时每升汽油可飞行 3 km. 又知每架飞机每次只能装载一枚炸弹, 每出发轰炸一次除来回路程汽油消耗 (空载时每升汽油可飞行 4 km) 外, 起飞和降落每次各消耗 100 L 汽油.

和方案设计有关的数据如表 7.7 所示. 为了使摧毁敌人军事目标的概率最大, 应如何确定飞机轰炸的方案?

表 7.7 轰炸任务数据表

要害部位	离机场距离/km	摧毁的概率/%	
		每枚重磅炸弹	每枚轻型炸弹
1	450	10	8
2	480	20	16
3	540	15	12
4	600	25	20

3. 投资问题

某厂生产甲、乙两种口味的饮料. 每百箱甲饮料需要用原材料 6 kg, 工人 10 名, 可获利 10 万元; 每百箱乙饮料需要用原材料 5 kg, 工人 20 名, 可获利 9 万元. 今工厂共有原料 60 kg, 工人 150 名, 由于其他原因, 甲饮料的产量限制不超过 800 箱. 问如何安排生产计划可获利最大?

进一步讨论:

(1) 若投资 0.8 万元可增加原料 1 kg, 问是否应作这项投资?

(2) 若每百箱甲饮料获利可增加 1 万元, 问是否应改变生产计划?

4. 成本最小化问题

某钢铁厂熔炼一种新型不锈钢, 需要四种合金 T_1, T_2, T_3, T_4 为原料. 经测定, 得到这四种原料中所含元素铬 (Cr)、锰 (Mn)、镍 (Ni) 的质量分数 $\left(= \dfrac{\text{原料所含元素的质量}}{\text{原料的质量}}\right)$ 如表 7.8 所示. 这种新型不锈钢要求所含的上述三种元素, 其质量分数 $\left(= \dfrac{\text{不锈钢所含元素的质量}}{\text{不锈钢的质量}}\right)$ 不能低于某个确定的值, 不妨把这个确定的值叫做不锈钢中所需元素的最低质量分数. 不锈钢中所需的上述三种元素的最低质量分数以及四种原料的单价也列于表 7.8 中. 若不考虑熔炼过程中的质量损耗, 问: 要熔炼 100 吨这样的不锈钢, 应选用原料 T_1, T_2, T_3, T_4 各多少吨, 可使成本最低?

表 7.8　　原料所含元素的质量分数数据表

原料所含的元素	原料所含元素的质量分数/%				不锈钢中所需元素的最低质量分数/%
	T_1	T_2	T_3	T_4	
Cr	3.21	4.53	2.19	1.76	3.20
Mn	2.04	1.12	3.57	4.33	2.10
Ni	5.82	3.06	4.27	2.73	4.30
原料单价/(万元 · 吨$^{-1}$)	11.5	9.7	8.2	7.6	

第八章 整数线性规划

在上一章研究的线性规划问题中, 有些时候决策变量的取值具有不可分割的性质, 如人数、机器数、项目数、钢管下料问题中的钢管数量等, 都具有整数特性. 我们把决策变量取 (非负) 整数值的线性规划问题称为**整数线性规划** (integer linear programming); 称所有决策变量取值都要求为整数的整数线性规划问题为**纯整数规划** (pure integer programming); 称只要求部分决策变量取整数, 而其他决策变量取实数的整数线性规划问题为**混合整数规划** (mixed integer programming). 特别地, 称决策变量只能取 0 或 1 的整数线性规划问题为**0–1 规划** (0–1 programming).

整数线性规划与线性规划有着密不可分的关系, 鉴于整数线性规划是线性规划的离散形式, 因而它的一些基本算法的设计都是以相应的线性规划的最优解为出发点的.

8.1 从示例看整数线性规划问题

例 8.1 生产计划安排问题

某建筑公司承包建两种类型住宅楼. 甲种住宅楼每幢占地面积为 0.25×10^3 (m^2), 乙种住宅楼每幢占地面积为 0.4×10^3 (m^2). 该公司已购进 3×10^3 (m^2) 的建筑用地. 计划要求建甲种住宅楼不超过 8 幢, 乙种住宅楼不超过 4 幢. 建甲种住宅楼一幢可获利 10 万元, 建乙种住宅楼一幢可获利 20 万元. 问应建甲、乙种住宅楼各几幢, 公司获利最大?

问题分析 已知产品的利润水平, 要求生产计划安排, 使得总收益最大.

模型建立

决策变量: 设应建甲种住宅楼 x_1 幢, 乙种住宅楼 x_2 幢.

目标函数: 总利润最大, 即

$$\max z = 10x_1 + 20x_2.$$

约束条件:

(1) 建设用地约束

$$0.25x_1 + 0.4x_2 \leqslant 3.$$

(2) 建设数量约束

$$甲种住宅楼 \ x_1 \leqslant 8,$$
$$乙种住宅楼 \ x_2 \leqslant 4.$$

(3) 非负和整数约束: $x_1, x_2 \geqslant 0$ 且均为整数.

则该问题的数学模型为

$$\max z = 10x_1 + 20x_2$$
$$\text{s.t.} \begin{cases} 0.25x_1 + 0.4x_2 \leqslant 3, \\ x_1 \leqslant 8, \\ x_2 \leqslant 4, \\ x_1, x_2 \geqslant 0 \ 且为整数. \end{cases}$$

这是一个纯整数线性规划问题.

例 8.2   旅行售货员问题 (又称货郎担问题)

有一推销员, 从城市 v_0 出发, 要遍访城市 $v_1, v_2, \cdots, v_n$ 各一次, 最后返回 v_0. 已知从 v_i 到 v_j 的旅费为 c_{ij}, 问他应按怎样的次序访问这些城市, 使得总旅费最少?

问题分析   旅行售货员问题是一个经典的图论问题, 可以归纳为一个成本最低的行走路线安排问题. 这一问题的应用非常广泛, 如城市交通网络建设等, 其困难在于模型与算法的准确性和高效性, 至今仍是图论研究领域的热点问题之一.

首先, 推销员要访问到每一个城市, 而且访问次数只能有一次, 不能重复访问; 任意一对城市之间可以联通, 其费用已知, 费用可以理解为距离、时间或乘坐交通工具的费用等; 其次每访问一个城市, 则这个城市既是本次访问的终点, 又是下一次访问的起点; 访问完所有城市后, 最后应回到出发点. 这一问题可用图论中的带权有向图的结构形式来描述. 这里我们用纯粹的 0-1 规划方法来构建其模型形式.

模型建立

决策变量: 对每一对城市 v_i, v_j, 定义一个变量 x_{ij} 来表示是否要从 v_i 出发访问 v_j, 令

$$x_{ij} = \begin{cases} 1, & \text{如果推销员决定从 } v_i \text{ 直接进入 } v_j, \\ 0, & \text{其他情况}, \end{cases}$$

其中 $i, j = 0, 1, 2, \cdots, n$.

目标函数: 若推销员决定从 v_i 直接进入 v_j, 则由已知, 其旅行费用为 $c_{ij}x_{ij}$, 于是总旅费可以表达为

$$z = \sum_{i,j=0}^{n} c_{ij}x_{ij},$$

其中, 若 $i = j$, 则规定 $c_{ii} = M$, M 为事先选定的充分大正数, $i, j = 0, 1, 2, \cdots, n$.

约束条件:

(1) 每个城市恰好进入一次:

$$\sum_{i=0}^{n} x_{ij} = 1, \quad j = 0, 1, 2, \cdots, n.$$

(2) 每个城市恰好离开一次:

$$\sum_{j=0}^{n} x_{ij} = 1, \quad i = 0, 1, 2, \cdots, n.$$

(3) 为防止在遍历过程中, 出现内部闭路, 即无法返回出发地的情形, 附加一个强制性约束:

$$u_i - u_j + nx_{ij} \leqslant n - 1, \quad 1 \leqslant i \neq j \leqslant n,$$

其中 $u_i, i = 1, 2, \cdots, n$ 为实数.

例如, 对于六个城市 $(n = 5)$ 的旅行售货员问题, 若令

$$x_{01} = x_{12} = x_{20} = 1,$$
$$x_{34} = x_{45} = x_{53} = 1,$$
$$\text{其他} x_{ij} = 0.$$

即取图 8.1 中所示的两个互不连通的旅行路线圈. 这样的一组 $\{x_{ij}\}$ 满足第一、二组约束条件, 但不满足第三组约束条件, 因为其中的三个不等式为

$$u_3 - u_4 + 5 \leqslant 4,$$
$$u_4 - u_5 + 5 \leqslant 4,$$
$$u_5 - u_3 + 5 \leqslant 4.$$

这三个不等式相加, 不论 u_3, u_4, u_5 取任何实数值均导致 $5 \leqslant 4$ 的矛盾, 由此可保证在此类情形下解不可行, 必须另寻其他方案.

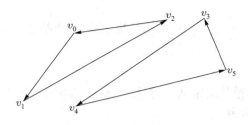

图 8.1   旅行路线圈

综上所述, 该问题的数学模型可描述为

$$\min z = \sum_{i,j} c_{ij} x_{ij}$$

$$\text{s.t.} \begin{cases} \sum_{i=0}^{n} x_{ij} = 1, \ j = 0, 1, \cdots, n, \\ \sum_{j=0}^{n} x_{ij} = 1, \ i = 0, 1, \cdots, n, \\ u_i - u_j + n x_{ij} \leqslant n-1, \ 1 \leqslant i \neq j \leqslant n, u_i(i=1,2,\cdots,n) \ \text{为实数}, \\ x_{ij} = 0 \ \text{或} \ 1, \ i,j = 0,1,\cdots,n. \end{cases}$$

显然, 这是一个混合整数规划问题. 对于求目标函数的极小值而言, 由于规定 $c_{ii} = M$ (M 为充分大正数), 可以迫使 $x_{ii} = 0, i = 0, 1, \cdots, n$, 即保证不会出现自己访问自己的情形.

例 8.3   投资决策问题

某投资公司在今后五年中可用于投资的资金总额为 B 万元. 经过考察, 有 n $(n \geqslant 2)$ 个可以考虑的投资项目, 假定每个项目最多投资一次, 第 j 个项目所需的资金为 b_j 万元, 预测将会获得的利润为 c_j 万元. 问应如何选择投资项目, 才能使获得的总利润最大.

问题分析   本题是组合投资方案问题, 可以看做是指派问题的变形. 对任一个投资项目, 只有两个可能选择, 即要么投资要么不投, 因此可以考虑采用逻辑问题的定量化方法进行量化选择.

模型建立

决策变量: 设 x_i 为是否选择投资第 i 个项目的决策变量, 定义为

$$x_i = \begin{cases} 1, & \text{决定投资第} \ i \ \text{个项目}, \\ 0, & \text{决定不投资第} \ i \ \text{个项目}, \end{cases} \quad i = 1, 2, \cdots, n.$$

目标函数: 若选择投资第 i 个项目, 可获利 $c_i x_i$, $i = 1, 2, \cdots, n$, 则总获利为

$$z = \sum_{i=1}^{n} c_i x_i.$$

约束条件: 投资所有项目的累计投资总额限制:

$$\sum_{i=1}^{n} b_i x_i \leqslant B.$$

则该问题的数学模型为

$$\max z = \sum_{i=1}^{n} c_i x_i$$

$$\text{s.t.} \begin{cases} 0 < \sum_{i=1}^{n} b_i x_i \leqslant B, \\ x_i = 0 \text{ 或 } 1, \quad i = 1, 2, \cdots, n. \end{cases}$$

显然, 这是一个 0-1 规划模型.

对于决策变量取值为 0 或 1 的约束, 可以用一个等价的非线性 (二次) 约束

$$x_i(1 - x_i) = 0, \quad i = 1, \cdots, n$$

来代替. 因而变量限制为 0 或 1 本质上是一个非线性约束, 它不可能用线性约束来代替.

例 8.4 背包问题

一个旅行者外出旅行, 携带一背包, 装一些最有用的东西, 共有 n 件物品供选择. 已知每件物品的 "使用价值" c_j 和重量 a_j, 要求

(1) 最多携带物品的重量为 b;

(2) 每件物品要么不带, 要么只能整件携带.

问携带哪些物品使总使用价值最大?

问题分析 这是决策问题中比较经典的 0-1 规划问题. 可选方案很多, 决策方案是带什么? 选择的方式是要么带, 要么不带, 是一个二值逻辑问题.

模型建立

决策变量: 设 x_j, $j = 1, 2, \cdots, n$ 为是否携带第 j 件物品, 则

$$x_j = \begin{cases} 1, & \text{携带第 } j \text{ 种物品}, \\ 0, & \text{不携带第 } j \text{ 种物品}, \end{cases} \quad j = 1, 2, \cdots, n.$$

目标函数: 使用价值最大, 即

$$\max z = \sum_{j=1}^{n} c_j x_j.$$

约束条件:

(1) 重量限制: 最多只能携带 $b\,\mathrm{kg}$, 即 $\displaystyle\sum_{j=1}^{n} a_j x_j \leqslant b$.

(2) 携带方式限制: 要么不带, 要么整件携带, 即 $x_j = 0$ 或 $1, j = 1, 2, \cdots, n$.
则数学模型可以描述为

$$\max z = \sum_{j=1}^{n} c_j x_j$$

$$\text{s.t.} \begin{cases} \displaystyle\sum_{j=1}^{n} a_j x_j \leqslant b, \\ x_j = 0 \ \text{或} \ 1, j = 1, 2, \cdots, n. \end{cases}$$

例 8.5　指派问题

某单位有 n 项任务, 正好需 n 个人去完成, 由于每项任务的性质和每个人的能力和专长的不同, 假设分配每个人仅完成一项任务. 设 c_{ij} 表示分配第 i 个人去完成第 j 项任务的效益 (时间、费用等), 问应如何指派, 完成任务的总效益最高?

决策变量　设 x_{ij} 表示指派第 i 个人完成第 j 项任务, $i, j = 1, 2, \cdots, n$. 显然,

$$x_{ij} = \begin{cases} 1, & \text{若指派第 } i \text{ 个人完成第 } j \text{ 项任务}, \\ 0, & \text{若不指派第 } i \text{ 个人完成第 } j \text{ 项任务}, \end{cases} \quad i, j = 1, 2, \cdots, n.$$

目标函数　总效益最大:

$$\min z = \sum_{i=1}^{n} \sum_{j=1}^{n} c_{ij} x_{ij}.$$

约束条件

(1) 每个人只能安排 1 项任务: $\displaystyle\sum_{j=1}^{n} x_{ij} = 1, i = 1, 2, \cdots, n;$

(2) 每项任务只能指派 1 个人完成: $\displaystyle\sum_{i=1}^{n} x_{ij} = 1, j = 1, 2, \cdots, n;$

(3) 0–1 条件: x_{ij} 取 0 或 1.

数学模型

$$\min z = \sum_{i=1}^{n} \sum_{j=1}^{n} c_{ij} x_{ij}$$

$$\text{s.t.} \begin{cases} \sum_{i=1}^{n} x_{ij} = 1, j = 1, 2, \cdots, n, \\ \sum_{j=1}^{n} x_{ij} = 1, i = 1, 2, \cdots, n, \\ x_{ij} = 0 \text{ 或 } 1, i, j = 1, 2, \cdots, n. \end{cases}$$

旅行售货员问题是著名的整数线性规划问题之一, 还有很多著名的典型问题, 这里不再一一列举.

8.2　整数线性规划模型及其求解方法

1. 整数线性规划模型的标准形式

整数线性规划 (integer linear programming, 简记为 ILP) 是下述形式的优化问题:

$$\min z = \boldsymbol{c}^{\mathrm{T}} \boldsymbol{x}$$

$$\text{s.t.} \begin{cases} \boldsymbol{A}\boldsymbol{x} = \boldsymbol{b}, \\ \boldsymbol{x} \geqslant \boldsymbol{0}, \\ x_i \text{ 为整数}, \ i = 1, 2, \cdots, n, \end{cases} \tag{8.1}$$

其中 $\boldsymbol{A}$ 为 $m \times n$ 矩阵, $\boldsymbol{c} \in \mathbf{R}^n, \boldsymbol{b} \in \mathbf{R}^m, \boldsymbol{x} = (x_1, x_2, \cdots, x_n)^{\mathrm{T}}$. 若进一步限定 $x_i = 0$ 或 1 $(i = 1, \cdots, n)$, 则为 0–1 规划问题.

2. 整数线性规划问题的求解方法

(1) 线性规划方法

注意到在整数线性规划问题中, 如果取消决策变量为整数这一约束, 就得到一个普通的线性规划问题, 即可以借助于线性规划问题已有的有效算法来求解整数线性规划问题. 如上一章中讨论的钢管下料问题, 先解对应的线性规划, 然后将其最优解舍入到最靠近的整数解.

采用线性规划方法求解整数规划问题, 仅适用于当对应的线性规划问题的解是一些很大的数的情形, 因为此时解对舍入误差不敏感, 这一策略是可行的. 在一般情况下, 因无法保证舍入后所得的整数解的可行性, 所以要把线性规划的解舍入到一个可行的整数解往往是不可行的.

(2) 枚举法

由于整数线性规划问题的可行集合是一些离散的整数点, 又称为格点, 而其相应的线性规划问题的可行集合是包含这些格点的多面凸集. 对可行域有界的整数线性规划问题来说, 其可行集合内的格点数目是有限的. 因此可以考虑用枚举法来解整数线性规划问题, 即算出目标函数在可行集合内各个格点上的函数值, 然后比较这些函数值的大小, 从而求得相应整数线性规划问题的最优解和最优值. 对小规模问题, 即当决策变量的个数较少, 且可行集合内的格点个数也很少时, 采用枚举法求解整数线性规划问题是可行的.

当决策变量个数较多时, 采用枚举法在计算机上求解, 会因枚举量过大, 造成计算机运行缓慢, 效率十分低下. 如 50 个城市的旅行售货员问题, 所有可能的旅行路线个数为 $\dfrac{(49)!}{2}$, 如用枚举法求解, 其计算工作量之大是难以想象的.

(3) 割平面法

割平面法是由求解线性规划模型的单纯形方法导出的求解整数线性规划的一种比较简单的方法, 其基本思想是: 先不考虑整数约束条件, 而求相应线性规划问题的最优解, 如果获得整数最优解, 即为所求, 运算停止. 如果所得的最优解不满足整数约束条件, 则在此非整数解的基础上, 用一个平面 (不一定垂直于某个坐标轴) 将含有最优解的点但不含任何整数可行解的那一部分可行域切割掉, 这只要在原整数线性规划基础上增加适当的线性不等式约束 (我们称之为切割不等式; 当切割不等式取等号时, 叫做割平面), 这个新增加的约束条件的作用就是去切割相应松弛问题的可行域, 即割去松弛问题的部分非整数解 (包括原已得到的非整数最优解). 而把所有的整数解都保留下来, 故称新增加的约束条件为割平面. 当经过多次切割后, 就会使被切割后保留下来的可行域上有一个坐标均为整数的顶点, 它恰好就是所求问题的整数最优解. 即切割后所对应的线性规划问题, 与原整数线性规划问题具有相同的最优解.

(4) 分枝定界法

分支定界法是 20 世纪 60 年代发展起来的, 用于求解整数或混合整数规划问题的重要方法. 其基本思想是: 若记 A 为求最大化的整数线性规划问题, B 为相应的线性规划问题, 先求 B 的最优解, 若最优解为整数, 则即为所求; 否则 B 的目标函数值必然是 A 的目标函数值的上界, 而 A 的任意可行解的目标函数值可视为 A 的最优函数值的下界, 分支定界方法就是通过将 B 的可行域划分成子区域 (即分支) 的方法, 逐步增大其下界、压缩其上界, 最终逐步逼近其最优值.

一般运筹学图书对割平面法和分支定界法及其算法均有较为详细的描述, 有兴趣的同学不妨查阅有关这方面的书籍.

8.3 利用优化软件求解整数线性规划

本节我们分别介绍利用 MATLAB 中的优化工具箱和 LINGO 求解整数线性规划问题的基本函数和调用方法.

8.3.1 利用 MATLAB 求解整数线性规划

在 MATLAB 2013a 及以前的版本中, 未提供求解整数线性规划的函数, 但有专用于求解 0–1 规划问题的函数 bintprog( ). 其常见调用格式及功能与 linprog( ) 函数类似, 详述如下:

调用格式 I: x=bintprog(c)

功能说明: 用于求解模型:

$$\min z = \boldsymbol{c}^{\mathrm{T}}\boldsymbol{x}$$
$$\text{s.t. } x_i = 0 \text{ 或 } 1, i = 1, 2, \cdots, n. \tag{8.2}$$

调用格式 II: x= bintprog(c, A, b)

功能说明: 用于求解模型:

$$\min z = \boldsymbol{c}^{\mathrm{T}}\boldsymbol{x}$$
$$\text{s.t. } \begin{cases} \boldsymbol{A}\boldsymbol{x} \leqslant \boldsymbol{b}, \\ x_i = 0 \text{ 或 } 1, i = 1, 2, \cdots, n. \end{cases} \tag{8.3}$$

调用格式 III: x=bintprog(c, A, b, Aeq, beq)

功能说明: 用于求解模型:

$$\min z = \boldsymbol{c}^{\mathrm{T}}\boldsymbol{x}$$
$$\text{s.t. } \begin{cases} \boldsymbol{A}\boldsymbol{x} \leqslant \boldsymbol{b}, \\ \text{Aeq } \boldsymbol{x} = \text{beq}, \\ x_i = 0 \text{ 或 } 1, i = 1, 2, \cdots, n. \end{cases} \tag{8.4}$$

调用格式 IV: x=bintprog(c, A, b, Aeq, beq, x0)

功能说明: 用于求解模型 (8.4), 其中 x0 表示迭代初始点.

调用格式 V: x=bintprog(c, A, b, Aeq, beq, x0, options)

功能说明: 用于求解模型 (8.4), 其中 x0 表示迭代初始点, options 控制参数.

调用格式 VI: [x, fval, exitflag] = bintprog($\cdots$)

功能说明: 返回最优解 x 及 x 处的目标函数值 fval, 以及函数计算结束时的状态变量 exitflag.

例 8.6　求解如下 0–1 整数线性规划:

$$\min f(x) = -9x_1 - 5x_2 - 6x_3 - 4x_4$$

$$\text{s.t.} \begin{cases} 6x_1 + 3x_2 + 5x_3 + 2x_4 \leqslant 9, \\ x_3 + x_4 \leqslant 1, \\ x_1 + x_3 \leqslant 0, \\ -x_2 + x_4 \leqslant 0. \end{cases}$$

解　在 MATLAB 命令窗口中, 输入如下命令:

```
>>c=[-9 -5 -6 -4];
>>A=[6 3 5 2;0 0 1 1;1 0 1 0;0 -1 0 1];
>>b=[9;1;0;0]
>>[x,fval]=bintprog(c,A,b)
```

运行结果显示

```
Optimization terminated successfully.
x =
     0
     1
     0
     1
fval=
     -9
```

8.3.2　利用 LINGO 求解整数线性规划

在 LINGO 中, 除了特别说明, 默认变量是非负的以及连续的, 对整数型或 0,1 型特殊变量, 可以用以下命令指定变量类型:

@GIN(x): 指定变量 x 为整数型.

@BIN(x): 指定变量 x 为 0,1 型.

例 8.7　利用 LINGO 求解例 8.1 中的数学模型.

解　在 LINGO 模型窗口下输入:

```
max=10*x1+20*x2;
    0.25*x1+0.4*x2<=3;
```

```
    x1<=8;  x2<=4;
    @gin(x1);@gin(x2);
end
```

保存并运行这个程序, 得 $x_1 = 7, x_2 = 3$, 最优目标值为 130.

例 8.8 求解如下整数线性规划:

$$\max(100x + 150y)$$

$$\text{s.t.} \begin{cases} x + 2y < 160, \\ x \leqslant 100, \\ y \leqslant 120, \\ x, y > 0, \text{且为整数}. \end{cases}$$

解 在 LINGO 模型窗口键入以下内容:

```
max=100*x+150*y;
    x<=100;
    y<=120;
    x+2*y<=160;
    @gin(x);@gin(y);
    end
```

保存并按求解按钮后, 在 "Solution Report" 窗口得到以下结果:

```
Global optimal solution found.
  Objective value:                          14500.00
  Extended solver steps:                           0
  Total solver iterations:                         0


              Variable          Value       Reduced Cost
                     X       100.0000          -100.0000
                     Y       30.00000          -150.0000


                   Row   Slack or Surplus      Dual Price
                     1       14500.00           1.000000
                     2       0.000000           0.000000
                     3       90.00000           0.000000
                     4       0.000000           0.000000
```

例 8.9 求解如下 0–1 整数线性规划:

$$\max(-3x_1 + 2x_2 + 5x_3)$$

$$\text{s.t.} \begin{cases} x_1 + 2x_2 - x_3 \leqslant 2, \\ x_1 + 4x_2 + x_3 \leqslant 4, \\ x_1 + x_2 \leqslant 3, \\ 4x_2 + x_3 \leqslant 6, \\ x_1, x_2, x_3 = 0 \text{ 或 } 1. \end{cases}$$

解 在模型命令窗口键入以下内容:

```
max=-3*x1+2*x2+5*x3;
x1+2*x2-x3<=2;
x1+4*x2+x3<=4;
x1+x2<=3;
4*x2+x3<=6;
@bin(x1);@bin(x2); @bin(x3);
end
```

求解得到以下结果:

```
Global optimal solution found.
Objective value:                            5.000000
Extended solver steps:                             0
Total solver iterations:                           0
```

Variable	Value	Reduced Cost
X1	0.000000	3.000000
X2	0.000000	-2.000000
X3	1.000000	-5.000000

Row	Slack or Surplus	Dual Price
1	5.000000	1.000000
2	3.000000	0.000000
3	3.000000	0.000000
4	3.000000	0.000000
5	5.000000	0.000000

8.4 应用案例: 应急选址问题

问题提出 某城市要在市区设置 k 个应急服务中心, 经过初步筛选确定了 m 个备选地, 现已知共有 n 个居民小区, 各小区到各备选地的距离为 d_{ij}, $i = 1, 2, \cdots, n, j = 1, 2, \cdots, m$. 为了使得各小区能及时得到应急服务, 要求各小区到最近的服务中心的距离尽可能地短, 试给出中心选址方案.

问题分析 该问题与传统选址问题的主要区别在于其目标不再是要求费用最小, 而是确定 k 个服务中心的备选地点, 使得离服务中心距离最远的小区离最近的服务中心距离最小.

模型建立

决策变量: 当中心的位置确定下来后, 各小区对应的最近中心也就确定, 所以真正的决策变量也就是确定小区的位置. 设

$$x_j = \begin{cases} 1, \text{选定第 } j \text{ 个备选地,} \\ 0, \text{淘汰第 } j \text{ 个备选地,} \end{cases} j = 1, 2, \cdots, m.$$

为了便于说明问题, 引入间接变量 $y_{ij} = 0, 1$, 设

$$y_{ij} = \begin{cases} 1, \text{第 } i \text{ 个小区由第 } j \text{ 个服务中心服务,} \\ 0, \text{第 } i \text{ 个小区不由第 } j \text{ 个服务中心服务,} \end{cases} i = 1, 2, \cdots, n, \ j = 1, 2, \cdots, m.$$

目标函数: 各小区到最近的服务中心的最远距离 z 最小.

约束条件:

(1) 小区服务约束:

$$y_{ij} \leqslant x_j, \ i = 1, 2, \cdots, n, j = 1, 2, \cdots, m,$$

$$\sum_{j=1}^{m} y_{ij} = 1, \ i = 1, 2, \cdots, n.$$

(2) 最远距离约束:

$$d_{ij} y_{ij} \leqslant z, i = 1, 2, \cdots, n, j = 1, 2, \cdots, m.$$

(3) 中心个数约束:

$$\sum_{j=1}^{m} x_j = k.$$

于是该问题的数学模型可描述如下:

$$\min z$$

$$\text{s.t.} \begin{cases} y_{ij} \leqslant x_j, i = 1, 2, \cdots, n, j = 1, 2, \cdots, m, \\ \sum_{j=1}^{m} y_{ij} = 1, i = 1, 2, \cdots, n, \\ d_{ij} y_{ij} \leqslant z, i = 1, 2, \cdots, n, j = 1, 2, \cdots, m, \\ \sum_{j=1}^{m} x_j = k, \\ x_j, y_{ij} = 0 \text{ 或 } 1, i = 1, 2, \cdots, n, j = 1, 2, \cdots, m, z \geqslant 0. \end{cases}$$

思考与练习八

1. 工厂选址问题

某地区有 m 座铁矿 $A_1, A_2, \cdots, A_m$, 其中 A_i 每年的产量为 a_i $(i = 1, 2, \cdots, n)$. 已知该地区已有一个钢铁厂 B_0, 每年铁矿石的用量为 p_0, 每年固定运营费用为 r_0. 由于当地经济的发展, 政府拟建一个新的钢铁厂, 使得今后该地区的 n 座铁矿将全部用于支持这两个钢铁厂的生产运营.

现有 m 个备选的厂址, 分别为 $B_1, B_2, \cdots, B_m$, 若在 B_j 处建厂, 则每年固定的运营费为 $r_j, j = 1, 2, \cdots, m$. 由 A_i 向 B_j 每运送 1 t 铁矿石的运输费用为 c_{ij} $(i = 1, 2, \cdots, n; j = 0, 1, \cdots, m)$. 问应当如何选择新厂厂址, 铁矿所开采出来的铁矿石又当如何分配给两个钢铁厂, 才能使每年的总费用 (固定运营费和运输费) 最低?

2. 背包问题

夫妇二人要赴 A 地旅行, 需要整理行李, 现有 3 个旅行包, 其体积大小分别为 10 L、15 L 和 20 L. 两人在列出物品清单后, 根据需要已经整理出了 15 个包装袋, 其中一些包装袋装的是必带物品, 共有 7 件, 其体积大小分别为 4 L、3 L、1.5 L、2.5 L、4.5 L、7.6 L 和 1.9 L. 尚有 8 个包装袋可带可不带, 不带则可在 A 地购买, 这些可选包装袋的体积和其对应物品在 A 地的价格如表 8.1 所示. 试根据上述信息给出一个合理的打包方案.

表 8.1   可选物品的体积和在 A 地的价格

物品	1	2	3	4	5	6	7	8
体积/L	2.5	4	5.5	4.8	3.7	1.6	7.5	4.5
价格/元	20	50	105	75	55	80	200	100

3. 指派问题

　　某车间主任指定 4 个人去完成 4 项任务, 由于每个人的知识、操作能力、年龄、性别等差异, 每个人从事不同任务所耗费的时间不同. 其耗时数据见表 8.2 所示. 问应如何指派才使总耗时最少?

表 8.2　　耗时数据表

工人	任务 A	任务 B	任务 C	任务 D
甲	3	3	5	3
乙	3	2	5	2
丙	1	5	1	6
丁	4	6	4	10

第九章 非线性规划

顾名思义，非线性规划 (nonlinear programming, 简记为 NLP) 问题就是目标函数和约束条件至少有一个是关于决策变量非线性的. 它研究的对象是非线性函数的数值最优化问题. 随着非线性理论研究和基于计算机运算的快速、精确搜索算法理论和方法及其相关软件的快速发展, 非线性规划理论研究得到了长期发展, 相关理论和方法已成功地渗透到多个方面, 特别是在军事、经济、管理、生产过程自动化、工程设计和产品优化设计等方面得到了广泛的应用.

9.1 非线性规划问题举例

在微分学的学习中, 我们事实上已经接触过非线性规划问题, 如在给定区间上求一元函数的最大值、最小值、极大值、极小值问题, 这里仅举几个简单的例子.

例 9.1 一元函数极值问题

已知一元函数

$$y = x^2 - x + 1,$$

求它在区间 $[-1, 1]$ 内的极小值.

我们在高等数学学习时, 已经对此类问题的求解非常熟悉. 即如函数足够光滑, 或具有二阶连续导数, 那么就可以利用导数的概念进行求解, 即该函数如果在某点极值存在, 那么一定有 $y' = 0$, 即 $2x - 1 = 0$, 得极值点 $x^* = \dfrac{1}{2}$, 而判定该函数在 $x^* = \dfrac{1}{2}$ 取极大值还是极小值, 除可以比较该点左、右两侧的导数符号外, 也可以借助于二阶导数来判定是否存在极小值. 我们把这一问题用非线性规

划的形式描述出来, 就可以写成如下形式:

$$\min y = x^2 - x + 2,$$
$$\text{s.t. } -1 \leqslant x \leqslant 1.$$

鉴于目标函数 y 是关于自变量 x 的非线性函数, 因此这是一个非线性规划问题. 而自变量 x 取值的范围则可视为决策变量 x 的约束条件.

例 9.2 多元函数极值问题

设某小学班主任希望用一根长度为 400 米的绳子围城一个矩形场地, 供同学们在内娱乐之用. 问长和宽应该各为多少才能使地面积最大?

若记 x_1, x_2 分别为该矩形场地的长度和宽度, 显然此时场地面积为 $S = x_1 x_2$, 而 x_1, x_2 必须满足总矩形边长等于绳长的要求, 因此模型可描述为

$$\max S = x_1 x_2,$$
$$\text{s.t. } 2(x_1 + x_2) = 400, x_1 \geqslant 0, x_2 \geqslant 0.$$

例 9.3 曲线 (数据) 拟合问题

已知一组观测数据 $\{(x_i, y_i)\}_{i=1}^n$, 寻求某个近似函数 $\varphi(x; \theta)$, 使得理论曲线与实际观测点拟合程度最好.

利用第四章中的最小二乘拟合思想, 问题转化为如下非线性极小值问题:

$$\min_\theta \sum_{i=1}^n [y_i - \varphi(x_i; \theta)]^2. \tag{9.1}$$

其中, $\theta = (\theta_1, \theta_2, \cdots, \theta_m)$ 为待定系数向量, m 为待定系数个数.

例 9.4 飞机定位问题

飞机在飞行过程中, 能够收到地面上各个监控台发来的关于飞机当前位置的信息, 根据这些信息可以比较精确地确定飞机的位置. 如图 9.1 所示. 图中, VOR 是高频多向导航设备的英文缩写, 它能够给出飞机与该设备连线的角度信息; DME 是距离测量装置的英文缩写, 它能够给出飞机与该设备的距离信息. 已知飞机接收到来自 3 个 VOR 设备给出的角度信息和 1 个 DME 设备给出的距离 (图中括号内数据为测量误差限). 各监控台坐标位置及飞机定位数据列在表 9.1 中. 假设飞机和这些设备都在同一平面上, 问如何根据这些信息精确地确定当前飞机的位置?

问题分析 记第 i 个监控台设备位置坐标为 $(x_i, y_i), i = 1, 2, 3, 4$; 第 i 个 VOR 监控设备与飞机的连线角度为 θ_i, 误差限为 $\sigma_i, i = 1, 2, 3$; DME 设备定位

表 9.1　飞机观测定位数据

观测站点	x_i	y_i	观测结果	观测误差
VOR1	746	1393	161.2°(2.81347 rad)	0.8°(0.0140 rad)
VOR2	629	375	45.1°(0.78714 rad)	0.6°(0.0105 rad)
VOR3	1571	259	309.0°(5.39307 rad)	1.3°(0.0227 rad)
DME	155	987	d_4=864.3 km	2.0 km

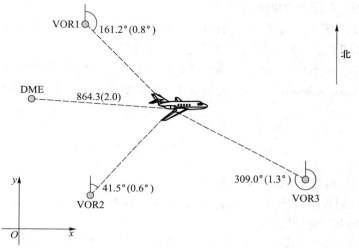

图 9.1　飞机与监控台位置示意图

距离为 d_4, 误差限为 σ_4. 若记飞机当前位置坐标为 (x, y). 则问题就是要根据给出的定位数据, 确定飞机的精确位置坐标 (x, y).

模型建立

(1) 若不考虑误差限因素, 则由已知数据, 利用三角关系和两点距离公式, 可得

$$\arctan \frac{x - x_i}{y - y_i} = \theta_i, i = 1, 2, 3,$$
$$\sqrt{(x - x_4)^2 + (y - y_4)^2} = d_4$$

或

$$\frac{x - x_i}{y - y_i} = \tan \theta_i, i = 1, 2, 3,$$
$$(x - x_4)^2 + (y - y_4)^2 = d_4^2.$$

于是, 得到含有 2 个未知参数的 4 个代数方程, 是一个典型的非线性超定方程

组. 利用最小二乘方法的思想, 并注意到观测数据的量纲差异, 可得最小二乘意义下的非线性最优化模型:

$$\min_{x,y} E(x,y) = \sum_{i=1}^{3} \left(\frac{\arctan \dfrac{x - x_i}{y - y_i} - \theta_i}{\theta_i} \right)^2 + \left[\frac{\sqrt{(x - x_4)^2 + (y - y_4)^2} - d_4}{d_4} \right]^2$$

或者

$$\min_{x,y} E(x,y) = \sum_{i=1}^{3} \left(\frac{\dfrac{x - x_i}{y - y_i} - \tan\theta_i}{\tan\theta_i} \right)^2 + \left[\frac{\sqrt{(x - x_4)^2 + (y - y_4)^2} - d_4}{d_4} \right]^2.$$

(2) 如果考虑观测误差限因素, 则测量结果应满足

$$\theta_i - \sigma_i \leqslant \arctan \frac{x - x_i}{y - y_i} \leqslant \theta_i + \sigma_i,$$
$$d_4 - \sigma_4 \leqslant \sqrt{(x - x_4)^2 + (y - y_4)^2} \leqslant d_4 + \sigma_4$$

或

$$\tan(\theta_i - \sigma_i) \leqslant \frac{x - x_i}{y - y_i} \leqslant \tan(\theta_i + \sigma_i),$$
$$d_4 - \sigma_4 \leqslant \sqrt{(x - x_4)^2 + (y - y_4)^2} \leqslant d_4 + \sigma_4.$$

基于正态分布中关于参数置信区间的思想, 我们把观测误差限看做是标准差, 并利用它进行无量纲化, 可得问题的数学模型为

$$\min_{x,y} E(x,y) = \sum_{i=1}^{3} \left(\frac{\arctan \dfrac{x - x_i}{y - y_i} - \theta_i}{\sigma_i} \right)^2 + \left[\frac{\sqrt{(x - x_4)^2 + (y - y_4)^2} - d_4}{\sigma_4} \right]^2$$

或

$$\min_{x,y} E(x,y) = \sum_{i=1}^{3} \left(\frac{\dfrac{x - x_i}{y - y_i} - \tan\theta_i}{\tan\sigma_i} \right)^2 + \left[\frac{\sqrt{(x - x_4)^2 + (y - y_4)^2} - d_4}{\sigma_4} \right]^2.$$

通过以上事例可以看出, 多变量非线性最优化问题既是日常生活中常见的模型形式, 也是科技工程和管理科学领域中出现程度很高的一类数学建模问题. 通过前述几个事例, 也会发现利用函数极值理论求解非线性规划问题是一个基

本的思路, 当然把它推广到多元问题同样有效, 即也可以利用多元函数极值的求解方法解决部分非线性函数的最大值或最小值问题. 然而, 在实践中, 我们还会时常发现并不能利用极值理论求解的问题, 或者说目标函数并不满足我们的光滑性要求. 如求 $y = |x|$ 在 $[-1, 1]$ 内的极小值, 鉴于绝对值函数在零点导数不存在 (而此点恰恰就是极小值点), 因此有时我们需要探索基于函数值变化的一些搜索算法, 利用计算机去求解类似的问题.

9.2 非线性规划模型的一般形式

记 $\boldsymbol{x} = (x_1, x_2, \cdots, x_n)^{\mathrm{T}}$ 是 n 维欧氏空间 $\mathbf{R}^n$ 中的一个点 (n 维向量). $f(\boldsymbol{x})$, $g_i(\boldsymbol{x}), i = 1, 2, \cdots, p$ 和 $h_j(\boldsymbol{x}), j = 1, 2, \cdots, q$ 是定义在 $\mathbf{R}^n$ 上的实值函数.

若 $f(\boldsymbol{x})$, $g_i(\boldsymbol{x}), i = 1, 2, \cdots, p$ 和 $h_j(\boldsymbol{x}), j = 1, 2, \cdots, q$ 中至少有一个是 $\boldsymbol{x}$ 的非线性函数, 称如下形式的数学模型:

$$\min f(\boldsymbol{x})$$
$$\text{s.t.} \begin{cases} g_i(\boldsymbol{x}) \leqslant 0, & i = 1, \cdots, p, \\ h_j(\boldsymbol{x}) = 0, & j = 1, \cdots, q \end{cases} \tag{9.2}$$

为**非线性规划** (有时也称**数学规划**) **模型**的一般形式.

称满足所有约束条件的点 $\boldsymbol{x}$ 的集合

$$X = \left\{ \boldsymbol{x} \in \mathbf{R}^n \middle| g_i(\boldsymbol{x}) \leqslant 0, i = 1, \cdots, p; \ h_j(\boldsymbol{x}) = 0, j = 1, \cdots, q \right\}$$

为非线性规划问题的**约束集**或**可行域**. 对任意的 $\boldsymbol{x} \in X$, 称 $\boldsymbol{x}$ 为非线性规划问题的**可行解**或**可行点**. 在此定义下, 非线性规划模型 (9.2) 可等价地写为

$$\min_{\boldsymbol{x} \in X} f(\boldsymbol{x}). \tag{9.3}$$

几点说明:

(1) 目标函数的最大值、最小值转换问题, 以及约束条件中的 "$=, \leqslant, \geqslant$" 形式互相转换方式, 在线性规划一章中已有详述, 在此不再赘述.

(2) 在非线性规划模型 (9.2) 中, 若 p, q 不全为 0, 则称模型 (9.2) 为**约束非线性规划**或**约束最优化模型**. 特别地, 当 $p = 0, q = 0$, 即非线性规划模型的可行域 $X = \mathbf{R}^n$ 时, 称为**无约束非线性规划**或**无约束最优化模型**.

定义 9.1 对于非线性规划模型 (9.2), 若存在 $\boldsymbol{x}^* \in X$, 并且有

$$f(\boldsymbol{x}^*) \leqslant f(\boldsymbol{x}), \quad \forall \boldsymbol{x} \in X,$$

则称 $\boldsymbol{x}^*$ 是非线性规划模型 (9.2) 的**整体最优解** (有时也称**全局最优解**) 或**整体极小点** (也称**全局最小点**), 称 $f(\boldsymbol{x}^*)$ 为**整体最优值** (也称**全局最优值**) 或**整体极小值** (也称**全局极小值**).

特别地, 如果存在 $\boldsymbol{x}^* \in X$ 使得

$$f(\boldsymbol{x}^*) < f(\boldsymbol{x}), \quad \forall \boldsymbol{x} \in X, \boldsymbol{x} \neq \boldsymbol{x}^*,$$

则称 $\boldsymbol{x}^*$ 是非线性规划模型 (9.2) 的**严格整体最优解**或**严格整体极小点**, 称 $f(\boldsymbol{x}^*)$ 为**严格整体最优值**或**严格整体最小值**.

定义 9.2 对于非线性规划问题 (9.2), 若存在 $\boldsymbol{x}^* \in X$, 以及 $\boldsymbol{x}^*$ 的一个邻域

$$N_\delta(\boldsymbol{x}^*) = \left\{ \boldsymbol{x} \in \mathbf{R}^n \,\middle|\, \|\boldsymbol{x} - \boldsymbol{x}^*\| \leqslant \delta \right\},$$

其中 $\delta > 0$ 是实数, $\|\cdot\|$ 为向量的某种范数 (模), 使

$$f(\boldsymbol{x}^*) \leqslant f(\boldsymbol{x}), \quad \forall \boldsymbol{x} \in N_\delta(\boldsymbol{x}^*) \cap X,$$

则称 $\boldsymbol{x}^*$ 是非线性规划模型 (9.2) 的**局部最优解**或**局部极小点**, 称 $f(\boldsymbol{x}^*)$ 为**局部最优值**或**局部极小值**. 进一步地, 如果有

$$f(\boldsymbol{x}^*) < f(\boldsymbol{x}), \quad \forall \boldsymbol{x} \in N_\delta(\boldsymbol{x}^*) \cap X, \ \boldsymbol{x} \neq \boldsymbol{x}^*$$

成立, 则称 $\boldsymbol{x}^*$ 是非线性规划模型 (9.2) 的**严格局部最优解**或**严格局部极小点**, $f(\boldsymbol{x}^*)$ 为**严格局部最优值**或**严格局部极小值**.

为便于直观理解非线性规划的基本概念, 我们给出了一个非线性规划极大值问题的示意图, 如图 9.2 所示.

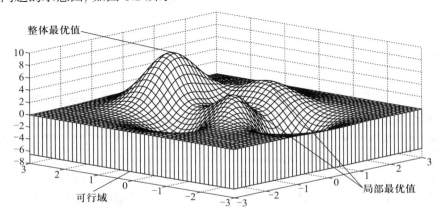

图 9.2 优化问题示意图

求解一个非线性规划模型的目的是希望在可行域内求得它的全局最优解和最优值. 但在很多情况下, 实现这一愿望往往很难, 更多的情况是只能得到它的局部最优解和局部最优值, 甚至是只能得到它的满足某些条件的解.

9.3　求解非线性规划的一般方法 —— 迭代法*

由于非线性规划问题中, 目标函数或约束条件中关于非线性函数的表达形式五花八门, 其光滑性也不尽相同, 因此求解非线性规划问题并非易事, 它没有一个像线性规划中单纯形方法那样的通用算法, 而是根据问题的不同特点给出不同的解法, 因而这些解法均有各自的适用对象. 本节介绍求解非线性规划的一般方法, 即迭代法的基本思想和步骤.

首先, 按某种方法给出目标函数 $f(\boldsymbol{x})$ 的极小点 $\boldsymbol{x}^*$ 的一个初始估计 $\boldsymbol{x}^0 \in \mathbf{R}^n$, 称 $\boldsymbol{x}^0$ 为**初始点**.

然后设计迭代规则产生搜索点, 依次循环迭代下去, 最终产生一个点列 $\{\boldsymbol{x}^k\}$, 使得在 $k \to \infty$ 时, $\{\boldsymbol{x}^k\}$ 的极限点就是模型 (9.3) 的某种意义下的最优解 (此时称该方法是收敛的). 问题是, 若已知 $\boldsymbol{x}^k$, 如何产生下一个迭代点 $\boldsymbol{x}^{k+1}$. 设 $\boldsymbol{x}^k, \boldsymbol{x}^{k+1} \in \mathbf{R}^n$, 令

$$\boldsymbol{x}^{k+1} - \boldsymbol{x}^k = \Delta \boldsymbol{x}^k.$$

则 $\Delta \boldsymbol{x}^k$ 是一个以 $\boldsymbol{x}^k$ 为起点, $\boldsymbol{x}^{k+1}$ 为终点的 n 维向量, 故

$$\boldsymbol{x}^{k+1} = \boldsymbol{x}^k + \Delta \boldsymbol{x}^k.$$

若 $\boldsymbol{p}^k \in \mathbf{R}^n$ 是向量 $\Delta \boldsymbol{x}^k$ 方向的单位方向向量, 则存在实数 $t_k > 0$, 使

$$\Delta \boldsymbol{x}^k = t_k \boldsymbol{p}^k.$$

因此

$$\boldsymbol{x}^{k+1} = \boldsymbol{x}^k + t_k \boldsymbol{p}^k. \tag{9.4}$$

式 (9.4) 是利用迭代法求解非线性规划问题的最基本的迭代格式. 称 $\boldsymbol{p}^k$ 为第 k 轮**搜索方向**, t_k 为第 k 轮沿 $\boldsymbol{p}^k$ 方向的**搜索步长**.

由以上过程可知, 利用迭代法求解非线性规划问题的关键在于: 初始点的选择、每一轮迭代的搜索方向及搜索步长的确定.

在算法设计中, 根据不同的理论形成不同的 $\boldsymbol{p}^k$ 和 t_k 的确定方法, 就形成了各种不同的求解非线性规划模型的算法. 归纳起来, 可以给出利用基本迭代格式 (9.4) 求解非线性规划模型 (9.3) 的一般步骤:

第一步: 选取初始点 $\boldsymbol{x}^0, k := 0$;

第二步: 构造搜索方向 $\boldsymbol{p}^k$;

第三步: 根据 $\boldsymbol{p}^k$, 确定步长 t_k;

第四步: 令 $\boldsymbol{x}^{k+1} = \boldsymbol{x}^k + t_k \boldsymbol{p}^k$. 若 $\boldsymbol{x}^{k+1}$ 已满足某种终止条件, 停止迭代, 输出近似最优解 $\boldsymbol{x}^{k+1}$. 否则令 $k := k + 1$, 转回第二步.

9.4 一维搜索方法

一维搜索问题又称为线性搜索问题, 它是指目标函数为单变量的非线性规划问题, 其数学模型为

$$\min_{a \leqslant t \leqslant b} \varphi(t), \tag{9.5}$$

其中 $t \in [a, b] \subset \mathbf{R}^1$.

下面我们介绍两种求解此类问题常用的一维搜索方法.

9.4.1 黄金分割法 (0.618 法)

黄金分割法是寻求单谷函数极小点的一种方法. 因此先给出单谷函数的定义.

定义 9.3 函数 $\varphi(t)$ 称为在 $[a, b]$ 上是**单谷**的, 如果存在一个 $t^* \in [a, b]$, 使得 $\varphi(t)$ 在 $[a, t^*]$ 上严格递减, 且在 $[t^*, b]$ 上严格递增. 区间 $[a, b]$ 称为 $\varphi(t)$ 的**单谷区间**.

由单谷函数的定义知, t^* 是 $\varphi(t)$ 在 $[a, b]$ 上的唯一极小点. 单谷函数可以是不可微的, 甚至是不连续的.

利用迭代搜索方法求解问题 (9.5), 首先需要确定搜索的范围, 即包含最小值点的区间 $[a, b](t^* \in [a, b])$, 称为**搜索区间**. 然后通过迭代方法, 不断缩小搜索区间的长度, 当区间长度充分小时, 可终止迭代, 并取这个小区间中的任意一点作为 $\varphi(t)$ 的一个近似极小点; 当 $\varphi(t)$ 可微时, 可依据微分学中在极值点的导数为零的思想, 当这个小区间上 $\varphi(t)$ 的导数的绝对值充分小时终止迭代. 因此, 对单谷函数 $\varphi(t)$ 来说, 它的一个单谷区间就是一个搜索区间.

基本方法: 首先在 $[a, b]$ 上任意取两点, 记为 t_1, t_2, 不妨设 $t_1 < t_2$, 由于 $\varphi(t)$ 是单谷函数, 由其定义可知: 若 $\varphi(t_1) \leqslant \varphi(t_2)$, 则最小值点 $t^* \in [a, t_2]$; 反之, 若 $\varphi(t_1) \geqslant \varphi(t_2)$, 则 $t^* \in [t_1, b]$. 因此, 通过比较 $\varphi(t_1)$ 与 $\varphi(t_2)$ 的大小, 可将搜索区间 $[a, b]$ 缩小为 $[a, t_2]$ 或 $[t_1, b]$. 其次, 在压缩后的搜索区间内, 继续循环执行以上过程, 使搜索区间的长度达到满足终止条件为止.

利用黄金分割法 (0.618 法) 求解模型 (9.5) 的基本步骤:

第一步: 确定单谷区间 $[a, b]$, 以及迭代终止精度 $\varepsilon > 0$;

第二步: 计算最初两个探索点 t_1, t_2:

$$\begin{cases} t_1 = a + 0.382(b-a) = b - 0.618(b-a), \\ t_2 = a + 0.618(b-a), \end{cases}$$

并计算 $\varphi_1 = \varphi(t_1), \varphi_2 = \varphi(t_2)$;

第三步: 若 $\varphi_1 \leqslant \varphi_2$, 转第四步. 否则转第五步;

第四步: 若 $t_2 - a \leqslant \varepsilon$, 停止迭代, 输出 t_1 及 $\varphi(t_1)$; 否则, 令

$$b := t_2, \ t_2 := t_1, \ t_1 := b - 0.618(b-a), \ \varphi_2 := \varphi_1,$$

计算 $\varphi_1 = \varphi(t_1)$, 转第三步;

第五步: 若 $b - t_1 \leqslant \varepsilon$, 停止迭代, 输出 t_2 及 φ_2; 否则, 令

$$a := t_1, t_1 := t_2, t_2 := a + 0.618(b-a), \varphi_1 := \varphi_2,$$

计算 $\varphi_2 = \varphi(t_2)$, 转第三步.

9.4.2   牛顿法

考虑如下的一维搜索问题:

$$\min \varphi(t), \tag{9.6}$$

其中 $\varphi(t)$ 是二次可微的, 且 $\varphi''(t) \neq 0$.

牛顿 (Newton) 法的基本思想是: 用 $\varphi(t)$ 在探索点 t_k 处的二阶泰勒展开式 $g(t)$ 来近似代替 $\varphi(t)$, 即有 $\varphi(t) \approx g(t)$, 其中

$$g(t) = \varphi(t_k) + \varphi'(t_k)(t - t_k) + \frac{\varphi''(t_k)}{2}(t - t_k)^2.$$

显然, 让 $g(t)$ 取极小值的点是比 t_k 更逼近最优解的点, 令

$$g'(t) = \varphi'(t_k) + \varphi''(t_k)(t - t_k) = 0,$$

解之, 并令 $t = t_{k+1}$, 得

$$t_{k+1} = t_k - \frac{\varphi'(t_k)}{\varphi''(t_k)}. \tag{9.7}$$

给定一个初始点 t_1, 然后按公式 (9.7) 进行迭代计算, 当 $|\varphi'(t_k)| < \varepsilon$ 时 ($\varepsilon > 0$ 为计算终止精度), 则迭代结束, 此时 t_k 为 $\varphi(t)$ 的最小值点的近似值.

求解问题 (9.6) 的牛顿算法:

第一步: 给定初始迭代点 t_1, 迭代终止精度 $\varepsilon > 0$, 令 $k := 1$;

第二步: 计算 $\varphi'(t_k), \varphi''(t_k)$, 如果 $|\varphi'(t_k)| < \varepsilon$, 停止迭代, 输出 t_k; 否则, 当 $\varphi''(t_k) = 0$ 时, 停止, 输出解题失败信息; 当 $\varphi''(t_k) \neq 0$ 时, 转下一步;

第三步: 计算 $t_{k+1} = t_k - \dfrac{\varphi'(t_k)}{\varphi''(t_k)}$, 如果 $|t_{k+1} - t_k| < \varepsilon$, 停止迭代, 输出 t_{k+1}; 否则 $k := k + 1$, 转第二步.

9.5　无约束最优化方法*

本节我们讨论 n 元函数的**无约束非线性规划问题**:

$$\min f(\boldsymbol{x}), \tag{9.8}$$

其中 $\boldsymbol{x} = (x_1, x_2, \cdots, x_n)^{\mathrm{T}} \in \mathbf{R}^n, f : \mathbf{R}^n \to \mathbf{R}^1$.

求解此类问题的方法称为**无约束最优化方法**.

9.5.1　无约束最优化问题的最优性条件

无约束最优化问题的最优解所要满足的必要条件和充分条件是我们设计算法的依据, 因此, 有必要回顾一下几个重要的多元函数极值定理.

定理 9.1 (必要条件)　设 $f : \mathbf{R}^n \to \mathbf{R}^1$ 在点 $\boldsymbol{x}^* \in \mathbf{R}^n$ 处可微. 若 $\boldsymbol{x}^*$ 是无约束最优化问题 (9.8) 的局部最优解, 则

$$\nabla f(\boldsymbol{x}^*) = \boldsymbol{0},$$

其中

$$\nabla f(\boldsymbol{x}^*) = \left(\frac{\partial f(\boldsymbol{x}^*)}{\partial x_1}, \frac{\partial f(\boldsymbol{x}^*)}{\partial x_2}, \cdots, \frac{\partial f(\boldsymbol{x}^*)}{\partial x_n} \right)^{\mathrm{T}}$$

为函数 $f(\boldsymbol{x})$ 在 $\boldsymbol{x}^*$ 点的梯度.

注意, 梯度 $\nabla f(\boldsymbol{x})$ 的方向是多元函数 $f(\boldsymbol{x})$ 的等值面或等值线的法方向, 代表了函数值增加最快的方向, 而负梯度 $-\nabla f(\boldsymbol{x})$ 的方向则代表了函数值下降最快的方向.

定理 9.2 (充分条件)　设 $f : \mathbf{R}^n \to \mathbf{R}^1$ 在点 $\boldsymbol{x}^* \in \mathbf{R}^n$ 处的黑塞 (Hesse) 矩

阵

$$\nabla^2 f(\boldsymbol{x}^*) = \begin{bmatrix} \dfrac{\partial^2 f(\boldsymbol{x}^*)}{\partial x_1^2} & \dfrac{\partial^2 f(\boldsymbol{x}^*)}{\partial x_1 \partial x_2} & \cdots & \dfrac{\partial^2 f(\boldsymbol{x}^*)}{\partial x_1 \partial x_n} \\ \dfrac{\partial^2 f(\boldsymbol{x}^*)}{\partial x_2 \partial x_1} & \dfrac{\partial^2 f(\boldsymbol{x}^*)}{\partial x_2^2} & \cdots & \dfrac{\partial^2 f(\boldsymbol{x}^*)}{\partial x_2 \partial x_n} \\ \vdots & \vdots & & \vdots \\ \dfrac{\partial^2 f(\boldsymbol{x}^*)}{\partial x_n \partial x_1} & \dfrac{\partial^2 f(\boldsymbol{x}^*)}{\partial x_n \partial x_2} & \cdots & \dfrac{\partial^2 f(\boldsymbol{x}^*)}{\partial x_n^2} \end{bmatrix}$$

存在. 若 $\nabla f(\boldsymbol{x}^*) = \boldsymbol{0}$, 并且 $\nabla f^2(\boldsymbol{x}^*)$ 正定, 则 $\boldsymbol{x}^*$ 是无约束最优化问题 (9.8) 的严格局部最优解.

定理 9.3 设 $f : \mathbf{R}^n \to \mathbf{R}^1, \boldsymbol{x}^* \in \mathbf{R}^n, f$ 是 $\mathbf{R}^n$ 上的可微凸函数. 若有

$$\nabla f(\boldsymbol{x}^*) = \boldsymbol{0},$$

则 $\boldsymbol{x}^*$ 是无约束最优化问题 (9.8) 的整体最优解.

9.5.2 最速下降法

最速下降法又称为梯度法, 是 1847 年由著名数学家柯西 (Cauchy) 给出的. 它是解析方法中最古老的一种, 其他解析方法或是它的变形, 或是受它的启发而得到的, 因此它是最优化方法的基础.

设无约束最优化问题中的目标函数 $f : \mathbf{R}^n \to \mathbf{R}^1$ 一阶连续可微.

最速下降法的基本思想是: 从当前点 $\boldsymbol{x}^k$ 出发, 取函数 $f(\boldsymbol{x})$ 在点 $\boldsymbol{x}^k$ 处下降最快的方向作为我们的搜索方向 $\boldsymbol{p}^k$, 进行下一步搜索.

什么方向是使 $f(\boldsymbol{x})$ 下降最快的呢? 回答是容易的. 由 $f(\boldsymbol{x})$ 的泰勒展开式知

$$f(\boldsymbol{x}^k) - f(\boldsymbol{x}^k + t\boldsymbol{p}^k) = -t\nabla f(\boldsymbol{x}^k)^{\mathrm{T}} \boldsymbol{p}^k + o(\|t\boldsymbol{p}^k\|),$$

t 为搜索步长. 略去 t 的高阶无穷小项不计, 可见下降最快的方向应该是让上式右端大于零的方向. 因此取 $\boldsymbol{p}^k = -\nabla f(\boldsymbol{x}^k)$ 时, 函数值下降得最快.

求解无约束最优化问题的最速下降法计算步骤:

第一步: 给定初始迭代点 $\boldsymbol{x}^0$, 及迭代终止精度 $\varepsilon (\varepsilon > 0)$, 令 $k := 0$;

第二步: 计算 $\nabla f(\boldsymbol{x}^k)$, 若 $\|\nabla f(\boldsymbol{x}^k)\| \leqslant \varepsilon$, 停止迭代, 并输出最优解 $\boldsymbol{x}^k$; 否则转第三步;

第三步: 取 $\boldsymbol{p}^k = -\nabla f(\boldsymbol{x}^k)$;

第四步: 进行一维搜索, 求最优搜索步长 t_k, 使得

$$f(\boldsymbol{x}^k + t_k\boldsymbol{p}^k) = \min_{t \geqslant 0} f(\boldsymbol{x}^k + t\boldsymbol{p}^k).$$

令 $\boldsymbol{x}^{k+1} = \boldsymbol{x}^k + t_k\boldsymbol{p}^k, k := k+1$, 转第二步.

由以上计算步骤可知, 最速下降法迭代终止时, 求得的是目标函数驻点的一个近似点.

说明: (1) 算法中 $\|\cdot\|$ 为向量的某种范数. 实际计算中, 范数的选择应根据实际问题的特点自行决定, 很难说哪一种范数更好, 实践中通常取 L^2 或 L^∞.

(2) 迭代终止条件通常还可以利用连续两次迭代向量的绝对误差 $(\|\boldsymbol{x}^{k+1} - \boldsymbol{x}^k\| \leqslant \varepsilon)$ 或相对误差 $\left(\dfrac{\|\boldsymbol{x}^{k+1} - \boldsymbol{x}^k\|}{\|\boldsymbol{x}^k\|} \leqslant \varepsilon\right)$ 向量的模 (范数) 的大小作为判断是否终止迭代的计算依据.

9.6　约束最优化方法[*]

本节讨论形如非线性规划问题一般形式 (9.2) 或等价形式 (9.3) 的求解方法.

9.6.1　约束最优化问题的最优性条件

对有约束的非线性规划问题, 记其可行域为

$$X = \left\{\boldsymbol{x} \in \mathbf{R}^n \,\middle|\, g_i(\boldsymbol{x}) \leqslant 0, i = 1, 2, \cdots, p; h_j(\boldsymbol{x}) = 0, j = 1, 2, \cdots, q\right\}.$$

若 $\boldsymbol{x}^* \in X$ 是一个可行点, 则它应满足所有的等式约束. 令 $J = \{1, 2, \cdots, q\}$, 即有 $h_j(\boldsymbol{x}^*) = 0$, $j \in J$. 但它所满足的全部不等式约束则可能有两种情况: 对某些不等式约束有 $g_i(\boldsymbol{x}^*) = 0$, 而对其余的不等式约束有 $g_i(\boldsymbol{x}^*) < 0$. 这两种约束起的作用是不同的: 对前者, $\boldsymbol{x}$ 在 $\boldsymbol{x}^*$ 处的微小变动都可能导致约束条件被破坏; 而对后者, $\boldsymbol{x}$ 在 $\boldsymbol{x}^*$ 处的微小变动不会破坏约束. 因此我们称使 $g_i(\boldsymbol{x}^*) = 0$ 的约束 $g_i(\boldsymbol{x}) \leqslant 0$ 为点 $\boldsymbol{x}^*$ 的一个**积极约束**.

令 $I = \{1, 2, \cdots, p\}$, 关于点 $\boldsymbol{x}^*$ 的所有积极约束的下标集合记为

$$I(\boldsymbol{x}^*) = \{i|g_i(\boldsymbol{x}^*) = 0, i \in I\}.$$

下面我们介绍由库恩 (Kuhn) 和塔克 (Tucker) 在 1951 年提出的关于约束非线性规划问题 (9.3) 的最优解的著名必要条件, 而且对于一些具有凸性要求的凸规划问题, 库恩和塔克的条件也是它的最优解的充分条件.

定理 9.4　设 $f : \mathbf{R}^n \to \mathbf{R}^1$ 和 $g_i : \mathbf{R}^n \to \mathbf{R}^1$ $(i \in I(\boldsymbol{x}^*))$ 在点 $\boldsymbol{x}^*$ 处连续可微, g_i $(i \in I \setminus I(\boldsymbol{x}^*))$ 在点 $\boldsymbol{x}^*$ 处连续, $h_j : \mathbf{R}^n \to \mathbf{R}^1$ $(j \in J)$ 在点 $\boldsymbol{x}^*$ 处连续可微, 并且 $\nabla g_i(\boldsymbol{x}^*), i \in I(\boldsymbol{x}^*), \nabla h_j(\boldsymbol{x}^*), j \in J$ 线性无关. 若 $\boldsymbol{x}^*$ 是约束最优化问题

(9.3) 的局部最优解, 则存在两组实数 $\lambda_i^*, i \in I(\boldsymbol{x}^*)$ 和 $\mu_j^*, j \in J$, 使得

$$
\begin{cases}
\nabla f(\boldsymbol{x}^*) + \sum_{i \in I(\boldsymbol{x}^*)} \lambda_i^* \nabla g_i(\boldsymbol{x}^*) + \sum_{j \in J} \mu_j^* \nabla h_j(\boldsymbol{x}^*) = \boldsymbol{0}, \\
\lambda_i^* \geqslant 0, \quad i \in I(\boldsymbol{x}^*).
\end{cases} \tag{9.9}
$$

式 (9.9) 称为约束最优化问题的库恩 – 塔克 (Kuhn-Tucker) 条件, 简称 **K-T 条件**. 凡是满足 K-T 条件 (9.9) 的点叫做约束最优化问题的 **K-T 点**.

定理 9.4 说明约束最优化问题的局部最优解一定是非线性规划问题的 K-T 点. 所设计的很多约束最优化方法寻找的均是非线性规划问题的 K-T 点.

若在定理 9.4 中, 进一步要求各个 $g_i(\boldsymbol{x}), i \in I$ 在点 $\boldsymbol{x}^*$ 处均可微, 则约束最优化问题的 K-T 条件可写为更方便的形式:

$$
\begin{cases}
\nabla f(\boldsymbol{x}^*) + \sum_{i=1}^{p} \lambda_i^* \nabla g_i(\boldsymbol{x}^*) + \sum_{j=1}^{q} \mu_j^* \nabla h_j(\boldsymbol{x}^*) = \boldsymbol{0}, \\
\lambda_i^* g_i(\boldsymbol{x}^*) = 0, \quad i = 1, 2, \cdots, p, \\
\lambda_i^* \geqslant 0, \quad i = 1, 2, \cdots, p,
\end{cases} \tag{9.10}
$$

其中 $\lambda_i^* g_i(\boldsymbol{x}^*) = 0, i \in I$ 称为**互补松紧条件**.

对带一般约束的非线性规划问题 (9.3), 引进拉格朗日函数如下:

$$
L(\boldsymbol{x}, \lambda, \mu) = f(\boldsymbol{x}) + \sum_{i=1}^{p} \lambda_i g_i(\boldsymbol{x}) + \sum_{j=1}^{q} \mu_j h_j(\boldsymbol{x}), \tag{9.11}
$$

其中 $\lambda = (\lambda_1, \cdots, \lambda_p)^{\mathrm{T}}, \mu = (\mu_1, \cdots, \mu_q)^{\mathrm{T}}$ 叫做**拉格朗日乘子**.

利用约束最优化问题 (9.3) 的拉格朗日函数, 相应的 K-T 条件 (9.10) 可写为

$$
\begin{cases}
\nabla_{\boldsymbol{x}} L(\boldsymbol{x}^*, \lambda^*, \mu^*) = \boldsymbol{0}, \\
\lambda_i^* g_i(\boldsymbol{x}^*) = 0, \quad i = 1, 2, \cdots, p, \\
\lambda_i^* \geqslant 0, \quad i = 1, 2, \cdots, p,
\end{cases} \tag{9.12}
$$

$\nabla_{\boldsymbol{x}} L(\boldsymbol{x}, \lambda, \mu)$ 表示函数 $L(\boldsymbol{x}, \lambda, \mu)$ 对变量 $\boldsymbol{x}$ 的梯度向量.

在一定的凸性条件下, 上述 K-T 条件亦是约束最优化问题 (9.3) 的最优解的充分条件.

定理 9.5　对于约束最优化问题 (9.3), 若 $f(\boldsymbol{x}), g_i(\boldsymbol{x}), i \in I, h_j(\boldsymbol{x}), j \in J$ 在点 $\boldsymbol{x}^*$ 处连续可微. 又若其可行点 $\boldsymbol{x}^*$ 满足 K-T 条件, 且 $f(\boldsymbol{x}), g_i(\boldsymbol{x}), i \in I(\boldsymbol{x}^*)$ 是凸函数, $h_j(\boldsymbol{x}), j \in J$ 是线性函数, 则 $\boldsymbol{x}^*$ 是约束最优化问题 (9.3) 的整体最优解.

9.6.2 可行方向法

可行方向法是一类处理带线性约束的非线性规划问题的非常有效的方法.

基本思想: 若 $\{\boldsymbol{x}^k\}$ 是一个可行解, 但不是要求的最优解或极小值点, 而下一次迭代搜索不仅要像无约束方法那样寻求一个下降方向, 而且还要是一个可行方向. 满足

$$\begin{cases} \boldsymbol{x}^{k+1} = \boldsymbol{x}^k + t_k \boldsymbol{D}^k \in X, \\ f(\boldsymbol{x}^{k+1}) < f(\boldsymbol{x}^k), \end{cases} \tag{9.13}$$

式中 t_k 为搜索步长, $\boldsymbol{D}^k$ 为可行且函数值下降的方向向量. 若满足计算精度要求, 则迭代停止, $\boldsymbol{x}^{k+1}$ 就是所求的解, 否则继续迭代, 直至满足终止条件为止.

采用这一方法, 由于在每步迭代过程中, 都要求搜索方向为可行且函数值下降方向, 所以由此产生的点列 $\{\boldsymbol{x}^k\}$ 始终在可行域 X 内. 通常称这类搜索算法为**可行方向法**.

通常所说的可行方向法是指藻滕代克 (Zoutendijk) 在 1960 年提出的算法, 其他算法大都是在此基础上根据不同的原理构造了不同的可行下降搜索方向, 也就形成了各种不同算法.

可行下降方向的确定: 实际上, 由泰勒展开式,

$$f(\boldsymbol{x} + t\boldsymbol{D}) = f(\boldsymbol{x}) + t\nabla f(\boldsymbol{x})^{\mathrm{T}} \boldsymbol{D} + o(t),$$

$$g_j(\boldsymbol{x} + t\boldsymbol{D}) = g_j(\boldsymbol{x}) + t\nabla g_j(\boldsymbol{x})^{\mathrm{T}} \boldsymbol{D} + o(t),$$

可知 $\boldsymbol{x}^k$ 的可行下降方向 $\boldsymbol{D} = (d_1, d_2, \cdots, d_n)^{\mathrm{T}}$ 必为

$$\begin{cases} \nabla f(\boldsymbol{x}^k)^{\mathrm{T}} \boldsymbol{D} < 0, \\ \nabla g_j(\boldsymbol{x})^{\mathrm{T}} \boldsymbol{D} < 0, j \in J, \end{cases} \tag{9.14}$$

式中, J 为有效约束的下标集合.

问题 (9.14) 等价于求解如下线性规划问题:

$$\min \eta$$
$$\text{s.t.} \begin{cases} \nabla f(\boldsymbol{x}^k)^{\mathrm{T}} \boldsymbol{D} < \eta, \\ \nabla g_j(\boldsymbol{x})^{\mathrm{T}} \boldsymbol{D} < \eta, j \in J, \\ -1 \leqslant d_i \leqslant 1, i = 1, 2, \cdots, n. \end{cases}$$

若求得的解 $\eta = 0$, 则可行方向不存在, 输出 $\boldsymbol{x}^k$; 若 $\eta < 0$, 则得到的解 $\boldsymbol{D}$ 就是下一次搜索的可行下降方向的单位向量 $\boldsymbol{D}^k$.

最优搜索步长 t_k **的确定**: 可利用一维搜索算法, 解如下优化问题, 求得最优搜索步长:

$$\min_t f(\boldsymbol{x}^k + t\boldsymbol{D}^k).$$

9.6.3　惩罚函数法

基本思想: 利用问题中的约束函数做出适当的带有参数的惩罚函数, 然后在原来的目标函数上加上惩罚函数构造出带参数的增广目标函数, 从而把约束最优化问题的求解转换为求解一系列无约束最优化问题.

惩罚函数法有许多类型, 这里将介绍最基本的两种: 一种是**罚函数法**, 也称为**外部惩罚法**; 另一种是**障碍函数法**, 也称为**内部惩罚法**.

1. 罚函数法

考虑约束最优化问题 (9.3), 同时假定模型中的所有函数 $f(\boldsymbol{x}), g_i(\boldsymbol{x}), h_j(\boldsymbol{x}), i = 1, 2, \cdots, p, j = 1, 2, \cdots, q$ 都是连续函数.

构造罚函数

$$p(\boldsymbol{x}) = \begin{cases} 0, & \boldsymbol{x} \in X, \\ c, & \boldsymbol{x} \notin X, \end{cases} \tag{9.15}$$

其中 c 是预先选定的一个很大的正数, X 是可行域.

然后利用 $p(\boldsymbol{x})$ 构造一个约束最优化问题的增广目标函数:

$$F(\boldsymbol{x}) = f(\boldsymbol{x}) + p(\boldsymbol{x}). \tag{9.16}$$

由于在可行点处 F 的值与 f 的值相同, 而在不可行点处对应的 F 值很大, 所以相应的以增广目标函数 F 为目标函数的无约束极小化问题

$$\min F(\boldsymbol{x}) = f(\boldsymbol{x}) + p(\boldsymbol{x}) \tag{9.17}$$

的最优解, 必定也是约束最优化问题 (9.3) 的最优解.

要使构造的增广目标函数 $F(\boldsymbol{x})$ 保持原来的目标函数 $f(\boldsymbol{x})$ 及各约束函数所具有的良好性态, 关键在于罚函数不能在可行域的边界处发生跳跃. 为此, 可选取罚函数如下:

$$p_c(\boldsymbol{x}) = c \sum_{i=1}^{p} [\max(g_i(\boldsymbol{x}), 0)]^2 + \frac{c}{2} \sum_{j=1}^{q} [h_j(\boldsymbol{x})]^2,$$

其中 c 叫做**罚参数**或**罚因子**. 相应地, 构造增广目标函数为

$$F_c(\boldsymbol{x}) = f(\boldsymbol{x}) + p_c(\boldsymbol{x}).$$

可以证明, 当目标函数 $f(\boldsymbol{x})$ 及各约束函数均连续可微时, $F_c(\boldsymbol{x})$ 也是连续可微的. 当 c 充分大时, 总可使问题 (9.3) 转换为无约束极小化问题

$$\min F_c(\boldsymbol{x})$$

在实际计算中, 选取大小合适的 c 并不简单. 为此可以考虑先选取一递增且趋于无穷的正罚参数列 $\{c_k\}$, 此时, 随着 k 的增大, 罚函数 $p_{c_k}(\boldsymbol{x})$ 对每个不可行点 $\boldsymbol{x}$ 施加的惩罚也逐步增大, 且在每个不可行点 $\boldsymbol{x}$ 处, 当 k 趋于无穷时惩罚也趋于无穷. 这样, 求问题就转换为求一系列无约束极小化问题

$$\min F_{c_k}(\boldsymbol{x}) = f(\boldsymbol{x}) + p_{c_k}(\boldsymbol{x}), \quad k = 1, 2, \cdots \tag{9.18}$$

的解, 其中

$$p_{c_k}(\boldsymbol{x}) = c_k \sum_{i=1}^{p} [\max(g_i(\boldsymbol{x}), 0)]^2 + \frac{c_k}{2} \sum_{j=1}^{q} [h_j(\boldsymbol{x})]^2. \tag{9.19}$$

对于约束最优化问题 (9.3), 除非它的最优解 $\boldsymbol{x}^*$ 也是 $f(\boldsymbol{x})$ 的无约束最优解, 一般 $\boldsymbol{x}^*$ 总位于可行域 X 的边界上. 采用罚函数法, 所得点列 $\{\boldsymbol{x}^k\}$ 总是从可行域外部趋于 (9.3) 的最优解 $\boldsymbol{x}^*$. 正因为如此, 也称罚函数法为**外部惩罚法**或**外点法**.

2. 障碍函数法

罚函数法产生的点列 $\{\boldsymbol{x}^k\}$ 从可行域外部逐步逼近问题的最优解. 当我们在某个充分大的 c_k 处终止迭代时, 所得到的点 $\boldsymbol{x}^k$ 一般只能近似满足约束条件. 对于某些实际问题来说, 这样的近似最优解是不能被接受的. 为了使迭代点总是可行点, 可以采用**障碍函数法**, 或称为**内部惩罚法**. 其基本思想是, 在可行域的边界上筑起一道 "墙" 来, 当迭代点靠近边界时, 所构造的增广目标函数值突然增大, 于是最优点就被 "挡" 在可行域内部了.

为使可行域的内点与边界一目了然, 使我们易于构造障碍函数, 考虑仅带不等式约束的非线性规划问题

$$\begin{aligned} &\min f(\boldsymbol{x}) \\ &\text{s.t. } g_i(\boldsymbol{x}) \leqslant 0, \quad i = 1, 2, \cdots, p. \end{aligned} \tag{9.20}$$

令

$$g(\boldsymbol{x}) = (g_1(\boldsymbol{x}), \cdots, g_p(\boldsymbol{x}))^{\mathrm{T}}. \tag{9.21}$$

记问题 (9.20) 的可行域 X 的内部点集为 $X^0 = \{\boldsymbol{x} \in \mathbf{R}^n | g(\boldsymbol{x}) < 0\}$, 则当点 $\boldsymbol{x}$ 从可行域内部趋于可行域边界时, 至少有一个 $g_i(\boldsymbol{x})$ 趋于零. 因此函数

$$B(\boldsymbol{x}) = -\sum_{i=1}^{p} \frac{1}{g_i(\boldsymbol{x})} \quad \text{或} \quad B(\boldsymbol{x}) = -\sum_{i=1}^{p} \ln[-g_i(\boldsymbol{x})]$$

就会无限增大. 于是, 若在原目标函数 $f(\boldsymbol{x})$ 上加上 $B(\boldsymbol{x})$, 就会使极小点落在可行域内部. 因此函数 $B(\boldsymbol{x})$ 的作用是对企图脱离可行域的点给予惩罚. 然而, 我们最终的目的是逐步逼近 $f(\boldsymbol{x})$ 的带约束条件的极小点, 且这种极小点通常位于可行域的边界上, 因此要在迭代过程中逐步减弱 $B(\boldsymbol{x})$ 的影响.

为此, 构造障碍函数为: 当 $\boldsymbol{x} \in X^0$ 时, 有

$$B_{d_k}(\boldsymbol{x}) = -d_k \sum_{i=1}^{p} \frac{1}{g_i(\boldsymbol{x})} \quad \text{或} \quad B_{d_k}(\boldsymbol{x}) = -d_k \sum_{i=1}^{p} \ln[-g_i(\boldsymbol{x})], \tag{9.22}$$

其中 d_k 称为**罚函数**或**罚因子**, $d_k > 0$. 当 $g_i(\boldsymbol{x}), i = 1, 2, \cdots, p$ 均为连续函数时, $B_{d_k}(\boldsymbol{x})$ 在 X^0 上是非负连续函数.

选取一递减且趋于零的正罚函数列 $\{d_k\}$ $(k = 1, 2, \cdots)$, 对每一个 d_k 可作一对应的障碍函数 $B_{d_k}(\boldsymbol{x})$. 利用 $B_{d_k}(\boldsymbol{x})$ 构造出定义在 X^0 上的 (9.20) 的增广目标函数

$$F_{d_k}(\boldsymbol{x}) = f(\boldsymbol{x}) + B_{d_k}(\boldsymbol{x}). \tag{9.23}$$

由 $B_{d_k}(\boldsymbol{x})$ 的结构可知, 当一个点从 X^0 中向 X 的边界趋近时, $F_{d_k}(\boldsymbol{x})$ 的值将无限变大, 由此, 无约束最优化问题

$$\min F_{d_k}(\boldsymbol{x})$$

的最优解必落在可行域的内部. 这样, 我们把约束最优化问题 (9.20) 的求解转换为一系列无约束最优化问题

$$\min F_{d_k}(\boldsymbol{x}), \quad k = 1, 2, \cdots \tag{9.24}$$

的求解.

如果 (9.20) 的最优解在 X 内部, 则当 d_k 取到某一适当的值时, (9.20) 的最优解可以达到它. 如果 (9.20) 的最优解在 X 的边界上, 则随着罚参数 d_k 的逐步减小, $B_{d_k}(\boldsymbol{x})$ 影响的减弱, 相应的 (9.24) 的最优解点列将向 X 的边界上的最优解逐渐逼近.

9.7　利用优化软件求解非线性规划

本节我们分别介绍利用 MATLAB 中的优化工具箱和 LINGO 解决各类非线性规划问题的基本函数.

9.7.1 利用 MATLAB 求解非线性规划

1. 无约束最优化问题

利用 MATLAB 软件求解无约束最优化问题的函数如下:

调用格式 I: x=fminsearch(fun,x0), x=fminunc(fun,x0)

功能说明: 用于求解无约束最优化模型

$$\min_{\boldsymbol{x}} f(\boldsymbol{x}), \tag{9.25}$$

其中, fun 为用户定义的目标函数名 (M 函数文件名) 或句柄函数, x0 为初始迭代点.

调用格式 II: x=fminsearch(fun,x0,options), x=fminunc(fun,x0,options)

功能说明: 也用于求解模型 (9.25), 其中 "options" 表示优化参数, 如指定终止误差大小等.

调用格式 III: [x,fval]=fminsearch($\cdots$), [x,fval]=fminunc($\cdots$)

功能说明: 返回最优解 $\boldsymbol{x}$ 及 $\boldsymbol{x}$ 处的目标函数值 fval.

例 9.5 求解如下无约束最优化问题:

$$f(x_1, x_2) = \frac{3}{2}x_1^2 + \frac{1}{2}x_2^2 - x_1x_2 - 2x_1.$$

解 MATLAB 命令及其运行结果如下:

```
>> f=@(x)(3/2)*x(1)^2+x(2)^2/2-x(1)*x(2)-2*x(1)
>> x=fminsearch(f,[-2,4])
x =
    1.0000    1.0000
```

也可以利用 fminunc( ) 函数求解, 输入 MATLAB 命令如下:

```
>> x=fminunc('(3/2)*x(1)^2+x(2)^2/2-x(1)*x(2)-2*x(1)',[-1,2])
```

运行结果完全相同.

例 9.6 求解如下无约束最优化问题:

$$\min f(x) = 3x_1^2 + 2x_1x_2 + x_2^2.$$

解 在命令窗口输入以下命令:

```
>> x0=[1,1];
        % Then call fminunc to find a minimum of unpfun1 near [1,1]
>> [x,fval]=fminunc('3*x(1)^2+2*x(1)*x(2)+x(2)^2',x0)
```

运行结果如下:

```
 x =

    1.0e-006*

              0.2541    -0.2029
fval =

      1.3173e-013
```

如采用搜索算法函数 fminsearch( ) 求解, 则执行命令

```
>> [x,fval]=fminsearch('3*x(1)^2+2*x(1)*x(2)+x(2)^2',[1 1])
```

结果为: 最优解 $x = (-0.0675 \times 10^{-4}, 0.1715 \times 10^{-4})$, 最优值 fval$=1.9920 \times 10^{-10}$. 比较两个函数的计算结果, 发现二者差异比较明显, 试分析一下其中的原因.

事实上, 利用 MATLAB 对目标函数作图, 命令如下:

```
>> x=-10:0.1:10;
>> y=x;
>> [X,Y]=meshgrid(x,y);
>> z=3*X.^2+2*X.*Y+Y.^2;
>> surf(X,Y,Z)

>> xlabel('x_1'),ylabel('x_2')
```

绘图结果如图 9.3 所示. 从图中可以看出, 最优解在坐标原点.

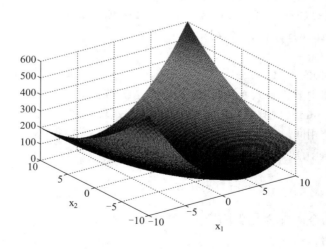

图 9.3　目标函数示意图

例 9.7　利用 MATLAB 求解例 9.4 的飞机精确定位问题.

解 以求解如下模型为例, 说明之:

$$\min_{x,y} E(x,y) = \sum_{i=1}^{3} \left(\frac{\frac{x-x_i}{y-y_i} - \tan\theta_i}{\tan\theta_i} \right)^2 + \left[\frac{\sqrt{(x-x_4)^2 + (y-y_4)^2} - d_4}{d_4} \right]^2.$$

首先创建并保存 MATLAB 函数 flight.m 在当前目录中, 程序代码如下:

```
function f=flight(x)
    X=[746 629 1571]; Y=[1393 375 259];%VOR监控台坐标
    theta=[161.2 45.1 309];sigma=[0.8 0.6 1.3];%VOR监控台观测数据
    x4=155;y4=987;d4=864.3;sigma4=2; %DME坐标及观测数据
    theta=theta*pi/180;sigma=sigma*pi/180;%角度转换成弧度
    z=(x(1)-X)./(x(2)-Y)-tan(theta);
    z=z./tan(theta);
    f=sum(z.^2)+((d4-sqrt((x(1)-x4)^2+(x(2)-y4)^2))/d4)^2;
    end
```

在 MATLAB 命令窗口下运行命令

```
>> [x,feval]=fminsearch('flight',[500 500])
```

运行结果为

```
x =
    977.3617  726.2796
feval =
        0.0013
```

即飞机的坐标为 (977.3617, 726.2796), 相对残差平方和为 0.0013.

对其他模型形式, 只需稍加修改 flight( ) 函数中关于残差计算的相关代码, 然后重复上述过程就可以很容易地得到问题的解.

2. 约束最优化问题

利用 MATLAB 软件求解约束最优化问题的函数调用方式及其功能说明如下:

调用格式 I: x=fmincon(fun,x0,A,b)

功能说明: 用于求解如下模型, 其中 x0 表示迭代初始点:

$$\begin{aligned} &\min f(\boldsymbol{x}) \\ &\text{s.t. } \boldsymbol{Ax} \leqslant \boldsymbol{b}. \end{aligned} \tag{9.26}$$

调用格式 II: x=fmincon(fun,x0,A,b,Aeq,beq)

功能说明: 用于求解模型:

$$\min f(\boldsymbol{x})$$
$$\text{s.t.} \begin{cases} \boldsymbol{Ax} \leqslant \boldsymbol{b}, \\ \text{Aeq } \boldsymbol{x} = \text{beq}. \end{cases} \tag{9.27}$$

调用格式 III: x=fmincon(fun,x0,A,b,Aeq,beq,lb,ub)
功能说明: 用于求解模型:

$$\min f(\boldsymbol{x})$$
$$\text{s.t.} \begin{cases} \boldsymbol{Ax} \leqslant \boldsymbol{b}, \\ \text{Aeq } \boldsymbol{x} = \text{beq}, \\ \text{lb} \leqslant \boldsymbol{x} \leqslant \text{ub}. \end{cases} \tag{9.28}$$

调用格式 IV: x =fmincon(fun,x0,A,b,Aeq,beq,lb,ub,nonlcon)
功能说明: 用于求解模型:

$$\min f(\boldsymbol{x})$$
$$\text{s.t.} \begin{cases} \boldsymbol{Ax} \leqslant \boldsymbol{b}, \\ \text{Aeq } \boldsymbol{x} = \text{beq}, \\ \text{lb} \leqslant \boldsymbol{x} \leqslant \text{ub}, \\ c(\boldsymbol{x}) \leqslant 0, \\ \text{ceq}(\boldsymbol{x}) = 0, \end{cases} \tag{9.29}$$

其中: nonlcon 为非线性约束. $c(\boldsymbol{x}) \leqslant 0$, $\text{ceq}(\boldsymbol{x}) = 0$ 分别对应非线性不等式约束和等式约束.

调用格式 V: [x,fval] = fmincon($\cdots$)
功能说明: 返回最优解 $\boldsymbol{x}$ 及 $\boldsymbol{x}$ 处的目标函数值 fval.
调用格式 VI: [x,fval,exitflag,output,lambda,grad] =fmincon($\cdots$)
功能说明: 返回最优解 $\boldsymbol{x}$ 处的目标函数的梯度.
调用格式 VII: [x,fval,exitflag,output,lambda,grad,hessian] =fmincon($\cdots$)
功能说明: 返回最优解 $\boldsymbol{x}$ 处的黑塞矩阵.

例 9.8 求解如下约束非线性规划:

$$\min f = -x_1 x_2 x_3$$
$$\text{s.t. } 0 \leqslant x_1 + 2x_2 + 2x_3 \leqslant 72.$$

解 在命令窗口输入以下信息:

```
>> cnpfun=@(x)-x(1)*x(2)*x(3);
>> A=[-1 -2 -2;1 2 2];
>> b=[0;72];
>> x0=[10; 10; 10]; % Starting guess at the solution
>> [x,fval]=fmincon(cnpfun,x0,A,b)
```

运行结果显示, 得到局部最优解, 结果如下:

```
x=
   24.0000
   12.0000
   12.0000
fval=
    -3.4560e+003
```

3. 二次规划问题的求解

二次规划问题是一类特殊的非线性最优化问题, 专用 MATLAB 求解函数为 quadprog( ), 调用格式及功能说明如下:

调用格式 I: x=quadprog(H,c,A,b)

功能说明: 用于求解模型:

$$\min \frac{1}{2} \boldsymbol{x}^{\mathrm{T}} \boldsymbol{H} \boldsymbol{x} + \boldsymbol{c}^{\mathrm{T}} \boldsymbol{x} \tag{9.30}$$
$$\text{s.t. } \boldsymbol{A} \boldsymbol{x} \leqslant \boldsymbol{b}.$$

调用格式 II: x=quadprog(H,c,A,b,Aeq,beq)

功能说明: 用于求解模型:

$$\min \frac{1}{2} \boldsymbol{x}^{\mathrm{T}} \boldsymbol{H} \boldsymbol{x} + \boldsymbol{c}^{\mathrm{T}} \boldsymbol{x}$$
$$\text{s.t. } \begin{cases} \boldsymbol{A} \boldsymbol{x} \leqslant \boldsymbol{b}, \\ \text{Aeq } \boldsymbol{x} = \text{beq}. \end{cases} \tag{9.31}$$

调用格式 III: x=quadprog(H,c,A,b,Aeq,beq,lb,ub)

功能说明: 用于求解模型:

$$\min \frac{1}{2} \boldsymbol{x}^{\mathrm{T}} \boldsymbol{H} \boldsymbol{x} + \boldsymbol{c}^{\mathrm{T}} \boldsymbol{x}$$
$$\text{s.t. } \begin{cases} \boldsymbol{A} \boldsymbol{x} \leqslant \boldsymbol{b}, \\ \text{Aeq } \boldsymbol{x} = \text{beq}, \\ \text{lb} \leqslant \boldsymbol{x} \leqslant \text{ub}. \end{cases} \tag{9.32}$$

调用格式 IV: x=quadprog(H,c,A,b,Aeq,beq,lb,ub,x0)

功能说明: 用于求解模型 (9.32), 其中 x0 为初始迭代点.

调用格式 V: [x,fval]=quadprog($\cdots$)

功能说明: 返回最优解 x 及 x 处的目标函数值 fval.

例 9.9　求解如下二次规划:

$$\min f(x_1, x_2) = -8x_1 - 10x_2 + x_1^2 + x_2^2$$

$$\text{s.t.} \begin{cases} 3x_1 + 2x_2 \leqslant 6, \\ x_1, x_2 \geqslant 0. \end{cases}$$

解　首先把模型写成标准矩阵形式:

$$\min f(x) = \frac{1}{2}[x_1 \ x_2]\begin{bmatrix} 2 & 0 \\ 0 & 2 \end{bmatrix}\begin{bmatrix} x_1 \\ x_2 \end{bmatrix} + (-8 \ -10)\begin{bmatrix} x_1 \\ x_2 \end{bmatrix}$$

$$\text{s.t.} \begin{bmatrix} 3 & 2 \\ -1 & 0 \\ 0 & -1 \end{bmatrix}\begin{pmatrix} x_1 \\ x_2 \end{pmatrix} \leqslant \begin{bmatrix} 6 \\ 0 \\ 0 \end{bmatrix}$$

在命令窗口输入以下信息:

```
>> H=[2,0;0,2];c=[-8;-10];A=[3,2;-1,0;0,-1];b=[6;0;0];
>> [x,f]=quadprog(H,c,A,b)
```

运行结果为

```
x=
  0.3077
  2.5385
f=
  -21.3079
```

9.7.2　利用 LINGO 求解非线性规划

　　LINGO 也是解决非线性规划问题的有力工具之一. 它使用较为方便, 类似于线性规划问题, 只要直接在模型窗口键入要解决的问题即可.

　　例 9.10　利用 LINGO 求解如下线性规划:

$$\min(x_1 x_2 x_3)$$

$$\text{s.t. } 0 \leqslant x_1 + 2x_2 + 2x_3 \leqslant 72.$$

　　解　在模型命令窗口键入以下内容:

```
min=-x1*x2*x3;
x1+2*x2+2*x3>=0;
x1+2*x2+2*x3<=72;
end
```

按 Solve 按钮在 "Solution Report" 窗口得到以下结果:

```
Local optimal solution found.
Objective value:                          -3456.000
Extended solver steps:                            5
Total solver iterations:                         72


        Variable           Value        Reduced Cost
              X1        24.00000            0.000000
              X2        12.00000       -0.2073307E-07
              X3        12.00000       -0.2280689E-07


        Row    Slack or Surplus        Dual Price
          1           -3456.000         -1.000000
          2            72.00000          0.000000
          3            0.000000          144.0000
```

9.8　应用案例: 钢管的订购和运输模型

问题提出　要铺设一条 $A_1 \to A_2 \to \cdots \to A_{15}$ 的输送天然气的主管道, 如图 9.4 所示. 经筛选后可以生产这种主管道钢管的钢厂有 $S_1, S_2, \cdots, S_7$. 图中粗线表示铁路, 单细线表示公路, 双细线表示要铺设的管道 (假设沿管道或者原来有公路, 或者建有施工公路), 圆圈表示火车站, 每段铁路、公路和管道旁的阿拉伯数字表示里程 (单位: km).

为方便计, 1 km 主管道钢管称为 1 单位钢管. 已知条件或数据如下:

一个钢厂如果承担制造这种钢管, 至少需要生产 500 单位钢管. 钢厂 S_i 在指定期限内能生产该钢管的最大数量为 s_i 单位, 钢管出厂销价为 1 单位钢管 p_i 万元, 如表 9.2 所示.

铁路运输费用的计算: 1 单位钢管的铁路运价如表 9.3 所示. 1000 km 以上每增加 1 km 至 100 km 运价增加 5 万元.

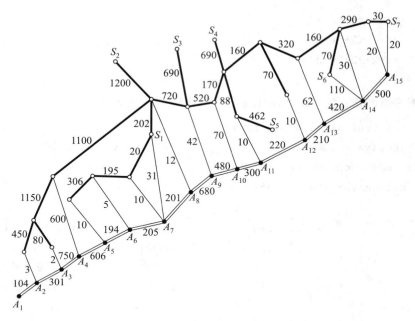

图 9.4　钢管运输及铺设路线示意图

表 9.2　钢厂的产能及售价表

钢厂 i	1	2	3	4	5	6	7
最大产能 s_i	800	800	1000	2000	2000	2000	3000
单位售价 p_i/万元	160	155	155	160	155	150	160

表 9.3　单位钢管的铁路运价

里程 /km	≤300	301 ~ 350	351 ~ 400	401 ~ 450	451 ~ 500
运价 /万元	20	23	26	29	32
里程 /km	501 ~ 600	601 ~ 700	701 ~ 800	801 ~ 900	901 ~ 1000
运价 /万元	37	44	50	55	60

公路运输费用的计算: 1 单位钢管每公里 0.1 万元 (不足整公里部分按整公里计算).

钢管可由铁路、公路运往铺设地点 (不只是运到点 $A_1, A_2, \cdots, A_{15}$, 而是管道全线). 请制定一个主管道钢管的订购和运输计划, 使总费用最小 (给出总费用).

问题分析　问题的建模目的是求一个主管道钢管的订购和运输策略, 使总费用最小. 首先, 问题给出了 7 个供选择的钢厂, 选择哪些? 订购多少? 是一个要解决的问题. 其次, 每一个钢厂到铺设地点大多都有多条可供选择的运输路线, 应选择哪一条路线运输, 取决于建模的目标. 而目标总费用包含两个组成部分: 订购费用和运输费用. 订购费用取决于单价和订购数量, 运输费用取决于往哪里运 (即目的地) 和运输路线. 结合总目标的要求, 可以很容易地想到应选择运费最小的路线.

注意到, 题目中购买数量、运费、铺设长度等的计量方式是按 1 单位钢管计量的, 因此问题的复杂度大大降低. 从同一个钢厂订购钢管运往同一个目的地, 一旦最小运输费用路线确定, 则单位钢管的运费就确定了, 即单位钢管的总定购及运输费用 = 钢管单价 + 运输费用. 因此, 同一个钢厂订购钢管运往同一个目的地的总费用等于订购数量乘以单位钢管的购运费用 (单价 + 单位钢管运费).

有鉴于此, 钢厂在制定订购和运输计划时, 可分成几个层面的子问题分别考虑:

(1) 铺设方案的设定: 一种是从钢厂订购一个单位的钢管直接送往最终管线的铺设地点, 此时需要计算沿线共有多少个铺设点, 由图中给出的数据可计算出总管线长度为 5171 km, 以 1 km 管道为一个铺设地点, 则总共有 5171 个目的铺设点; 第二种方案是从钢管厂订购若干个单位的钢管运送至枢纽点 $A_1, A_2, \cdots, A_{15}$, 再由枢纽点按一个单位计分别往枢纽点两侧运送至最终铺设地点 (从运费最低的角度, 此为唯一最佳选择). 无论采用哪一种方案, 因枢纽点 A_1 无路可通, 只能通过 A_2 点往前铺设.

(2) 运输费用及运输路线的确定: 钢管可以通过铁路或公路运输. 公路运费是运输里程的线性函数 (稍有不同的是不足 1 km 要进整), 但是铁路运价却是一种分段的阶跃的常数函数. 因此在计算时, 不管对运输里程还是费用而言, 都不具有可加性, 只能将铁路运价 (即由运输总里程找出对应费率) 和公路运价分别计算后再叠加. 鉴于该问题可能的运输路线很少, 且钢厂出来都是铁路, 铺设点沿线都是公路, 而且通常情况下平均每公里的铁路运价要低于公路运价, 所以只要在优先考虑尽量使用铁路运输的前提下, 通过可能方案的枚举, 就能找到费用最小的运输路线和最小运费.

(3) 若记从各钢厂 S_i 购买一个单位的钢管, 并运到需要最终管线铺设点 P_j 的最小运输费用为 c_{ij} ($i = 1, 2, \cdots, 7, j = 1, \cdots, 5171$). 进一步发现, 并不需要逐一求出所有点对 $S_i \to P_j$ 的费用. 因为从 S_i 到 P_j 总要经过某个枢纽点. 假定 P_j 位于枢纽点 A_k 和 A_{k+1} 之间, 那么只要比较从 $S_i \to A_k \to P_j$ 和 $S_i \to A_{k+1} \to P_j$ 两者的大小. 也就是说, 只要先求出 $S_i \to A_k$ 的费用, 再在 $A_k A_{k+1}$ 段上找出通过两侧到达铺设点 P_j 费用相同的平衡点 Q_{ik}, 显然如果 P_j 在平衡点的左侧, 则应该经过 A_k 到达, 如果在平衡点的右侧, 则应该经过 A_{k+1}

到达. 这样就可以大大减少计算量.

注意到, 枢纽点 A_1 只能通过 A_2 运输, 然后再向左铺设即可. 而点 A_{15} 则只能往左铺设.

(4) 费用计算: 从钢厂 S_i 购买 1 单位的钢管费用为 p_i (数据列在表 9.2 中), 然后加上按最小费用路线运输到 A_j 的运费 c_{ij}, 构成了从 S_i 到 A_j 最小购运费用. 据此计算各钢管厂到各运输枢纽点的最小购运费用如表 9.4 所示.

表 9.4　从 S_i 到枢纽点 A_j 的最小购运费用计算表

	A_2	A_3	A_4	A_5	A_6	A_7	A_8	A_9	A_{10}	A_{11}	A_{12}	A_{13}	A_{14}	A_{15}
S_1	320.3	300.2	258.6	198	180.5	63.1	181.2	224.2	252	256	266	281.2	288	302
S_2	360.3	345.2	326.6	266	250.5	241	226.2	269.2	297	301	311	326.2	333	347
S_3	375.3	355.2	336.6	276	260.5	251	241.2	203.2	237	241	251	266.2	273	287
S_4	410.3	395.2	376.6	316	300.5	291	276.2	244.2	222	211	221	236.2	243	257
S_5	400.3	380.2	361.6	301	285.5	276	266.2	234.2	212	188	206	226.2	228	242
S_6	405.3	385.2	366.6	306	290.5	281	271.2	234.2	212	201	195	176.2	161	178
S_7	425.3	405.2	386.6	326	310.5	301	291.2	259.2	237	226	216	198.2	186	162

模型建立

模型 I: 0–1 整数规划模型

决策变量: 用 x_{ij} 表示铺设点 P_j 的钢管是否从第 i 个钢厂购运而来, $i = 1, 2, \cdots, 7, j = 1, 2, \cdots, 5171$. 如果是则取 1, 否则取 0.

目标函数: 仍记 c_{ij} 为从第 i 个钢厂购买 1 个单位钢管到铺设地点 P_j 的最小购运费用, 则总的购运费用为

$$W = \sum_{i=1}^{7} \sum_{j=1}^{5171} c_{ij} x_{ij}.$$

约束条件: 根据钢厂生产能力约束或购买限制, 有

$$\sum_{j=1}^{5171} x_{ij} \in \{0\} \cup [500, s_i], \quad i = 1, 2, \cdots, 7.$$

于是, 原问题的数学模型就可以表示为如下形式:

$$\min \sum_{i=1}^{7} \sum_{j=1}^{5171} c_{ij} x_{ij}$$

$$\text{s.t.} \begin{cases} \sum_{j=1}^{5171} x_{ij} \in \{0\} \cup [500, s_i], \quad i = 1, 2, \cdots, 7, \\ x_{ij} = 0 \text{ 或 } 1, \quad i = 1, 2, \cdots, 7, j = 1, 2, \cdots, 5171. \end{cases}$$

该模型共有 $7 \times 5171 = 36197$ 个决策变量, 是一个中等或以上规模的 0–1 规划问题.

模型 II: 二次规划模型

考虑到前文所述从钢厂到铺设点的运输必定要经过枢纽点, 因此可以用下述方式简化.

决策变量: 记 x_{ij} 表示从钢厂 S_i 运到枢纽点 A_j 的运量, $i = 1, 2, \cdots, 7, j = 2, 3, \cdots, 15$. y_j、z_j 分别表示从枢纽点 A_j 向右边 (即 $A_j A_{j+1}$ 段) 及左边 (即 $A_{j-1} A_j$ 段) 铺设的钢管总量 (这里假设 y_j、z_j 都是整数).

目标函数: 若记 c_{ij} 表示从钢厂 S_i 运到枢纽点 A_j 时单位钢管的最小购运费用, $i = 1, 2, \cdots, 7, j = 2, 3, \cdots, 15$. 则从钢厂到各枢纽点的总购运费用为

$$\sum_{i=1}^{7} \sum_{j=2}^{15} c_{ij} x_{ij}.$$

而铺设管道不能只运输到枢纽点, 而是要运送并铺设到全部管线, 注意到将总量为 y_j 的钢管运到每单位铺设点, 其运费应为第一公里、第二公里、$\cdots$ 直到第 y_j 公里的运费之和, 即为 $0.1 \times (1 + 2 + \cdots + y_j)$. 往左也一样. 对应的铺设费用为

$$\sum_{j=2}^{15} \left[\frac{0.1}{2} y_j (y_j + 1) + \frac{0.1}{2} z_j (z_j + 1) \right].$$

因此总购运费用为

$$\sum_{i=1}^{7} \sum_{j=2}^{15} c_{ij} x_{ij} + \sum_{j=2}^{15} \left[\frac{0.1}{2} y_j (y_j + 1) + \frac{0.1}{2} z_j (z_j + 1) \right].$$

约束条件:

(1) 根据钢厂生产能力约束或购买限制, 有

$$\sum_{j=2}^{15} x_{ij} \in \{0\} \cup [500, s_i], \ i = 1, 2, \cdots, 7.$$

(2) 购运量应等于需求量

$$y_j + z_j = \sum_{i=1}^{7} x_{ij}, \ j = 2, 3, \cdots, 15.$$

(3) 枢纽点间距约束: 从两个枢纽点分别往右、左铺设的总单位钢管数应等于其间距, 即

$$y_j + z_{j+1} = |A_j A_{j+1}|, \ j = 2, 3, \cdots, 14,$$

其中 $|A_jA_{j+1}|$ 表示主管道在枢纽点 A_j, A_{j+1} 之间的距离.

(4) 端点约束: 从 A_1 到 A_2 只能从 A_2 往左铺设, 故

$$z_2 = |A_1A_2|.$$

在枢纽点 A_{15} 只能往左铺设, 即

$$y_{15} = 0.$$

(5) 非负约束:

$$x_{ij} \geqslant 0, y_j \geqslant 0, z_j \geqslant 0, i = 1, 2, \cdots, 7, j = 2, 3, \cdots, 15.$$

综上所述, 原问题的模型为

$$\min \sum_{i=1}^{7} \sum_{j=2}^{15} c_{ij}x_{ij} + \frac{0.1}{2} \sum_{j=2}^{15} \left[y_j(y_j + 1) + z_j(z_j + 1) \right]$$

$$\text{s.t.} \begin{cases} \sum_{j=2}^{15} x_{ij} \in \{0\} \cup [500, s_i], & i = 1, 2, \cdots, 7, \\ y_j + z_{j+1} = |A_jA_{j+1}|, & j = 0, 1, \cdots, 14, \\ y_j + z_j = \sum_{i=1}^{7} x_{ij}, j = 2, 3, \cdots, 15, \\ z_2 = |A_1A_2|, y_{15} = 0, \\ x_{ij}, y_j, z_j \geqslant 0, & i = 1, 2, \cdots, 7, j = 2, 3, \cdots, 15. \end{cases}$$

用该模型, 变量个数从 $7 \times 5171 = 36197$ 减少到 $7 \times 14 + 2 \times 14 = 126$ 个.

如仍考虑枢纽点 A_1, 即可以考虑先经枢纽点 A_2, 再通过 A_2 经管线施工公路运至枢纽点 A_1, 则上述模型可更改为

$$\min \sum_{i=1}^{7} \sum_{j=1}^{15} c_{ij}x_{ij} + \frac{0.1}{2} \sum_{j=1}^{15} \left[y_j(y_j + 1) + z_j(z_j + 1) \right]$$

$$\text{s.t.} \begin{cases} \sum_{j=1}^{15} x_{ij} \in \{0\} \cup [500, s_i], & i = 1, 2, \cdots, 7, \\ y_j + z_{j+1} = |A_jA_{j+1}|, & j = 1, 2, \cdots, 14, \\ y_j + z_j = \sum_{i=1}^{7} x_{ij}, j = 1, 2, \cdots, 15, \\ z_1 = 0, y_{15} = 0, \\ x_{ij}, y_j, z_j \geqslant 0, & i = 1, 2, \cdots, 7, j = 2, 3, \cdots, 15. \end{cases} \quad (9.33)$$

用该模型, 变量个数从 $7 \times 14 + 2 \times 14 = 126$ 增加到 $7 \times 15 + 2 \times 15 = 135$ 个.

模型求解　本例取自 2000 年全国大学生数学建模竞赛 B 题的第一个问题. 为编程计算方便, 本文采用模型 (9.33) 进行求解.

由于模型约束中存在区间约束 $[500, s_i]$, 用通常的求解方法无法求解, 处理此问题的方法一般是将它分解为多个线性约束下的优化问题, 分情形进行求解.

首先将约束条件 $\sum_{j=1}^{15} x_{ij} \in \{0\} \cup [500, s_i]$ $(i = 1, 2, \cdots, 7)$ 更改为

$$\sum_{j=1}^{15} x_{ij} \leqslant s_i, \quad i = 1, 2, \cdots, 7,$$

其他不变. 则模型变为标准的二次规划问题, 可用 LINGO 软件求解, 并分析其运算结果, 若某个钢厂的订购量小于 500 单位的最低订购限量要求, 可以考虑取消该钢厂的订货, 或者限定其订货量不小于 500 单位, 即问题化为两个子问题, 再次进行求解. LINGO 程序如下:

```
! Steel buy and transport problem  2000 CUMCM-B; model:
    sets:
        STEEL/S1..S7/:P,S;
        NODES/A1..A15/:y,z,b;
        link(STEEL,NODES):c,x;
    endsets
    data:
    S=800 800 1000 2000 2000 2000 3000;
    b=104 301 750 606 194 205 201 680 480 300 220 210 420 500 0;
    P=160 155 155 160 155 150 160;
    c=330.7 320.3 300.2 258.6 198 180.5 63.1 181.2 224.2 252 256 266
    281.2 288 302 370.7 360.3 345.2 326.6 266 250.5 241.0 226.2 269.2
    297 301 311 326.2 333 347 385.7 375.3 355.2 336.6 276 260.5 251.0
    241.2 203.2 237 241 251 266.2 273 287 420.7 410.3 395.2 376.6 316
    300.5 291.0 276.2 244.2 222 211 221 236.2 243 257 410.7 400.3
    380.2 361.6 301 285.5 276.0 266.2 234.2 212 188 206 226.2 228 242
    410.7 405.3 385.2 366.6 306 290.5 281.0 271.2 234.2 212 201 195
    176.2 161 178 435.7 425.3 405.2 386.6 326 310.5 301.0 291.2 259.2
    237 226 216 198.2 186 162;
    enddata
```

```
min=@sum(link(i,j):c(i,j)*x(i,j))+0.05*@sum(NODES(j):y(j)^2+y(j)
    +z(j)^2+z(j));
    @for(STEEL(i):@sum(NODES(j):x(i,j))<=S(i));
    @for(NODES(j):@sum(STEEL(i):x(i,j))=y(j)+z(j));
    @for(NODES(j)|j#ne#15:y(j)+z(j+1)=b(j));
      z(1)=0;y(15)=0;
    @for(NODES:@gin(y);@gin(z));

END
```

运行结果发现, 购运方案中钢厂 S_7 的订购量为 245 单位, 不足 500 单位, 其他钢厂订购量均满足问题要求, 因此我们把它分为两个子问题再分别求解

子问题一 取消钢厂 S_7 的订货, 模型变为

$$\min W = \sum_{i=1}^{6}\sum_{j=2}^{15} c_{ij}x_{ij} + \frac{0.1}{2}\sum_{j=2}^{15}\left[y_j(y_j+1) + z_j(z_j+1)\right]$$

$$\text{s.t.} \begin{cases} \sum_{j=2}^{15} x_{ij} \leqslant s_i, \quad i=1,2,\cdots,6, \\ y_j + z_{j+1} = |A_jA_{j+1}|, \quad j=1,2,\cdots,14, \\ y_j + z_j = \sum_{i=1}^{7} x_{ij}, j=1,2,\cdots,15, \\ z_1 = 0, y_{15} = 0, \\ x_{ij}, y_j, z_j \geqslant 0, \quad i=1,2,\cdots,6, j=2,3,\cdots,15. \end{cases}$$

适当修改上述程序, 结果如下:

```
! Steel buy and transport problem  2000 CUMCM-B; model:
sets:
        STEEL/S1..S6/:P,S;
        NODES/A1..A15/:y,z,b;
        link(STEEL,NODES):c,x;
endsets
data:
S=800 800 1000 2000 2000 2000;
b=104 301 750 606 194 205 201 680 480 300 220 210 420 500 0;
P=160 155 155 160 155 150;
c=330.7 320.3 300.2 258.6 198 180.5 63.1 181.2 224.2 252 256
266 281.2 288 302 370.7 360.3 345.2 326.6 266.0 250.5 241.0
```

226.2 269.2 297 301 311 326.2 333 347 385.7 375.3 355.2 336.6
276.0 260.5 251.0 241.2 203.2 237 241 251 266.2 273 287 420.7
410.3 395.2 376.6 316.0 300.5 291.0 276.2 244.2 222 211 221
236.2 243 257 410.7 400.3 380.2 361.6 301.0 285.5 276.0 266.2
234.2 212 188 206 226.2 228 242 410.7 405.3 385.2 366.6 306.0
290.5 281.0 271.2 234.2 212 201 195 176.2 161 178;
```
enddata
min=@sum(link(i,j):c(i,j)*x(i,j))+0.05*@sum(NODES(j):y(j)^2+y(j)
    +z(j)^2+z(j));
@for(STEEL(i):@sum(NODES(j):x(i,j))<=S(i));
@for(NODES(j):@sum(STEEL(i):x(i,j))=y(j)+z(j));
@for(NODES(j)|j#ne#15:y(j)+z(j+1)=b(j));
  z(1)=0;y(15)=0;
@for(NODES:@gin(y);@gin(z));@for(NODES(j):@gin(x(i,j)));
END
```

运用 LINGO 软件求解, 计算结果显示所有订购方案都满足约束条件, 且最低购运费用为 1239618 万元.

子问题二 限定钢厂 S_7 的订购量不小于 500 单位, 模型描述变为

$$\min W = \sum_{i=1}^{7}\sum_{j=2}^{15} c_{ij}x_{ij} + \frac{0.1}{2}\sum_{j=2}^{15}\Big[y_j(y_j+1)+z_j(z_j+1)\Big]$$

$$\text{s.t.}\begin{cases}\sum_{j=2}^{15} x_{ij}\leqslant s_i, \quad i=1,2,\cdots,6,\\ y_j+z_{j+1}=|A_jA_{j+1}|, \quad j=2,3,\cdots,14,\\ y_j+z_j=\sum_{i=1}^{7} x_{ij}, j=2,3,\cdots,15,\\ z_2=|A_1A_2|,y_{15}=0,\\ 500\leqslant\sum_{j=2}^{15} x_{7j}\leqslant s_7,\\ x_{ij},y_j,z_j\geqslant 0, \quad i=1,2,\cdots,7,j=2,3,\cdots,15.\end{cases}$$

修改 LINGO 程序并重新运用 LINGO 软件求解, 计算结果显示所有订购方案都满足约束条件, 且最低购运费用为 1279664 万元.

比较两个子问题的计算结果发现, 取消钢厂 S_7 的订货需求是一种最优的方案. 此时, 具体的订购和运输方案见表 9.5 所示.

表 9.5　钢管订购和运输方案

	订购量	A_2	A_3	A_4	A_5	A_6	A_7	A_8	A_9	A_{10}	A_{11}	A_{12}	A_{13}	A_{14}	A_{15}
S_1	800	0	0	0	210	184	406	0	0	0	0	0	0	0	0
S_2	800	179	446	0	0	0	0	175	0	0	0	0	0	0	0
S_3	1000	0	0	0	336	0	0	0	664	0	0	0	0	0	0
S_4	0	0	0	0	0	0	0	0	0	0	0	0	0	0	0
S_5	1015	0	62	468	70	0	0	0	0	0	415	0	0	0	0
S_6	1556	0	0	0	0	0	0	0	0	351	0	86	333	621	165
S_7	0	0	0	0	0	0	0	0	0	0	0	0	0	0	0

思考与练习九

1. 供应与选址问题

某公司有 6 个建筑工地要开工, 每个工地的位置 (用平面坐标 a, b 表示, 单位: km) 及水泥用量由表 9.6 给出. 目前有两个临时料场位于 $A(5, 1), B(2, 7)$, 日储量各为 20 t. 假定从料场到工地之间均有直线道路相连.

表 9.6　工地位置 (a, b) 及其水泥日用量 d

序号	1	2	3	4	5	6
a	1.25	8.75	0.5	5.75	3	7.25
b	1.25	0.75	4.75	5	6.5	7.25
d/t	3	5	4	7	6	11

(1) 试制订每天的供应计划, 即 A, B 两个料场分别向各工地运送多少吨水泥, 使总的吨公里数最小;

(2) 为了进一步减少吨公里数, 打算舍弃这两个临时料场, 改建两个新的且日储量各为 20 t 料场, 问应建在何处? 节省的吨公里数有多大?

2. 生产计划问题

某厂向用户提供发动机, 合同规定, 第一、二、三季度末分别交货 40 台、60 台、80 台, 每季度的生产费用为 $f(x) = ax + bx^2(元)$, 其中 x 是该季度生产的发动机台数. 若交货后有剩余, 可用于下季度交货, 但需支付存储费, 每台每季度 c 元.

已知工厂每季度最大生产能力为 100 台, 第一季度开始时无存货, 设 $a = 50, b = 0.2, c = 4$.

(1) 工厂应如何安排生产计划, 才能既满足合同要求, 又使总费用最低?

(2) 讨论 a, b, c 的变化对计划的影响, 并做出合理的解释.

3. 组合投资问题

现有 50 万元基金用于投资三种股票 A、B、C:A 每股年期望收益为 5 元 (标准差 2 元), 目前市价 20 元; B 每股年期望收益 8 元 (标准差 6 元), 目前市价 25 元; C 每股年期望收益为 10 元 (标准差 10 元), 目前市价 30 元; 股票 A、B 收益的相关系数为 5/24, 股票 A、C 收益的相关系数为 -0.5, 股票 B、C 收益的相关系数为 -0.25. 假设基金不一定要用完 (不计利息或贬值), 风险通常用收益的方差或标准差衡量.

(1) 期望今年得到至少 20% 的投资回报, 应如何投资?

(2) 投资回报率与风险的关系如何?

4. 飞行管理问题

在约 10000 m 高空的某边长 160 km 的正方形区域内, 经常有若干架飞机作水平飞行. 区域内每架飞机的位置和速度向量均由计算机记录其数据, 以便进行飞行管理. 当一架欲进入该区域的飞机到达区域边界时, 记录其数据后, 要立即计算并判断是否会与区域内的飞机发生碰撞. 如果会碰撞, 则应计算如何调整各架 (包括新进入的) 飞机飞行的方向角 (**备注**: 方向角是指飞行方向与 x 轴正向的夹角), 以避免碰撞. 现假定条件如下:

(1) 不碰撞的标准为任意两架飞机的距离大于 8 km;

(2) 飞机飞行方向角调整的幅度不应超过 30°;

(3) 所有飞机飞行速度均为每小时 800 km;

(4) 进入该区域的飞机在到达区域边界时, 与区域内飞机的距离应在 60 km 以上;

(5) 最多需考虑 6 架飞机;

(6) 不必考虑飞机离开此区域后的状况.

请对这个避免碰撞的飞行管理问题建立数学模型, 列出计算步骤, 对以下数据进行计算 (方向角误差不超过 0.01°), 要求飞机飞行方向角调整的幅度尽量小.

设该区域 4 个顶点的坐标为 (0,0), (160,0), (160,160), (0,160). 记录数据如表 9.7 所示.

表 9.7 记 录 数 据

飞机编号	横坐标 x	纵坐标 y	方向角 /(°)
1	150	140	243
2	85	85	236
3	150	155	220.5
4	145	50	159
5	130	150	230
新进入	0	0	52

试根据实际应用背景对你的模型进行评价与推广.

5. 钢管下料问题

某钢管零售商从钢管厂进货, 将钢管按照顾客的要求切割出售. 已知从钢管厂进货得到的原材料都是 1850 mm 长的标准钢管. 现在一顾客需要 15 根 290 mm、28 根 315 mm、21 根 350 mm 和 30 根 455 mm 的钢管. 为了简化生产过程, 规定所使用的切割模式的种类不超过 4 种, 使用频率最高的一种切割模式按照一根钢管价值的 $\frac{1}{10}$ 增加费用, 使用频率次之的切割模式按照一根钢管价值的 $\frac{2}{10}$ 增加费用, 依次类推, 且每种切割模式下的切割次数不能太多 (一根原钢管最多生产 5 根产品). 此外, 为了减少余料浪费, 每种切割模式下的余料浪费不能超过 100 mm. 为了使总费用最小, 应该如何下料?

第十章　多目标规划

多目标决策问题是社会、管理与日常生活中经常遇到的问题,如区域决策中的经济发展与环境保护问题,投资决策中的收益与风险,高考填报志愿中的学校与专业问题,择偶决策中的人品、外观、薪酬、学历、家庭比较评判问题,择业中的岗位与薪酬选择问题等. 这类问题通常可以概括成多个目标的决策问题,而这些目标之间常常是相互作用和矛盾的,如何平衡这些目标,其决策过程十分复杂,决策者通常很难做出最终决策. 解决这类问题的建模方法就是**多目标决策方法**.

事实上,早在 1772 年,富兰克林 (Franklin) 就提出了多目标矛盾问题如何协调的问题. 1838 年,古诺 (Cournot) 从经济学角度提出了多目标问题的模型. 1869 年,帕雷托 (Pareto) 首次从数学角度提出了多目标最优决策问题. 鉴于多目标问题在实际应用中的广泛性,多目标规划逐渐受到人们的关注,越来越多的人在致力于把多目标理论作为工具去解决经济、管理、环境、教育、工程、军事和社会领域中出现的复杂问题.

10.1　多目标规划问题

10.1.1　从示例看多目标建模问题

例　某工厂生产两种产品甲和乙. 每生产一件产品甲的利润为 4 元,每生产一件产品乙的利润为 3 元. 每件甲的加工时间为每件乙的两倍. 若全部时间用来加工乙,则每日可生产乙 500 件,但工厂每日供应的原料只够生产甲和乙的总数共 400 件. 产品甲是紧俏商品,预测市场日需求量为 300 件. 决策者希望制定一个日生产方案,不仅能得到最大的利润,而且能最大限度地满足市场需求.

　　问题分析　该问题的决策控制变量是两种产品的日产量. 有两个目标, 其一是总利润最大, 其二是最大限度地满足市场需求, 问题是市场需求可以有两个: 产品的市场日需求量和紧俏产品甲的需求量, 从生产者的角度来说, 显然最大限度地生产紧俏产品是合理的选择.

　　决策变量　日生产方案 $\boldsymbol{x} = (x_1, x_2)$, 其中 x_1 表示产品甲的日产量, x_2 表示产品乙的日产量.

　　目标函数　问题有两个目标: 利润函数和紧俏产品甲的市场需求:

$$\text{利润}: f_1(\boldsymbol{x}) = 4x_1 + 3x_2$$

及

$$\text{产品甲的产量}: f_2(\boldsymbol{x}) = x_1.$$

约束条件

$$\text{原料供应约束}: x_1 + x_2 \leqslant 400,$$
$$\text{加工时间约束}: 2x_1 + x_2 \leqslant 500,$$
$$\text{产量非负约束}: x_1 \geqslant 0, x_2 \geqslant 0.$$

综上所述, 该问题的数学模型可描述为

$$\max\{f_1(\boldsymbol{x}), f_2(\boldsymbol{x})\}$$
$$\text{s.t.} \begin{cases} x_1 + x_2 \leqslant 400, \\ 2x_1 + x_2 \leqslant 500, \\ x_1 \geqslant 0, x_2 \geqslant 0. \end{cases}$$

　　记满足上述约束的可行解全体为 X. 为了直观表示出可行域, 首先在 $x_1 O x_2$ 平面上画出每一个约束的取值范围, 取其公共交集部分为问题的可行域, 见图 10.1 的阴影部分.

　　如果只考虑其中一个目标函数, 则利用线性规划中的图解法易知: 目标 $f_1(\boldsymbol{x})$ 在 X 上有唯一最优解 $(100, 300)$, 目标 $f_2(\boldsymbol{x})$ 在 X 上有唯一最优解 $(250, 0)$, 分别为图 10.1 中的 B 点和 C 点. 在 B 点, 目标函数 f_1 取最大值, 最大利润为 $f_1(B) = 1300$ 元, 但甲产量 $f_2(B) = 100$ 件; 在 C 点, 目标函数 f_2 达到最优, 最大甲产量 $f_2(C) = 250$ 件, 此时利润 $f_1(C) = 1000$ 元.

　　如果在 X 中能找到某个 $\overline{\boldsymbol{x}}$ 使得 f_1 和 f_2 同时在 X 上达到极大, 则问题就获得了解决. 然而, 由于目标之间往往是相互冲突的, 即当其中一个目标增大时, 另一个目标会减小, 反之亦然, 这样的 $\overline{\boldsymbol{x}}$ 一般并不存在. 因此要根据需要建立新的准则来权衡两者之得失, 从而在 X 中找出决策者满意的方案来.

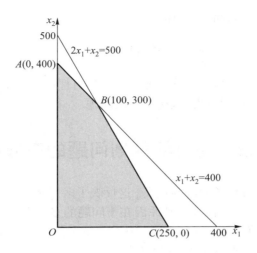

图 10.1　可行域示意图

在多目标决策中, 有一个带有本质性的问题, 这就是何谓方案之好坏. 仍以该例为例, 记向量函数 $f(\boldsymbol{x}) = (f_1(\boldsymbol{x}), f_2(\boldsymbol{x}))$, X 为可行域.

设 $\boldsymbol{x}, \boldsymbol{y} \in X$, 如果

$$f(\boldsymbol{x}) \geqslant f(\boldsymbol{y}),$$

则称 $\boldsymbol{x}$ 比 $\boldsymbol{y}$ 好 (或 $\boldsymbol{y}$ 比 $\boldsymbol{x}$ 劣). 其中 "$\geqslant$" 表示 "大于等于但至少有一个分量是严格大于的". 称 $\boldsymbol{y}$ 是一个**劣解**, 若存在 $\boldsymbol{x} \in X$ 使得 $\boldsymbol{x}$ 比 $\boldsymbol{y}$ 好. 显然, 若 $\boldsymbol{y}$ 是一个劣解, 则方案 $\boldsymbol{y}$ 是可以改进的.

显然, 研究这类问题的目的是剔除劣解方案, 从非劣解方案中选择决策者满意的解 (取决于决策者的个人偏好).

10.1.2　一般多目标规划问题的提法

一个多目标规划问题包含如下五个要素:

(1) 决策变量: $\boldsymbol{x} = (x_1, \cdots, x_n)^{\mathrm{T}}$.

(2) 目标函数: $f(\boldsymbol{x}) = (f_1(\boldsymbol{x}), \cdots, f_m(\boldsymbol{x}))^{\mathrm{T}}, m \geqslant 2$.

(3) 可行解集: 一般地, $X = \{\boldsymbol{x} \subseteq \mathbf{R}^n | g_i(\boldsymbol{x}) \leqslant 0, h_j(\boldsymbol{x}) = 0, i = 1, \cdots, p, j = 1, \cdots, q\}$, $X \subseteq \mathbf{R}^n$. 当 $X = \mathbf{R}^n$ 时, 称问题是无约束的.

(4) 决策偏好: 反映决策者在各目标之间的偏好程度, 或者重要性程度.

(5) 解的定义: 在已知决策者偏好的情况下, 定义 f 在 X 上的最优解.

一般地, 多目标规划问题可描述为

$$\min_{\boldsymbol{x} \in X} f(\boldsymbol{x}) \quad \text{或} \quad \max_{\boldsymbol{x} \in X} f(\boldsymbol{x}). \tag{10.1}$$

一般我们讨论的多目标决策问题为单人多目标决策, 有时当决策者不止一个时, 称之为多人多目标决策, 也称群决策问题.

10.2   多目标规划问题的有效解

多目标规划中有着各种解的定义, 这反映了多目标优化问题与单目标优化问题两者之间的一个本质区别. 其原因在于问题的多个目标之间往往彼此矛盾. 因此, 一般不存在使得各目标函数同时达到最好的解. 尽管如此, 总可以剔除一些明显不合理或不可能被选择的可行解.

为了便于表述, 本节考虑模型

$$\min_{\boldsymbol{x} \in X} f(\boldsymbol{x}), \tag{10.2}$$

其中, $X \subset \mathbf{R}^n$ 为可行解集, $f(\boldsymbol{x}) = (f_1(\boldsymbol{x}), \cdots, f_m(\boldsymbol{x}))^{\mathrm{T}}$ 为目标函数向量.

10.2.1   帕雷托有效解

记 $Y = \{f(\boldsymbol{x}) | \boldsymbol{x} \in X\}$ 为当决策变量取遍所有可行域中的点时, 目标函数向量值的全体组成的集合.

定义 10.1   称 $\overline{\boldsymbol{y}} \in Y$ 为多目标规划问题 (10.2) 的**帕雷托强有效点**, 若对 $\forall \boldsymbol{y} \in Y$, 都有 $\overline{\boldsymbol{y}} \leqslant \boldsymbol{y}$; 对应地, 称 $\overline{\boldsymbol{x}} \in X$ 为**帕雷托强有效解**, 若 $f(\overline{\boldsymbol{x}}) \leqslant f(\boldsymbol{x}), \forall \boldsymbol{x} \in X$.

说明: 这里 "$\leqslant$" 表示 "小于等于但至少有一个分量是严格小于的".

如果强有效解存在, 则问题就是求每个目标函数 $f_i(\boldsymbol{x})$ 在 X 上的最优解. 由于实际问题中目标之间常常相互冲突, 这种强有效解一般是不存在的. 所以我们最感兴趣的是以下两个概念.

定义 10.2   称 $\overline{\boldsymbol{y}} \in Y$ 为**帕雷托有效点**, 若不存在 $\boldsymbol{y} \in Y$ 使得 $\boldsymbol{y} \leqslant \overline{\boldsymbol{y}}$; 对应地, $\overline{\boldsymbol{x}} \in X$ 称为**帕雷托有效解**, 若 $f(\overline{\boldsymbol{x}})$ 是帕雷托有效点.

定义 10.3   称 $\overline{\boldsymbol{y}} \in Y$ 为**帕雷托弱有效点**, 若不存在 $\boldsymbol{y} \in Y$ 使得 $\boldsymbol{y} < \overline{\boldsymbol{y}}$; 对应地, 称 $\overline{\boldsymbol{x}} \in X$ 为**帕雷托弱有效解**, 若 $f(\overline{\boldsymbol{x}})$ 为帕雷托弱有效点.

10.2.2   妥协解

在多目标规划中有另外一个解的概念受到广泛的重视, 这就是**妥协解**.

设有理想点 $\boldsymbol{f}^* = (f_1^*, \cdots, f_m^*)$, 它由决策者提供. 一般地, $\boldsymbol{f}^* \notin f(X)$. 考虑下列优化问题:

$$\min \sum_{i=1}^{m} \omega_i |f_i(\boldsymbol{x}) - f_i^*|^p \quad \text{s.t. } \boldsymbol{x} \in X, \tag{10.3}$$

其中 $1 \leqslant p < +\infty$, 权系数 $\omega_i \geqslant 0$ 满足 $\sum_{i=1}^{m} \omega_i = 1$.

定义 10.4 称 $\overline{\boldsymbol{x}} \in X$ 为**妥协解**, 若 $\overline{\boldsymbol{x}}$ 为问题 (10.3) 的一个最优解; 称 $\overline{\boldsymbol{y}} \in Y$ 为**妥协点**, 若存在妥协解 $\overline{\boldsymbol{x}}$, 使得 $\overline{\boldsymbol{y}} = f(\overline{\boldsymbol{x}})$.

妥协点的几何意义很明显, 它其实就是在某种距离定义下距离理想点最近的点, 有时我们称此类方法为**理想解法**.

问题 (10.3) 也可以以其他类似的问题来代替, 例如以下的最小值最大值问题:

$$\min \max_{1 \leqslant i \leqslant m} \omega_i |f_i(\boldsymbol{x}) - f_i^*| \tag{10.4}$$
$$\text{s.t. } \boldsymbol{x} \in X.$$

10.2.3 满意解

满意解的概念主要是从决策过程角度, 根据决策者的偏好与要求而提出的.

设可行解集为 X, 要求 m 个目标函数 f_i 越小越好. 有时决策者的期望较低, 他给出了 m 个阈值 α_i, 当 $\overline{\boldsymbol{x}} \in X$ 满足 $f_i(\overline{\boldsymbol{x}}) \leqslant \alpha_i (i = 1, \cdots, m)$ 时, 就认为 $\overline{\boldsymbol{x}}$ 是可以接受的、是满意的. 这样的 $\overline{\boldsymbol{x}}$ 就称为一个**满意解**.

10.3 求帕雷托有效解的几种常用方法

由于对绝大多数多目标决策实际问题, 决策者最偏好的方案都是帕雷托有效的, 因此帕雷托有效解的概念在多目标规划中占有特别重要的地位, 本节介绍几种常用的求解问题 (10.2) 的帕雷托有效解的常用方法.

10.3.1 目标函数的规范化

值得注意的是, 在多目标规划中, 除去目标函数一般是彼此冲突外, 还有另一个特点: 目标函数的不可公度性. 所以通常在求解前, 先对目标函数进行预处理. 预处理的内容包括:

(1) 无量纲化处理: 每个目标函数的量纲通常是不一样的, 在进行加权求解时由于量纲的不可公度性, 需要先进行无量纲化处理.

(2) 数量级的归一化处理: 当各个目标函数的数量级差异较大时, 容易出现大数吃小数现象, 即数量级较大的目标在决策分析过程中容易占优, 从而影响决策结果.

规范化处理方法在后面章节中会有所阐述, 在此不再详述.

10.3.2　线性加权法

取定权向量 $\boldsymbol{\lambda} = (\lambda_1, \cdots, \lambda_m)^{\mathrm{T}}$ 中的权数 $\lambda_k \geqslant 0, k = 1, 2, \cdots, m$, 满足 $\sum\limits_{k=1}^{m} \lambda_k = 1$, 将多目标函数线性加权为单目标优化问题:

$$\min \sum_{i=1}^{m} \lambda_i f_i(\boldsymbol{x})$$
$$\text{s.t. } \boldsymbol{x} \in X. \tag{10.5}$$

线性加权法是多目标规划问题求解时用得最广泛的方法之一. 权值的大小实际上反映了目标 $f_k(\boldsymbol{x})$ 在决策者心目中的相对重要程度.

10.3.3　ε 约束法

根据决策者的偏好, 选择一个主要关注的参考目标, 例如 $f_k(\boldsymbol{x})$, 而将其他 $m-1$ 个目标函数约束放到约束条件中去. 具体地,

$$\min f_k(\boldsymbol{x})$$
$$\text{s.t.} \begin{cases} f_i(\boldsymbol{x}) \leqslant \varepsilon_i \ (i = 1, \cdots, m, i \neq k), \\ \boldsymbol{x} \in X, \end{cases} \tag{10.6}$$

其中参数 $\varepsilon_i, i = 1, 2, \cdots, k-1, k+1, \cdots, m$ 为决策者事先给定的.

ε 约束法也称主要目标法或参考目标法, 参数 ε_i 相当于是决策者对第 i 个目标而言的容许接受阈值.

ε 约束法有三个优点:

(1) 在有效解 $\bar{\boldsymbol{x}}$ 点处的库恩 – 塔克 (Kuhn-Tucker) 乘子可用来确定置换域, 帮助决策者寻找更合意的方案.

(2) 保证了第 k 个重要目标的利益, 同时又适当照顾了其他目标, 这在许多实际决策问题的求解中颇受决策者的偏爱.

(3) 多目标问题 (10.1) 的每一个帕雷托有效解都可以通过适当地选择参数 $\varepsilon_i \ (i = 1, \cdots, m, i \neq k)$, 用 ε 约束法求得.

在实际计算中, 应注意参数 ε_i 的确定问题. 如果每个 ε_i 的值都很小, 则问题 (10.6) 很有可能无可行解; 如果 ε_i 的值较大, 则目标 $f_k(\boldsymbol{x})$ 的损失可能就更大. 处

理这个问题有些方法, 例如, 给决策者提供 $f_k^* \triangleq \min\{f_k(\boldsymbol{x}) | \boldsymbol{x} \in X\}(k=1,\cdots,m)$ 和某个可行解 $\boldsymbol{x}$ 处的目标值 $(f_1(\boldsymbol{x}),\cdots,f_m(\boldsymbol{x}))^{\mathrm{T}}$, 然后决策者根据经验或要求确定 ε_i 的值.

10.3.4 理想点法

理想点法的基本思想就是求离每个给定的理想点 $\overline{\boldsymbol{f}} = (\overline{f}_1,\cdots,\overline{f}_m)^{\mathrm{T}}$ 在某种距离意义下距离最短的可行解, 即在可行域 X 中, 寻求使得 $f(\boldsymbol{x})$ 与 $\overline{\boldsymbol{f}}$ 偏差最小的点 $\boldsymbol{x}$.

常用来描述偏差的函数有

(1) p 模函数:

$$d_p(f(\boldsymbol{x}),\overline{\boldsymbol{f}};\boldsymbol{\lambda}) = \left(\sum_{k=1}^m \lambda_k |f_k(\boldsymbol{x}) - \overline{f}_k|^p\right)^{\frac{1}{p}},$$

其中, $1 \leqslant p \leqslant +\infty$; $\boldsymbol{\lambda} = (\lambda_1, \lambda_2, \cdots, \lambda_m)$ 为目标函数的权值向量.

(2) 极大偏差函数:

$$d_{+\infty}(f(\boldsymbol{x}),\overline{\boldsymbol{f}};\boldsymbol{\lambda}) = \max_{1 \leqslant k \leqslant m} \lambda_k |f_k(\boldsymbol{x}) - \overline{f}_k|.$$

(3) 几何平均函数:

$$d(f(\boldsymbol{x}),\overline{\boldsymbol{f}}) = \left(\prod_{k=1}^m |f_k(\boldsymbol{x}) - \overline{f}_k|\right)^{\frac{1}{m}}.$$

在上述函数定义中, 权向量中的权系数 $\lambda_k > 0$ 是事先取定的.

在实际计算时, 有时为了减少计算工作量, $d_p(f(\overline{\boldsymbol{x}}),\overline{\boldsymbol{f}};\boldsymbol{\lambda})$ 和 $d(f(\boldsymbol{x}),\overline{\boldsymbol{f}})$ 常分别由

$$b_p(f(\boldsymbol{x}),\overline{\boldsymbol{f}};\boldsymbol{\lambda}) = \sum_{k=1}^m \lambda_k |f_k(\boldsymbol{x}) - \overline{f}_k|^p$$

和

$$b(f(\boldsymbol{x}),\overline{\boldsymbol{f}}) = \prod_{k=1}^m |f_k(\boldsymbol{x}) - \overline{f}_k|$$

来代替.

10.4 分层序列法和满意水平法

10.4.1 分层评价法

在多目标决策过程中, 既然所有目标不可能同时达到最优, 对决策者而言, 总是期望优先保证部分重要性程度较高的目标实现最优, 其次才是其他目标的最优.

根据不同目标的优先程度不同, 可以将多目标决策问题 (10.2) 的 m 个目标划分为 s 个优先层次 $(s \leqslant m)$. 记第 i 个层次含目标函数的下标集为 I_i, $i = 1, \cdots, s$. 于是 $\bigcup\limits_{i=1}^{s} I_i = \{1, \cdots, m\}$. 目标 $f_{i_k}, i_k \in I_1$ 属于最优先的; 目标 $f_{i_k}, i_k \in I_2$ 次之, $\cdots$, 依次类推. 特别地, 当 $s = m$ 时就成了完全分层法.

对多目标决策问题 (10.1), 决策者希望每个目标 $f_k(\boldsymbol{x}), k = 1, 2, \cdots, m$ 都尽可能地小, 记可行解集为 X. 分层评价法的步骤可归纳为

第一步: 令 $X^1 = X, k = 1$.

第二步: 选定第 k 优先层次的评价函数 $u_k(\boldsymbol{x}) : \mathbf{R}^{l_k} \to \mathbf{R}^1$, 其中 l_k 表示 I_k 中所含元素或目标函数的个数.

第三步: 利用评价函数 $u_k(\boldsymbol{x})$, 把第 k 优先层次的多目标规划问题转化为下列问题:

$$\max u_k(F_k(\boldsymbol{x}))$$
$$\text{s.t. } \boldsymbol{x} \in X^k, \tag{10.7}$$

得最优解 $\boldsymbol{x}^k$ 和最优目标值 u_k^*, 其中 $F_k(\boldsymbol{x}) = (f_{k_1}(\boldsymbol{x}), \cdots, f_{k_{l_k}}(\boldsymbol{x}))^{\mathrm{T}}, I_k = \{k_1, \cdots, k_{l_k}\}$.

第四步: 检验迭代次数, 若 $k = s$, 则输出 $\boldsymbol{x}^k$, 否则进行下一步.

第五步: 令 $X^{k+1} = \{\boldsymbol{x} \in X^k | u_k(F_k(\boldsymbol{x})) \geqslant u_k^*\}, k + 1 \to k$, 转第二步.

如果在某一优先层次只含一个目标函数, 不妨说是 f_{k_0}, 则这一优先层次的评价函数可取为 $-f_{k_0}$. 此外为了适当照顾优先层次级别较低的目标, 第五步重构可行解集 X^{k+1} 可由

$$X^{k+1} = \{\boldsymbol{x} \in X^k | u_k(F_k(\boldsymbol{x})) \geqslant u_k^* - \alpha_k\}$$

代替, 其中 $\alpha_k > 0$ 为与决策者协调确定的值.

10.4.2 满意水平法

实际上, 有许多决策问题决策者采纳的方案不一定都是帕雷托有效的. 由于

决策环境的影响、方案实施中的困难或者计算费用方面的考虑, 决策者往往愿意提出一组目标水平 $\overline{\boldsymbol{f}} = (\overline{f}_1, \cdots, \overline{f}_m)^{\mathrm{T}}$, 如果方案满足这组目标水平, 则采纳它.

利用简单满意水平方法求解多目标决策问题 (10.1) 的计算步骤为

第一步: 让决策者给定目标水平 $\overline{\boldsymbol{f}} = (\overline{f}_1, \cdots, \overline{f}_m)^{\mathrm{T}}$.

第二步: 求解

$$\min \sum_{k=1}^{m} f_k(\boldsymbol{x}) \tag{10.8}$$
$$\text{s.t.} \begin{cases} \boldsymbol{x} \in X, \\ f_k(\boldsymbol{x}) \leqslant \overline{f}_k, k = 1, 2, \cdots, m. \end{cases}$$

第三步: 若问题 (10.8) 无可行解, 则进入下一步; 若求得问题 (10.8) 的最优解 $\overline{\boldsymbol{x}}$, 则输出 $\overline{\boldsymbol{x}}$; 否则问题 (10.8) 中的目标函数无下界, 取其任一可行解输出.

第四步: 让决策者重新给出目标水平 $\overline{\boldsymbol{f}}$, 回到第二步.

10.5 应 用 案 例

10.5.1 投资的收益和风险

本例取材于 1998 年全国大学生数学建模竞赛 A 题.

问题提出 市场上有 n 种资产 S_i $(i = 1, 2, \cdots, n)$ 可以选择作为投资项目, 现用数额为 M 的相当大的资金作一个时期的投资. 这 n 种资产在这一时期内购买 S_i 的平均收益率为 r_i, 风险损失率为 q_i. 投资越分散, 总的风险越小, 总体风险可用投资的 S_i 中最大的一个风险来度量.

购买 S_i 时要付交易费 (费率 p_i), 当购买额不超过给定值 u_i 时, 交易费按购买 u_i 计算. 另外, 假定同期银行存款利率是 r_0 $(r_0 = 5\%)$, 既无交易费又无风险.

已知 $n = 4$ 时相关数据如表 10.1 所示.

表 10.1 投资项目及相关数据

S_i	$r_i/\%$	$q_i/\%$	$p_i/\%$	$u_i/$元
S_1	28	2.5	1	103
S_2	21	1.5	2	198
S_3	23	5.5	4.5	52
S_4	25	2.6	6.5	40

试给该公司设计一种投资组合方案, 即用给定的资金 M, 有选择地购买若干种资产或存银行生息, 使净收益尽可能大, 且总体风险尽可能小.

问题分析 本题是一个组合投资优化问题, 决策控制变量为投资方案, 即对每个投资项目的投资额度. 决策目标有两个: 其一是投资收益, 其二是风险损失, 是一个典型的矛盾型多目标优化问题, 约束条件是总投资额度不能超过公司所能投资的资金总额. 同期银行存款本身也可以看做是一个投资方案 (交易费率与风险损失率为 0).

基本假设 为了便于计算和建模, 假定:

(1) 在投资期内, 经济环境稳定, 各参数 r_i, p_i, q_i $(i = 1, 2, \cdots, n), r_0$ 为定值, 即不受意外因素影响;

(2) n 种资产 S_i 之间是相互独立的;

(3) 总体风险用投资项目 S_i 中最大的一个风险来度量.

模型建立 记 $\boldsymbol{x} = (x_1, x_2, \cdots, x_n)$ 为 n 种资产的投资额度.

由题意, 若用于第 S_i 种资产的投资额度为 x_i, 可能的风险损失为 $q_i x_i$, 而总收益受平均收益率和交易费率两个因素影响, 其中所付交易费是一个分段函数, 即

$$交易费 = \begin{cases} p_i x_i, & x_i > u_i, \\ p_i u_i, & x_i \leqslant u_i. \end{cases}$$

由于投资额度较大, 而题目所给定的购买定值 u_i 相对总投资 M 很小, 因而定额交易费 $p_i u_i$ 更小, 可以忽略不计. 这样购买 S_i 的净收益为 $(r_i - p_i)x_i$.

要使总的净收益尽可能大, 总体风险尽可能小, 事实上就是建立二个目标的多目标规划模型, 模型结构可以描述为

$$\max \sum_{i=0}^{n} (r_i - p_i)x_i,$$

$$\min\{\max\{q_i x_i\}\}$$

$$\text{s.t.} \begin{cases} \sum_{i=0}^{n} (1 + p_i)x_i = M, \\ x_i \geqslant 0, \quad i = 0, 1, \cdots, n. \end{cases}$$

模型求解 这个多目标优化模型, 表面上看不复杂, 但由于模型中涉及极大值极小值问题, 实际求解较正常的多目标优化问题增加了很多困难. 此外, 这两个目标是一个典型的双目标矛盾问题, 因此不可能取得整体最优解, 只能是在某种权衡意义下的满意解. 为此, 应根据实际情况对模型进行适度简化.

模型 I: 固定风险水平, 求收益最大

在实际投资中, 投资者承受风险的程度不一样. 借用 ε 约束法的思想, 若优先考虑收益目标, 则可以给定投资者可以承受的风险损失上限阈值, 不妨记为 a, 使最大的一个风险 $\dfrac{q_i x_i}{M} \leqslant a$, 这样把多目标规划问题变成单目标线性规划问题:

$$\max \sum_{i=0}^{n} (r_i - p_i) x_i$$

$$\text{s.t.} \begin{cases} \dfrac{q_i x_i}{M} \leqslant a, i = 0, 1, \cdots, n, \\ \sum_{i=0}^{n} (1 + p_i) x_i = M, \\ x_i \geqslant 0, i = 0, 1, \cdots, n. \end{cases}$$

模型 II: 固定盈利水平, 极小化风险

若把风险目标作为主要目标, 则可以给出投资者希望总盈利至少达到水平 k 的情况下, 承受的风险损失达到最小的投资组合:

$$\min\{\max\{q_i x_i\}\}$$

$$\text{s.t.} \begin{cases} \sum_{i=0}^{n} (r_i - p_i) x_i \geqslant k, \\ \sum_{i=0}^{n} (1 + p_i) x_i = M, \\ x_i \geqslant 0, i = 0, 1, \cdots, n. \end{cases}$$

模型 III: 线性加权求和方法

投资者在权衡资产风险和预期收益两方面时, 通常会根据自身的经济实力和对风险的承受能力, 选择一个令自己满意的投资组合. 体现对风险、收益目标的权衡方法, 是对这两个目标函数分别赋予权重 λ 和 $1 - \lambda$, 称 $\lambda\,(0 < \lambda \leqslant 1)$ 为投资偏好系数.

$$\min \lambda\{\max\{q_i x_i\}\} - (1 - \lambda) \sum_{i=0}^{n} (r_i - p_i) x_i$$

$$\text{s.t.} \begin{cases} \sum_{i=0}^{n} (1 + p_i) x_i = M, \\ x_i \geqslant 0, i = 0, 1, 2, \cdots, n. \end{cases}$$

模型 I 的求解 依据题目给定的数据参数, 令 $M = 1$(此时模型的最优解可

视为投资比例), 把模型 I 写为 (令 $n = 4$)

$$\min Q = (-0.05, -0.27, -0.19, -0.185, -0.185)(x_0, x_1, x_2, x_3, x_4)^{\mathrm{T}}$$

$$\text{s.t.} \begin{cases} x_0 + 1.01x_1 + 1.02x_2 + 1.045x_3 + 1.065x_4 = 1, \\ 0.025x_1 \leqslant a, \\ 0.015x_2 \leqslant a, \\ 0.055x_3 \leqslant a, \\ 0.026x_4 \leqslant a, \\ x_i \geqslant 0 \ (i = 0, 1, \cdots, 4). \end{cases}$$

由于参数 a 是任意给定的风险度, 不同的投资者可承受的风险会有所不同, 而且在不同的风险度下, 模型的最优解和最优值也会不同. 因此最好的解决办法是给定不同的 a 值, 分别求解模型的最优值, 观察最优值随参数值的变化情况, 最后确定一个合理的水平.

我们从 $a = 0$ 开始, 以 $\Delta a = 0.001$ 作步长, 生成一系列 a 的网格点值, 然后在每个网格点上求解线性规划模型 I.

编制 MATLAB 程序如下:

```
a=0:0.001:0.1;
n=length(a);
Q=zeros(1,n);
for i=1:n
c=[-0.05 -0.27 -0.19 -0.185 -0.185];
Aeq=[1 1.01 1.02 1.045 1.065];
beq=[1];
A=[0 0.025 0 0 0;0 0 0.015 0 0;
   0 0 0 0.055 0;0 0 0 0 0.026];
b=[a(i);a(i);a(i);a(i)];
vlb=[0,0,0,0,0];
vub=[ ];
[x,fval]=linprog(c,A,b,Aeq,beq,vlb,vub);
x=x'
Q(i)=-fval
end
plot(a,Q,'.')
xlabel('a'),ylabel('Q')
```

结果分析　计算结果见图 10.2 所示. 鉴于结果在 $a = 0.03$ 以后, 无论风险度如何增加, 收益不再增加. 为了更加清晰了解其相互变化过程, 我们将程序中 a 的上限值取为 0.03, 同时将步长改为 0.0001, 重新执行以上程序, 得到结果见图 10.3 所示.

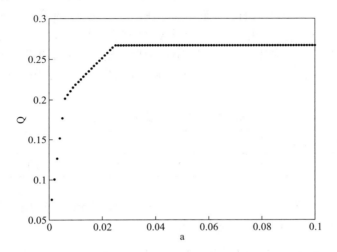

图 10.2　不同风险度下的收益情况变化图

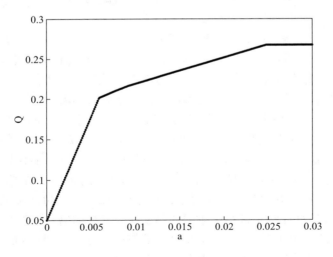

图 10.3　风险收益加密计算结果

分析其变动曲线, 可得以下结论:

(1) 风险大, 收益也大.

(2) 当投资越分散时, 投资者承担的风险越小, 这与题意一致. 即冒险的投资者会出现集中投资的情况, 保守的投资者则尽量分散投资.

(3) 图中曲线上的任一点都表示该风险水平的最大可能收益. 对于不同风险的承受能力和收益期望, 可选择相应风险水平下的最优投资组合.

(4) 在 $a = 0.006$ 附近有一个转折点, 在这一点左侧, 风险度增加很少时, 利润增长很快; 在这一点右侧, 风险增加很大时, 利润增长很缓慢. 对于风险和收益没有特殊偏好的投资者来说, 应该选择该曲线的拐点作为最优投资组合, 大约是 $a^* = 0.6\%, Q^* = 20\%$, 所对应投资方案 (项目与投资比) 见表 10.2 所示.

表 10.2   最优投资组合方案

风险度	收益	x_0	x_1	x_2	x_3	x_4
0.0060	0.2019	0	0.2400	0.4000	0.1091	0.2212

模型 II 的求解可利用 MATLAB 求解极小值极大值问题的函数 fminmax( ) 来实现, 请读者自行编写相关程序并求解.

10.5.2   出版社资源配置的多目标优化模型

本节我们以 2006 年全国大学生数学建模竞赛赛题为例, 介绍多目标规划问题的应用.

问题描述   出版社的资源主要包括人力资源、生产资源、资金和管理资源等, 它们都捆绑在书号上, 经过各个部门的运作, 形成成本 (策划成本、编辑成本、生产成本、库存成本、销售成本、财务与管理成本等) 和利润.

某个以教材类出版物为主的出版社, 总社领导每年需要针对分社提交的生产计划申请书、人力资源情况以及市场信息分析, 将总量一定的书号数合理地分配给各个分社, 使出版的教材产生最好的经济效益. 事实上, 由于各个分社提交的需求书号总量远大于总社的书号总量, 因此总社一般以增加强势产品支持力度的原则优化资源配置. 资源配置完成后, 各个分社 (分社以学科划分) 根据分配到的书号数量, 再重新对学科所属每个课程做出出版计划, 付诸实施.

资源配置是总社每年进行的重要决策, 直接关系到出版社的当年经济效益和长远发展战略. 由于市场信息 (主要是需求与竞争力) 通常是不完全的, 企业自身的数据收集和积累也不足, 这种情况下的决策问题在我国企业中是普遍存在的.

本题附录中给出了该出版社所掌握的一些数据资料, 请你们根据这些数据资料, 利用数学建模的方法, 在信息不足的条件下, 提出以量化分析为基础的资

源 (书号) 配置方法, 给出一个明确的分配方案, 向出版社提供有益的建议.

具体数据见全国大学生数学建模竞赛官网.

问题分析   本题是一个出版社资源的优化配置问题. 在这里出版社的各种资源都是捆绑在书号上的, 所以出版社的资源合理配置问题就可以看成是如何将总量一定的书号数分配给各分社, 使得出版社的效益最佳.

任何形式的资源配置都是在一定信息量的基础上进行的, 本题可得资料包括分社提交的生产计划申请书、人力资源情况以及市场调查信息, 但是这些信息通常具有不完全性和随机性, 所以本文在信息提取和模型建立上都提出了适当的简化处理方法, 在克服信息不足困难和提供使用参考决策方面进行了探索.

首先是数据的提取. 从调查问卷表和问卷调查数据可以统计获得各门课程教材的平均满意度, 通过能否使用本出版社的教材估计本出版社主要课程的市场占有率, 以及市场竞争力的其他相关指标; 根据以往 5 年各课程计划及实际销售数量可以预测 2006 年的实际销售量和各分社对各门课程的计划准确度; 另外从所给资料中能够得到总社可供分配总书号数、各门课程销售均价、2006 年各分社书号分配数量的范围以及各分社人力资源最大工作能力.

其次是模型的建立. 利用资料中提取的信息, 以增加强势产品支持力度原则进行资源的优化配置, 从而达到效益的最大化. 我们对 "强势产品" 从市场占有率、市场满意度、计划准确度三方面理解, 即总社在分配书号时优先考虑市场占有率高、市场满意度高、计划准确度高的课程. 于是问题就可以转化成一个多目标决策问题.

符号说明

x_{ij}: 第 i 个分社第 j 门课程分派到的书号数;

α_{ij}: 第 i 个分社第 j 门课程的市场满意度;

x_i: 第 i 个分社所得书号数;

β_{ij}: 第 i 个分社第 j 门课程教材的市场占有率;

n_i: 第 i 个分社的课程数;

η_{ij}: 第 i 个分社第 j 门课程的计划准确度;

p_{ij}: 第 i 个分社第 j 门课程每种书目价格均值;

μ_i: 第 i 个分社的申报准确度;

q_{ij}: 第 i 个分社第 j 门课程每种书目销售均值;

ε_{ij}: 标准化后的经济效益;

s_{ij}: 第 i 个分社第 j 门课程的申请书号数;

ω_{ij}: 标准化后的市场满意度;

s_i: 第 i 个分社申请书号数;

θ：平衡因子;

c_i：第 i 个分社的最大工作能力;

λ_k：目标函数的权值;

M：出版社可供分配的总书号数.

模型建立　一般来说, 总社以增加强势产品支持力度的原则优化资源配置, 从而达到效益最大化. 在进行书号配置决策时优先考虑这类强势产品并尊重计划准确度高的课程.

(1) 目标函数的确定.

① 经济效益指标

$$\sum_{i=1}^{9}\sum_{j=1}^{n_i} p_{ij}q_{ij}x_{ij},$$

其中 $p_{ij}q_{ij}$ 为第 i 个分社第 j 门课程每种书目的销售额, 即每种书目的经济效益.

② 市场满意度指标

$$\sum_{i=1}^{9}\sum_{j=1}^{n_i} \alpha_{ij}x_{ij},$$

对于市场满意度高的课程分配书号时应优先考虑.

③ 市场占有率指标. 市场占有率定义为市场上使用该出版社的某门课程教材人数占市场上所有使用该门课程教材人数的百分比:

$$\sum_{i=1}^{9}\sum_{j=1}^{n_i} \beta_{ij}x_{ij},$$

④ 计划准确度指标. 计划准确度定义为实际销售量和计划销售量之间的比:

$$\sum_{i=1}^{9}\sum_{j=1}^{n_i} \eta_{ij}x_{ij},$$

分社对各门课程计划的准确度越高, 总社在进行资源配置时就优先考虑该课程.

(2) 目标函数的规范化处理.

我们在建立出版社资源优化配置模型时, 考虑了四个目标, 这些目标在满足约束条件下都要求实现最大化. 但是由于不同的指标性质不同、量纲不同, 相互之间不具有可比性和可加性. 为了得到一个实用性更强的资源配置模型, 我们将各指标抽象成同质的统一标准化指标, 进行加权处理得到单一目标.

① 经济效益指标标准化: 极差标准化法.

根据初始模型, 经济效益指标是 "越大越优目标". 应用相对隶属度的定义, 取方案中最大特征值对应的相对隶属度为 1, 方案集中最小特征值对应的相对隶属度为 0, 构成极差标准化公式:

$$\frac{p_{ij}q_{ij} - \min(p_{ij}q_{ij})}{\max(p_{ij}q_{ij}) - \min(p_{ij}q_{ij})}.$$

② 满意度指标的标准化: 指派方法.

读者对某门课程的满意度评价具有一定的模糊性, 问卷调查中设为五个等级, 相应的评语为 (非常好、较好、一般、勉强可以、不好), 对五个等级进行打分, 对应的分值为 5、4、3、2、1. 考虑读者在评价课程时, 课程对其的效用应递增, 最后趋于平缓, 本文选择偏大型模糊分布描述读者的心理变化过程, 其隶属度函数为

$$f(x) = \begin{cases} 0, & x \leqslant a_1, \\ \dfrac{1}{2} + \dfrac{1}{2}\sin\left(\dfrac{\pi}{a_2 - a_1}\right)\left(x - \dfrac{a_1 + a_2}{2}\right), & a_1 < x < a_2, \\ 1, & x \geqslant a_2. \end{cases}$$

为建立评价分值和该函数的一一映射关系, 取 $f(0) = 0, f(5) = 1$. 得到 $a_1 = 0, a_2 = 5$. 通过该函数, 可以得到 72 门课程的满意度, 将其进行标准化, 其数值在 $[0,1]$ 区间上.

(3) 约束条件.

① 人力资源约束:

$$\sum_{j=1}^{n_i} x_{ij} \leqslant c_i,$$

即分社分配所得的书号数要小于该分社的最大工作能力 c_i.

② 书号数约束:

$$\sum_{i=1}^{9}\sum_{j=1}^{n_i} \leqslant M,$$

其中总社每年可供分配的书号总数 M 是一定的, $M = 500$.

总社在扶植 "强势产品" 的同时还要保持工作的连续性和对各分社计划一定程度上的认可, 所以在分配书号时至少保证分给各分社申请数量的一半, 又由于有可能存在各分社处于本位利益或其他原因考虑而主观夸大申请的书号数而造成申请数目偏大的情况, 总社要想尽可能合理地分配书号, 就需要对各分社实际申请量进行估计, 本文引进 "惩罚因子" 和 "平衡因子" 来对实际申请量进行估计. 所谓 "惩罚因子", 可以看做是对分社虚报的惩罚, 本文取其为计划的准确

度; 而 "平衡因子" 则可以看做分社被误判为虚报的补偿, 令其为 2006 年申请的书号总数与总社可供分配书号数之比的平方根, 即 $\theta = \sqrt{\dfrac{750}{500}} = 1.22$. 由此可得分配应满足的条件:

$$\frac{1}{2} s_i \leqslant \sum_{j=1}^{n_i} x_{ij} \leqslant \mu_i \theta s_i, x_{ij} \leqslant \eta_{ij} \theta s_{ij}.$$

(4) 资源优化配置的多目标模型的建立.

在标准化处理的基础上综合加权得到资源优化配置的最终优化模型:

$$\max \sum_{i=1}^{9} \sum_{j=1}^{n_i} (\lambda_1 \varepsilon_{ij} + \lambda_2 \omega_{ij} + \lambda_3 \beta_{ij} + \lambda_4 \eta_{ij}) x_{ij}$$

$$\text{s.t.} \begin{cases} \displaystyle\sum_{j=1}^{n_i} x_{ij} \leqslant c_i, \\ \displaystyle\sum_{i=1}^{9} \sum_{j=1}^{n_i} x_{ij} \leqslant M, \\ \dfrac{1}{2} s_i \leqslant \displaystyle\sum_{j=1}^{n_i} x_{ij} \leqslant \mu_i \theta s_i, i = 1, \cdots, 9, \\ x_{ij} \leqslant \eta_{ij} \theta s_{ij}, \\ x_{ij} \geqslant 0, \text{ 且 } x_{ij} \text{ 为整数}. \end{cases}$$

思考与练习十

1. 把多目标规划问题化为单目标规划问题时, 要求对每一个子目标进行无量纲化和归一化处理, 试解释一下为什么?

2. 某电视机厂生产两种型号的电视机, 分别为 I 型和 II 型电视机, 目前这两种电视机十分畅销. 生产这两种电视机有 A、B 两种关键原材料, 其消耗定额、单位产品利润、现有原材料供应量列于表 10.3 中.

表 10.3　单位产品消耗定额、利润及原材料供应量

	I 型	II 型	现有资源/kg
原材料 A/kg	2	3	100
原材料 B/kg	4	2	80
利润/(百元 · 台$^{-1}$)	4	5	

试通过建立数学模型解决如下问题:

(1) 该厂应如何组织生产, 才能获得最大利润?

(2) 由于原材料 A 的供应市场发生变化, 管理者经过分析, 对下一阶段的生产和经营提出了三个目标要求:

① 原材料 A 的日用量控制在 90 kg 以内;

② I 型电视机的日产量在 15 台以上;

③ 日利润不少于 140 百元.

此时应如何组织生产方案?

第十一章　图与网络最优化

　　图论是近三十年来发展非常活跃的一个数学分支. 大量的最优化问题都可以抽象成网络模型结构来加以解释、描述和求解. 它在建模时, 具有直观、易理解、适应性强等特点, 已广泛应用于管理科学、物理学、化学、计算机科学、信息论、运筹学、控制论、社会科学 (心理学、教育学等) 以及军事科学等领域. 一些实际网络, 如运输网、电话网、电力网、计算机局域网等, 都可以用图的理论加以描述和分析, 并借助于计算机算法直接求解. 这一理论与线性规划、整数规划等优化理论和方法相互渗透, 促进了图论方法在实际问题建模中的应用.

　　本章主要介绍部分图论的基本概念, 以及利用图论思想构建一些常用的模型和模型求解的方法.

11.1　通过实例看图论建模问题

　　图论的研究对象是图, 这里的 "图" 是一个抽象的数学概念. 为了更好地理解这个概念, 我们先讨论一些与图有关的例子.

例 11.1　哥尼斯堡七桥问题

　　18 世纪初, 东普鲁士的哥尼斯堡城 (现称加里宁格勒) 有一条河流穿过其中. 河中有两个小岛, 岛与岸及岛与岛之间, 共有七座桥把河的两岸和河中的两个岛连接起来, 如图 11.1 所示. 该城的居民热衷于解决这样一个难题: 一个人能否从一个地方出发, 通过每座桥一次且仅通过一次, 最后回到出发点?

　　欧拉于1736年, 第一个利用一笔画思想证明了这个问题是无解的. 其基本做法是: 用 A、B、C、D 四个点分别代表河的两岸和两个岛, 每一座桥用连接相应两点的一条边表示. 因此原问题就抽象成如图 11.2 所示的图的形式. 一次走遍七座桥的问题, 就化为图 11.2 的一笔画问题, 欧拉给出了一个定理, 解决了这个问题. 直观上讲, 为了要回到原出发点, 必须从一条边进入, 从另一条边出去, 只有一进一出才能保证一笔画不重复, 这就要求与每个点相关联的边的条数为偶数, 而图 11.2 的所有点均不与偶数条边相关联, 所以问题无解.

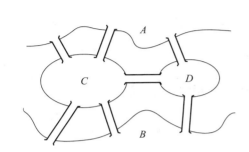
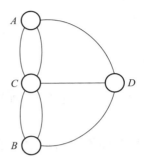

图 11.1 哥尼斯堡七桥问题　　　　图 11.2 七桥问题的图表示

例 11.2 飞行员搭配问题

第二次世界大战时, 由来自世界各地的若干名飞行员组成了一只英国某飞行队. 已知飞行队的每架飞机必须由两名飞行员驾驶, 但由于语言和训练方式等种种原因, 某些飞行员适合同机飞行, 而某些飞行员不能同机飞行. 要解决的问题是: 怎样搭配飞行员, 才能使配成对的飞行员最多.

这个问题也可以化为图论问题. 每个飞行员用一个顶点来表示. 两个飞行员如果可以同机飞行, 就在相应顶点之间连一条边, 把所有可能的顶点连接起来就得到一个图. 飞行员搭配问题就可以归结为: 在图上找一边集, 在这些边两两没有公共顶点的前提下, 要求边集中包含的边数目最多.

例 11.3 有机化学中, 烷烃的分子式为 C_nH_{2n+2}, 烷烃分子中每个 C 原子是四价, H 原子是一价. 每个烷烃分子可以用一个一个连通的图来表示: 每个 C 原子有四条相邻的边, 每个 H 原子只连接一条边. 因此, n 个 C 原子之间必须用 $n-1$ 条边把它们互相连接起来. 当 $n=5$ 时, 可能的连接方式有三种 (图 11.3), 它们对应于三种戊烷的同分异构体. 用图论的方法, 可以给化学研究中分子结构的探讨带来很多方便.

手机和计算机通讯网络中, 如把终端看做一个图的顶点, 终端与终端之间的连接 (通讯) 视为一条边, 同样也可以化为图论问题. 这类示例非常多, 这里就不一一列举了.

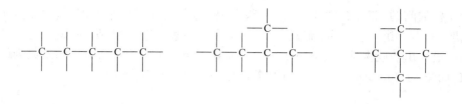

图 11.3　C 原子连接示意图

11.2　图与网络的基本概念

11.2.1　无向图、有向图与网络

1. 基本概念

由前述示例中可以看出, 构成一个图有两个关键要素, 即顶点和连接顶点之间的边.

定义　一个**无向图** G 是由非空顶点集 V 和边集 E 按一定的对应关系构成的连接结构, 记为 $G = (V, E)$. 其中非空集合 $V = (v_1, v_2, \cdots, v_n)$ 为 G 的**顶点集**, V 中的元素称为 G 的**顶点**, 其元素的个数为**顶点数**; 非空集合 $E = (e_1, e_2, \cdots, e_m)$ 为 G 的**边集**, E 中的元素称为 G 的**边**, 其元素的个数为图 G 的**边数**.

图 G 的每一条边是由连接 G 中两个顶点而得的一条线 (可以是直线、曲线或任意形状的线), 因此与 G 的顶点对相对应, 通常记作: $e_k = (v_i, v_j)$. 其中, 顶点 v_i, v_j 称为边 e_k 的两个**端点**, 有时也说边 e_k 与顶点 v_i, v_j **关联**.

对无向图来说, 对应一条边的顶点对表示是无序的. 即 (v_i, v_j) 和 (v_j, v_i) 表示同一条边 e_k.

有公共端点的两条边称为是**相邻的边**, 或称**邻边**. 同样, 同一条边 e_k 的两个端点 (v_i 和 v_j) 称为是**相邻的顶点**.

如果一条边的两个端点是同一个顶点, 则称这条边为**环**. 如果有两条边或多条边的端点是同一对顶点, 则称这些边为**平行边**或**重边**. 没有环也没有平行边的图称为**简单图** (如果不特别申明, 本章中我们提到的图均指简单图).

在图论中, 一个图可以用平面上的一个图形直观地来表示: 每个顶点用平面上的一个点表示, 而每条边用连接它的端点的一条线来表示. 值得注意的是, 图论中的图是不按比例尺画的, 顶点的位置, 边的长短和形状都具有随意性, 只要能正确地表示出顶点及其顶点之间的相互连接关系即可. 也就是说, 同一个图可以用平面上的不同画法来表示. 如图 11.4 的 (a) 和 (b) 表示的是同一个图, 但它们表面上看起来差别很大.

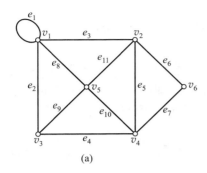 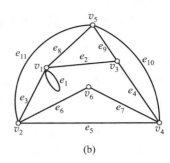

　　　　　　　(a)　　　　　　　　　　　　　　　(b)

图 11.4

　　带有方向的边称为**有向边**, 又称为**弧**. 如果给图的每条边规定一个方向, 我们就得到**有向图**.

　　有向图通常记为 $D = (V, A)$. 其中 A 是图中弧的集合, 每一条弧与一个有序的顶点对相对应. 与无向图类似, 也记为 $a_k = (v_i, v_j)$, 表示边的方向自顶点 v_i 指向 v_j. v_i 称为弧 a_k 的**始端**, v_j 称为弧 a_k 的**末端**或**终端**, 其中 a_k 称为 v_i 的**出弧**, 称为 v_j 的**入弧**.

　　与无向图不同, 在有向图情形下, (v_i, v_j) 与 (v_j, v_i) 表示不同的弧.

　　把有向图 $D = (V, A)$ 中所有弧的方向都去掉, 得到的边集用 E 表示, 就得到与有向图 D 对应的无向图 $G = (V, E)$, 称 G 为有向图 D 的**基本图**或**底图**. 利用 D 的基本图, 可以把很多针对无向图的概念、方法推广到有向图.

　　平面上, 有向图的图形表示方法与无向图基本一样, 只需在每一条弧的末端加一个箭头方向就可以了.

　　上述所讨论的图仅限于以顶点代表研究对象、以连接顶点的线表示各点之间的存在关系, 但实际问题中仅研究这类问题是远远不够的. 以交通网络为例, 以顶点代表一个城市, 以顶点之间的连线表示各城市间是否存在公路、铁路、空运、水运等运输路线, 在制定运输、旅行或路网建设规划时, 通常还需要了解比如路程、费用 (成本)、耗时、通过能力等数据, 这些数据通常在两点之间的连线一侧标出. 一般情况下, 若 $G = G(V, E)$ 是一个连通图, 若在图 G 中的各边 e_k 都赋值一个实数 $w(e_k)$, 称为边 e_k 的**权**, 把每条边赋以权值的图称为**赋权图**, 也称为一个**网络**, 记为 $G(V, E, W)$, 其中 W 为所有边的权集合. 若在有向图上给每条弧赋以权值, 称其为有向赋权图, 也叫有向网络.

　　利用图的概念, 可以很形象地描述出模型中涉及的因素及因素的关联结构形式. 但直接利用这种结构进行计算机或数学求解是很不容易的. 一个有效的解决办法是将图表示成矩阵的形式.

2. 图的矩阵表示

数学上对图的连接结构量化方法是基于矩阵的方法进行的.

(1) 关联矩阵

对一个无向图 $G = (V, E)$, 设其顶点个数 $|V| = n$, 边的条数 $|E| = m$. 则可以用一个 $n \times m$ 的 $0-1$ 矩阵 $\boldsymbol{A}_E = (a_{ij})_{n \times m}$ 来表示一个不含有环的图. 矩阵的每一行依次对应一个顶点, 每一列对应一条边. 矩阵的元素定义为

$$a_{ik} = \begin{cases} 1, & \text{顶点 } v_i \text{ 与边 } e_k \text{ 关联}, \\ 0, & \text{顶点 } v_i \text{ 与边 } e_k \text{ 不关联}, \end{cases} \quad i = 1, 2, \cdots, n, \quad k = 1, 2, \cdots, m.$$

这样得到的 $0-1$ 矩阵 $\boldsymbol{A}_E = (a_{ij})_{n \times m}$ 称为图 G 的**关联矩阵**.

很显然, 对于含有环的无向图, 可以定义相应矩阵的元素值为 2, 就可以很容易把关联矩阵推广到含有环的图的情形.

按照这个定义, 可以写出图 11.4 的关联矩阵为

$$\boldsymbol{A}_E = \begin{array}{c} \\ v_1 \\ v_2 \\ v_3 \\ v_4 \\ v_5 \\ v_6 \end{array} \begin{array}{c} \begin{array}{ccccccccccc} e_1 & e_2 & e_3 & e_4 & e_5 & e_6 & e_7 & e_8 & e_9 & e_{10} & e_{11} \end{array} \\ \left[\begin{array}{ccccccccccc} 2 & 1 & 1 & 0 & 0 & 0 & 0 & 1 & 0 & 0 & 0 \\ 0 & 0 & 1 & 0 & 1 & 1 & 0 & 0 & 0 & 0 & 1 \\ 0 & 1 & 1 & 1 & 0 & 0 & 0 & 0 & 1 & 0 & 0 \\ 0 & 0 & 0 & 1 & 1 & 0 & 1 & 0 & 0 & 1 & 0 \\ 0 & 0 & 0 & 0 & 0 & 0 & 0 & 1 & 1 & 1 & 1 \\ 0 & 0 & 0 & 0 & 0 & 1 & 1 & 0 & 0 & 0 & 0 \end{array} \right] \end{array}.$$

对于有向图的关联矩阵, 需要区分弧的始端与末端, 即箭头的方向问题. 其元素定义方法为

$$a_{ij} = \begin{cases} 1, & \text{顶点 } v_i \text{ 是弧 } e_j \text{ 的始端}, \\ 0, & \text{顶点 } v_i \text{ 与弧 } e_j \text{ 不关联}, \\ -1, & \text{顶点 } v_i \text{ 是弧 } e_j \text{ 的末端}, \end{cases} \quad i = 1, 2, \cdots, n, \quad j = 1, 2, \cdots, m.$$

(2) 邻接矩阵

对于无向图, 如考虑顶点与顶点之间的邻接关系, 则可以定义一个 $n \times n$ 方阵 $\boldsymbol{A}_G = (a_{ij})_{n \times n}$. 方阵的每一行和每一列都顺序对应一个顶点, 其矩阵元素的定义方法为

$$a_{ij} = \begin{cases} 1, & \text{顶点 } v_i \text{ 与 } v_j \text{ 相邻}, \\ 0, & i = j \text{ 或顶点 } v_i \text{ 与 } v_j \text{ 不相邻}, \end{cases} \quad i, j = 1, 2, \cdots, n,$$

这样定义的矩阵称为图 G 的 **邻接矩阵**.

如图 11.4 对应的邻接矩阵为

$$
\boldsymbol{A}_G = \begin{array}{c} \\ v_1 \\ v_2 \\ v_3 \\ v_4 \\ v_5 \\ v_6 \end{array}
\begin{array}{c} v_1\ v_2\ v_3\ v_4\ v_5\ v_6 \\
\begin{bmatrix}
1 & 1 & 1 & 0 & 1 & 0 \\
1 & 0 & 0 & 1 & 1 & 1 \\
1 & 0 & 0 & 1 & 1 & 0 \\
0 & 1 & 1 & 0 & 1 & 1 \\
1 & 1 & 1 & 1 & 0 & 0 \\
0 & 1 & 0 & 1 & 0 & 0
\end{bmatrix}
\end{array}.
$$

有向图的邻接矩阵的定义与无向图基本一致, 有向图 $D = (V, A)$ 的邻接矩阵 $\boldsymbol{A}_D = (a_{ij})_{n \times n}$ 中的元素定义如下:

$$
a_{ij} = \begin{cases} 1, & \text{弧 } (v_i, v_j) \in A, \\ 0, & \text{弧 } (v_i, v_j) \notin A, \end{cases} \quad i, j = 1, 2, \cdots, n.
$$

显然, 无向图的邻接矩阵是对称的, 而有向图的邻接矩阵一般不对称.

无向图转化为有向图的方法: 把无向图 $G = (V, E)$ 的每一条无向边

$$
e = (v_i, v_j) \in E
$$

代之以一对有向弧:

$$
a' = (v_i, v_j) \in A, \quad a'' = (v_j, v_i) \in A,
$$

这样就得到一个相应的有向图 $D = (V, A)$. 此时无向图 G 与它转化后得到的相应的有向图 D 显然有相同的邻接矩阵. 这类变换方法的直观意义是很明显的. 如果我们把边看做道路, 无向边表示两个方向都能通行的路. 有向弧表示只允许单向通行的路, 那么一条双向路显然可以看做两条平行的单向路.

既有有向弧又有无向边的图称为 **混合图**. 现实中, 因城市道路中有些路允许双向通行, 而有些路是单行线, 这类交通图就是一个典型的混合图.

(3) 赋权图及其矩阵表示

设 G 是一个图 (有向图), 若对 G 的每一条边 (弧) 都赋予一个实数, 称为这条边 (弧) 的 **权**, 则 G 连同它边 (弧) 上的权称为一个 (**有向**) **网络** 或赋权 (**有向**) **图**, 记为 $G = (V, E, W)$, 其中 W 为 G 的所有边 (弧) 的权集合. 其邻接矩阵 $\boldsymbol{A}_G = (a_{ij})_{n \times n}$ 定义为

$$
a_{ij} = \begin{cases} \omega_{ij}, & \text{若 } (v_i, v_j) \in E, \text{ 且 } \omega_{ij} \text{ 为其权}, \\ 0, & \text{若 } i = j, \\ \infty, & (v_i, v_j) \notin E, \end{cases} \quad i, j = 1, 2, \cdots, n.
$$

(4) 边权矩阵

对于赋权图, 可以定义一个矩阵 B: 其第一列存放边的始端 (弧的起点), 第二列存放边的末端 (弧的终点), 第三列存放该边对应的权值. 这样只需 $m \times 3$ 个存储单元就可以存储一个图的信息了. 因此当网络顶点规模较大, 邻接矩阵比较稀疏时, 采用该方法可有效地节约存储空间.

(5) 邻接表表示法

邻接表表示法将图以邻接表 (adjacent list) 的形式存储在计算机中. 所谓图的邻接表, 也就是图的所有节点的邻接表的集合. 对每个节点, 它的邻接表就是它的所有出弧, 邻接表表示法就是对图的每个节点, 用一个单向链表列出从该节点出发的所有弧, 链表中每个单元对应于一条出弧. 为了记录弧上的权, 链表中每个单元除列出弧的另一个端点外, 还可以包含弧上的权等作为数据域. 图的整个邻接表可以用一个指针数组表示.

在网络中, 边 (弧) 的权可以用来表示各种不同含义. 例如在运输网络中, 边 (弧) 用来表示道路, 边 (弧) 上的权可以用来表示道路的长度, 或者通过该段道路所需的时间或运费, 也可以用来表示建造该段道路的费用等, 权的实际意义可以根据具体问题的需要决定.

11.2.2　子图

设 $G = (V, E)$ 和 $G' = (V', E')$ 都是图, 而且 $V \supseteq V'$, $E \supseteq E'$, 那么 G' 称为图 G 的**子图**.

子图的概念在实践中是很有用的. 例如我们把整个北京市的街道表示为一个图 G, 则北京市西城区的街道组成的图就可以看做图 G 的一个子图. 同样, 北京市所有有公交车辆行驶的街道所组成的图也可看做图 G 的一个子图.

设 e 是 G 的一条边, 从 G 中删去 e 得到的图记为 $G - e$. $G - e$ 显然是 G 的子图.

设 $G' = (V', E')$ 是 $G = (V, E)$ 的子图, 如果 $V' = V$, 则 G' 称为 G 的**支撑子图**. G' 可以看做是从 G 中删去若干条边, 但保留所有的顶点得到的结果. 设 E_1 是 E 的子集, 从图 G 中删去 E_1 得到的图有时记为 $G - E_1$. G 的支撑子图都可以记为 $G - E_1$ 的形式.

没有边与之关联的顶点称为图的**孤立顶点**. 一般来说, 图的子图可以看做先从原图中删去若干条边, 再删去若干个孤立顶点得到的最后结果.

设 V 是图 G 的顶点集合, $V' \subseteq V$ 是 V 的子集. 令 E' 是 E 中所有两个端点都在 V' 中的边集合, 即

$$E' = \{e' | e' \in E; e' = (v_i, v_j), v_i \in V', v_j \in V'\},$$

则 G 的子图 $G' = (V', E')$ 称为由顶点子集 V' 生成的**点导出子图**, 记为 $G' = G(V')$.

记 $V'' = V \backslash V'$. $G(V')$ 可以看做是从 G 中删去所有 V'' 中的顶点以及与 V'' 中顶点关联的边所得到的图. 从 G 的邻接矩阵中删去所有 V'' 的顶点所对应的行和列, 就可以得到 $G(V')$ 的邻接矩阵.

记 $E' \subseteq E$ 是边集 E 的子集. 所有与 E' 关联的顶点所组成的集合记为 V', 则 $G' = (V', E')$ 称为由边子集 E' 生成的**边导出子图**. 记为 $G' = G(E')$.

记 $E'' = E \backslash E'$. $G(E')$ 可以看做是从 $G - E''$ 中删去所有孤立顶点所得到的图. 从 G 的关联矩阵中删去所有 E'' 中的边所对应的列, 再从剩下的矩阵中删去元素全为 0 的行, 就得到 $G(E')$ 的关联矩阵.

下面的图 11.5 是表示了图的各种子图的一个例子. 图 11.5(a) 表示原图 G, (b) 表示 G 的一个支撑子图, (c) 是 G 的一个点导出子图, (d) 是 G 的一个边导出子图.

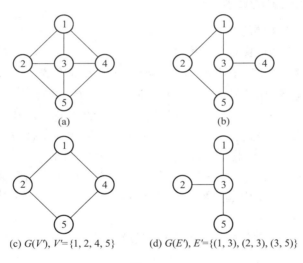

(a)

(b)

(c) $G(V')$, $V' = \{1, 2, 4, 5\}$　　(d) $G(E')$, $E' = \{(1, 3), (2, 3), (3, 5)\}$

图 11.5

11.2.3 图的连通性

设 $G = (V, E)$ 是一个无向图, 考虑由 G 的顶点和边交替组成的有限序列:

$$W = v_0 e_1 v_1 e_2 v_2 e_3 \cdots e_k v_k.$$

如果 v_{i-1}, v_i 恰好是 e_i $(1 \leqslant i \leqslant k)$ 的端点, 我们称 W 是一条从 v_0 到 v_k 的**途径** (walk). v_0 和 v_k 分别称为 W 的**起点和终点**, 而其他顶点称为途径 W 的内部顶点, W 中包含的边的数目 k 称为 W 的**长度**.

对于简单图来说, 两点之间的边至多一条, 因此可以把 W 简单写成 G 的顶点的序列:

$$W = v_0 v_1 v_2 \cdots v_k,$$

这里只要求 v_{i-1} 与 v_i 相邻.

在序列中顶点不重复出现的途径称为**路** (path), 显然, 如果在 G 中存在以 v_0 为起点, v_k 为终点的途径, 则一定存在以 v_0 为起点, v_k 为终点的路.

起点与终点相同 $(v_0 = v_k)$ 且具有正长度的途径称为**闭途径**. 如果只有起点与终点相同, 而其他顶点都不相同, 这样的闭途径称为**圈**, 或者**回路**.

对于圈来说, 任何一点都可以看做起点和终点, 圈通过每个点都只有一次.

如果 G 中存在一条连接 u, v 的路, 我们就说 u, v 两点是**连通**的. 若图 G 中任意两个顶点之间至少存在一条路把它们连接起来, 则称图 G 为**连通图**.

11.2.4　几类重要的图和网络

下面介绍一些重要的图类.

只有顶点没有边的图称为**空图**.

设简单图 $G = (V, E)$ 的顶点数 $|V| = n$. 如果 G 的任意一对顶点都相邻, 则 G 称为 n 阶**完全图**, 用符号 K_n 来表示. 不难看出, K_n 共有 $\dfrac{n(n-1)}{2}$ 条边.

记 E_1, E_2 是完全图 $K_n = (V, E)$ 的边集 E 的一个剖分, 即 $E_1 \bigcup E_2 = E$, $E_1 \bigcap E_2 = \varnothing$. 则可以构造两个简单图: $G_1 = (V, E_1), G_2 = (V, E_2)$, 称它们为**补图**. 显然, n 个顶点的空图可以看做是 n 阶完全图的补图.

设 v 是图 $G = (V, E)$ 的一个顶点, 与 v 关联的 G 的边数称为 v 在 G 中的**度数**, 记为 $d_G(v)$. 在不引起混淆的情况下, 可以简记为 $d(v)$. 特别地, 若 v 是 G 的孤立点, 则等价于 $d(v) = 0$.

G 的顶点的最大度数和最小度数通常分别记为

$$\Delta(G) = \max_{v \in V} d_G(v)$$

和

$$\delta(G) = \min_{v \in V} d_G(v).$$

显然, 对 n 阶简单图来说, $\Delta(G) \leqslant n - 1$.

满足 $\Delta(G) = \delta(G) = k$ 的图称为 k **正则图**. 容易看出 K_n 是 $n-1$ 阶正则图, 而且简单正则图的补图也是正则图. 所有点的度数之和与图的边数有一个很明显的简单关系, 我们把它写成下面的定理.

定理 11.1　图 $G = (V, E)$ 的顶点度数与边数满足下面的等式:

$$\sum_{v \in V} d(v) = 2|E|.$$

关于有向图也有一个与定理 11.1 类似的结果. 有向图 $D = (V, A)$ 中, 顶点 v 所关联的出弧的条数称为 v 在 D 中的**出度**, 记为 $d_D^+(v)$; v 所关联的入弧的条数称为 v 在 D 中的**入度**, 记为 $d_D^-(v)$. 出度和入度也可以简单记为 $d^+(v)$ 和 $d^-(v)$.

定理 11.2　在有向图 $D = (V, A)$ 中,

$$\sum_{v \in V} d^+(v) = \sum_{v \in V} d^-(v) = |A|.$$

如果图 G 的顶点集合 V 存在剖分 S 和 T, G 的所有边恰好都是一个端点属于 S, 而另一个端点属于 T, G 就称为**二分图** (也称为**偶图**), 简记为 $G = (S, T, E)$.

每一个 S 中的顶点与每一个 T 中的顶点都相邻的简单二分图称为**完全二分图**. 如果 $|S| = m$, $|T| = n$, 相应的完全二分图就记为 $K_{m,n}$. $K_{m,n}$ 的边数为 $m \times n$.

另一类极为重要的图是平面图. 一个图, 如果可以把它画在平面上, 使它们的边除了在顶点外, 不在平面的任何其他地方相交, 这样的图称为平面图. 可以证明, 最小的两种非平面图是完全图 K_5 和完全二分图 $K_{3,3}$. 没有立体交叉的城市街道图、交通图是平面图的最自然的例子.

11.3　最短路问题与算法

11.3.1　最短路问题

给定一个网络 $N = N(V, A, W)$. 对网络 N 中的每条弧 $a_i \in A$, 给定权值为 $w_i = w(a_i)$ $(w_i \geqslant 0)$. 对 N 中的任意一条有向路 P, 定义 P 的长度 (或者 P 的权) 为

$$W(P) = \sum_{a_i \in P} w(a_i).$$

类似地, 可以定义网络中有向圈和有向途径的长度.

对给定网络, 从 v_i 到 v_j 之间的路上的边权之和称为**路长**. 任意两顶点之间路长最小的路称为**最短路**. 最短路问题是网络最优化的基本问题之一, 有很强的实际应用背景, 如城市管网、输电网络、运输网络等.

对于无向网络, 同样也可以利用有向网络的算法求最短路问题. 处理方法是: 把每一条带权无向边用一对同权有向弧来代替. 因此, 在本节中所讨论的路、圈、途径等都是有向的.

在讨论最短路问题时, 网络中的环是不起作用的. 网络中如果有平行弧 (起点、终点相同的弧), 只需要保留权较小的那一条弧就足够了. 因此, 在本章的讨论中, 总是假定网络 N 既没有环, 也没有平行弧.

11.3.2 求单源最短路问题的 Dijkstra 算法

本节讨论针对网络 $N = N(V, A, W)$ 中给定点 v_0 (源点), 求从 v_0 出发到网络中其他所有各点的最短路 (径) 问题.

解决这类问题目前最好的算法是 Dijkstra (戴克斯特拉) 于 1959 年提出的, 称之为 Dijkstra 算法. 该算法可以用于求解图中某一特定点到其他各顶点的最短路问题 (单源最短路问题), 也可以求解任意两个指定顶点间的最短路问题.

设所考虑的图 (网络) 为

$$N = N(V, A, W),$$

其中 $V = \{v_1, v_2, \cdots, v_n\}$, 即顶点的个数 $|V| = n$; E 为弧 (边) 的集合, 其弧 (边) 的条数为 $|E| = m$; $W = (w_{ij})_{n \times n}$ 为 (权值) 邻接矩阵, w_{ij} 为边 (v_i, v_j) 的权值, 满足 $w_{ij} \geqslant 0$, 如果 $(v_i, v_j) \notin E$, 则令 $w_{ij} = \infty$.

记 $d(v_j)$ 表示从源点 v_1 出发到 v_j 的只允许经过已经选出的顶点的最短路的权值 (路长). 下面介绍求解此问题的著名算法: Dijkstra 算法. 为了减少计算量, 算法采用 "标号" 方法, 属于 S_k 的点, 给予 "永久" 的标号, 对应的 $d(v_i)$ 的值是点 v_1 到 v_i 的最短路长度; 不属于 S_k 的点, 给予 "临时" 标号, 对应的 $d(v_i)$ 的值是计算的中间结果, 供进一步计算时使用. 当每个顶点都得到永久标号时, 算法就结束了. 利用该算法可求得从任意点 (源点) 出发到其他任意点的最短路.

Dijkstra 算法的具体步骤为

第一步: 初始化: 输入权值邻接矩阵 $\boldsymbol{W}$, 令 $d(v_1) := 0, d(v_j) := w_{1j}, 2 \leqslant j \leqslant n$, $S := \{v_1\}$, $R := V \backslash S_1 = \{v_2, \cdots, v_n\}$ (S 中的点给永久标号, R 中的点给临时标号).

第二步: 在 R 中取一点 v_k, 使得

$$d(v_k) = \min_{v_j \in R} \{d(v_j)\}.$$

如果 $d(v_k) = +\infty$, 停止向下搜索, 即从 v_1 到 R 中的点没有路; 否则转第三步.

第三步: 令 $S := S \cup \{v_k\}$, $R := R \backslash \{v_k\}$, ($k$ 改为永久标号). 如果 $R = \varnothing$, 结束, 所有各点的最短路都已经求得; 否则转第四步.

第四步: 修正 $d(v_j)$: 对每一个 $v_j \in R$, 令

$$d(v_j) = \min\{d(v_j), d(v_k) + w_{kj}\},$$

返回第二步.

例 11.4 旅行者问题

已知某人要从 v_1 出发去旅行, 目的地及其交通路线见图 11.6 所示. 线侧数字为所需费用. 求该旅行者到目的地 v_8 的费用最小的旅行路线.

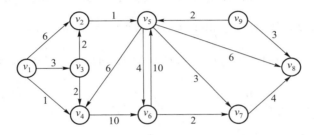

图 11.6　旅行路线

解　利用 Dijkstra 算法求从 v_1 出发到其他各顶点的最短路.

先给出该图的赋权邻接矩阵:

$$\boldsymbol{W} = (w_{ij})_{9 \times 9} = \begin{bmatrix} 0 & 6 & 3 & 1 & \infty & \infty & \infty & \infty & \infty \\ \infty & 0 & \infty & \infty & 1 & \infty & \infty & \infty & \infty \\ \infty & 2 & 0 & 2 & \infty & \infty & \infty & \infty & \infty \\ \infty & \infty & \infty & 0 & \infty & 10 & \infty & \infty & \infty \\ \infty & \infty & \infty & 6 & 0 & 4 & 3 & 6 & \infty \\ \infty & \infty & \infty & \infty & 10 & 0 & 2 & \infty & \infty \\ \infty & \infty & \infty & \infty & \infty & \infty & 0 & 4 & \infty \\ \infty & \infty & \infty & \infty & \infty & \infty & \infty & 0 & \infty \\ \infty & \infty & \infty & \infty & 2 & \infty & \infty & 3 & 0 \end{bmatrix}.$$

(1) 令 $S = \{v_1\}$, $R = \{v_2, v_3, \cdots, v_9\}$, $d(v_1) = 0$, $d(v_j)$, $j = 2, 3, \cdots, n$.

(2) 计算 $d(v_k) = \min\limits_{v_j \in R}\{d(v_j)\} = d(v_4) = 1$, 解之得 v_4, 令

$$S = S \cup \{v_4\} = \{v_1, v_4\}, R = R \backslash S = \{v_2, v_3, v_5, v_6, v_7, v_8, v_9\}.$$

(3) 修正 $d(v_j)$, $\forall v_j \in R$: 求 $d(v_j) = \min\{d(v_j), d(v_4) + w_{4j}\}$:

$$d(v_2) = \min\{d(v_2), d(v_4) + w_{42}\} = \min\{6, 1 + \inf\} = 6,$$

$$d(v_3) = \min\{d(v_3), d(v_4) + w_{43}\} = \min\{3, 1 + \inf\} = 3,$$

$$d(v_5) = \min\{d(v_5), d(v_4) + w_{45}\} = \min\{\inf, 1 + \inf\} = \inf,$$

$$d(v_6) = \min\{d(v_6), d(v_4) + w_{46}\} = \min\{\inf, 1 + 10\} = 11,$$

$$d(v_7) = \min\{d(v_7), d(v_4) + w_{47}\} = \min\{\inf, 1 + \inf\} = \inf,$$

$$d(v_8) = \min\{d(v_8), d(v_4) + w_{48}\} = \min\{\inf, 1 + \inf\} = \inf,$$

$$d(v_9) = \min\{d(v_9), d(v_4) + w_{49}\} = \min\{\inf, 1 + \inf\} = \inf.$$

(4) 转第二步, 求 $d(v_k) = \min_{v_j \in R}\{d(v_j)\} = d(v_3) = 3$, 得 v_3, 令

$$S = S \cup \{v_3\} = \{v_1, v_3, v_4\}, R = R \backslash S = \{v_2, v_5, v_6, v_7, v_8, v_9\},$$

执行第四步.

(5) 对每一个 $v_j \in R$, 修正 $d(v_j)$:

$$d(v_2) = \min\{d(v_2), d(v_3) + w_{32}\} = \min\{6, 3 + 2\} = 5,$$

$$d(v_5) = \min\{d(v_5), d(v_3) + w_{35}\} = \min\{\inf, 3 + \inf\} = \inf,$$

$$d(v_6) = \min\{d(v_6), d(v_3) + w_{36}\} = \min\{11, 3 + \inf\} = 11,$$

$$d(v_7) = \min\{d(v_7), d(v_3) + w_{37}\} = \min\{\inf, 3 + \inf\} = \inf,$$

$$d(v_8) = \min\{d(v_8), d(v_3) + w_{38}\} = \min\{\inf, 3 + \inf\} = \inf,$$

$$d(v_9) = \min\{d(v_9), d(v_3) + w_{39}\} = \min\{\inf, 3 + \inf\} = \inf.$$

(6) 执行第二步, 求 $d(v_k) = \min_{v_j \in R}\{d(v_j)\} = d(v_2) = 5$, 得 v_2, 令

$$S = S \cup \{v_2\} = \{v_1, v_2, v_3, v_4\}, R = R \backslash S = \{v_5, v_6, v_7, v_8, v_9\},$$

执行第四步.

(7) 对每一个 $v_j \in R$, 修正 $d(v_j)$:

$$d(v_5) = \min\{d(v_5), d(v_2) + w_{25}\} = \min\{\inf, 5 + 1\} = 6,$$

$$d(v_6) = \min\{d(v_6), d(v_2) + w_{26}\} = \min\{11, 5 + \inf\} = 11,$$

$$d(v_7) = \min\{d(v_7), d(v_2) + w_{27}\} = \min\{\inf, 5 + \inf\} = \inf,$$

$$d(v_8) = \min\{d(v_8), d(v_2) + w_{28}\} = \min\{\inf, 5 + \inf\} = \inf,$$

$$d(v_9) = \min\{d(v_9), d(v_2) + w_{29}\} = \min\{\inf, 5 + \inf\} = \inf.$$

(8) 执行第二步, 求 $d(v_k) = \min\limits_{v_j \in R}\{d(v_j)\} = d(v_5) = 6$, 得 v_5, 令

$$S = S \cup \{v_5\} = \{v_1, v_2, v_3, v_4, v_5\}, R = R\backslash S = \{v_6, v_7, v_8, v_9\},$$

执行第四步.

(9) 对每一个 $v_j \in R$, 修正 $d(v_j)$:

$$d(v_6) = \min\{d(v_6), d(v_5) + w_{56}\} = \min\{11, 6+4\} = 10,$$
$$d(v_7) = \min\{d(v_7), d(v_5) + w_{57}\} = \min\{\text{inf}, 6+3\} = 9,$$
$$d(v_8) = \min\{d(v_8), d(v_5) + w_{58}\} = \min\{\text{inf}, 6+6\} = 12,$$
$$d(v_9) = \min\{d(v_9), d(v_5) + w_{59}\} = \min\{\text{inf}, 6+\text{inf}\} = \text{inf}.$$

(10) 执行第二步, 求 $d(v_k) = \min\limits_{v_j \in R}\{d(v_j)\} = d(v_7) = 9$, 得 v_7, 令

$$S = S \cup \{v_7\} = \{v_1, v_2, v_3, v_4, v_5, v_7\}, R = R\backslash S = \{v_6, v_8, v_9\},$$

执行第四步.

(11) 对每一个 $v_j \in R$, 修正 $d(v_j)$:

$$d(v_6) = \min\{d(v_6), d(v_7) + w_{76}\} = \min\{10, 9+4\} = 10,$$
$$d(v_8) = \min\{d(v_8), d(v_7) + w_{78}\} = \min\{12, 9+6\} = 12,$$
$$d(v_9) = \min\{d(v_9), d(v_7) + w_{79}\} = \min\{\text{inf}, 9+\text{inf}\} = \text{inf}.$$

(12) 执行第二步, 求 $d(v_k) = \min\limits_{v_j \in R}\{d(v_j)\} = d(v_6) = 10$, 得 v_6, 令

$$S = S \cup \{v_6\} = \{v_1, v_2, v_3, v_4, v_5, v_6, v_7\}, R = R\backslash S = \{v_8, v_9\},$$

执行第四步.

(13) 对每一个 $v_j \in R$, 修正 $d(v_j)$:

$$d(v_8) = \min\{d(v_8), d(v_6) + w_{68}\} = \min\{12, 10+\text{inf}\} = 12,$$
$$d(v_9) = \min\{d(v_9), d(v_6) + w_{69}\} = \min\{\text{inf}, 10+\text{inf}\} = \text{inf}.$$

(14) 执行第二步, 求 $d(v_k) = \min\limits_{v_j \in R}\{d(v_j)\} = d(v_8) = 12$, 得 v_8, 令

$$S = S \cup \{v_8\} = \{v_1, v_2, v_3, v_4, v_5, v_6, v_7, v_8\}, R = R\backslash S = \{v_9\},$$

执行第四步.

(15) 对 $v_9 \in R$, 修正 $d(v_9)$:

$$d(v_9) = \min\{d(v_9), d(v_8) + w_{89}\} = \min\{\inf, 12 + \inf\} = \inf.$$

(16) 得 $d(v_9) = +\infty$, 结束迭代循环, 输出结果.

求得图 11.6 中自点 v_1 到 v_8 的最短路长度为 12. 对求解过程的路逆向搜索, 可得其最短路为 $\{v_1, v_3, v_2, v_5, v_8\}$.

11.3.3 最短路问题的推广

由于网络中边 (弧) 的权所代表的含义可以有所不同, 因此最短路问题含有多种推广形式. 本节仅以三种不同权重路为例进行介绍.

1. 最大可靠路

给定一个通讯网络 N, 设弧 a_{ij} 的完好概率为 p_{ij}. 设路 P 由若干条弧组成, 则定义路 P 的完好概率为

$$p(P) = \prod_{a_{ij} \in P} p_{ij}.$$

从顶点 v_0 到顶点 v_i 之间完好概率最大的路, 称为从 v_0 到 v_i 的**最大可靠路**. 我们可以用最短路求从顶点 v_0 到所有其他顶点的最大可靠路.

定义 N 的每条弧上的权为

$$w_{ij} = -\ln p_{ij}.$$

因为 $0 \leqslant p_{ij} \leqslant 1$, 因此 $w_{ij} \geqslant 0$. 可以用 Dijkstra 算法求出在 w_{ij} 权下的最短路, 注意到:

$$\sum w_{ij} = -\ln\left(\prod p_{ij}\right).$$

因此, 求得的最短路就是最大可靠路, 它的完好概率为

$$\exp(-\sum w_{ij}).$$

2. 最大容量路

给定一个运输网络 N, 对 N 的每条弧 a_{ij}, 都有一个表示通过能力的参数 $c_{ij} > 0$, c_{ij} 一般称为容量. 它的实际意义可以是道路所能通过车辆的最大高度, 或者是所能通过车辆的最大重量, 或者是单位时间内所能通过的最大车流量等. N 的每一条路 P 的容量定义为 P 的所有弧的最小容量, 即

$$C(P) = \min_{a_{ij} \in P}\{c_{ij}\}.$$

求 v_0 到其他各点最大容量路的算法可以通过对 Dijkstra 算法进行修改得到, 只要将算法中弧权改为弧容量, 加法运算改为求最小的运算, 并将原来求最小的运算改为求最大的运算就可以得到求最大容量的算法.

3. 最大期望容量路

给定一个通讯网络 $N = (V, A)$, N 的每条弧 (可视为一条线路) e_{ij} 有一个容量 c_{ij}, 同时还有一个弧的完好概率 p_{ij}, 对于 N 的任一条路 P, 可以定义 $f(P)$ 为 P 的**期望容量**:

$$f(P) = p(P) \cdot C(P),$$

其中

$$p(P) = \prod_{e_{ij} \in P} p_{ij}$$

为路 P 的完好概率;

$$C(P) = \min_{e_{ij} \in P} \{c_{ij}\}$$

为路 P 的容量.

从顶点 v_0 到顶点 v_n 的所有路中期望容量最大的路, 称为 v_0 到 v_n 的**最大期望容量路**.

用 $M_f(N)$ 表示网络 N 中 v_0 到 v_n 的最大期望容量, 令 P_0 表示 N 中 v_0 到 v_n 的最大可靠路, 则

$$f(P_0) = p(P_0) \cdot C(P_0) \leqslant M_f(N).$$

P_0 如果不是 N 中 v_0 到 v_n 的最大期望容量路, 那么 N 中 v_0 到 v_n 的最大期望容量路 P_M 一定满足:

$$p(P_M) \leqslant p(P_0), C(P_M) > C(P_0) = C_0.$$

考虑 N 的支撑子网络 N_1, 其中弧集

$$A_1 = \{a_{ij} | a_{ij} \in A, c_{ij} > C_0\} \subset A.$$

显然, 如果 $P_M \neq P_0$, 则必有 P_M 是 N_1 中的一条从 v_0 到 v_n 的路, 因此可得

$$M_f(N) = \max\{f(P_0), M_f(N_1)\}.$$

注意到 N_1 比 N 至少少一条弧, 反复利用上面的方法, 就可以产生一组网络:

$$N \supset N_1 \supset N_2 \supset \cdots \supset N_k$$

和相应网络的最大可靠路:

$$P_0, P_1, \cdots, P_{k-1},$$

直到 N_k 中不存在从顶点 v_0 到 v_n 的路为止. 这些路的完好概率和容量满足:

$$p(P_0) \geqslant p(P_1) \geqslant p(P_2) \geqslant \cdots \geqslant p(P_{k-1})$$

和

$$C(P_0) < C(P_1) < C(P_2) < \cdots < C(P_{k-1}),$$

而

$$M_f(N) = \max\{f(P_j) | 0 \leqslant j \leqslant k - 1\}.$$

根据上面的讨论可以得到求最大期望容量路的算法, 具体的算法步骤如下:

第一步: 设 $N_0 = (V, A_0)$ 为原始网络, 令 $M_f := 0, N := N_0, A := A_0$.

第二步: 求 N 中 v_0 到 v_n 的最大可靠路, 如果 N 中没有路, 停止, M_f 即为所求的最大容量期望; 否则令求得的路为 P, 它的完好概率为 $p(P)$, 容量为 $C(P)$.

第三步: 令

$$M_f := \max\{M_f, p(P) \cdot C(P)\},$$
$$A := \{a_{ij} | c_{ij} \geqslant C(P)\},$$
$$N := (V, A),$$

返回第二步.

容易看出, 上述算法要求多次调用求最大可靠路的算法作为子算法. 因为新的网络至少比原网络少一条弧, 因此第二步最多重复 m 次 (m 为 N 的弧数). 因此算法的复杂性为 $O(n^2m)$ (n 为 N 的顶点个数).

11.3.4　求所有点对之间最短路的 Floyd 算法

对于给定网络 $N = N(V, A, W)$, 若求顶点集 V 中任意两个顶点之间的最短路, 显然也可以采用 Dijkstra 算法来实现, 实现方法为: 每次以其中一个顶点为源点, 求该点到其他任意点的最短路, 这样重复 n 次计算, 就可以解决. 这种算法的复杂度为 $O(n^3)$.

本节介绍由 R. W. Floyd (弗洛伊德) 提出的求解网络任意点对间的最短路算法, 即 Floyd 算法.

Floyd 算法允许网络 N 中包含某些带有负权的弧 (Dijkstra 算法要求所有弧的权都是正的, 至少是非负的). 但是, 对于网络 N 中的每个圈 C, 要求圈上所有弧的权总和为非负, 即 $\forall C \subseteq N$, 有

$$\sum_{a_{ij} \in C} \omega_{ij} \geqslant 0.$$

Floyd 算法包含三个关键算法: 求距离矩阵、求路径矩阵、最短路查找算法. 以下给出详细描述.

设所考虑的图 (网络) 为

$$N = N(V, A, W),$$

其中 $V = \{v_1, v_2, \cdots, v_n\}$, 即顶点的个数 $|V| = n$; E 为弧 (边) 的集合, 其弧 (边) 的条数为 $|E| = m$; $W = (w_{ij})_{n \times n}$ 为 (权值) 邻接矩阵, w_{ij} 为边 (v_i, v_j) 的权值, 如果 $(v_i, v_j) \notin E$, 则令 $w_{ij} = \infty$.

1. 求距离矩阵的算法

第一步: 首先写出图的带权邻接矩阵 $\boldsymbol{W}$, 并把它作为距离矩阵的初值, 即令

$$\boldsymbol{D}_0 = (d_{ij}^{(0)})_{n \times n} = (w_{ij})_{n \times n} = \boldsymbol{W}.$$

第二步: 对 $k = 1, 2, \cdots, n$, 计算

$$\boldsymbol{D}_k = (d_{ij}^{(k)})_{n \times n},$$

其中 $d_{ij}^{(k)}$ 表示从顶点 v_i 到 v_j 且中间点仅为 $v_1, v_2, \cdots, v_k$ 的 k 个点的所有路径中最短路的长度, 计算方法为

$$d_{ij}^{(k)} = \min\{d_{ij}^{(k-1)}, d_{ik}^{(k-1)} + d_{kj}^{(k-1)}\}.$$

于是, $\boldsymbol{D}_n$ 就是从顶点 v_i 到 v_j 的路径中间可插入任何顶点的路径中最短路的路径长度 $(i, j = 1, 2, \cdots, n)$, 即 $\boldsymbol{D}_n$ 就是所求的距离矩阵.

2. 建立路径矩阵的算法

距离矩阵的计算过程中无法记录在 v_i 到 v_j 之间插入了哪些点. 这一过程可借助于路径矩阵 $\boldsymbol{R}$ 来实现.

设 $\boldsymbol{R}_{(k)} = (r_{ij}^{(k)})_{n \times n}$, 其中 $r_{ij}^{(k)}$ 表示从顶点 v_i 到 v_j 的最短路径要经过顶点编号为 $r_{ij}^{(k)}$ 的点.

算法步骤:

第一步: 赋初值: $\boldsymbol{R}_0 = (r_{ij}^{(0)})_{n \times n} = (j)_{n \times n}$.

第二步: 对 $k = 1, 2, \cdots, n$, 计算

$$r_{ij}^{(k)} = \begin{cases} k, & d_{ij}^{(k-1)} > d_{ik}^{(k-1)} + d_{kj}^{(k-1)}, \\ r_{ij}^{(k-1)}, & \text{否则}. \end{cases}$$

即由 $\boldsymbol{D}_{k-1}$ 到 $\boldsymbol{D}_k$ 的迭代, 若其中某个元素的值变小, 则在由 $\boldsymbol{R}_{k-1}$ 到 $\boldsymbol{R}_k$ 的迭代中相应地改变 k, 表示从 v_i 到 v_j 的最短路过 v_k 点比原来的中间点更短. 利用路径矩阵的记录值可以查找任意两点之间最短路的途径.

3. 最短路的路径查找算法

查找方法: 若 $r_{ij}^{(n)} = l_1$, 即表示从 v_i 到 v_j 的最短路经过中间点 v_{l_1}. 然后用同样的方法再分头查找:

◇ 向点 v_i 方向追溯得: $r_{il_1}^{(n)} = l_2, r_{il_2}^{(n)} = l_3, \cdots, r_{il_k}^{(n)} = l_k$,

◇ 向点 v_j 方向追溯得: $r_{l_1 j}^{(n)} = t_1, r_{t_1 j}^{(n)} = t_2, \cdots, r_{t_m j}^{(n)} = j$.

则由点 v_i 到 v_j 的最短路的路径为

$$\{v_i, v_{l_k}, v_{l_{k-1}}, \cdots, v_{l_1}, v_{t_1}, v_{t_2}, \cdots, v_{t_m}, v_j\}.$$

Floyd 算法如下:

第一步: 初始化: 对 $i, j = 1, 2, \cdots, n$, 令 $d(i,j) = w(i,j), r(i,j) = j, k = 1$.

第二步: 更新 $d(i,j) = w(i,j), r(i,j) = j$. 对 $\forall i, j$, 若 $d(i,j) > d(i,k) + d(k,j)$, 则令 $d(i,j) = d(i,k) + d(k,j), r(i,j) = k$.

第三步: 如果 $k = n$, 停止; 否则, 令 $k = k + 1$, 转第二步.

这个算法适合于在矩阵上计算.

例 11.5 求图 11.7 所示网络中所有点之间的有向路.

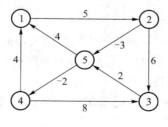

图 11.7

解 首先写出它的带权邻接矩阵作为距离矩阵 $\boldsymbol{D}_{(0)} = (d_{ij})$ 和路径矩阵 $\boldsymbol{R}_{(0)} = (r_{ij})$:

$$\boldsymbol{D}_{(0)} = \begin{bmatrix} 0 & 5 & \infty & \infty & \infty \\ \infty & 0 & 6 & \infty & -3 \\ \infty & \infty & 0 & \infty & 2 \\ 4 & \infty & 8 & 0 & \infty \\ 4 & \infty & \infty & -2 & 0 \end{bmatrix},$$

$$\boldsymbol{R}_{(0)} = \begin{bmatrix} 1 & 2 & 3 & 4 & 5 \\ 1 & 2 & 3 & 4 & 5 \\ 1 & 2 & 3 & 4 & 5 \\ 1 & 2 & 3 & 4 & 5 \\ 1 & 2 & 3 & 4 & 5 \end{bmatrix}.$$

用矩阵 $\boldsymbol{D}_{(0)}$ 的第一列和第一行来修改其余的 d_{ij}, 即作

$$d_{ij} := \min\{d_{ij}, d_{i1} + d_{1j}\},$$

得

$$\boldsymbol{D}_{(1)} = \begin{bmatrix} 0 & 5 & \infty & \infty & \infty \\ \infty & 0 & 6 & \infty & -3 \\ \infty & \infty & 0 & \infty & 2 \\ 4 & 9 & 8 & 0 & \infty \\ 4 & 9 & \infty & -2 & 0 \end{bmatrix},$$

$$\boldsymbol{R}_{(1)} = \begin{bmatrix} 1 & 2 & 3 & 4 & 5 \\ 1 & 2 & 3 & 4 & 5 \\ 1 & 2 & 3 & 4 & 5 \\ 1 & 1 & 3 & 4 & 5 \\ 1 & 1 & 3 & 4 & 5 \end{bmatrix}.$$

然后对矩阵 $\boldsymbol{D}_{(1)}$ 用其第二列和第二行来修正其余的 d_{ij}, 即作

$$d_{ij} := \min\{d_{ij}, d_{i2} + d_{2j}\},$$

得

$$\boldsymbol{D}_{(2)} = \begin{bmatrix} 0 & 5 & 11 & \infty & 2 \\ \infty & 0 & 6 & \infty & -3 \\ \infty & \infty & 0 & \infty & 2 \\ 4 & 9 & 8 & 0 & 6 \\ 4 & 9 & 15 & -2 & 0 \end{bmatrix},$$

$$\boldsymbol{R}_{(2)} = \begin{bmatrix} 1 & 2 & 2 & 4 & 2 \\ 1 & 2 & 3 & 4 & 5 \\ 1 & 2 & 3 & 4 & 5 \\ 1 & 1 & 3 & 4 & 5 \\ 1 & 1 & 3 & 4 & 5 \end{bmatrix}.$$

依次类推, 得

$$\boldsymbol{D}_{(3)} = \begin{bmatrix} 0 & 5 & 11 & \infty & 2 \\ \infty & 0 & 6 & \infty & -3 \\ \infty & \infty & 0 & \infty & 2 \\ 4 & 9 & 8 & 0 & 6 \\ 4 & 9 & 15 & -2 & 0 \end{bmatrix},$$

$$\boldsymbol{R}_{(3)} = \boldsymbol{R}_{(2)}.$$

$$\boldsymbol{D}_{(4)} = \begin{bmatrix} 0 & 5 & 11 & \infty & 2 \\ \infty & 0 & 6 & \infty & -3 \\ \infty & \infty & 0 & \infty & 2 \\ 4 & 9 & 8 & 0 & 6 \\ 2 & 7 & 6 & -2 & 0 \end{bmatrix},$$

$$\boldsymbol{R}_{(4)} = \begin{bmatrix} 1 & 2 & 2 & 4 & 2 \\ 1 & 2 & 3 & 4 & 5 \\ 1 & 2 & 3 & 4 & 5 \\ 1 & 1 & 3 & 4 & 1 \\ 4 & 4 & 4 & 4 & 5 \end{bmatrix}.$$

$$\boldsymbol{D}_{(5)} = \begin{bmatrix} 0 & 5 & 8 & 0 & 2 \\ -1 & 0 & 3 & -5 & -3 \\ 4 & 9 & 0 & 0 & 2 \\ 4 & 9 & 8 & 0 & 6 \\ 2 & 7 & 6 & -2 & 0 \end{bmatrix},$$

$$\boldsymbol{R}_{(5)} = \begin{bmatrix} 1 & 2 & 2 & 2 & 2 \\ 5 & 2 & 5 & 5 & 5 \\ 5 & 5 & 3 & 5 & 5 \\ 1 & 1 & 3 & 4 & 2 \\ 4 & 4 & 4 & 4 & 5 \end{bmatrix}.$$

根据 $\boldsymbol{R}_{(5)}$, 可以找出各点对之间的最短路的路径. 例如求点 5 到点 2 的最短路的路径, 因为 $r_{52} = 4, r_{42} = 1, r_{12} = 2$, 所以从点 5 到点 2 的最短路为

$$P_{52} = \{(5,4),(4,1),(1,2)\}.$$

又如:

$$P_{32} = \{(3,5),(5,4),(4,1),(1,2)\}, \ P_{21} = \{(2,5),(5,4),(4,1)\}.$$

现在让我们简单分析一下 Floyd 算法的复杂性. 因为对于每个 m, 需要计算 $(n-1)(n-2)$ 个算式:

$$d_{ij} := \min\{d_{ij}, d_{ik} + d_{kj}\}.$$

而每个算式要作一次加法和一次比较; 另外, m 总共取 n 个值, 所以总的计算量为

$$2n(n-1)(n-2) \sim O(n^3).$$

11.4   最短路问题的 MATLAB 求解

根据求解最短路问题的算法, 编写相应的 MATLAB 函数文件, 对具体问题进行求解.

下面给出最短路径算法的几个 MATLAB 实现, 以供读者参考.

1. Dijkstra 算法

根据算法描述, 给出由 X. D. Ding 编写的求解最短路径的 Dijkstra 算法程序代码.

输入参数: 起点 i, 顶点数 m, 图的带权邻接矩阵 $\boldsymbol{W}$.

输出参数: 从起点到图中任意点的最短路径矩阵 $\boldsymbol{S}$ 及对应最短路径的权和 (长度) 大小 $\boldsymbol{D}$ (行向量).

```
function[S,D]=minRoute(i,m,W)
    %图与网络论中求最短路径的Dijkstra算法 M-函数
    %格式[S,D]=minRoute(i,m,W)
    %i为最短路径的起始点，m为图顶点数,W为图的带权邻接矩阵,
    %不构成边的两顶点之间的权用inf表示. 显示结果为:S的每
    %一列从上到下记录了从始点到终点的最短路径所经顶点的序号;
    %D是一行向量,记录了S中所示路径的大小;
    %例如
    %clear;w=inf*ones(6);w(1,3)=10;w(1,5)=30;
```

```
      %w(1,6)=100;w(2,3)=5;w(3,4)=50;w(4,6)=10;
      %w(5,4)=20;w(5,6)=60;
      %i=1;[S,D]=minRoute(i,6,w)
      % By X.D. Ding June 2000
dd=[ ];tt=[ ];ss=[ ];ss(1,1)=i;V=1:m;V(i)=[ ];dd=[0;i];
      %dd的第二行是每次求出的最短路径的终点,第一行是最短路径的值
kk=2;[mdd,ndd]=size(dd);
while ~isempty(V)
    [tmpd,j]=min(W(i,V));tmpj=V(j);
    for k=2:ndd
        [tmp1,jj]=min(dd(1,k)+W(dd(2,k),V));
        tmp2=V(jj);tt(k-1,:)=[tmp1,tmp2,jj];
    end
    tmp=[tmpd,tmpj,j;tt];[tmp3,tmp4]=min(tmp(:,1));
    if tmp3==tmpd, ss(1:2,kk)=[i;tmp(tmp4,2)];
    else,tmp5=find(ss(:,tmp4)~=0);tmp6=length(tmp5);
        if dd(2,tmp4)==ss(tmp6,tmp4)
            ss(1:tmp6+1,kk)=[ss(tmp5,tmp4);tmp(tmp4,2)];
            else, ss(1:3,kk)=[i;dd(2,tmp4);tmp(tmp4,2)];
        end;end
    dd=[dd,[tmp3;tmp(tmp4,2)]];V(tmp(tmp4,3))=[ ];
    [mdd,ndd]=size(dd);kk=kk+1;
end; S=ss; D=dd(1,:);
```

例 11.6 利用 MATLAB 程序求图 11.7 所示网络中从点 2 出发到其他所有点的有向路.

解 首先将上述程序以文件 "minRoute.m" 的名字保存在当前目录 "\bin" 下, 在 MATLAB 命令窗口下输入如下命令:

```
>> A=[0 5 inf inf inf;inf 0 6 inf -3;inf inf 0 inf 2;4 9 8 0 inf;
    4 9 inf -2 0];
>> [S,D]=minRoute(2,5,A)
```

运行结果为

```
    S=
      2    2    2    2    2
      0    5    5    5    5
```

```
     0      0      4      4      4
     0      0      0      1      3
D=
     0     -3     -5     -1      3
```

结果显示: 从点 2 到点 1 的最短路径为 $\{v_2, v_5, v_4, v_1\}$, 路径长度为 -1. 与人工计算结果相同.

2. Floyd 算法的 MATLAB 示例程序

输入参数: 图的邻接矩阵 a.

输出参数: 距离矩阵 D 和最短路径矩阵 R.

MATLAB 程序代码如下:

```
% floydSPR算法
% a    赋权邻接矩阵
% D    距离矩阵
% R    最短路径矩阵
% By GreenSim Group
function[D,Rl=floydSPR(a)
n=size(a,1);
D=a;
R=zeros(n,n);
  for i=1:n
    for j=1:n
     if D(i,j)~=inf
      R(i,j)=j;
     end
    end
  end
 for k=1:n
   for i=1:n
     for j=1:n
      if D(i,k)+D(k,j)<D(i,j)
         D(i,j)=D(i,k)+D(k,j);
         R(i,j)=R(i,k);
      end
    end
```

```
   end
 end
```
例 11.7 利用 Floyd 算法求图 11.7 中所有顶点之间的最短路.

解 首先将上述程序以文件 "floydSPR.m" 的名字保存在 "\bin" 目录下, 然后在 MATLAB 窗口下, 运行

```
>> A=[0 5 inf inf inf;inf 0 6 inf -3;inf inf 0 inf 2;4 9 8 0 inf;
      4 9 inf -2 0];
>> [D,R]=floydSPR(A)
```
运行结果为

```
D=
    0    5    8    0    2
   -1    0    3   -5   -3
    4    9    0    0    2
    4    9    8    0    6
    2    7    6   -2    0
R=
    1    2    2    2    2
    5    2    5    5    5
    5    5    3    5    5
    1    1    3    4    2
    4    4    4    4    5
```
结果与例 11.5 完全相同.

思考与练习十一

1. 某公司在六个城市 $c_1, c_2, \cdots, c_6$ 中有分公司, 已知从城市 c_i 到 c_j $(i, j = 1, 2, \cdots, 6)$ 的连通情况及其费用大小列于以下带权邻接矩阵 C 中:

$$C = \begin{bmatrix} 0 & 50 & \infty & 40 & 25 & 10 \\ 50 & 0 & 15 & 20 & \infty & 25 \\ \infty & 15 & 0 & 10 & 20 & \infty \\ 40 & 20 & 10 & 0 & 10 & 25 \\ 25 & \infty & 20 & 10 & 0 & 55 \\ 10 & 25 & \infty & 25 & 55 & 0 \end{bmatrix},$$

其中 ∞ 表示无直通线路.

(1) 判断该邻接矩阵对应的是有向图还是无向图;

(2) 画出对应的赋权图;

(3) 求从中心城市出发, 到其他城市的最小费用路线及费用大小.

2. 旅行路线规划问题

某游客拟从北京 (Pe) 出发, 乘飞机到东京 (T)、纽约 (N)、墨西哥城 (M)、伦敦 (L)、巴黎 (Pa) 五个城市去旅游, 各城市之间的相互距离见表 11.1 所示. 要求每个城市恰好去一次, 再回北京, 应如何安排旅行路线使旅程最短?

表 11.1   各城市之间的航线距离

	L	M	N	Pa	Pe	T
L		56	35	21	51	60
M	56		21	57	78	70
N	35	21		36	68	68
Pa	21	57	36		51	61
Pe	51	78	68	51		13
T	60	70	68	61	13	

第十二章 数据的描述性统计方法

    所谓**数据**就是关于自然、社会现象和科学试验的定量或定性的记录, 是科学研究最重要的基础. 大多数人所理解的数据一般为数字形式出现的定量数据, 如价格、身高、体重、物理或化学实验结果等; 还有一部分数据是逻辑形式的数据, 如硬币的 "正面" 与 "反面"、计算机逻辑判别中 "是" 与 "非"、产品质量的 "合格" 与 "不合格" 等. 随着计算机科学技术的快速发展, 我们把所有可以被计算识别、存储、分析、处理和加工的对象都称为数据, 如文本、数字信号、图像、声音等.

    数据是信息的载体, 分析数据的目的就是要从中发现所包含的主要信息. 而数据样本少则几个, 多则成千上亿个, 尤其是现代信息与数字技术的快速发展与普及应用, 数据维数与数量快速膨胀, 即所谓的大数据时代的来临. 如何从所收集的海量数据中通过分析整理, 发现有用的信息, 并能用少量几个能包含其最多相关信息的统计指标来体现数据样本总体的特征或规律, 是数据统计的重要任务. 数据处理就是搜集、整理、加工和分析统计数据, 使之系统化、条理化, 以显示出数据整体的趋势、特征和数量关系.

    对数据进行收集、分析并解释其数据信息的数学理论就是统计学. 统计学的理论基础是概率论与数理统计, 是一门由抽象的公理、定理和严谨的推导证明组成的完整的科学理论体系. 掌握这门科学并能够熟练应用于科学与工程及社会实践, 并不是一件容易的事, 尤其是对非数学学科的学生. 但这并不妨碍其理论的应用, 事实上统计学在其他学科领域已经有了成功而广泛的应用, 并诞生了许多交叉学科, 如教育统计、经济统计、社会统计、环境统计等.

    统计分析分为统计描述和统计推断两个部分. 统计描述或描述性统计是统计推断的基础, 主要是通过收集原始数据, 并加工整理可用的数据表, 进而通过计算描述性统计量、编制统计表、绘制统计图等方法来给出数据信息. 通过有限的、不确定的样本信息的统计分析结果, 进而对整个总体做出判断或决策的方法, 就是统计推断的研究领域. 例如, 要知道全国所有 18 岁青年的平均身高, 而对所有年满 18 岁的青年进行实际测量是不现实的, 通常是通过随机抽取一定数量 (有限个) 代表性强的个体进行测量, 然后根据样本观测数据进行统计分析, 进而推断出所有 18 岁青年的平均身高. 简单地说, 统计学的任务就是由样本推断总体.

本章采用 MATLAB 的统计工具箱 (Statistics Toolbox) 来实现数据的统计描述和分析.

12.1 概率论初步

自然界中发生的现象总的来说可以概括为两大现象, 即**确定性现象**和**随机现象**. **确定性现象**是指在一定条件下发生的结果可以预知的现象, 即必然现象; 而**随机现象**是指产生的结果是不可预知的, 我们称之为偶然现象或随机现象, 如新生儿的性别、抛掷硬币时出现 "正面" 还是 "反面" 等. 对某事物的特征进行抽样观察, 称为**试验**. 相同条件下进行的重复性的、且已知可能结果但试验结果不可预知的试验, 称为**随机试验 (random experiment)**.

随机试验结果的定量化描述:

(1) 许多随机试验的结果都可以直接用数量来表示. 例如, 一批产品中的次品数, 射击过程中射击手击中的环数, 某段时间内电话总机接到的呼叫次数, 学生的身高, 上下车的流量, 河流断面水质浓度等.

(2) 也有一些随机试验的结果不是用数量表示的, 而表现为某种属性, 然而可以数量化. 例如, 在掷硬币试验中, 每次出现的结果不是 "正面" 就是 "反面", 我们常常用数 "1" 和 "0" 分别表示出现正面和反面. 一般地, 对于随机事件 A, 可设

$$X = \begin{cases} 1, & \text{如果 } A \text{ 发生}, \\ 0, & \text{如果 } A \text{ 不发生}. \end{cases}$$

随机试验所有可能的结果组成的集合称为**样本空间**; 随机试验的每一个结果, 称为**样本点**或样本空间的**元素**. 由一个样本点组成的单点集称为一个**基本事件**; 由满足某些条件的样本点所组成的集合称为**随机事件**.

频率与概率: 设在相同条件下进行的 n 次试验中, 事件 A 发生了 m 次. 则称 m 为事件 A 发生的**频数**, 而 $\frac{m}{n}$ 称为事件 A 发生的**频率**. 当试验次数足够多

时, 若事件 A 发生的频率稳定在某个值附近, 则称该值为事件 A 发生的**概率**, 记为 $P(A)$.

在样本空间中, 每一个样本点对应着一个实验结果, 即与一个实数 X 对应, 称 X 为样本空间上的**随机变量 (random variable)**. 通常, 随机变量用大写字母 X, Y 等表示.

对于随机变量, 一般分两类进行讨论. 如果随机变量的取值只有有限个或无限可列个, 则称这种随机变量为**离散型随机变量**. 其余的统称为**非离散型随机变量**, 在非离散型随机变量中, 最重要的一类也是实际工作中遇到最多的是**连续型随机变量**.

在大量重复性试验中, 描述随机变量取值概率的函数称为**概率分布**.

12.1.1 一维随机变量及其分布

1. 随机变量的分布特征: 分布函数和概率密度函数
随机变量的分布特征由它的 (概率) 分布函数或概率密度函数来描述.

(1) 分布函数与分布列

设有随机变量 X, 其**分布函数 (distribution function)** 定义为事件 $\{X \leqslant x\}$ 发生的概率, 即

$$F(x) = P(X \leqslant x).$$

显然, 分布函数满足如下性质:

① $0 \leqslant F(x) \leqslant 1$;

② $F(x)$ 是一个单调非减函数;

③ $F(x)$ 是右连续函数, 即 $\lim\limits_{x \to a^+} F(x) = F(a)$;

④ $F(-\infty) = \lim\limits_{x \to -\infty} F(x) = 0$, $F(+\infty) = \lim\limits_{x \to +\infty} F(x) = 1$;

⑤ $P(a < X \leqslant b) = F(b) - F(a)$;

⑥ $P(X > a) = 1 - P(X \leqslant a) = 1 - F(a)$.

若 X 为离散型随机变量, 且其所有可能的取值结果为: $x_k, k = 1, 2, \cdots$, 则称

$$P(X = x_k) = p_k$$

为随机变量 X 的**分布列**, 其中 p_k 为在随机性重复试验中, 事件 $\{X = x_k\}$ 发生的概率. 则其相应的**分布函数**为

$$F(x) = \sum_{x_k \leqslant x} p_k.$$

(2) 概率密度函数

若 X 是连续型随机变量, 存在一非负可积函数 $f(x)$, 使对任意的实数 x, 有

$$F(x) = P(X \leqslant x) = \int_{-\infty}^{x} f(t)\,\mathrm{d}t. \tag{12.1}$$

称 $f(x)$ 为随机变量 X 的**概率密度函数 (probability density function)**, 或称**概率密度**.

由定义可知, $f(x)$ 具有如下性质:

① $f(x) \geqslant 0$;

② $\displaystyle\int_{-\infty}^{+\infty} f(x)\mathrm{d}x = 1$;

③ 对任意实数 x_1, x_2 $(x_1 \leqslant x_2)$, 有

$$P(x_1 < X \leqslant x_2) = F(x_2) - F(x_1) = \int_{x_1}^{x_2} f(x)\mathrm{d}x;$$

④ 若 $f(x)$ 在点 x 处连续, 则有 $F'(x) = f(x)$.

(3) 分布函数与概率密度函数几何意义

① 分布函数 $F(x)$ 是其概率密度函数 $f(x)$ 在 $(-\infty, x]$ 区间内的积分面积, 是随机变量 X 取值不超过 x 的累积概率.

② 连续型随机变量 X 落在某一区间内的概率, 在数值上等于概率密度函数曲线在该区间上的曲边梯形的面积.

③ 概率密度函数 $f(x)$ 反映了随机变量的取值在 x 点附近的密集程度.

④ 连续型随机变量取某一固定值 a 的概率为 0. 即对连续型随机变量而言, 讨论随机变量取某一个具体值 $X = x$ 的概率并没有实际意义, 如我们并不关心某一瞬时来电个数或通过某一路段的车辆数, 真正关心的是在某一时间间隔内来电次数或通过某路段的车流量.

(4) 分位数

分位数是概率分布计算中常用的一个概念, 其定义为: 对于 $0 < \alpha < 1$, 使某分布函数

$$F(x) = P(X \leqslant x) = 1 - \alpha \quad \text{或} \quad F(x) = P(X > x) = \alpha \tag{12.2}$$

的 x, 称为该分布的 α **分位数**, 记作 x_α, 如图 12.1 所示.

2. 随机变量的数字特征: 数学期望和方差

概率分布反映了随机变量取值概率的变化规律和分布特征, 单靠分布函数或概率密度函数无法从整体上全部反映数据的特征, 通常还需要提供一些数字指标来权衡. 常用的有数学期望和方差.

数学期望: 数学期望反映了随机变量取值或分布的位置特征.

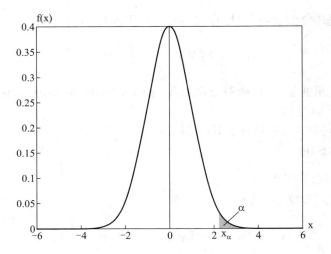

图 12.1　概率密度函数的 α 分位数示意图

若随机变量 X 是离散型的, 则其**数学期望** (或**均值**) 定义为

$$E(X) = \sum_{k=1}^{+\infty} x_k p_k. \tag{12.3}$$

式中, p_k 是随机变量 X 取 x_k 时的概率, 即 $P(X = x_k) = p_k$, $k = 1, 2, \cdots$. 显然数学期望是以概率为权值的加权平均值.

若随机变量 X 是连续型的, 则其数学期望为

$$E(X) = \int_{-\infty}^{+\infty} x f(x) \mathrm{d}x. \tag{12.4}$$

式中, $f(x)$ 是随机变量 X 的概率密度函数.

方差: 方差描述的是随机变量 X 取值偏离其均值的程度, 定义为

$$D(X) = E\{[X - E(X)]^2\} = E(X^2) - [E(X)]^2. \tag{12.5}$$

若 X 是离散型随机变量, 且其分布列为 $P(X = x_k) = p_k$, $k = 1, 2, \cdots$, 则

$$D(X) = \sum_{k=1}^{+\infty} [x_k - E(X)]^2 p_k.$$

若 X 是连续型随机变量, 且其概率密度函数为 $f(x)$, 则其方差为

$$D(X) = \int_{-\infty}^{+\infty} [x - E(X)]^2 f(x) \mathrm{d}x.$$

12.1.2 多元随机变量及其分布*

现实生活和科学研究中, 绝大部分随机现象是多元问题, 如描述人的身高、体重、胸围、肤色等, 食物的色、香、味、各类营养成分、价格等, 影响葡萄品质的因素如光照、湿度、降水、土壤等, 顾客到商场购物的品种、数量等.

1. 多元随机变量的分布特征

若 $X_1, X_2, \cdots, X_n$ 是 n 个一维随机变量, 则称 $(X_1, X_2, \cdots, X_n)$ 为 n **维随机向量**. 其**联合分布函数**定义为

$$F(x_1, x_2, \cdots, x_n) = P(X_1 \leqslant x_1, X_2 \leqslant x_2, \cdots, X_n \leqslant x_n)$$
$$= \int_{-\infty}^{x_1} \int_{-\infty}^{x_2} \cdots \int_{-\infty}^{x_n} f(x_1, x_2, \cdots, x_n) \mathrm{d}x_1 \mathrm{d}x_2 \cdots \mathrm{d}x_n,$$

其中, $f(x_1, x_2, \cdots, x_n)$ 为非负可积函数, 称为随机变量 $X_1, X_2, \cdots, X_n$ 的**联合分布密度函数**.

进一步地, 若随机变量 $X_1, X_2, \cdots, X_n$ 相互独立, 则其联合分布函数可以表示为

$$F(x_1, x_2, \cdots, x_n) = F_1(x_1) F(x_2) \cdots F(x_n).$$

特别地, 对二维随机变量 X, Y, 其联合分布函数 $F(x, y)$ 为

$$F(x, y) = P(X \leqslant x, Y \leqslant y) = \int_{-\infty}^{x} \int_{-\infty}^{y} f(x, y) \mathrm{d}x \mathrm{d}y.$$

进一步地, 若 X, Y 相互独立, 则

$$F(x, y) = P(X \leqslant x) P(Y \leqslant y) = F_1(x) F_2(y).$$

2. 多元随机变量的数字特征

对于高维情形, 除了要研究各个随机变量的数学期望和方差外, 还需要研究随机变量之间关联关系的数字指标, 即协方差和相关系数. 仅以二维情形进行描述.

协方差: 若 X, Y 是二维随机变量, 则称

$$\mathrm{Cov}(X, Y) = E\{[X - E(X)][Y - E(Y)]\}$$

为随机变量 X 与 Y 之间的**协方差** (covariance).

相关系数: 称

$$\rho(X, Y) = \frac{\mathrm{Cov}(X, Y)}{\sqrt{D(X)} \sqrt{D(Y)}}$$

为随机变量 X 与 Y 之间的**相关系数** (correlation coefficient). 特别地, 若 $\rho(X, Y) = 0$, 称随机变量 X 与 Y **不相关**.

12.2　统计的基本概念

12.2.1　总体和样本

总体又称**母体**, 是研究对象的全体. 如工厂一天生产的全部产品, 全体在校大学生的身高等.

总体中的每一个基本单位称为**个体**. 个体的特征用一个变量 (如 x) 来表示. 如一件产品是合格品, 记为 $x = 0$; 是废品, 记为 $x = 1$; 一个身高 170 cm 的学生, 记为 $x = 170$ cm; 等等.

从总体中随机产生的若干个个体的集合称为**样本**, 如 n 件产品, 100 名学生的身高, 或一根轴直径的 10 次测量结果. 实际上样本就是从总体 X 中随机抽样取得的一批数据, 不妨记作 $x_1, x_2, \cdots, x_n$, 称 n 为**样本容量**.

12.2.2　频数表和直方图

由于试验的随机性, 试验结果往往也是随机的, 即样本数据往往呈现出杂乱无章的状态. 由一组杂乱无章的数据无法判定数据的分布特征, 进而无法做出合理的分布假设. 对样本数据进行直观分析, 可以看做是做出分布规律假设的第一步, 常用的方法是进行频数统计和作直方图.

将数据取值范围划分为若干个区间, 统计这组数据在每个区间中出现的次数, 称为**频数**, 由此得到一个频数表. 以数据的取值为横坐标, 频数为纵坐标, 画出一个阶梯形图, 称为**直方图**或**棒形图**, 又称**频数分布图**.

直方图是直观观察样本数据分布特征的重要手段, 是做出建模中分布假设的重要依据.

例 12.1　学校随机抽取 100 名学生, 测量他们的身高和体重, 所得数据如表 12.1 所示. 试利用 MATLAB 绘制学生的身高与体重的频数分布图.

解　首先导入样本数据, 方法如下:

(1) 从 Excel 表格中导入数据.

首先将如表 12.1 所示的数据以 Excel 电子表格的形式保存在 MATLAB 当前目录下, 并以文件名 "student.xlsx" 命名. 然后调用 xlsread( ) 函数, 读取数据文件. 调用方法如下:

```
a=xlsread('student.xlsx')
```

数据读取的结果保存在变量 "a" 中. 注意: 若电子表格的数据文件不在当前目录下, 应在读取时给出文件所在的目录路径.

(2) 从文本文件中导入数据.

表 12.1 学生的身高和体重

身高	体重	身高	体重	身高	体重	身高	体重	身高	体重
172	75	169	55	169	64	171	65	167	47
171	62	168	67	165	52	169	62	168	65
166	62	168	65	164	59	170	58	165	64
160	55	175	67	173	74	172	64	168	57
155	57	176	64	172	69	169	58	176	57
173	58	168	50	169	52	167	72	170	57
166	55	161	49	173	57	175	76	158	51
170	63	169	63	173	61	164	59	165	62
167	53	171	61	166	70	166	63	172	53
173	60	178	64	163	57	169	54	169	66
178	60	177	66	170	56	167	54	169	58
173	73	170	58	160	65	179	62	172	50
163	47	173	67	165	58	176	63	162	52
165	66	172	59	177	66	182	69	175	75
170	60	170	62	169	63	186	77	174	66
163	50	172	59	176	60	166	76	167	63
172	57	177	58	177	67	169	72	166	50
182	63	176	68	172	56	173	59	174	64
171	59	175	68	165	56	169	65	168	62
177	64	184	70	166	49	171	71	170	59

　　将保存有学生身高和体重数据的文本数据文件 "student.txt" 保存在 MAT-LAB 当前目录下, 注意数据列之间用空格键或逗号分隔, 保存结果中不能含有 "身高、体重" 等标题信息, 只保存数据即可, 否则会出现读取错误. MATLAB 读取此类数据的方式, 是通过调用 load 命令, 调用方法如下:

load student.txt

数据提取的结果保存在同名变量 "student" 中.

　　(3) 如数据量不大, 也可以直接把数据文件中的数据通过复制、粘贴方式导入到 MATLAB 中, 即首先在命令窗口下定义数组界定符 [ ], 并指定一个赋值变量, 方法如下:

变量名=[在此处点击鼠标右键,选择粘贴或Ctrl+v]

执行结果是把复制的数据通过粘贴方式赋值给指定的变量.

其次, 作频数表及直方图. 用 hist( ) 函数实现.

调用格式: [N,X]=hist(Y,M)

功能说明: 将数组 Y 的取值区间 [min(Y),max(Y)] 等分为 M 个子区间 (缺省时, M 设定为 10), 并绘制数组 (行、列均可) Y 的频数表. N 返回 M 个子区间的频数, X 返回 M 个子区间的中点. 若无输出选项, 直接绘制统计直方图.

编制 MATLAB 程序如下:

```
a=xlsread('student.xlsx');  %从Excel表导入数据
height=a(:,1:2:10);         %提取身高数据
weight=a(:,2:2:10);         %提取体重数据
height=height(:);           %拉伸为一个列向量
weight=weight(:);           %拉伸为一个列向量
[n1,x1]=hist(height);       %计算数据在各子区间的频数和区间中点
[n2,x2]=hist(weight);       %计算数据在各子区间的频数和区间中点
subplot(1,2,1),hist(height),title('Height of Students')
                            %并排绘制第一个直方图
subplot(1,2,2),hist(weight),title('Weight of Students')
                            %并排绘制第二个直方图
```

绘图结果如图 12.2 所示.

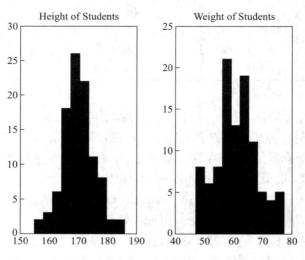

图 12.2 学生身高与体重频数分布图

直观分析观察可得出学生的身高大致服从正态分布的结论.

12.2.3 统计量

为了研究总体的分布规律, 就需要对总体进行抽样观察, 并根据观察结果来推断总体的分布特征, 这一过程就是我们熟知的**抽样**. 样本是统计推断的依据, 但在实际计算时, 需要构造指标, 即基于样本的函数也称统计量. **统计量**是描述和反映样本数量和分布特征的函数, 是对总体进行统计推断的基础.

若从某个总体中随机地抽取 n 个**个体**, 不妨记为: $X_1, X_2, \cdots, X_n$. 称 $(X_1, X_2, \cdots, X_n)$ 为该总体的一个**样本**. 若 $(X_1, X_2, \cdots, X_n)$ 相互独立, 且每个 X_i $(i = 1, 2, \cdots, n)$ 与总体 X 具有相同的分布, 则称 $(X_1, X_2, \cdots, X_n)$ 为简单随机样本. 样本中所含个体的个数 n 称为**样本容量**. 由于抽样是随机进行的, 因此抽取的每个个体 X_i 也是随机的, 即 X_i 也是随机变量. 也就是说样本 $(X_1, X_2, \cdots, X_n)$ 本身可以视为一个随机向量, 只要抽样完成, 则 $X_1, X_2, \cdots, X_n$ 的取值 $x_1, x_2, \cdots, x_n$ 就可以确定了. 称 $x_1, x_2, \cdots, x_n$ 为样本 $X_1, X_2, \cdots, X_n$ 的**样本观测值**.

设 $X_1, X_2, \cdots, X_n$ 是来自总体 X 的一个样本, $g(X_1, X_2, \cdots, X_n)$ 是样本 $X_1, X_2, \cdots, X_n$ 的函数, 且函数 g 中不含任何未知参数, 则称 $g(X_1, X_2, \cdots, X_n)$ 是一个统计量. 若 $x_1, x_2, \cdots, x_n$ 为样本 $X_1, X_2, \cdots, X_n$ 的样本观测值, 则 $g(x_1, x_2, \cdots, x_n)$ 就是统计量 $g(X_1, X_2, \cdots, X_n)$ 的函数值.

下面我们介绍几种常用的统计量.

1. 描述集中程度和位置的统计量

样本均值, 简称均值 (**mean**), 记为 $\overline{X}$, 定义为

$$\overline{X} = \frac{1}{n} \sum_{i=1}^{n} X_i. \tag{12.6}$$

均值反映了样本观测值的集中趋势或平均水平.

中位数 (median) 是将样本观测值 $x_1, x_2, \cdots, x_n$ 排序得 $x_{(1)}, x_{(2)}, \cdots, x_{(n)}$, 位于中间位置的那个数, 记为 m_e, 定义为

$$m_e = \begin{cases} x_{\left(\frac{n+1}{2}\right)}, & \text{当 } n \text{ 为奇数时}, \\ \frac{1}{2}\left(x_{\left(\frac{n}{2}\right)} + x_{\left(\frac{n}{2}+1\right)}\right), & \text{当 } n \text{ 为偶数时}. \end{cases} \tag{12.7}$$

中位数描述了数据分布的精确中点或重心的位置, 它的值只涉及数据值的排序, 不受极端数据或异常值的影响, 常被用来度量偏斜数据的平均值.

众数 (mode) 是样本观测值中出现频率或次数最多的数值.

2. 描述分散或变异程度的统计量

描述样本数据分散 (或变异) 程度的统计量有方差、标准差、极差、变异系数等.

　　方差 (variance) 是描述数据分散程度的一个度量指标. **样本方差 (sample variance)** 是样本相对于均值的偏差平方和的平均, 记为 S^2, 计算公式为

$$S^2 = \frac{1}{n-1}\sum_{i=1}^{n}(X_i - \overline{X})^2 = \frac{1}{n-1}\left(\sum_{i=1}^{n}X_i^2 - n\overline{X}^2\right). \tag{12.8}$$

　　值得注意的是, 这里分母采用的是 $n-1$, 而不是样本容量 n, 这主要是因为偏差平方的算术平均 $\dfrac{1}{n}\sum_{i=1}^{n}(X_i - \overline{X})^2$ 是总体方差 σ^2 的有偏估计, 它低估了 σ^2, 可以证明把分母 n 改为 $n-1$ 后可以消除总体方差估计的有偏性.

　　标准差 (standard deviation) 是样本方差的平方根, 记为 S, 计算公式为

$$S = \sqrt{S^2} = \sqrt{\frac{1}{n-1}\sum_{i=1}^{n}(X_i - \overline{X})^2}. \tag{12.9}$$

　　极差 (range) 是最大值与最小值之差, 计算公式为

$$R = \max_{1\leqslant i\leqslant n} X_i - \min_{1\leqslant i\leqslant n} X_i. \tag{12.10}$$

它是描述样本数据分散程度的. 数据越分散, 其极差越大.

　　变异系数 (coefficient of variation) 是刻画样本数据相对分散性的一种度量, 记为 CV. 计算公式为

$$CV = \frac{S}{\overline{X}} \times 100\%. \tag{12.11}$$

这是一个无量纲的量.

　　k 阶原点矩, 记为 C_k, 定义为

$$C_k = \frac{1}{n}\sum_{i=1}^{n}X_i^k. \tag{12.12}$$

　　k 阶中心距, 记为 M_k, 定义为

$$M_k = \frac{1}{n}\sum_{i=1}^{n}(X_i - \overline{X})^k. \tag{12.13}$$

　　备注:

　　(1) 统计量是样本的函数形式, 实际计算其函数值时直接采用样本观测值 $x_1, x_2, \cdots, x_n$ 进行计算.

　　(2) 通常用样本的 k 阶原点矩和中心矩来分别估计总体的 k 阶原点矩和中心矩.

(3) 实际计算时, 利用样本观测值计算样本均值和方差. 为区别起见, 其符号定义通常为

$$\overline{x} = \frac{1}{n}\sum_{i=1}^{n} x_i, \quad s^2 = \frac{1}{n-1}\sum_{i=1}^{n}(x_i - \overline{x})^2 = \frac{1}{n-1}\left(\sum_{i=1}^{n} x_i^2 - n\overline{x}^2\right).$$

12.2.4 统计量的 MATLAB 实现

表 12.2 中列出了 MATLAB 统计工具箱中常用的求取统计量函数.

表 12.2 常用统计量的 MATLAB 函数

函数名称	调用格式	功能
geomean	m=geomean(x)	返回 x 的几何平均值
harmmean	m=harmmean(x)	返回 x 的调和平均值
mean	m=mean(x)	返回 x 的算术平均值
median	m=median(x)	返回 x 的中位数
range	y=range(x)	返回 x 的极差
std	y=std(x)	返回 x 的标准差
var	y=var(x)	返回 x 的方差
moment	m=moment(x,k)	返回 x 的 k 阶中心矩

注意: (1) 若标准差 S 的定义 (12.9) 中将分母 $(n-1)$ 改为 n, 则在 MATLAB 中可用 std(x,1) 和 var(x,1) 命令来实现标准差和方差; (2) 以上用 MATLAB 计算各个统计量的命令中, 若 x 为矩阵, 则作用于 x 的列, 返回一个行向量.

例 12.2 利用表 12.1 中的数据, 求学生身高、体重的样本均值、方差.

解 MATLAB 命令如下:

```
>> a=xlsread('student.xlsx');      %从Excel表导入数据
>> height=a(:,1:2:10);             %提取身高数据
>> weight=a(:,2:2:10);             %提取体重数据
>> student=[height(:),weight(:)];
%拉伸身高、体重数据为列向量, 同时合并为两个列向量的矩阵形式
>> mean(student), var(student)     %求样本均值与方差
```

运行后得相应学生样本关于身高和体重的样本均值和方差值, 分别为
样本均值:170.2500, 61.2700;样本方差:29.1793, 47.5122.

12.3　几个重要的概率分布

统计量中最重要、最常用的是样本均值和标准差. 由于样本是随机变量, 它们作为样本的函数自然也是随机变量, 当用它们推断总体时, 有多大的可靠性就与统计量的概率分布有关, 因此我们需要知道几个重要分布及其性质.

12.3.1　几个重要的概率分布及其数字特征

1. 离散型概率分布及其数字特征

(1) 二项分布 (binomial distribution)

在独立进行的每次试验中, 某事件发生的概率为 p, 则 n 次试验中该事件发生的次数 X 服从**二项分布**, 即发生 k 次的概率为

$$P_k = P(X = k) = \mathrm{C}_n^k p^k (1-p)^{n-k}, \quad k = 0, 1, \cdots, n,$$

记作 $X \sim B(n, p)$.

二项分布的数学期望为 $E(X) = np$, 方差为 $D(X) = npq, q = 1 - p$.

二项分布是 n 个独立的伯努利 (Bernoulli) 分布之和, 它描述的是只有两种结果的随机试验现象. 一般用 “成功” 或 “失败”、“合格” 或 “不合格” 来表示; 二项分布在实际问题中大量存在, 有着广泛的应用.

(2) 泊松分布 (Poisson distribution)

在重复性伯努利随机试验中, 若随机变量 X 所有可能的取值为 $0, 1, 2, \cdots$, 而事件 $\{X = k\}$ 发生的概率为

$$P(X = k) = \frac{\lambda^k \mathrm{e}^{-\lambda}}{k!}, \quad k = 0, 1, 2, \cdots,$$

这样的分布称为参数是 λ 的**泊松分布**, 记为 $P(\lambda)$.

若随机变量 $X \sim P(\lambda)$, 则其数学期望和方差均为参数 λ, 即 $E(X) = D(X) = \lambda$.

泊松分布在排队服务、产品检验、生物与医学统计、天文、物理等领域都有广泛应用. 例如: 单位时间内放射性物质放射出的粒子数, 单位时间内某电话交换台接到的呼唤次数, 单位时间内走进商店的顾客数, 公共汽车站来到的乘客数等, 均可认为服从泊松分布. 在运筹学和管理学中, 泊松分布占有很突出的地位.

2. 连续型分布及其数字特征

(1) 均匀分布 (uniform distribution)

若随机变量 X 具有概率密度函数

$$f(x) = \begin{cases} \dfrac{1}{b-a}, & x \in (a,b), \\ 0, & \text{其他}, \end{cases}$$

则称随机变量 X 在区间 (a,b) 上服从**均匀分布**, 记作 $X \sim U[a,b]$. 其分布函数为

$$F(x) = \begin{cases} 0, & x < a, \\ \dfrac{x-a}{b-a}, & a \leqslant x < b, \\ 1, & x \geqslant b. \end{cases}$$

如 $X \sim U[a,b]$, 则其数学期望与方差分别为

$$E(X) = \frac{a+b}{2}, \quad D(X) = \frac{(b-a)^2}{12}.$$

特别地, 服从 $U[0,1]$ 分布的随机变量又称为**随机数**, 它是产生其他随机变量的基础. 在实际应用中, 可以先产生 $[0,1]$ 上的均匀分布随机数, 再利用适当变换即得到任意分布函数为 $F(x)$ 的随机变量, 类似这样的处理方法称为蒙特卡罗 (Monte Carlo) 方法.

(2) 指数分布 (exponential distribution)

若随机变量 X 的概率密度函数为

$$f(x) = \begin{cases} \lambda \mathrm{e}^{-\lambda x}, & x > 0, \\ 0, & x \leqslant 0, \end{cases}$$

其中 $\lambda > 0$ 为常数, 则称 X 服从参数为 λ 的**指数分布**, 记作 $e(\lambda)$. 其分布函数为

$$F(x) = \begin{cases} 1 - \mathrm{e}^{-\lambda x}, & x \geqslant 0, \\ 0, & x < 0. \end{cases}$$

指数分布的数学期望为 $E(X) = \dfrac{1}{\lambda}$, 方差为 $D(X) = \dfrac{1}{\lambda^2}$.

指数分布在排队论、可靠性分析中有广泛应用, 如随机服务系统的服务时间等通常假定服从指数分布.

(3) 正态分布 (normal distribution)

若随机变量 X 的概率密度函数为

$$f(x) = \frac{1}{\sqrt{2\pi}\sigma}\mathrm{e}^{-\frac{(x-\mu)^2}{2\sigma^2}} \quad (-\infty < x < +\infty), \tag{12.14}$$

其中 μ、σ $(\sigma > 0)$ 为常数, 则称 X 服从参数为 μ、σ 的**正态分布**或**高斯分布**, 记为 $X \sim N(\mu, \sigma^2)$. μ 称为**均值**, σ 称为**均方差**或**标准差**.

正态分布的数学期望为: $E(X) = \mu$, 方差 $D(X) = \sigma^2$.

图 12.3 分别给出了 $\mu = 0, \sigma = 1; \mu = 0, \sigma = 2; \mu = 4, \sigma = 2$ 的正态分布概率密度曲线.

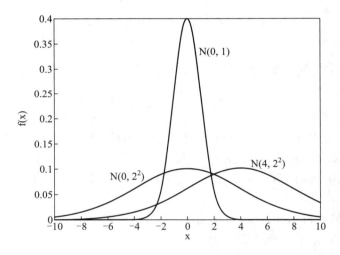

图 12.3　正态分布的概率密度函数分布特征

从图中可以看出, 正态分布的概率密度曲线呈中间高两边低、对称的钟形. 特别地, 当 $\mu = 0, \sigma = 1$ 时, 称为**标准正态分布**, 记作 $X \sim N(0, 1)$.

正态分布完全由均值 μ 和方差 σ 决定, 它的偏度为 0, 峰度为 3.

正态分布是最常见的 (连续型) 概率分布, 如成批生产时零件的尺寸、射击中弹着点的位置、仪器反复测量的结果等. 在大量相互独立的、作用差不多大的随机因素影响下形成的随机变量, 其极限分布大多为正态分布.

鉴于服从正态分布的随机变量在实际生活中十分常见, 记住下面 3 个数字是有用的:

① 68.3% 的数值落在距均值左右 1 个标准差的范围内, 即

$$P(\mu - \sigma \leqslant X \leqslant \mu + \sigma) = 0.683;$$

② 95.4% 的数值落在距均值左右 2 个标准差的范围内, 即

$$P(\mu - 2\sigma \leqslant X \leqslant \mu + 2\sigma) = 0.954;$$

③ 99.7% 的数值落在距均值左右 3 个标准差的范围内, 即

$$P(\mu - 3\sigma \leqslant X \leqslant \mu + 3\sigma) = 0.997.$$

12.3.2　常用统计量的抽样分布

(1) χ^2 分布 (chi-square distribution)

若 $X_1, X_2, \cdots, X_n$ 为相互独立的、服从标准正态分布 $N(0,1)$ 的随机变量, 则它们的平方和

$$Y = \sum_{i=1}^{n} X_i^2$$

服从 χ^2 分布, 记作 $Y \sim \chi^2(n)$, n 称为**自由度**, 其概率密度函数为

$$f(y) = \begin{cases} \dfrac{1}{2^{\frac{n}{2}}\Gamma(n/2)} y^{\frac{n}{2}-1} \mathrm{e}^{-\frac{y}{2}}, & y > 0, \\ 0, & \text{其他.} \end{cases}$$

$\chi^2(n)$ 分布的期望 $E(Y) = n$, 方差 $D(Y) = 2n$. 其分布特征如图 12.4 所示.

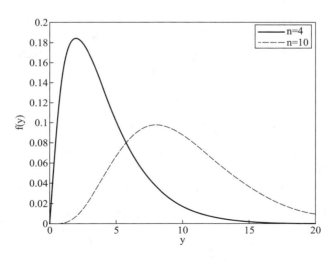

图 12.4　$\chi^2(n)$ 分布的概率密度函数分布特征

(2) t 分布

若 $X \sim N(0,1), Y \sim \chi^2(n)$, 且 X, Y 相互独立, 则

$$T = \frac{X}{\sqrt{Y/n}}$$

服从 t **分布**, 记作 $T \sim t(n)$, n 称为**自由度**.

t 分布又称学生氏 (Student) 分布. 其概率密度函数为

$$h(t) = \frac{\Gamma[(n+1)/2]}{\sqrt{\pi n}\,\Gamma(n/2)}\left(1 + \frac{t^2}{n}\right)^{-(n+1)/2}, \quad -\infty < t < +\infty.$$

其分布特征如图 12.5 所示. $t(n)$ 分布的期望值与方差分别为 $E(T) = 0, D(T) = \dfrac{n}{n-2}$.

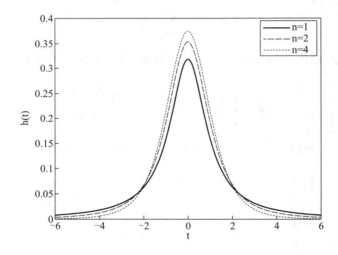

图 12.5　t 分布的概率密度函数分布特征

t 分布的概率密度函数曲线和 $N(0,1)$ 曲线形状相似. 理论上 $n \to +\infty$ 时, $T \sim t(n) \to N(0,1)$. 实际上当 $n > 30$ 时它与 $N(0,1)$ 就相差无几了.

(3) F 分布

若 $X \sim \chi^2(n_1), Y \sim \chi^2(n_2)$, 且相互独立, 则 $F = \dfrac{X/n_1}{Y/n_2}$ 服从 F **分布**, 记作 $F \sim F(n_1, n_2)$, (n_1, n_2) 分别称为**第一**和**第二自由度**. 其概率密度函数为

$$\varphi(y) = \begin{cases} \dfrac{\Gamma[(n_1+n_2)/2]}{\Gamma(n_1/2)\Gamma(n_2/2)[1+(n_1 y/n_2)]^{(n_1+n_2)/2}}\left(\dfrac{n_1}{n_2}\right)^{n_1/2} y^{n_1/2-1}, & y > 0, \\ 0, & \text{其他.} \end{cases}$$

其分布特征如图 12.6 所示.

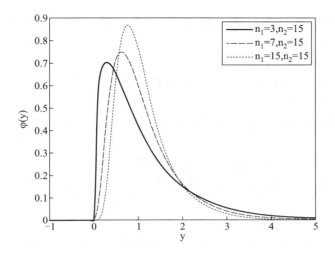

图 12.6 F 分布的概率密度函数分布特征

12.3.3 MATLAB 统计工具箱中概率分布的实现

MATLAB 统计工具箱中提供了 30 余种概率分布函数, 这里只对几种常用的概率分布列出相关命令, 如表 12.3 所示.

表 12.3 常用 MATLAB 概率密度函数和分布函数命令

命令	含义
norm	正态分布
chi2	χ^2 分布
poiss	泊松 (Poisson) 分布
t	t 分布
f	F 分布
exp	指数分布
unif	均匀分布
bino	二项分布

工具箱对每一种分布都提供了 5 类函数, 其命令是: pdf 为概率密度; cdf 为分布函数; inv 为分布函数的反函数; stat 为均值与方差; rnd 为随机数生成.

当需要一种分布的某一类函数时, 将以上所列的分布命令与函数命令接起来, 并输入自变量 (可以是标量、数组或矩阵) 和参数即可. 如

(1) p=normpdf(x,mu,sigma)

表示求均值为 mu、标准差为 sigma 的正态分布在 x 处的概率密度函数值 (mu=0, sigma=1 时可缺省).

(2) p=tcdf(x,n)

表示求自由度为 n 的 t 分布在 x 处的分布函数值.

(3) x=chi2inv(p,n)

表示求自由度为 n 的 χ^2 分布使分布函数 $F(x) = p$ 的 x 值 (即 p 分位数).

(4) [m,v]=fstat(n1,n2)

表示求自由度为 (n_1, n_2) 的 F 分布的均值 m 和方差 v.

几个分布的概率密度函数图形也可以通过这些命令组合做出, 如在 MAT-LAB 中输入如下命令:

```
x=-10:0.1:10;
y=normpdf(x,0,1); z=normpdf(x,0,2^2); u=normpdf(x,4,2^2);
plot(x,y,'-k',x,z,'-k',x,u,'-k')
gtext('N(0,1)')
gtext('N(0,2^2)')
gtext('N(4,2^2)')
```

即可绘制正态分布 $N(0,1), N(0,2^2), N(4,2^2)$ 的概率密度函数图形, 如图 12.3 所示.

分布函数的反函数的意义可以从下例看出:

如求 $N(0,1)$ 分布的 $\alpha = 0.05$ 分位数, 即求使

$$F(x) = P(X \leqslant x_\alpha) = 1 - \alpha$$

的 x_α.

MATLAB 命令为

$$x=\text{norminv}(0.95,0,1)$$

运行结果为 x = 1.6449, 即标准正态分布的 α ($\alpha = 0.05$) 分位数为 $x_\alpha = 1.6449$. 事实上, 利用分布函数可以验证

$$P(X \leqslant x_\alpha) = 1 - \alpha = 0.95.$$

MATLAB 命令为

$$p=\text{normcdf}(x,0,1)$$

运行结果为 p=0.95.

再如, 在 MATLAB 命令提示符下运行

$$x=\text{chi2inv}(0.9,10)$$

运行结果为 x = 15.9872, 即 $\chi^2(n)$ 分布在自由度 $n = 10$、$\alpha = 1 - 0.9 = 0.1$ 情况下的 α 分位数为 $x_\alpha = 15.9872$.

如果反过来计算, 运行 MATLAB 命令

$$\text{P=chi2cdf(15.9872,10)}$$

运行结果为 P = 0.9000.

12.4 参 数 估 计

与确定性模型中的参数识别一样, 对概率意义下的概率密度函数或分布函数, 同样需要依据抽样数据估计出函数中的参数值.

利用样本对总体进行统计推断的一类问题是估计总体分布的参数, 即假定已知总体的分布, 如 $X \sim N(\mu, \sigma^2)$, 估计分布的参数: μ、σ^2.

参数估计分为**点估计**和**区间估计**两种.

12.4.1 点估计

点估计是用样本统计量确定总体参数的一个数值. 分布参数的点估计方法有两种, 即矩估计方法和极大似然估计方法, 分述如下.

1. 矩估计方法

以正态分布为例说明其估计过程.

不妨设 $X_1, X_2, \cdots, X_n$ 是来自正态分布总体 $X \sim N(\mu, \sigma^2)$ 的一个样本. 利用样本求参数 μ, σ^2 的估计值

由于正态分布总体含有两个参数, 因此用样本矩近似代替总体矩时, 需要计算一、二阶原点矩.

$$E(X) = \mu,$$
$$E(X^2) = D(X) + [E(X)]^2 = \mu^2 + \sigma^2,$$

可得 μ, σ^2 的矩估计值 $\hat{\mu}, \hat{\sigma}^2$ 为

$$\begin{cases} \hat{\mu} = \dfrac{1}{n} \sum_{i=1}^{n} X_i = \overline{X}, \\ \hat{\sigma}^2 = \dfrac{1}{n} \sum_{i=1}^{n} X_i^2 - \overline{X}^2 = \dfrac{1}{n} \sum_{i=1}^{n} (X_i - \overline{X})^2. \end{cases}$$

事实上, 无论具有何种分布的总体 X, 其总体的均值与方差的矩估计的计算公式都相同, 如上式所示. 可以证明, $\hat{\mu}$ 是均值 μ 的一个无偏估计, 而 $\hat{\sigma}^2$ 是 σ^2 的一个有偏估计, 其无偏估计应为如 (12.8) 式所示的样本方差 S^2.

2. 极大似然估计方法

构造似然函数 $L(\theta) = \prod\limits_{i=1}^{n} f(x_i, \theta)$. 求 $\hat{\theta}$, 使

$$L(\hat{\theta}) = \sup_{\theta \in \Theta} L(\theta) = \sup_{\theta \in \Theta} \prod_{i=1}^{n} f(x_i, \theta)$$

极大. 这里 $f(x_i, \theta)$ 是 X_i 的概率密度函数, Θ 是参数 θ (这里, 参数 θ 可以有多个, 此时称为参数向量) 一切可能取值构成的参数空间.

似然估计是使似然函数达极大的参数估计.

12.4.2　区间估计

点估计给出了待估参数的一个实数值, 却未给出这个估计值的精度和可信程度. 一般地, 若总体的待估参数记作 θ (如 μ, σ_2), 由样本算出的 θ 的估计量记作 $\hat{\theta}$, 人们常希望给出一个区间 $[\hat{\theta}_1, \hat{\theta}_2]$, 使该区间以一定的概率包含 θ. 若有

$$P(\hat{\theta}_1 < \theta < \hat{\theta}_2) = 1 - \alpha \ (0 < \alpha < 1), \tag{12.15}$$

则 $[\hat{\theta}_1, \hat{\theta}_2]$ 称为 θ 的**置信区间**, $\hat{\theta}_1, \hat{\theta}_2$ 分别称为置信下限和置信上限, $1 - \alpha$ 称为**置信概率**或置信水平, α 称为**显著性水平**.

给出的置信水平为 $1 - \alpha$ 的置信区间 $[\hat{\theta}_1, \hat{\theta}_2]$, 称为 θ 的**区间估计**. 值得注意的是: α 越小, $1 - \alpha$ 越大, 即区间 $[\hat{\theta}_1, \hat{\theta}_2]$ 包含 θ 的概率越大, 但区间也就越长, 亦即估计的精确度就越差. 通常是在一定的置信水平下使置信区间尽量小. 通俗地说, 区间估计给出了点估计的误差范围.

区间估计是借助于构造某种统计量, 利用统计量的分布 (如 $\chi^2(n), t(n)$ 分布等) 和分位数的思想, 估计一定置信水平下参数的置信区间.

12.4.3　参数估计的 MATLAB 实现

MATLAB 统计工具箱中有专门计算总体均值、标准差的点估计和区间估计的函数. 对正态总体, 可以调用函数 normfit( ) 来估计分布参数, 调用格式为

```
[mu,sigma,muci,sigmaci]=normfit(x,alpha)
```
其中 x 为样本 (数组或矩阵), alpha 为显著性水平 α (alpha 缺省时设定为 0.05), 返回总体均值 μ 和标准差 σ 的点估计 mu 和 sigma, 及总体均值 μ 和标准差 σ 的区间估计 muci 和 sigmaci. 当 x 为矩阵时返回行向量.

对于非正态分布函数, MATLAB 统计工具箱中也提供了相应的具有特定分布总体的区间估计的函数, 如 expfit( ), poissfit( ), gamfit( ) 等. 你可以从这些字头猜出它们用于哪个分布, 具体调用格式请参阅 MATLAB 帮助系统.

例 12.3 若假定表 12.1 中学生的身高服从正态分布 $N(\mu, \sigma^2)$. 为了估计参数 μ, σ^2, 在运行例 12.2 中 MATLAB 命令的基础上, 继续运行命令:

>> [mu,sigma,a,b]=normfit(heigth,0.05)

运行后得, 学生身高分布的参数估计结果为

均值=170.2500, 置信区间为[169.1782, 171.3218];

标准差=5.4018, 置信区间为[4.7428, 6.2751].

12.5 假 设 检 验

统计推断的另一类重要问题是假设检验. 在总体的分布函数完全未知或只知其形式但不知其参数的情况, 为了推断总体的某些性质, 提出某些关于总体的假设. 例如, 提出总体服从泊松分布的假设, 又如对于正态总体提出数学期望等于 (或者大于等于、小于等于) μ_0 的假设等. 假设检验就是根据样本对所提出的假设做出判断: 是接受还是拒绝. 这就是所谓的**假设检验**问题.

12.5.1 参数的假设检验方法

这里, 我们仅给出正态总体中关于总体均值 μ 的检验理论, 对方差的检验思想与均值检验类似.

1. 单个正态总体的均值检验

设定 $X_1, X_2, \cdots, X_n$ 为来自正态分布的样本容量为 n 的样本, 记样本均值与样本方差分别为 $\overline{X}, S^2$. 则关于总体均值的假设检验为

原假设 (又称**零假设**): $H_0 : \mu = \mu_0$.

备择假设 (又称**对立假设**), 有三种可能:

$$H_1 : \mu \neq \mu_0; H_1 : \mu > \mu_0; H_1 : \mu < \mu_0.$$

(1) 总体方差 σ^2 已知情形下关于均值 μ 的检验

若 H_0 成立, 则

$$Z = \frac{\overline{X} - \mu_0}{\sigma/\sqrt{n}} \sim N(0, 1).$$

对给定的显著性水平 α, 记 $N(0,1)$ 分布的 $\alpha/2$ 分位数为 $u_{\alpha/2}$, 使得

$$P\left(|Z| = \left| \frac{\overline{X} - \mu_0}{\sigma/\sqrt{n}} \right| \leqslant u_{\alpha/2} \right) = 1 - \alpha.$$

则问题的检验规则 (称为 z **检验**或 u **检验**) 为: 当 $|z| \leqslant u_{\alpha/2}$ 时接受 H_0; 否则拒绝 H_0.

有时实际问题可能是要检验 $H_0 : \mu \geqslant \mu_0$ 或 $H_0 : \mu \leqslant \mu_0$ 的情形, 那么与之对立的假设就是 $H_1 : \mu < \mu_0$ 或 $H_1 : \mu > \mu_0$, 对这类问题的检验称为**单侧检验**.

(2) 总体方差 σ^2 未知情形下关于均值 μ 的检验

在总体方差 σ^2 未知情况下, 若 H_0 成立, 则统计量

$$T = \frac{\overline{X} - \mu_0}{S/\sqrt{n}} \sim t(n-1).$$

对给定的显著性水平 α, 记 $t(n-1)$ 分布的 $\alpha/2$ 分位数为 $t_{\alpha/2}$, 使得

$$P\left(|T| = \left| \frac{\overline{X} - \mu_0}{S/\sqrt{n}} \right| \leqslant t_{\alpha/2} \right) = 1 - \alpha.$$

则问题的检验规则 (称为 t **检验**) 为: 当 $|t| \leqslant t_{\alpha/2}$ 时接受 H_0; 否则拒绝 H_0.

2. 两个正态总体均值差的假设检验

假定 $X_1, X_2, \cdots, X_m$ 是来自正态总体 $N(\mu_1, \sigma_1^2)$ 的容量为 m 的样本, $Y_1, Y_2, \cdots, Y_n$ 是来自正态总体 $N(\mu_2, \sigma_2^2)$ 的样本容量为 n 的样本, 且两个样本相互独立. 记 $\overline{X}, \overline{Y}$ 为两个样本的均值, S_1^2, S_2^2 为两个样本的方差. 则可以提出的关于均值的假设检验为

双侧检验: $H_0 : \mu_1 = \mu_2$; $H_1 : \mu_1 \neq \mu_2$.

单侧检验: $H_0 : \mu_1 \leqslant \mu_2$; $H_1 : \mu_1 > \mu_2$ 或 $H_0 : \mu_1 \geqslant \mu_2$; $H_1 : \mu_1 < \mu_2$.

(1) 若方差 σ_1^2, σ_2^2 已知

假设检验为

$$H_0 : \mu_1 = \mu_2; H_1 : \mu_1 \neq \mu_2.$$

若 H_0 成立, 则统计量

$$Z = \frac{\overline{X} - \overline{Y}}{\sqrt{\dfrac{\sigma_1^2}{m} + \dfrac{\sigma_2^2}{n}}} \sim N(0, 1).$$

求 $N(0,1)$ 的 $\alpha/2$ 分位数 $u_{\alpha/2}$, 使

$$P\left(|Z| = \left| \frac{\overline{X} - \overline{Y}}{\sqrt{\dfrac{\sigma_1^2}{m} + \dfrac{\sigma_2^2}{n}}} \right| \leqslant u_{\alpha/2} \right) = 1 - \alpha.$$

相应地, 检验规则 (z 检验) 为: 当计算值

$$|z| = \left| \frac{\overline{x} - \overline{y}}{\sqrt{\dfrac{\sigma_1^2}{m} + \dfrac{\sigma_2^2}{n}}} \right| \leqslant u_{\alpha/2}$$

时, 接受原假设 H_0; 否则拒绝原假设 H_0, 而接受 H_1. 式中, $\overline{x}, \overline{y}$ 分别为两个样本的样本观测值的算数平均.

(2) 若方差 σ_1^2, σ_2^2 未知

假设检验为

$$H_0 : \mu_1 = \mu_2; H_1 : \mu_1 \neq \mu_2.$$

若 H_0 成立, 则统计量

$$T = \frac{\overline{X} - \overline{Y}}{\sqrt{\dfrac{S_1^2}{m} + \dfrac{S_2^2}{n}}} \sim t(m + n - 2).$$

求 $t(m + n - 2)$ 的 $\alpha/2$ 分位数 $t_{\alpha/2}$, 使

$$P\left(|T| = \left| \frac{\overline{X} - \overline{Y}}{\sqrt{\dfrac{S_1^2}{m} + \dfrac{S_2^2}{n}}} \right| \leqslant t_{\alpha/2} \right) = 1 - \alpha.$$

相应地, 检验规则 (t 检验) 为: 当计算值

$$|t| = \left| \frac{\overline{x} - \overline{y}}{\sqrt{\dfrac{s_1^2}{m} + \dfrac{s_2^2}{n}}} \right| \leqslant t_{\alpha/2}$$

时, 接受原假设 H_0; 否则拒绝原假设 H_0, 而接受 H_1. 式中, $\overline{x}, \overline{y}$ 含义同上, s_1^2, s_2^2 分别为由两样本的观测值计算而得的方差, 即

$$s_1^2 = \frac{\displaystyle\sum_{i=1}^{m}(x_i - \overline{x})^2}{m - 1}, \quad s_2^2 = \frac{\displaystyle\sum_{j=1}^{n}(y_j - \overline{y})^2}{n - 1}.$$

12.5.2 参数假设检验的 MATLAB 实现

1. 总体方差已知情形下, 对单个正态总体均值的检验

在 MATLAB 中, 已知总体方差情况下, 对总体均值的检验由函数 ztest( ) 来实现.

调用格式: `[h,p,ci]=ztest(x,mu,sigma,alpha,tail)`

其中输入参数: x 是样本观测数组; mu 是 H_0 中的 μ_0; sigma 是总体标准差 σ; alpha 是显著性水平 α (alpha 缺省时设定为 0.05); tail 是对备择假设 H_1 的选择: H_1 为 $\mu \neq \mu_0$ 时取 tail=0 (可缺省), H_1 为 $\mu > \mu_0$ 时取 tail=1, H_1 为 $\mu < \mu_0$

时, 取 tail$=-1$. 输出参数: h 返回是否接受假设 H_0 的检验结果, h=0 表示接受 H_0, h=1 表示拒绝 H_0; p 值返回在假设 H_0 成立的条件下样本均值落在置信区间内的概率, p 越小 H_0 越值得怀疑, 当 $p < \alpha$ 时, 拒绝假设 H_0; ci 是 μ_0 的置信区间.

例 12.4 某车间用一台包装机包装糖果. 包得的袋装糖果重量是一个随机变量, 它服从正态分布. 当机器正常时, 其均值为 0.5 kg, 标准差为 0.015 kg. 某日开工后为检验包装机是否正常, 随机地抽取它所包装的 9 袋糖, 称得净重为 (单位: kg)

$$0.497, 0.506, 0.518, 0.524, 0.498, 0.511, 0.520, 0.515, 0.512.$$

问机器是否工作正常?

解 已知待检验总体服从正态分布 $X \sim N(\mu, 0.015^2)$, 检验包装机工作是否正常等价于在方差 ($\sigma^2 = 0.015^2$) 已知时检验样本均值是否等于总体均值.

为此提出假设

$$H_0 : \mu = \mu_0 = 0.5; H_1 : \mu \neq 0.5.$$

执行如下 MATLAB 命令:

```
x=[0.497 0.506 0.518 0.524 0.498 0.511 0.520 0.515 0.512];
[h,p,ci]=ztest(x,0.5,0.015)
```

运行结果为

```
h=1, p=0.0248, ci=[0.5014 0.5210]
```

说明在默认显著性水平为 0.05 下, 可拒绝原假设, 即认为这天包装机工作不正常.

2. 总体方差未知情形下, 对单个正态总体均值的检验

在总体方差 σ^2 未知的情形下, 关于 μ 的检验方法采用 t 检验. 在 MATLAB 中, t 检验方法由函数 ttest( ) 来实现.

调用格式: `[h,p,ci] = ttest(x,mu,alpha,tail)`

其中输入、输出参数含义同 ztest( ) 函数.

例 12.5 某种电子元件的寿命 x (单位: h) 服从正态分布, μ, σ^2 均未知. 现得 16 只元件的寿命如下:

159, 280, 101, 212, 224, 379, 179, 264, 222, 362, 168, 250, 149, 260, 485, 170.

问是否有理由认为元件的平均寿命大于 225 h?

解 按题意需检验

$$H_0 : \mu \leqslant \mu_0 = 225; H_1 : \mu > 225.$$

取 $\alpha = 0.05$. 编制 MATLAB 命令如下:

```
x=[159  280  101  212  224  379  179  264 ...
   222  362  168  250  149  260  485  170];
[h,p,ci]=ttest(x,225,0.05,1)
```

运行结果为

```
h=0,p=0.2570,ci =[198.2321 inf]
```

说明在显著性水平为 0.05 的情况下, 应接受原假设或者说不能拒绝原假设, 即应该认为元件的平均寿命不大于 225 h.

备注: 输入参数选项也可以采用指定方式输入, 如命令行 [h,p,ci]=ttest(x, 225,0.05,1) 也可以等价地写为

```
[h,p,ci]=ttest(x,225,'Alpha',0.05,'tail','right')
```

3. 两个正态总体的均值检验 —— 成对数据均值比较

在两个总体方差相等 ($\sigma_1^2 = \sigma_2^2$) 但未知的情形下, 检验两个样本的总体均值是否相等的 MATLAB 函数为 ttest2( ).

调用格式: [h,p,ci]=ttest2(x,y,sigma,tail)

其中 x,y 为来自两个独立正态总体的样本观测数组; 参数 alpha 为显著性水平, 缺省时默认为 0.05; 参数 tail 为检验方式, 默认时为 0 (即双侧检验), 取 1 时为右侧检验 (即 $H_1 : \mu_1 > \mu_2$), 取 −1 时为左侧检验 (即 $H_1 : \mu_1 < \mu_2$). 返回结果: h=1 拒绝原假设 H_0, h=0 则接受原假设 H_0; p 为样本均值落在置信区间内的概率; ci 为样本观测值 x 的置信区间.

12.5.3 分布拟合检验

在实际问题中, 有时并不知道样本总体服从什么类型的分布, 但在处理问题时我们通常根据经验或数据观察事先做出样本总体服从何种分布的假设, 这时就需要根据样本来检验关于分布假设是否成立. 常见的分布假设检验方法为: Shapiro-Wilk 正态检验 (又称 W 检验)、皮尔逊 (Pearson) 拟合优度 χ^2 检验等, 限于篇幅, 此处不再详述, 请读者自行查阅相关概率论与数理统计方面的教科书, 在有些建模或实验类教材中也有所涉及 (如 [25, 36]).

12.6 应用案例: 专家打分的可信度评价问题

本例选自 2012 年全国大学生数学建模竞赛 A 题第一问.

问题提出 确定葡萄酒质量时一般是通过聘请一批有资质的评酒员进行品评. 每个评酒员在对葡萄酒进行品尝后对其分类指标打分, 然后求和得到其总分,

从而确定葡萄酒的质量. 今给定一批葡萄酒样品, 共 27 个, 分别由两组 (每组 10 个) 品酒员独立对各样品的葡萄酒品质进行品评后打分, 表 12.4 和表 12.5 分别给出了整理后的打分汇总结果. 试问两组评酒员的评价结果有无显著性差异? 哪一组结果更可信?

问题分析　原问题给定的数据中存在缺失数据, 因此要分析数据应首先解决缺失数据和异常数据的问题. 本问题中第一组红葡萄酒第 20 号样本中第 4 个品酒员缺色调数据, 处理方法: 取其他评酒员的均值, 计算结果为 6.

葡萄酒的质量取决于好的酿酒葡萄, 而好的酿酒葡萄受制于许多因素, 如品种、土壤、光照、湿度、降水、工艺等. 对每个品酒员而言, 好的品酒员不应受个人偏好影响, 即其打分结果的均值应尽可能接近总平均值, 同时还应能够区分酒的品质的好坏, 这就要求其打分结果应有差异性, 即方差越大越好.

基本假设

(1) 假定每个品酒员都独立打分, 即不考虑相互之间讨论的影响.

(2) 葡萄酒的抽样是完全随机的.

(3) 假定葡萄酒的总体质量服从正态分布.

模型建立　记 M 为样本容量; N 为品酒员人数; x_{ij} 为第一组第 i 个品酒员对第 j 个样本的打分结果, y_{ij} 为第二组第 i 个品酒员对第 j 个样本的打分结果, $i = 1, 2, \cdots, N, j = 1, 2, \cdots, M$. 则建立描述性统计指标如下:

$$\overline{x}_i = \frac{\sum\limits_{j=1}^{M} x_{ij}}{M}, \quad \overline{y}_i = \frac{\sum\limits_{j=1}^{M} y_{ij}}{M},$$

$$s_{1i}^2 = \frac{\sum\limits_{j=1}^{M} (x_{ij} - \overline{x}_i)^2}{M-1}, \quad s_{2i}^2 = \frac{\sum\limits_{j=1}^{M} (y_{ij} - \overline{y}_i)^2}{M-1},$$

$$R_{1i} = \max_{1 \leqslant j \leqslant M} x_{ij} - \min_{1 \leqslant j \leqslant M} x_{ij}, \quad R_{2i} = \max_{1 \leqslant j \leqslant M} y_{ij} - \min_{1 \leqslant j \leqslant M} y_{ij},$$

$$\mu_1 = \frac{\sum\limits_{i=1}^{N} \sum\limits_{j=1}^{M} x_{ij}}{NM}, \quad \mu_2 = \frac{\sum\limits_{i=1}^{N} \sum\limits_{j=1}^{M} y_{ij}}{NM},$$

$$s_1^2 = \frac{\sum\limits_{i=1}^{N} \sum\limits_{j=1}^{M} (x_{ij} - \mu_1)^2}{NM-1}, \quad s_2^2 = \frac{\sum\limits_{i=1}^{N} \sum\limits_{j=1}^{M} (y_{ij} - \mu_2)^2}{NM-1},$$

$$R_1 = \max_{1 \leqslant i \leqslant N, 1 \leqslant j \leqslant M} x_{ij} - \min_{1 \leqslant i \leqslant N, 1 \leqslant j \leqslant M} x_{ij},$$

$$R_2 = \max_{1 \leqslant i \leqslant N, 1 \leqslant j \leqslant M} y_{ij} - \min_{1 \leqslant i \leqslant N, 1 \leqslant j \leqslant M} y_{ij},$$

表 12.4 第一组评酒员的品评结果

样本编号	品酒员 1	品酒员 2	品酒员 3	品酒员 4	品酒员 5	品酒员 6	品酒员 7	品酒员 8	品酒员 9	品酒员 10
1	51	66	49	54	77	61	72	61	74	62
2	71	81	86	74	91	80	83	79	85	73
3	80	85	89	76	69	89	73	83	84	76
4	52	64	65	66	58	82	76	63	83	77
5	74	74	72	62	84	63	68	84	81	71
6	72	69	71	61	82	69	69	64	81	84
7	63	70	76	64	59	84	72	59	84	84
8	64	76	65	65	76	72	69	85	75	76
9	77	78	76	82	85	90	76	92	80	79
10	67	82	83	68	75	73	75	68	76	75
11	73	60	72	63	63	71	70	66	90	73
12	54	42	40	55	53	60	47	61	58	69
13	69	84	79	59	73	77	77	76	75	77
14	70	77	70	70	80	59	76	76	76	76
15	69	50	50	58	51	50	56	60	67	76
16	72	80	80	71	69	71	80	74	78	74
17	70	79	91	68	97	82	69	80	81	76
18	63	65	49	55	52	57	62	58	70	68
19	76	84	84	66	68	87	80	78	82	81
20	78	84	76	74	82	79	76	76	86	81
21	73	90	96	71	69	60	79	73	86	74
22	73	83	72	68	93	72	75	77	79	80
23	83	85	86	80	95	93	81	91	84	78
24	70	85	90	68	90	84	70	75	78	70
25	60	78	81	62	70	67	64	62	81	67
26	73	80	71	61	78	71	72	76	79	77
27	70	77	63	64	80	76	73	67	85	75

表 12.5 第二组评酒员的品评结果

样本编号	品酒员 1	品酒员 2	品酒员 3	品酒员 4	品酒员 5	品酒员 6	品酒员 7	品酒员 8	品酒员 9	品酒员 10
1	68	71	80	52	53	76	71	73	70	67
2	75	76	76	71	68	74	83	73	73	71
3	82	69	80	78	63	75	72	77	74	76
4	75	79	73	72	60	77	73	73	60	70
5	66	68	77	75	76	73	72	72	74	68
6	65	67	75	61	58	66	70	67	67	67
7	68	65	68	65	47	70	57	74	72	67
8	71	70	78	51	62	69	73	59	68	59
9	81	83	85	76	69	80	83	77	75	73
10	67	73	82	62	63	66	66	72	65	72
11	64	61	67	62	50	66	64	51	67	64
12	67	68	75	58	63	73	67	72	69	71
13	74	64	68	65	70	67	70	76	69	65
14	71	71	78	64	67	76	74	80	73	72
15	62	60	73	54	59	71	71	70	68	69
16	71	65	78	70	64	73	66	75	68	69
17	72	73	75	74	75	77	79	76	76	68
18	67	65	80	55	62	64	62	74	60	65
19	72	65	82	61	64	81	76	80	74	71
20	80	75	80	66	70	84	79	83	71	70
21	80	72	75	72	62	77	63	70	73	78
22	77	79	75	62	68	69	73	71	69	73
23	79	77	80	83	67	79	80	71	81	74
24	66	69	72	73	73	68	72	76	76	70
25	68	68	84	62	60	66	69	73	66	66
26	68	67	83	64	73	74	77	78	63	73
27	71	64	72	71	69	71	82	73	73	69

式中, $\overline{x}_i, \overline{y}_i$ 分别表示第一组、第二组第 i 个品酒员的打分均值; s_{1i}, s_{2i} 分别表示第一组、第二组第 i 个品酒员的打分方差; R_{1i}, R_{2i} 分别表示第一组、第二组第 i 个品酒员的打分极差; μ_1, μ_2 分别表示第一组、第二组所有品酒员的打分均值; s_1^2, s_2^2 分别表示第一组、第二组所有品酒员的打分方差; R_1, R_2 分别表示第一组、第二组所有品酒员的打分极差.

(1) 两组评酒员的打分结果是否有显著性差异, 等价于检验两组样本均值是否相等, 即等价于检验假设

$$H_0 : \mu_1 = \mu_2; H_1 : \mu_1 \neq \mu_2.$$

若把两组样本视为两个独立正态总体, 则检验方法可采用成对数据的 t 检验方法.

(2) 鉴于方差的大小体现了打分结果的区分度, 即每组样本打分结果的方差越小, 则样本的区分度越差, 即无法区分酒的品质的差异度, 因此可信的组别应为方差最大的一组. 模型描述为

$$\max\{s_1^2, s_2^2\}.$$

模型求解与结果分析 利用 MATLAB 基本统计函数 mean( ), var( ), range( ), 导入表格中相应数据, 可以很容易地计算出上述统计量的计算结果, 如表 12.6 所示.

表 12.6 各组品酒员打分结果的描述性统计

组别	第一组			第二组		
统计量	均值	方差	极差	均值	方差	极差
品酒员 1	69.1481	63.2849	32	71.3704	31.6268	20
品酒员 2	75.1111	127.4103	48	69.7778	32.6410	23
品酒员 3	73.4074	197.9430	56	76.7037	23.4473	18
品酒员 4	66.1111	52.3333	28	65.8889	66.8718	32
品酒员 5	74.7778	172.8718	46	64.2593	50.4302	29
品酒员 6	73.2963	126.2165	43	72.6667	27.9231	20
品酒员 7	71.8519	60.9003	36	72.0000	43.7692	26
品酒员 8	72.7407	96.3533	34	72.8148	39.6952	32
品酒员 9	79.1852	44.2336	32	70.1481	24.2080	21
品酒员 10	75.1481	25.7464	22	69.5185	15.7208	19
总体	73.0778	104.9716	57	70.5148	45.8195	38

计算结果分析: 从两组品酒员的打分均值来看, 二者差异很小, 即差异不显著. 为了验证二组结果是否有本质上的差异, 将每组品酒员对每个样本的打分值取平均, 得到每组样本的质量得分. 据此做出假设:

$$H_0: \mu_1 = \mu_2; H_1: \mu_1 \neq \mu_2.$$

在假定两个总体方差未知且相等的情形下, 利用两个总体均值 (成对样本) 的 t 检验方法, 可以得到: h=0, p=0.1175, 即接受原假设, 或者说两组结果差异不显著.

两组结果到底哪一个更可信呢? 从方差统计结果来看, 第一组品酒员的总体方差为 104.97, 远大于第二组品酒员的方差, 因此第一组品酒员更可信.

思考与练习十二

1. 随机地选取 8 只活塞环, 测得它们的直径 (单位: mm) 为

74.001, 74.005, 74.003, 74.001, 74.000, 73.998, 74.006, 74.002.

试求这些数据的均值、标准差、方差、极差, 以及 μ 和方差 σ^2 的矩估计值.

2. 为测试装配效率, 某工厂随机选取了 20 只部件进行装配, 测得装配时间 (单位: 分) 如下:

9.8, 10.4, 10.6, 9.6, 9.7, 9.9, 10.9, 11.1, 9.6, 10.2,
10.3, 9.6, 9.9, 11.2, 10.6, 9.8, 10.5, 10.1, 10.5, 9.7.

设装配时间的总体服从正态分布, 是否可以认为装配时间的均值显著地大于 10(取 $\alpha = 0.05$)?

第十三章　方差分析方法

在现实问题中, 经常会遇到类似考察两台机床生产的零件尺寸是否相等, 病人和正常人的某个生理指标是否一样, 采用两种不同的治疗方案对同一类病人的治疗效果比较等问题. 这类问题通常会归纳为检验两个不同总体的均值是否相等, 对这类问题的解决可以采用两个总体的均值检验方法. 但若检验总体多于两个, 仍采用多总体均值检验方法会遇到很多困难. 而事实上, 在实际生产和生活中可以举出许多这样的问题, 如从用几种不同工艺制成的灯泡中, 各抽取了若干个测量其寿命, 要推断这几种工艺制成的灯泡寿命是否有显著差异; 用几种化肥和几个小麦品种在若干块试验田里种植小麦, 要推断不同的化肥和品种对小麦产量有无显著影响等.

例 13.1　用 4 种不同的生产工艺生产灯泡, 为检验生产工艺是否对灯泡的使用寿命产生影响, 从各种工艺制成的灯泡中各抽出了若干个测量其寿命, 结果如表 13.1 所示.

表 13.1　　四种工艺生产的灯泡使用寿命抽样检验结果

序号	工艺			
	A_1	A_2	A_3	A_4
1	1620	1580	1460	1500
2	1670	1600	1540	1550
3	1700	1640	1620	1610
4	1750	1720		1680
5	1800			

试推断这几种工艺制成的灯泡寿命是否有显著差异.

问题涉及一个因素, 即生产工艺, 检验指标为使用寿命, 为了达到推断工艺差异是否对使用寿命具有显著性影响, 对每个工艺水平随机抽取了一定数量的样品进行检验, 即随机试验.

用数理统计分析试验结果、鉴别各因素对结果影响程度的方法称为**方差分析** (analysis of variance), 记作 ANOVA. 人们关心的试验结果称为**指标**, 试验中需要考察、可以控制的条件称为**因素**或**因子**, 因素所处的状态称为**水平**. 上面提到的灯泡寿命问题是单因素试验, 化肥与品种对小麦产量的影响问题是双因素试验. 处理这些试验结果的统计方法就称为**单因素方差分析**和**双因素方差分析**.

13.1　单因素方差分析方法

只考虑一个因素 A 对所关心的指标的影响, A 取几个水平, 在每个水平上作若干个试验, 假定试验过程中除因素自身外其他影响指标的因素都保持不变 (只有随机因素存在). 我们的任务是从试验结果推断, 因素 A 对指标有无显著影响, 即当 A 取不同水平时指标有无显著差异.

A 取某个水平下的指标视为随机变量, 判断 A 取不同水平时指标有无显著差别, 相当于检验若干总体的均值是否相等.

13.1.1　数学模型

不妨设 A 取 r 个水平, 分别记为

$$A_1, A_2, \cdots, A_r.$$

若在水平 A_i 下总体 X_i 服从正态分布 $N(\mu_i, \sigma^2)$, $i = 1, \cdots, r$. 这里 μ_i, σ^2 未知, μ_i 可以互不相同, 但假定 X_i 有相同的方差.

设在水平 A_i 下作了 n_i 次独立试验, 即从总体 X_i 中抽取样本容量为 n_i 的样本, 记作

$$X_{ij}, j = 1, \cdots, n_i,$$

其中, $X_{ij} \sim N(\mu_i, \sigma^2)$, $i = 1, \cdots, r, j = 1, \cdots, n_i$, 且相互独立.

将所有试验数据列成表格, 如表 13.2 所示.

表 13.2　单因素方差试验数据表

水平	观测值			
A_1	x_{11}	x_{12}	$\cdots$	x_{1n_1}
A_2	x_{21}	x_{22}	$\cdots$	x_{2n_2}
$\vdots$	$\vdots$	$\vdots$		$\vdots$
A_r	x_{r1}	x_{r2}	$\cdots$	x_{rn_r}

表中对应 A_i 行的数据称为第 i 组数据. 判断 A 的 r 个水平对指标有无显著影响, 相当于要作以下的假设检验:

原假设 $H_0 : \mu_1 = \mu_2 = \cdots = \mu_r$;

备择假设 $H_1 : \mu_1, \mu_2, \cdots, \mu_r$ 不全相等.

由于假设 $X_{ij} \sim N(\mu_i, \sigma^2)$, 即 $X_{ij} - \mu_i \sim N(0, \sigma^2)$. 因此可以将试验结果改写为

$$x_{ij} = \mu_i + \varepsilon_{ij}, \ i = 1, \cdots, r, \ j = 1, \cdots, n_i, \tag{13.1}$$

其中 $\varepsilon_{ij} \sim N(0, \sigma^2)$ 为观测随机误差, 且相互独立.

引入记号

$$n = \sum_{i=1}^{r} n_i, \ \mu = \frac{1}{n} \sum_{i=1}^{r} n_i \mu_i, \ \alpha_i = \mu_i - \mu, \ i = 1, \cdots, r.$$

称 μ 为**总平均值**, α_i 是水平 A_i 下总体的平均值 μ_i 与总平均值 μ 的差异, 习惯上称为指标 A_i 的**效应**. 利用上述符号或记号, 式 (13.1) 模型可表示为

$$\begin{cases} X_{ij} = \mu + \alpha_i + \varepsilon_{ij}, \\ \displaystyle\sum_{i=1}^{r} n_i \alpha_i = 0, \\ \varepsilon_{ij} \sim N(0, \sigma^2), i = 1, \cdots, r, j = 1, \cdots, n_i. \end{cases} \tag{13.2}$$

原假设相应地变为 (以后略去备择假设)

$$H_0 : \alpha_1 = \alpha_2 = \cdots = \alpha_r = 0. \tag{13.3}$$

13.1.2 数据统计与分析

记

$$\overline{X}_i = \frac{1}{n_i} \sum_{j=1}^{n_i} X_{ij}, \tag{13.4}$$

$$\overline{X} = \frac{1}{n} \sum_{i=1}^{r} n_i \overline{X}_i. \tag{13.5}$$

称 $\overline{X}_i$ 是第 i 组数据的**组平均值**, $\overline{X}$ 是全体数据的**总平均值**.

考察全体数据对 $\overline{X}$ 的偏差平方和 (称为**总偏差平方和**)

$$S_T = \sum_{i=1}^{r} \sum_{j=1}^{n_i} (X_{ij} - \overline{X})^2, \tag{13.6}$$

经分解可得

$$S_T = \sum_{i=1}^{r} n_i(\overline{X}_i - \overline{X})^2 + \sum_{i=1}^{r} \sum_{j=1}^{n_i} (X_{ij} - \overline{X}_i)^2.$$

记

$$S_A = \sum_{i=1}^{r} n_i(\overline{X}_i - \overline{X})^2, \tag{13.7}$$

$$S_E = \sum_{i=1}^{r} \sum_{j=1}^{n_i} (X_{ij} - \overline{X}_i)^2, \tag{13.8}$$

则

$$S_T = S_A + S_E, \tag{13.9}$$

其中, S_A 是各组均值对总方差的偏差平方和, 反映 A 不同水平间的差异, 称为**组间平方和**; S_E 是各组内的数据对样本均值偏差平方和的总和, 反映了样本观测值与样本均值的差异, 称为**组内平方和**, 而这种差异认为是由随机误差引起的, 因此也称为**误差平方和**.

对 S_E 和 S_A 作进一步分析可得

$$E(S_E) = (n-r)\sigma^2. \tag{13.10}$$

即 $S_E/(n-r)$ 为 σ^2 的一个无偏估计.

类似地, 有

$$E(S_A) = (r-1)\sigma^2 + \sum_{i=1}^{r} n_i \alpha_i^2, \tag{13.11}$$

进一步地, 若原假设 H_0 成立, 则有

$$E(S_A) = (r-1)\sigma^2. \tag{13.12}$$

因此, 若 H_0 成立, S_A 只反映随机波动; 而若 H_0 不成立, 那它还反映了 A 的不同水平的效应 α_i.

单从数值上看, 当 H_0 成立时, 由 (13.10)、(13.12), 对于一次试验应有

$$\frac{S_A/(r-1)}{S_E/(n-r)} \approx 1;$$

而当 H_0 不成立时, 这个比值将远大于 1. 当 H_0 成立时, 该比值服从自由度 $n_1 = r-1, n_2 = n-r$ 的 F 分布, 即

$$F = \frac{S_A/(r-1)}{S_E/(n-r)} \sim F(r-1, n-r). \tag{13.13}$$

为检验 H_0, 给定显著性水平 α, 记 F 分布的 α 分位数为 $F_\alpha(r-1, n-r)$, 检验规则为

$$F < F_\alpha(r-1, n-r) \text{ 时接受 } H_0, \text{否则拒绝 } H_0.$$

以上对 S_A, S_E, 的分析相当于对组间、组内方差的分析, 所以这种假设检验方法称方差分析.

13.1.3 方差分析表

将试验数据按上述分析、计算的结果排成表 13.3 的形式, 称为**单因素方差分析表**.

表 13.3 单因素方差分析表

方差来源	平方和	自由度	平方均值	F 比值	概率
因素 A	S_A	$r-1$	$\overline{S}_A = \dfrac{S_A}{r-1}$	$\dfrac{\overline{S}_A}{\overline{S}_E}$	p
误差	S_E	$n-r$	$\overline{S}_E = \dfrac{S_E}{n-r}$		
总和	S_T	$n-1$			

最后一列给出的概率 p 相当于 $P(F < F_\alpha(r-1, n-r))$.

一般数学软件中并不去比较计算 F 值和分位数的概率, 而是计算 p 值, 其基本思想是在假设 H_0 成立的条件下, 计算 F 值落在拒绝域即拒绝假设 H_0 的概率. 方差分析一般用的显著性水平是

$p < \alpha = 0.01$, 拒绝 H_0, 称因素 A 的影响 (或 A 各水平的差异) **非常显著**;

$\alpha = 0.01$, 不拒绝 H_0, 但取 $\alpha = 0.05$, 此时拒绝 H_0, 称因素 A 的影响**显著**;

$p > \alpha = 0.05$, 不拒绝 H_0, 称因素 A 的影响**不显著**.

13.1.4 MATLAB 实现

MATLAB 统计工具箱中, 用于单因素方差分析的函数为 anova1( ).

1. 均衡数据的方差分析

若 r 个水平下样本的容量即各组数据个数相等, 称为**均衡数据**. 如前述讨论. 利用 anova1( ) 函数分析均衡数据问题, 其调用方法如下.

调用格式: [p,table]=anova1(x)

其中 x 为 $n \times r$ 数据矩阵, 它的每一列是一个水平的样本数据; 返回值 p 是一个概率, 当 $p > \alpha$ 时接受 H_0, 否则拒绝 H_0 而接受 H_1; table 表示返回方差分

析表. 此外该函数还同步返回一个方差分析箱形图 (box 图).

例 13.2　为考察 5 名工人的劳动生产效率是否相同, 记录了每人 4 天的产量, 并算出其平均值, 如表 13.4.

表 13.4　生产效率统计表

天	工人				
	A_1	A_2	A_3	A_4	A_5
1	256	254	250	248	236
2	242	330	277	280	252
3	280	290	230	305	220
4	298	295	302	289	252
平均产量	269.00	292.25	264.75	280.50	240.00

你能从这些数据推断出他们的生产效率有无显著差别吗?

解　编写程序如下:

```
x=[256   254   250   248   236
   242   330   277   280   252
   280   290   230   305   220
   298   295   302   289   252];
p=anova1(x)
```

运行结果 (图 13.1) 为: p=0.1109, 而 $\alpha = 0.05$, 故接受 H_0, 即 5 名工人的生产效率没有显著差异.

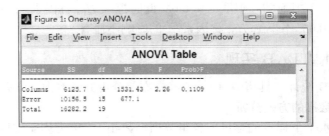

图 13.1　方差分析表

方差分析表 (ANOVA Table) 对应于表 13.3, $F = 2.262$ 是 $F(4,15)$ 分布的 p 分位数, 可以验证 fcdf(2.262,4,15)=0.8891=1 − p.

箱形图 13.2 反映了各组数据的特征. 箱体中间的线表示样本均值, 若样本均值位置不在箱体中央, 说明样本数据存在一定的偏度. 箱体的上下底之间的距离为四分位间距. 中线上、下部的两条线分别对应样本的 25% 和 75% 分位数.

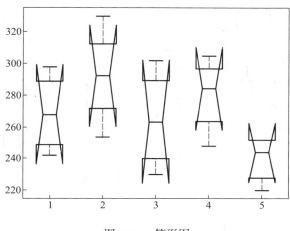

图 13.2　箱形图

2. 非均衡数据的方差分析

若各组数据个数不等, 称**非均衡数据**, 如例 13.1 的数据.

非均衡数据的方差分析, 其数学模型和统计分析的思路和方法与上面一样.

利用 anova1( ) 函数处理非均衡数据, 与处理均衡数据的调用格式略有不同.

调用格式: p=anova1(x,group)

其中 x 为数组, 从第 1 组到第 r 组数据依次排列; group 为与 x 同长度的数组, 标志 x 中数据的组别 (在与 x 第 i 组数据相对应的位置处输入整数 $i\,(i=1,2,\cdots,r)$).

例 13.3　利用例 13.1 的数据分析不同生产工艺对灯泡使用寿命的影响是否显著.

解　编写程序如下:

```
x=[1620    1580    1460    1500
   1670    1600    1540    1550
   1700    1640    1620    1610
   1750    1720    1680    1800];
x=[x(1:4),x(16),x(5:8),x(9:11),x(12:15)]; %提取各组数据
g=[ones(1,5),2*ones(1,4),3*ones(1,3),4*ones(1,4)];%标记数据组别
p=anova1(x,g)
```

运行结果为: $0.01 < \mathrm{p} = 0.0331 < 0.05$. 说明 4 种工艺制成的灯泡寿命在显著性水平 $\alpha = 0.01$ 下无显著差异, 但在显著性水平 $\alpha = 0.05$ 下有显著差异. 其箱形图见图 13.3.

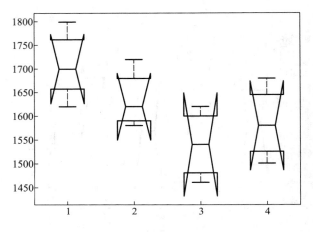

图 13.3　灯泡寿命统计箱形图

3. 多重比较

在灯泡寿命问题中, 尽管从整体上看差异不太显著, 但从箱形图 13.3 中可以看出, 各组均值之间还是有些差异, 而且个别组别差异比较明显.

要处理组与组之间的差异是否显著, 需作两总体均值相等的假设检验. 可调用 ttest2( ) 函数实现. 有兴趣的同学可查阅相关数理统计和 MATLAB 帮助资料.

13.2　双因素方差分析

考虑两个因素 A 和 B 对某指标的影响. 将 A、B 各划分几个水平, 对每一个水平组合作若干次抽样试验, 对所得数据进行方差分析, 检验这两因素是否分别对指标有显著影响, 或者还要进一步检验两因素是否对指标有显著的交互影响.

13.2.1　数学模型

设 A 取 r 个水平 $A_1, A_2, \cdots, A_r$, B 取 s 个水平 $B_1, B_2, \cdots, B_s$. 又设在水平组合 (A_i, B_j) 下的总体 X_{ij} 服从正态分布 $N(\mu_{ij}, \sigma^2)$, $i = 1, \cdots, r$, $j = 1, \cdots, s$.

进一步地, 不妨设在水平组合 (A_i, B_j) 下作了 t 个试验, 所得结果记作

$$\{x_{ijk}\}, \ x_{ijk} \sim N(\mu_{ij}, \sigma^2), \ i = 1, \cdots, r, \ j = 1, \cdots, s, \ k = 1, \cdots, t$$

且相互独立.

将这些数据列成表 13.5 的形式.

表 13.5 双因素方差试验数据统计表

因素 A	因素 B			
	B_1	B_2	$\cdots$	B_s
A_1	$x_{111} \cdots x_{11t}$	$x_{121} \cdots x_{12t}$	$\cdots$	$x_{1s1} \cdots x_{1st}$
A_2	$x_{211} \cdots x_{21t}$	$x_{221} \cdots x_{22t}$	$\cdots$	$x_{2s1} \cdots x_{2st}$
$\vdots$	$\vdots$	$\vdots$		$\vdots$
A_r	$x_{r11} \cdots x_{r1t}$	$x_{s21} \cdots x_{r2t}$	$\cdots$	$x_{rs1} \cdots x_{rst}$

类似于单因素方差分析, 将 x_{ijk} 分解为

$$x_{ijk} = \mu_{ij} + \varepsilon_{ijk} \ (i = 1, \cdots, r, j = 1, \cdots, s, k = 1, \cdots, t), \tag{13.14}$$

其中, 随机误差 $\varepsilon_{ijk} \sim N(0, \sigma^2)$, 且相互独立. 记

$$\mu = \frac{1}{rs} \sum_{i=1}^{r} \sum_{j=1}^{s} \mu_{ij}, \quad \mu_{i\cdot} = \frac{1}{s} \sum_{j=1}^{s} \mu_{ij}, \quad \mu_{\cdot j} = \frac{1}{r} \sum_{i=1}^{r} \mu_{ij},$$

$$\beta_j = \mu_{\cdot j} - \mu, \qquad \alpha_i = \mu_{i\cdot} - \mu, \qquad \gamma_{ij} = \mu_{ij} - \mu - \alpha_i - \beta_j,$$

其中, μ 是总均值, α_i 是水平 A_i 对指标的效应, β_j 是水平 B_j 对指标的效应, γ_{ij} 是水平 A_i 与 B_j 对指标的交互效应.

依据符号、记号, 则相应的模型可描述为

$$\begin{cases} x_{ijk} = \mu + \alpha_i + \beta_j + \gamma_{ij} + \varepsilon_{ijk}, \\ \sum_{i=1}^{r} \alpha_i = 0, \ \sum_{j=1}^{s} \beta_j = 0, \ \sum_{i=1}^{r} \gamma_{ij} = \sum_{j=1}^{s} \gamma_{ij} = 0, \\ \varepsilon_{ijk} \sim N(0, \sigma^2), \ i = 1, \cdots, s, j = 1, \cdots, r, \ k = 1, \cdots, t. \end{cases} \tag{13.15}$$

原假设 H_0 为

$$\begin{cases} H_{01} : \alpha_i = 0 \ (i = 1, \cdots, r), \\ H_{02} : \beta_j = 0 \ (j = 1, \cdots, s), \\ H_{03} : \gamma_{ij} = 0 \ (i = 1, \cdots, r, j = 1, \cdots, s). \end{cases}$$

13.2.2 无交互影响的双因素方差分析

如果根据经验或某种分析能够事先判定两因素之间没有交互影响, 每组试验就不必重复, 即可令 $t = 1$, 过程大为简化.

13.2.3 MATLAB 实现

MATLAB 统计工具箱中双因素方差分析函数为 anova2( ).

调用格式: `p=anova2(x,reps)`

其中 x 不同列的数据表示单一因素的变化情况, 不同行的数据表示另一因素的变化情况. 如果每行或列 ("单元") 有不止一个的观测值, 则用参数 reps 来表明每个 "单元", 多个观测值的不同标号, 即 reps 给出重复试验的次数 t.

例 13.4 一火箭使用了 4 种燃料, 3 种推进器作射程试验, 每种燃料与每种推进器的组合各发射火箭 2 次, 得到结果如表 13.6 所示. 试在显著性水平 0.05 下, 检验不同燃料 (因素 A)、不同推进器 (因素 B) 下的射程是否有显著差异? 交互作用是否显著?

表 13.6   火箭发射试验数据统计表

	B_1	B_2	B_3
A_1	58.2, 52.6	56.2, 41.2	65.3, 60.8
A_2	49.1, 42.8	54.1, 50.5	51.6, 48.4
A_3	60.1, 58.3	70.9, 73.2	39.2, 40.7
A_4	75.8, 71.5	58.2, 51.0	48.7, 41.4

解   编制并运行如下 MATLAB 程序如下:

```
clc,clear
x0=[58.2  52.6  56.2  41.2  65.3  60.8
    49.1  42.8  54.1  50.5  51.6  48.4
    60.1  58.3  70.9  73.2  39.2  40.7
    75.8  71.5  58.2  51.0  48.7  41.4];
x1=x0(:,1:2:5);x2=x0(:,2:2:6);
for  i=1:4
  x(2*i-1,:)=x1(i,:);
  x(2*i,:)=x2(i,:);
end
p=anova2(x,2)
```

运行结果 (图 13.4) 为: p=0.0035, 0.0260, 0.0001. 表明各试验均值相等的概率都为小概率, 故可拒绝均值相等假设. 即认为不同燃料 (因素 A)、不同推进器 (因素 B) 下的射程有显著差异, 交互作用也是显著的.

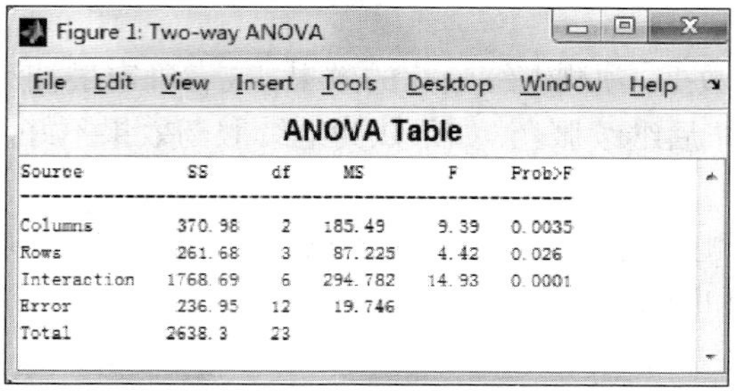

Source	SS	df	MS	F	Prob>F
Columns	370.98	2	185.49	9.39	0.0035
Rows	261.68	3	87.225	4.42	0.026
Interaction	1768.69	6	294.782	14.93	0.0001
Error	236.95	12	19.746		
Total	2638.3	23			

图 13.4 双因素方差分析表

13.2.4 其他

无论是单因素还是双因素方差分析, 都是基于假定各个水平下总体服从正态分布, 同时假定总体方差相同, 因此在利用方差分析建模时, 还要注意检验样本的正态性和方差的齐次性. 相关理论请参看相关专业图书资料.

13.3 应用案例: 艾滋病疗法的评价及疗效的预测

本例问题及数据取自 2006 年全国大学生数学建模竞赛 B 题第一题.

问题提出 艾滋病是当前人类社会最严重的瘟疫之一, 从 1981 年发现以来的 20 多年间, 它已经吞噬了近 3000 万人的生命. 艾滋病的医学全名为 "获得性免疫缺陷综合征", 英文简称 AIDS, 它是由艾滋病毒 (医学全名为 "人类免疫缺陷病毒", 英文简称 HIV) 引起的. 这种病毒破坏人的免疫系统, 使人体丧失抵抗各种疾病的能力, 从而严重危害人的生命. 人类免疫系统的 CD4 细胞在抵御 HIV 的入侵中起着重要作用, 当 CD4 被 HIV 感染而裂解时, 其数量会急剧减少, HIV 将迅速增加, 导致 AIDS 发作.

艾滋病治疗的目的, 是尽量减少人体内 HIV 的数量, 同时产生更多的 CD4, 至少要有效地降低 CD4 减少的速度, 以提高人体免疫能力. 迄今为止人类还没有找到能根治 AIDS 的疗法, 目前的一些 AIDS 疗法不仅对人体有副作用, 而且成本也很高. 许多国家和医疗组织都在积极试验、寻找更好的 AIDS 疗法. 现在得到了美国艾滋病医疗试验机构 ACTG 公布的两组数据. ACTG320 (见附件 1, 具体数据见全国大学生数学建模竞赛官网) 是同时服用 zidovudine (齐多夫定), lamivudine (拉米夫定) 和 indinavir (茚地那韦) 3 种药物的 300 多名病人每隔几周测试的 CD4 和 HIV 的浓度 (每毫升血液里的数量).

　　利用附件 1 的数据, 预测继续治疗的效果, 或者确定最佳治疗终止时间 (继续治疗指在测试终止后继续服药, 如果认为继续服药效果不好, 则可选择提前终止治疗).

　　问题分析　以测试时间为自变量, 以测试结果为因变量, 分别绘制 CD4, HIV 散点图, 如图 13.5 和图 13.6 所示.

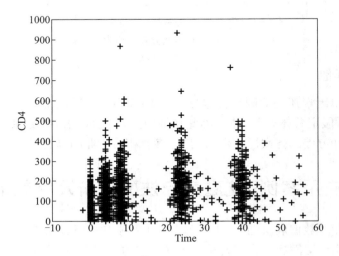

图 13.5　CD4 观测数据散点图

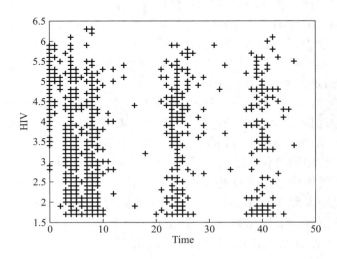

图 13.6　HIV 观测数据散点图

从散点图中可以看出, 如把时间看做一个因素, 则问题就转变为判断治疗效果在几个不同水平下的变化问题, 即可以采用单因素分差分析方法建立模型.

为了问题处理方便, 我们首先需要划分因素的时间水平.

(1) 把 CD4 分为 6 个水平, 即按时间划分为 0—2, 3—5, 6—15, 16—30, 31—50, > 50 周. 按样本数据集中程度设定相应时间水平分别为 0, 4, 8, 25, 40, 55 周.

(2) 把 HIV 按时间划分为 0—2, 3—5, 6—12, 13—29, 30—50 周共 5 个时间水平. 按样本数据集中程度设定相应时间水平分别为 0, 4, 8, 25, 40 周.

则判定疗效是否显著问题, 等价于比较各水平的样本总体均值是否随时间发生变化. 为了直观判定样本均值的变化现象, 取各水平下的样本数据求算数平均值, 计算结果如表 13.7 和表 13.8 所示.

表 13.7　　CD4 数据统计结果

观测时间/周	0	4	8	25	40	55
样本容量/个	356	345	356	331	252	11
样本均值/(0.2 个 $\cdot \mu L^{-1}$)	85.07	133.5	152.7	175.65	179.64	146.36

表 13.8　　HIV 数据统计结果

观测时间/周	0	4	8	25	40
样本容量/个	353	340	351	321	207
样本均值	5.02	3.19	2.95	2.89	2.94

单纯从样本均值上比较来看: 对 CD4 指标而言, 治疗至第 40 周左右 CD4 浓度达到顶峰, 此后开始下降, 因此从治疗效果来看, 到第 40 周左右应终止治疗; 而对 HIV 而言, 治疗初期 HIV 含量下降明显, 到第 25 周达到最低, 此后开始反弹, 因此从 HIV 指标的治疗角度, 到第 25 周左右应终止治疗.

基本假设　假定每个水平下的样本数据服从方差相同的正态分布 $N(\mu_i, \sigma^2)$, $i = 1, 2, \cdots, r$, 其中 μ_i 为第 i 个总体的均值, σ^2 为总体方差.

模型建立　记 r 为因素水平个数, n_i 为第 i 个水平的样本容量, x_{ij} 为第 i 个水平下第 j 个样本的观测值, $i = 1, 2, \cdots, r, j = 1, 2, \cdots, n_i$.

定义样本均值为

$$\overline{x}_i = \frac{1}{n_i} \sum_{j=1}^{n_i} x_{ij}, i = 1, 2, \cdots, r.$$

总体均值为

$$\overline{x} = \frac{1}{n} \sum_{i=1}^{r} n_i \overline{x}_i, \quad n = \sum_{i=1}^{n} n_i.$$

组间平方和为

$$S_A = \sum_{i=1}^{r} n_i (\overline{x}_i - \overline{x})^2,$$

误差平方和为

$$S_E = \sum_{i=1}^{r} \sum_{j=1}^{n_i} (x_{ij} - \overline{x}_i)^2.$$

构造 F 统计量:

$$F = \frac{S_A/(r-1)}{S_E/(n-r)} \sim F(r-1, n-r).$$

判断时间因素的 r 个水平对指标有无显著影响, 相当于要作以下的假设检验:

原假设: $H_0 : \mu_1 = \mu_2 = \cdots = \mu_r$;

备择假设: $H_1 : \mu_1, \mu_2, \cdots, \mu_r$ 不全相等.

给定显著性水平 α, 记 F 分布的 α 分位数为 $F_\alpha(r-1, n-r)$, 检验规则为

$$F < F_\alpha(r-1, n-r) \text{ 时接受 } H_0, \text{ 否则拒绝 } H_0.$$

模型求解 首先将附件所给的数据文件转化为 Excel, 借助于 Excel 表格, 通过表格排序功能找出各水平下的数据, 然后将各水平下的样本数据按次序放在同一列当中, 最后利用 MATLAB 编程如下:

```
X=[···]; % 从Excel表中导入数据, 直接读取或复制后粘贴方式导入
x=X'; % 将数据转置为一行;
g=[ones(1,356),2*ones(1,345),3*ones(1,356),4*ones(1,331),...
    5*ones(1,252),6*ones(1,11)];% 定义样本数据组别
p=anova1(x,g) % 方差分析
```

运行结果为: p=$2.9391 \times 10^{-37} < 0.05$, 说明应拒绝原假设, 即应接受各组均值不全相等的假设. 箱形图见图 13.7 所示. 方差分析表见图 13.8 所示.

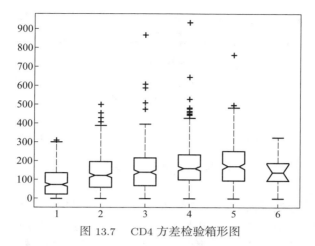

图 13.7 CD4 方差检验箱形图

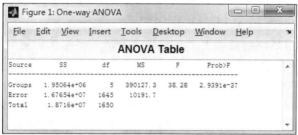

图 13.8 CD4 方差分析表

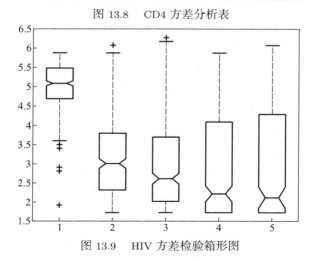

图 13.9 HIV 方差检验箱形图

类似地, 对 HIV 也有同样的结论, 其中 $p=4.5853\times10^{-154}$ 明显小于默认的显著性水平 0.05, 即拒绝均值相等的假设, 或者说对 HIV 指标的治疗是显著的, 从而接受各组均值不全相等的假设. 箱形图如图 13.9, 方差分析表如图 13.10.

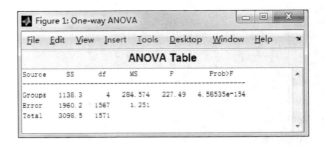

图 13.10   HIV 方差分析表

为了确定治疗效果何时不再显著, 应继续进行逐对比较检验. 鉴于因素水平为一时间序列, 因此我们仍然用单因素方差分析方法, 逐对按次序进行比较检验, 即第一个时间水平与第二个比较检验, 然后第二个与第三个比较检验, 以此类推.

以 CD4 为例, 编制 MATLAB 程序如下:

```
X=[···]; %从Excel 表中导入数据，直接读取或复制后粘贴方式导入
x=X'; %将数据转置为一行;
x1=x(1:701);x2=x(357:1057);x3=x(702:1388);
x4=x(1058:1640);x5=x(1389:1651); %提取配对检验数据
g1=[ones(1,356),2*ones(1,345)];g2=[2*ones(1,345),...
    3*ones(1,356)];
g3=[3*ones(1,356),4*ones(1,331)]; g4=[4*ones(1,331),...
    5*ones(1,252)];
g5=[5*ones(1,252),6*ones(1,11)]; %定义配对样本数据组别
p1=anova1(x1,g1) %第一对数据配对方差分析
p2=anova1(x2,g2) %第二对数据配对方差分析
p3=anova1(x3,g3) %第三对数据配对方差分析
p4=anova1(x4,g4) %第四对数据配对方差分析
p5=anova1(x5,g5) %第五对数据配对方差分析
```

对 CD4 进行配对比较所得的 F 值和 p 值计算结果列于表 13.9 中.

表 13.9   逐对方差检验结果

	第一对	第二对	第三对	第四对	第五对
F 值	65.4	6.31	7.08	0.17	0.83
p 值	2.693×10^{-15}	0.012	0.008	0.6828	0.3625

从表 13.9 所列结果可以看出, 计算 p 值从第四对开始都大于显著性水平 0.05, 此时接受均值相等的假设, 也就是说在这种情况下, 治疗已没有效果. 应该终止治疗.

基于 CD4 的治疗方案终止治疗时间的确定: 从显著性差异分析来看, 前 25 周疗效显著, 从第四个水平 (时间为第 25 周) 开始往后差异性不再显著, 因此合理的终止治疗时间最迟不超过 40 周.

采用类似的方法处理 HIV 数据, 所得结果列于表 13.10 中.

表 13.10   逐对方差检验结果

	第一对	第二对	第三对	第四对
F 值	813.82	8.14	0.41	0.16
p 值	6.82×10^{-119}	0.0045	0.5216	0.6905

基于 HIV 的治疗方案终止治疗时间的确定: 从显著性差异分析来看, 前 8 周治疗效果显著, 而第三对即第三个水平 (第 8 周) 与第四个水平 (第 25 周) 两个比较检验的结果来看, 此时开始前后两个样本总体的差异性不再显著, 因此最迟终止治疗时间应不晚于开始治疗后 25 周.

综合两个指标的计算结果, 合理的治疗终止时间应介于第 $[25, 40]$ 周之间.

注意:

(1) 方差分析是基于样本总体服从正态分布的假设下提出的一种建模方法, 因此要证明结果的可行性, 还需要对样本数据总体进行正态分布假设检验.

(2) 在正态分布的假设下, 方差分析成立的前提是假定各水平下的样本总体的随机误差服从方差相等的假设条件, 因此还需要进行方差的齐次性检验.

(3) 对配对数据的显著性检验还可以利用两个正态总体的 t 检验方法进行检验.

(4) 从各水平样本抽样结果的均值计算来看, CD4, HIV 均呈二次函数曲线状态, 因此利用二次多项式拟合方法也是解决这个问题的好方法, 有兴趣的同学可以尝试一下.

正态检验及方差齐次性的检验方法及其 MATLAB 编程计算方法可见于文献 [25,36], 这里不再赘述.

思考与练习十三

1. 将抗生素注入人体会产生抗生素与血浆蛋白结合的现象, 以致减少了药效. 表 13.11 列出 5 种常用的抗生素注入人体内时, 抗生素与血浆蛋白结合的百分比.

表 13.11　不同抗生素与血浆蛋白结合的百分比试验结果

青霉素	四环素	链霉素	红霉素	氯霉素
29.6	24.3	28.5	32.0	27.3
32.6	30.8	34.8	5.8	6.2
11.0	8.3	21.6	17.4	18.3
19.0	29.2	32.8	25.0	24.2

试检验这些百分比的均值有无显著的差异 (设各总体服从正态分布, 且方差相同).

2. 利用异氟醚、氟烷和环丙烷麻醉剂麻醉 10 条狗, 测量血浆肾上腺素的浓度 (单位: 10^{-6} mg/mL). 测量结果见表 13.12 所示. 问试验结果有差异吗?

表 13.12　血浆肾上腺素的浓度

	狗 1	狗 2	狗 3	狗 4	狗 5	狗 6	狗 7	狗 8	狗 9	狗 10
异氟醚	0.28	0.51	1.00	0.39	0.29	0.36	0.32	0.69	0.17	0.33
氟烷	0.30	0.39	0.63	0.68	0.38	0.21	0.88	0.39	0.51	0.32
环丙烷	1.07	1.35	0.69	0.28	1.24	1.53	0.49	0.56	1.02	0.30

3. 为分析 4 种化肥和 3 个小麦品种对小麦产量的影响, 把一块试验田等分成 36 小块, 对种子和化肥的每一种组合种植 3 小块田, 产量如表 13.13 所示 (单位: kg)

表 13.13　化肥和品种对小麦产量的影响试验结果

		化肥			
		A_1	A_2	A_3	A_4
小麦品种	B_1	173,172,173	174,176,178	177,179,176	172,173,174
	B_2	175,173,176	178,177,179	174,175,173	170,171,172
	B_3	177,175,176	174,174,175	174,173,174	169,169,170

问小麦品种、化肥及二者的交互作用对小麦产量有无显著影响.

第十四章 回归分析

    曲线拟合问题的特点是, 根据得到的若干有关变量的一组数据, 寻找因变量与自变量之间的函数关系, 使这个函数对该组数据拟合得最好. 通常函数的形式可以由经验、先验知识或对数据的直观观察决定, 要作的工作就是由数据用最小二乘法计算函数中的待定系数.

    从数理统计的观点看, 最小二乘曲线或函数拟合方法, 是根据一个样本的观测值建立拟合函数, 并估算拟合函数中的参数. 参数估计的结果可以视为一个统计意义上的点估计. 如果考虑到观测结果受随机因素的影响, 实际进行参数估计时应该给出相应的区间估计. 如果置信区间太大, 甚至包含了零点, 那么参数的估计值就没有多大意义了. 在统计学中, 研究随机变量之间的关联关系的方法就是**回归分析方法** (regression analysis method).

    在实际建模问题中, 经常会存在一个随机变量与另一个或多个随机变量之间有某种相关关系的情形, 如父母的身高与子女的身高、葡萄酒的品质与酿酒葡萄的品质之间存在某种必然的关系. 回归分析方法就是研究指标之间关联关系的一种数理统计方法.

    若记随机变量 Y 为因变量, 随机变量 X (或 $X_1, X_2, \cdots, X_m$) 为自变量. 若 Y 与 X 间存在某种关系, 则这种关系由两个部分构成: 一个部分是由 X 确定的, 这一部分可以表达为函数 $f(X)$ 的形式; 而另一个部分是由众多未考虑的因素 (随机因素或非随机因素) 决定的, 可以视为随机误差, 记为 ε. 因此, 这类问题的数学模型可以表示为

$$Y = f(X) + \varepsilon.$$

为了精确地确定 $f(X)$, 通常假定 $E(\varepsilon) = 0, D(\varepsilon) = \sigma^2$.

    在回归分析中自变量是影响因变量的主要因素, 是人们能控制或能观察的,

称为可控变量, 而因变量还受到各种随机因素的干扰, 通常可以合理地假设这种干扰服从均值为零的正态分布. 若自变量的个数为一个, 相应的回归模型称为**一元回归模型**; 若自变量的个数多于一个, 不妨设为 m 个, 记为 $X_1, X_2, \cdots, X_m, Y$ 为因变量, 相应的回归模型称为**多元回归模型**.

回归分析主要研究以下几个问题:

(1) 建立因变量 (随机变量) Y 与自变量 (可控变量) $X_1, X_2, \cdots, X_m$ 间的回归模型 (即经验公式);

(2) 对回归模型的可信度进行检验;

(3) 判断每个自变量 $X_i\, (i = 1, 2, \cdots, m)$ 对 Y 的影响是否显著;

(4) 诊断回归模型是否适合这组数据;

(5) 利用回归模型对 Y 进行预报或控制.

14.1　一元线性回归

为了理解回归问题的建模思想和方法, 我们先从最简单的情形开始讨论, 即先讨论只有一个自变量和一个因变量之间的关系.

14.1.1　线性回归模型

例 14.1　合金的强度 $y\,(\mathrm{kg/mm^2})$ 与其中的碳含量 $x\,(\%)$ 有比较密切的关系, 今从生产中收集了一批数据如表 14.1. 试拟合一个函数 $y = f(x)$, 并对回归结果进行检验.

表 14.1　观 测 数 据

$x/\%$	0.10	0.11	0.12	0.13	0.14	0.15	0.16	0.17	0.18	0.20	0.22	0.24
$y/(\mathrm{kg \cdot mm^{-2}})$	42.0	42.5	45.0	45.5	45.0	47.5	49.0	51.0	50.0	55.0	57.5	59.5

解　先画出散点图, 运行以下 MATLAB 命令:

```
x=[0.10 0.11 0.12 0.13 0.14 0.15 0.16 0.17 0.18 0.20 0.22 0.24];
y=[42.0 42.5 45.0 45.5 45.0 47.5 49.0 51.0 50.0 55.0 57.5 59.5];
plot(x,y,'+')
xlabel('x'),ylabel('y')
```

绘图结果如图 14.1 所示.

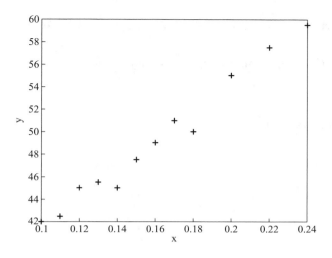

图 14.1   合金强度与碳含量关系散点图

从散点图 14.1 中可知, 所有数据点基本上聚集在某一条直线附近, 因此可以假定 y 与 x 大致上为线性关系. 即可以建立一元线性回归模型:

$$\begin{cases} Y = \beta_0 + \beta_1 X + \varepsilon, \\ E(\varepsilon) = 0, D(\varepsilon) = \sigma^2(未知), \end{cases} \tag{14.1}$$

其中, β_0 为回归常数, β_1 为回归系数, $\varepsilon \sim N(0, \sigma^2)$ 为随机误差.

注意, 一元线性回归模型中包含了如下基本假设:

(1) 独立性: 不同的 X, Y 是相互独立的随机变量;

(2) 线性性: Y 的数学期望是 X 的线性函数;

(3) 齐次性: 不同的 X, Y 的方差是常数;

(4) 正态性: 给定的 X, Y 服从正态分布.

理解这些假设, 对于正确使用回归分析方法建立数学模型是有意义的.

14.1.2   回归参数的估计

若对随机变量 X, Y 进行了 n 次独立观测, 得到以下一组样本观测数据

$$(x_i, y_i), i = 1, 2, \cdots, n.$$

利用样本观测数据估计模型 (14.1) 中回归参数的值.

回顾前面所述的最小二乘思想, 模型参数的估计值应使得模型计算值与样

本观测值的偏差平方和最小, 即参数估计模型为: 求回归参数 $\hat{\beta}_0, \hat{\beta}_1$, 使得

$$Q(\hat{\beta}_0, \hat{\beta}_1) = \min_{\beta_0, \beta_1} Q(\beta_0, \beta_1) = \min_{\beta_0, \beta_1} \sum_{i=1}^{n}(y_i - \beta_0 - \beta_1 x_i)^2 \tag{14.2}$$

达到极小值.

对该问题求解, 可得

$$\hat{\beta}_1 = \frac{\sum_{i=1}^{n}(x_i - \overline{x})(y_i - \overline{y})}{\sum_{i=1}^{n}(x_i - \overline{x})^2} = \frac{S_{xy}}{S_{xx}}, \quad \hat{\beta}_0 = \overline{y} - \hat{\beta}_1\overline{x},$$

式中

$$\overline{x} = \frac{1}{n}\sum_{i=1}^{n}x_i, \quad S_{xx} = \sum_{i=1}^{n}(x_i - \overline{x})^2,$$

$$\overline{y} = \frac{1}{n}\sum_{i=1}^{n}y_i, \quad S_{xy} = \sum_{i=1}^{n}(x_i - \overline{x})(y_i - \overline{y}).$$

称 $\hat{\beta}_0, \hat{\beta}_1$ 分别为回归参数 β_0, β_1 的最小二乘估计, 称方程

$$\hat{y} = \hat{\beta}_0 + \hat{\beta}_1 x$$

为一元线性回归方程.

可以证明

$$\hat{\sigma}^2 = \frac{\sum_{i=1}^{n}(y_i - \hat{\beta}_0 - \hat{\beta}_1 x_i)^2}{n-2}$$

为随机误差方差 σ^2 的最小二乘无偏估计.

14.1.3　回归方程的显著性检验

1. 回归系数的假设检验

对线性回归方程, 只有 $\beta_1 \neq 0$ 时模型才有意义, 因此假设检验为

$$H_0 : \beta_1 = 0; \quad H_1 : \beta_1 \neq 0.$$

经过检验, 若拒绝 H_0, 则认为随机变量 Y 与 X 存在线性关系; 否则, 就不存在线性关系, 此时所求回归方程没有意义.

若 H_0 成立, 则统计量

$$T = \frac{\hat{\beta}_1}{\text{std}(\hat{\beta}_1)} = \frac{\hat{\beta}_1 \sqrt{S_{xx}}}{\hat{\sigma}} \sim t(n-2),$$

其中, $\text{std}(\hat{\beta}_1)$ 为 $\hat{\beta}_1$ 的标准差.

对于给定的显著性水平 α, 设 $t_{\alpha/2}(n-2)$ 为分布 $t(n-2)$ 的 $\alpha/2$ 分位数, 使得

$$P(|T| \leqslant t_{\alpha/2}(n-2)) = 1 - \alpha,$$

则检验的拒绝域为

$$|T| \geqslant t_{\alpha/2}(n-2).$$

这一检验称为 t **检验.**

2. 回归方程的显著性检验

回归方程的检验就是要检验随机变量 Y 是否与 X 存在线性关系, 其检验本质上等价于检验

$$H_0: \beta_1 = 0; \quad H_1: \beta_1 \neq 0.$$

当 H_0 成立时, 统计量

$$F = \frac{U}{Q/(n-2)} = \frac{\hat{\beta}_1^2 S_{xx}}{\hat{\sigma}^2} \sim F(1, n-2),$$

其中, $S_{yy} = \sum_{i=1}^{n}(y_i - \bar{y})^2$ 称为**离差平方和**, $Q = \sum_{i=1}^{n}(y_i - \hat{\beta}_0 - \hat{\beta}_1 x_i)^2$ 称为**残差平方和**, $U = \sum_{i=1}^{n}(\hat{y}_i - \bar{y})^2 = \hat{\beta}_1^2 S_{xx}$ 称为**回归平方和**.

则对于给定的显著性水平 α, 检验的拒绝域为

$$F \geqslant F_{\alpha}(1, n-2).$$

这一检验称为 F **检验.**

3. 相关性检验

相关性检验就是检验随机变量 Y 与 X 是否线性相关. 在回归分析中, 通常用指标 R^2 来表达, 计算公式为

$$R^2 = \frac{S_{xy}^2}{S_{xx}S_{yy}}.$$

称 R 为**样本相关系数.**

14.2 多元线性回归

14.2.1 数学模型

若自变量的个数多于一个, 回归模型是关于自变量的线性表达形式, 则称此模型为**多元线性回归模型**. 其数学模型可以写为

$$
\begin{cases}
Y = \beta_0 + \beta_1 X_1 + \cdots + \beta_m X_m + \varepsilon, \\
\varepsilon \sim N(0, \sigma^2),
\end{cases}
\tag{14.3}
$$

其中 σ 未知, $\boldsymbol{\beta} = (\beta_0, \beta_1, \cdots, \beta_m)$ 称为**回归系数向量**.

现得到一个样本容量为 n 的样本, 其观测数据为

$$
(y_i, x_{i1}, \cdots, x_{im}), \ i = 1, \cdots, n \ (n > m).
$$

代入 (14.3), 得

$$
\begin{cases}
y_i = \beta_0 + \beta_1 x_{i1} + \cdots + \beta_m x_{im} + \varepsilon_i, \\
\varepsilon_i \sim N(0, \sigma^2), i = 1, \cdots, n.
\end{cases}
\tag{14.4}
$$

记

$$
\boldsymbol{X} = \begin{bmatrix} 1 & x_{11} & \cdots & x_{1m} \\ \vdots & \vdots & & \vdots \\ 1 & x_{n1} & \cdots & x_{nm} \end{bmatrix}, \quad \boldsymbol{Y} = \begin{bmatrix} y_1 \\ \vdots \\ y_n \end{bmatrix},
\tag{14.5}
$$

$$
\boldsymbol{\varepsilon} = (\varepsilon_1, \cdots, \varepsilon_n)^{\mathrm{T}}, \quad \boldsymbol{\beta} = (\beta_0, \beta_1, \cdots, \beta_m)^{\mathrm{T}}.
$$

于是 (14.4) 式可以写成矩阵形式:

$$
\begin{cases}
\boldsymbol{Y} = \boldsymbol{X}\boldsymbol{\beta} + \boldsymbol{\varepsilon}, \\
\boldsymbol{\varepsilon} \sim N\left(0, \sigma^2 I\right).
\end{cases}
\tag{14.6}
$$

14.2.2 参数估计

仍然用最小二乘法的基本思想估计模型 (14.3) 中的参数向量 $\boldsymbol{\beta} = (\beta_0, \beta_1, \cdots, \beta_m)$. 由 (14.4) 式, 可很容易地给出这组数据的误差平方和为

$$
Q(\boldsymbol{\beta}) = \boldsymbol{\varepsilon}^{\mathrm{T}} \boldsymbol{\varepsilon} = \sum_{i=1}^{n} \varepsilon_i^2 = (\boldsymbol{Y} - \boldsymbol{X}\boldsymbol{\beta})^{\mathrm{T}} (\boldsymbol{Y} - \boldsymbol{X}\boldsymbol{\beta}).
\tag{14.7}
$$

则问题变为求参数向量 $\boldsymbol{\beta}$ 的估计值 $\hat{\boldsymbol{\beta}}$, 使

$$
Q(\hat{\boldsymbol{\beta}}) = \min_{\boldsymbol{\beta}} (\boldsymbol{Y} - \boldsymbol{X}\boldsymbol{\beta})^{\mathrm{T}} (\boldsymbol{Y} - \boldsymbol{X}\boldsymbol{\beta})
$$

取极小值.

由多元极值理论, 可以推出

$$\hat{\boldsymbol{\beta}} = (\boldsymbol{X}^{\mathrm{T}}\boldsymbol{X})^{-1}\boldsymbol{X}^{\mathrm{T}}\boldsymbol{Y}, \tag{14.8}$$

将 $\hat{\boldsymbol{\beta}}$ 代回原模型得到 y 的多元回归预测方程:

$$\hat{Y} = \hat{\beta}_0 + \hat{\beta}_1 X_1 + \cdots + \hat{\beta}_m X_m. \tag{14.9}$$

把观测矩阵 $\boldsymbol{X}$ 代入上式, 可得回归预测值为 $\hat{\boldsymbol{Y}} = \boldsymbol{X}\hat{\boldsymbol{\beta}}$, 拟合误差 $\boldsymbol{e} = \boldsymbol{Y} - \hat{\boldsymbol{Y}}$ 称为**残差向量**, 可作为随机误差 $\boldsymbol{\varepsilon}$ 的估计, 而**残差平方和** (或**剩余平方和**) 即 $Q(\hat{\boldsymbol{\beta}})$ 为

$$Q = \sum_{i=1}^{n} e_i^2 = \sum_{i=1}^{n} (y_i - \hat{y}_i)^2. \tag{14.10}$$

14.2.3 统计分析

不加证明地给出以下结果:

(1) $\hat{\boldsymbol{\beta}}$ 是 $\boldsymbol{\beta}$ 的线性无偏最小方差估计. 即 $\hat{\boldsymbol{\beta}}$ 是 $\boldsymbol{Y}$ 的线性函数; $\hat{\boldsymbol{\beta}}$ 的期望等于 $\boldsymbol{\beta}$; 在 $\boldsymbol{\beta}$ 的线性无偏估计中, $\hat{\boldsymbol{\beta}}$ 的方差最小.

(2) $\hat{\boldsymbol{\beta}}$ 服从正态分布:

$$\hat{\boldsymbol{\beta}} \sim N(\boldsymbol{\beta}, \sigma^2 (\boldsymbol{X}^{\mathrm{T}}\boldsymbol{X})^{-1}). \tag{14.11}$$

(3) $E(Q) = (n - m - 1)\sigma^2$, 且

$$\frac{Q}{\sigma^2} \sim \chi^2 (n - m - 1), \tag{14.12}$$

由此得到 σ^2 的无偏估计

$$s^2 = \frac{Q}{n - m - 1} = \hat{\sigma}^2, \tag{14.13}$$

其中 s^2 是**剩余方差** (残差的方差), s 称为**剩余标准差**.

(4) 对总偏差平方和 $S_T = \sum_{i=1}^{n} (y_i - \overline{y})^2$ 进行分解, 有

$$S_T = Q + U, \quad F = \frac{U/m}{Q/(n - m - 1)} \sim F(m, n - m - 1), \tag{14.14}$$

其中 $\overline{y} = \dfrac{1}{n} \sum_{i=1}^{n} y_i$, $U = \sum_{i=1}^{n} (\hat{y} - \overline{y})^2$. 残差平方和 Q 反映了随机误差对 y 的影响, 而 U 反映了自变量对 y 的影响, 称为**回归平方和**.

14.2.4　回归模型的假设检验

1. 回归方程的显著性检验

在实际应用中, 我们并不知道因变量 Y 与自变量 $X_1, X_2, \cdots, X_m$ 之间是否存在如模型 (14.3) 所示的线性关系, 因此有必要对回归方程的显著性进行检验.

如果所有的 $|\hat{\beta}_j|, j = 1, \cdots, m$ 都很小, 则反映 Y 与 $X_1, X_2, \cdots, X_m$ 之间的线性关系不明显, 所以可提出如下假设:

原假设: $H_0 : \beta_1 = \cdots = \beta_m = 0$;

备择假设: H_1: 至少有一个 β_j 不等于零 $(j = 1, 2, \cdots, n)$.

当 H_0 成立时, 统计量

$$F = \frac{U/m}{Q/(n-m-1)} \sim F(m, n-m-1). \tag{14.15}$$

在显著性水平 α 下, 有 $F(m, n-m-1)$ 分布的 α 分位数 $F_\alpha(m, n-m-1)$, 以及计算 F 值 $F = \dfrac{U/m}{Q/(n-m-1)}$.

在显著性水平 α 下, 检验规则为

当 $F < F_\alpha(m, n-m-1)$ 时, 接受 H_0, 即回归方程不显著; 否则, 拒绝 H_0, 说明回归方程显著.

2. 相关性检验

拒绝 H_0 只说明 Y 与 $X_1, X_2, \cdots, X_m$ 的线性关系不明显, 可能存在非线性关系, 譬如平方关系等. 还有一些衡量 Y 与 $X_1, X_2, \cdots, X_m$ 相关程度的指标, 如用回归平方和在总平方和中的比值. 定义

$$R^2 = \frac{U}{S_T}, \tag{14.16}$$

式中, $R \in [0,1]$ 称为**复相关系数**, R 越大, Y 与 $X_1, X_2, \cdots, X_m$ 相关关系越密切. 通常, R 大于 0.8(或 0.9) 才认为相关关系成立.

3. 回归系数的假设检验和区间估计

当上面的 H_0 被拒绝时, β_j 不全为零, 但是不排除其中若干个等于零. 所以应进一步作如下 m 个假设检验:

$$H_0^{(j)} : \beta_j = 0 \ (j = 1, 2, \cdots, m).$$

由 (14.11) 式, $\hat{\beta}_j \sim N(\beta_j, c_{jj})$, c_{jj} 是 $(\boldsymbol{X}^{\mathrm{T}}\boldsymbol{X})^{-1}$ 对角线上第 j 个元素. 用 s^2 代替 σ^2, 由 (14.11) 和 (14.13) 式, 当 $H_0^{(j)}$ 成立时, 有

$$t_j = \frac{\hat{\beta}_j/\sqrt{c_{jj}}}{\sqrt{Q/(n-m-1)}} \sim t(n-m-1). \tag{14.17}$$

对给定的 α, 若 $|t_j| < t_{\frac{\alpha}{2}}(n-m-1)$, 接受 $H_0^{(j)}$; 否则, 拒绝.

(14.17) 式也可用于对 β_j 作区间估计 $(j = 0, 1, \cdots, m)$, 在置信水平 α 下, β_j 的置信区间为

$$\left[\hat{\beta}_j - t_{\frac{\alpha}{2}}(n-m-1)s\sqrt{c_{jj}}, \ \hat{\beta}_j + t_{\frac{\alpha}{2}}(n-m-1)s\sqrt{c_{jj}}\right], \tag{14.18}$$

其中 $s = \sqrt{\dfrac{Q}{n-m-1}}$.

14.2.5 利用回归模型进行预测

当回归模型和系数通过检验后, 可由给定的 $\boldsymbol{x} = (x_1, x_2, \cdots, x_m)$ 预测 y. y 是随机的, 显然其预测值 (点估计) 为

$$\hat{y} = \hat{\beta}_0 + \hat{\beta}_1 x_1 + \cdots + \hat{\beta}_m x_m. \tag{14.19}$$

给定 α 可以算出 $\hat{y}$ 的预测区间 (区间估计), 结果较复杂, 但当 n 较大且 x_i 接近平均值 $\bar{x}_i$ 时, y 的预测区间可简化为

$$[\hat{y} - u_{\frac{\alpha}{2}}s, \ \hat{y} + u_{\frac{\alpha}{2}}s], \tag{14.20}$$

其中 $u_{\alpha/2}$ 是标准正态分布的 $\alpha/2$ 分位数.

若已知数据残差 $e_i = y_i - \hat{y}_i \ (i = 1, 2, \cdots, n)$ 的置信区间, 且 e_i 服从均值为零的正态分布, 则若某个 e_i 的置信区间不包含零点, 则认为这个数据是异常的, 可予以剔除.

14.2.6 线性回归模型的 MATLAB 实现

MATLAB 统计工具箱中用于线性回归分析的函数为 regress( ) 函数.

调用格式 I:

$$\texttt{b=regress(Y,X)}$$

调用格式 II:

$$\texttt{[b,bint,r,rint,stats]=regress(Y,X,alpha)}$$

其中 Y,X 为按 (14.5) 式排列的数据; b 为回归系数向量的估计值 $\hat{\beta}_0, \hat{\beta}_1, \cdots, \hat{\beta}_m$; alpha 为显著性水平 (缺省时设定为 0.05); bint 为回归系数的置信区间; r, rint 为残差 (向量) 及其置信区间; stats 是用于检验回归模型的统计量, 有四个数值, 第一个是 R^2 (见 (14.16) 式), 第二个是 F (见 (14.15) 式), 第 3 个是与 F 对应的概率 p, 若 $p < \alpha$ 则拒绝 H_0, 即回归模型成立, 第四个是残差平方和 s^2.

残差及其置信区间的可视化绘图, 可以调用 rcoplot( ) 函数实现.

调用格式: rcoplot(r,rint)

功能说明: 按观测点次序绘制误差及误差的置信区间.

例 14.2 利用 MATLAB 提供的 regress( ) 和 rcoplot( ) 求解例 14.1.

解 MATLAB 程序如下:

```
clc,clear
x=[0.10 0.11 0.12 0.13 0.14 0.15 0.16 0.17 0.18 0.20 0.22 0.24];
y=[42.0 42.5 45.0 45.5 45.0 47.5 49.0 51.0 50.0 55.0 57.5 59.5];
n=length(x);      %计算观测点的个数
x1=x(:);y=y(:);   %把观测数据向量转为列向量
x=[ones(n,1),x1]; %构造系数矩阵
[b,bint,r,rint,stats]=regress(y,x); %回归分析
rcoplot(r,rint) %利用残差和残差向量绘制残差分布图
b,bint,stats      %输出回归结果
```

得到

$$b = 28.4835 \quad 129.0094$$
$$bint = 26.1881 \quad 30.7789$$
$$115.1337 \quad 142.8851$$
$$stats = 0.9772 \quad 429.1581 \quad 0.0000 \quad 0.8222$$

即 $\hat{\beta}_0 = 28.4835, \hat{\beta}_1 = 129.0094$, $\hat{\beta}_0$ 的置信区间是 $[26.1881, 30.7789]$, $\hat{\beta}_1$ 的置信区间是 $[115.1337, 142.8851]$; $R^2 = 0.9772$, $F = 429.1581$, $p < 0.0001 < 0.05$, $s^2 = 0.8222$. 因此应拒绝假设 H_0, 即相关线性模型成立. 残差分布如图 14.2 所示.

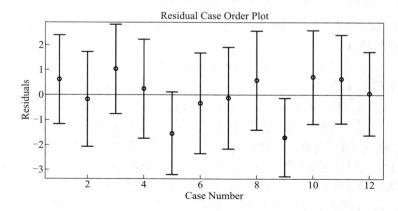

图 14.2 残差分布图

　　观察命令 rcoplot(r,rint) 所画的残差分布, 除第 9 个数据点外其余残差的置信区间均包含零点, 第 9 个点应视为异常点, 将其剔除后重新计算. 计算中发现, 第 5 个观测点也存在异常, 继续剔除后, 再次运行程序, 可得

$$
\begin{aligned}
\text{b} &= \quad 28.7833 \quad 129.1667 \\
\text{bint} &= \quad 27.4853 \quad\; 30.0814 \\
&\qquad\;\; 121.3591 \quad 136.9743 \\
\text{stats} &= \quad 0.9945 \quad 1455.412 \quad 0.0000 \quad 0.233854166667
\end{aligned}
$$

把这个结果整理成表格形式, 如表 14.2 所示. 残差分布如图 14.3 所示.

表 14.2　回归参数计算结果

回归系数	回归系数估计值	回归系数置信区间
β_0	28.7833	[27.4853,30.0814]
β_1	129.1667	[121.3591,136.9743]

$R^2=0.9945$, $F=1455.412$, $p < 0.0001$, $s^2=0.2339$

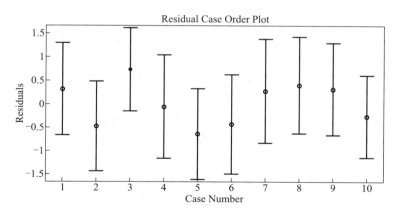

图 14.3　残差分布图

　　显然修改后的这个结果更加可信.

　　例 14.3　某厂生产的一种电器的销售量 y 与竞争对手的价格 x_1 和本厂的价格 x_2 有关. 表 14.3 是该商品在 10 个城市的销售记录. 试根据这些数据建立 y 与 x_1 和 x_2 的关系式, 对得到的模型和系数进行检验. 若某市本厂产品售价为 160 元, 竞争对手售价为 170 元, 预测商品在该市的销售量.

表 14.3   价格与销售量调查统计结果

x_1 / 元	120	140	190	130	155	175	125	145	180	150
x_2 / 元	100	110	90	150	210	150	250	270	300	250
y / 个	102	100	120	77	46	93	26	69	65	85

解　分别画出 y 关于两个变量 x_1 和 x_2 的散点图, 如图 14.4 所示.

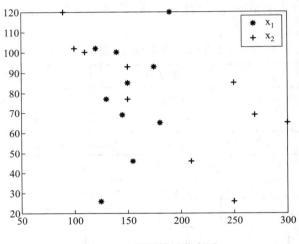

图 14.4   观测结果分布图

从图中可以看出, y 与 x_2 有较明显的线性关系, 而 y 与 x_1 之间的关系则难以确定. 我们将作几种尝试, 用统计分析决定优劣.

设回归方程为

$$y = \beta_0 + \beta_1 x_1 + \beta_2 x_2, \tag{14.21}$$

编写如下程序:

```
x1=[120 140  190 130 155 175 125 145 180 150];
x2=[100 110   90 150 210 150 250 270 300 250];
y=[102 100  120  77  46  93  26  69  65  85];
x=[ones(10,1),x1(:),x2(:)];
[b,bint,r,rint,stats]=regress(y(:),x);
b,bint,stats
```

得到

$$
\begin{aligned}
\text{b} &= 66.5176 \quad 0.4139 \quad -0.2698 \\
\text{bint} &= -32.5060 \quad 165.5411 \\
&\quad\ -0.2018 \quad 1.0296 \\
&\quad\ -0.4611 \quad -0.0785 \\
\text{stats} &= 0.6527 \quad 6.5786 \quad 0.0247 \quad 351.0445
\end{aligned}
$$

可以看出结果不是太好: $p = 0.0247 < 0.05$, 取 $\alpha = 0.05$ 时回归模型 (14.21) 可用, 但取 $\alpha = 0.01$ 时模型不能用; $R^2 = 0.6527$ 较小, $\hat{\beta}_0, \hat{\beta}_1$ 的置信区间包含了零点, 即线性回归方程不显著, 应予以修正, 即应考虑采用非线性回归方程.

14.3 多项式回归

如果从数据的散点图上发现 y 与 x 呈较明显的二次 (或高次) 函数关系, 或者用线性模型 (14.1) 的效果不太好, 就可以选用多项式回归. 在随机意义下, 一元 n 次多项式回归的数学模型可以表达为

$$
y = \beta_0 + \beta_1 x + \beta_2 x^2 + \cdots + \beta_n x^n + \varepsilon,
$$

其中, ε 是随机误差, 满足 $E(\varepsilon) = 0, D(\varepsilon) = \sigma^2$.

14.3.1 一元多项式回归

1. 多项式回归系数的预测

一元多项式回归可调用 polyfit( ) 函数实现. 函数调用格式及说明详见第四章.

例 14.4 将 17 至 29 岁的运动员每两岁一组分为 7 组, 每组两人测量其旋转定向能力, 以考察年龄对这种运动能力的影响. 现得到一组数据如表 14.4 所示, 试建立二者之间的关系.

表 14.4 年龄与运动能力关系观测结果

年龄	17	19	21	23	25	27	29
第一人	20.48	25.13	26.15	30.0	26.1	20.3	19.35
第二人	24.35	28.11	26.3	31.4	26.92	25.7	21.3

解 先画出散点图.

```
x=17:2:29;
y1=[20.48 25.13 26.15 30.0 26.1 20.3 19.35];
y2=[24.35 28.11 26.3 31.4 26.92 25.7 21.3];
plot(x,y1,'+',x,y2,'*')
legend('y_1','y_2')
```

如图 14.5 所示.

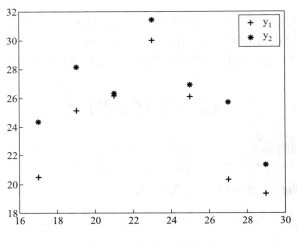

图 14.5   观测结果分布图

从图中可以看出, 数据的散点图明显地呈现两端低中间高的形状, 所以应拟合一条二次曲线. 建立二次多项式模型:

$$y = a_2 x^2 + a_1 x + a_0 + \varepsilon.$$

回归系数的确定: 继续在前述命令的基础上运行如下 MATLAB 程序:

```
x0=[x,x];
y0=[y1,y2];
[p,s]=polyfit(x0,y0,2); p
```

输出结果为

```
p=
    -0.2003   8.9782   -72.2150
s=
   R: [3x3 double]
  df: 11
 normr: 7.2162
```

输出结果中, p 返回拟合多项式的系数向量, 即回归预测方程为

$$y = -0.2003x^2 + 8.9782x - 72.2150.$$

而 s 则返回一个数据结构, R 为 3×3 上三角形矩阵, 是由 x_0 生成的范德蒙德矩阵的 QR 分解中的上三角形矩阵 R, df 为自由度, normr 为残差的范数.

2. 回归多项式预测值及其置信区间的确定

可由函数 polyconf( ) 实现.

调用格式: [y,delta]=polyconf(p,x0,s)

其中输入参数: p 为多项式系数向量, 其维数减去 1 即为多项式的次数; x0 为自变量坐标, 通常为数组或向量形式, 要预测的以 p 为系数向量的多项式在 x0 点的函数值; s 为关于观测点的数据结构. 输出参数: y 为预测函数值, delta 为显著性水平为 0.05 下预测值的 95% 置信区间半径.

注意到, 在上述调用 polyconf( ) 函数的输出参数中有一个 s 选项, 它是一个数据结构, 用于计算预测函数值及其置信区间, 如继续运行如下命令:

[y,delta]=polyconf(p,x0,s);

y,delta

得到预测函数 y 在观测点 x_0 处的拟合函数预测值及其置信区间半径 delta.

```
y=22.5243    26.0582    27.9896    28.3186    27.0450
   24.1689    19.6904    22.5243    26.0582    27.9896
   28.3186    27.0450    24.1689    19.6904
delta=5.6275    5.1195    5.1195    5.1725    5.1195
      5.1195    5.6275    5.6275    5.1195    5.1195
      5.1725    5.1195    5.1195    5.6275
```

3. 由交互式多项式拟合工具箱拟合多项式并绘制拟合效果图

多项式拟合及拟合效果图可通过调用交互式多项式拟合工具箱 polytool( ) 实现.

调用格式: polytool(x,y,n,alpha)

其中输入参数: x,y 为同维数组, n 为多项式次数 (缺省时, 默认为 1), alpha 为置信水平. 返回结果为交互式多项式拟合效果图, 包含拟合曲线的 $100(1-\alpha)\%$ 置信区间范围.

如仍以前述数据为例, 在 MATLAB 命令窗口下继续运行如下命令:

polytool(x0,y0,2)

可得二次多项式拟合效果图, 如图 14.6 所示.

图中中间实线为拟合曲线, 它上下两侧的虚线是 y 的预测值的置信区间范围. 你可以用鼠标移动图中的十字线沿预测曲线移动, 图形窗口左侧就会同步显

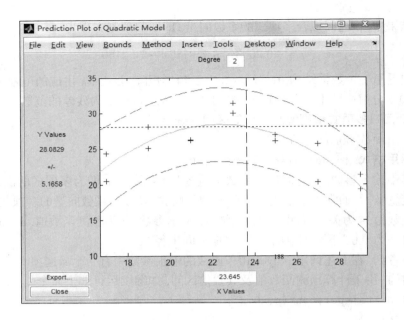

图 14.6   二次多项式拟合效果图

示 y 的预测值及其置信区间. 通过鼠标左键点击图形左下方的 "Export" 按钮, 可以显示一个输出选项下拉菜单, 用户可以根据需要将预测回归系数 beta、回归系数的置信区间 betaci, 预测值 yhat、预测值的置信区间 yci, 以及预测结果的残差保存到 MATLAB 工作空间中, 相关结果可以直接在 Workspace 中点击相应内存变量名查看. 这个命令的用法与下面将介绍的 rstool( ) 相似.

一元高次多项式也可以利用多元线性回归模型进行预测, 如对多项式模型

$$y = \beta_m x^m + \cdots + \beta_1 x + \beta_0 + \varepsilon,$$

只需令 $x_1 = x, x_2 = x^2, \cdots, x_m = x^m$, 则模型就转化为多元线性回归模型

$$y = \beta_0 + \beta_1 x_1 + \cdots + \beta_m x_m + \varepsilon.$$

此时, 利用前述的 regress( ) 函数亦可求解.

14.3.2   多元二次多项式回归

MATLAB 统计工具箱提供了一个专门用于多元二次多项式回归的函数 rstool( ). 它产生一个交互式画面, 并输出有关信息.

调用格式: rstool(x,y,model,alpha)

其中输入项 x,y 分别为 $n \times m$ 矩阵和 n 维向量, alpha 为显著性水平 (缺省时设定为 alpha=0.05), model 由下列 4 个模型中选择 1 个 (用字符串输入, 缺省时默认为线性模型):

linear (线性): $y = \beta_0 + \beta_1 x_1 + \cdots + \beta_m x_m$;

purequadratic (纯二次): $y = \beta_0 + \beta_1 x_1 + \cdots + \beta_m x_m + \sum_{j=1}^{m} \beta_{jj} x_j^2$;

interaction (交叉): $y = \beta_0 + \beta_1 x_1 + \cdots + \beta_m x_m + \sum_{1 \leqslant j \neq k \leqslant m} \beta_{jk} x_j x_k$;

quadratic (完全二次): $y = \beta_0 + \beta_1 x_1 + \cdots + \beta_m x_m + \sum_{1 \leqslant j, k \leqslant m} \beta_{jk} x_j x_k$.

例 14.5 运用例 14.3 中关于商品销售量与价格的数据, 选择纯二次模型, 即

$$y = \beta_0 + \beta_1 x_1 + \beta_2 x_2 + \beta_{11} x_1^2 + \beta_{22} x_2^2.$$

解 编写 MATLAB 程序如下:

```
x1=[120 140 190 130 155 175 125 145 180 150];
x2=[100 110  90 150 210 150 250 270 300 250];
y=[102 100  120 77  46  93  26  69  65  85];
x=[x1', x2'];y=y';
rstool(x,y,'purequadratic')
```

得到一个如图 14.7 所示的交互式画面.

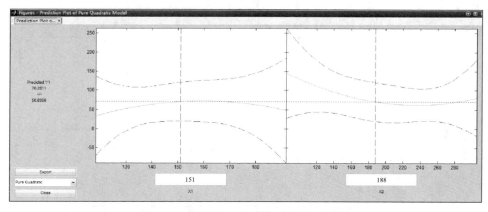

图 14.7　多元纯二次多项式拟合效果图

用鼠标移动图中的十字线, 或在图下方窗口内输入相应的 x_1, x_2 的值, 图形左侧会即时显示 y 的预测值及其置信区间. 图的左侧下方有两个下拉式菜单, 一

个菜单 "Export" 用以向 MATLAB 工作空间传送数据, 包括 beta (回归系数), rmse (剩余标准差), residuals (残差).

拟合结果: 利用多元纯二次多项式模型回归拟合表中的数据, 得到回归系数和剩余标准差为

```
beta=-312.5871  7.2701  -1.7337  -0.0228  0.0037
rmse=  16.6436
```

另一个下拉式菜单为 "model" 选项, 用以在上述 4 个模型中选择, 你可以比较一下它们的剩余标准差, 会发现纯二次多项式模型的剩余标准差 rmse=16.6436 最小.

例 14.6 求经验公式 $y = a + bx^2$, 使它与表 14.5 所示的数据拟合.

表 14.5　观测数据

x	19	25	31	38	44
y	19.0	32.3	49.0	73.3	97.8

解 作 $x_1 = x^2$ 变换, 再用最小二乘法.

```
x=[19  25  31  38  44];
y=[19.0  32.3  49.0  73.3  97.8];
x1=x(:).^2;y=y';  转置成列向量
rstool(x1,y,'linear');
```

拟合结果如图 14.8 所示.

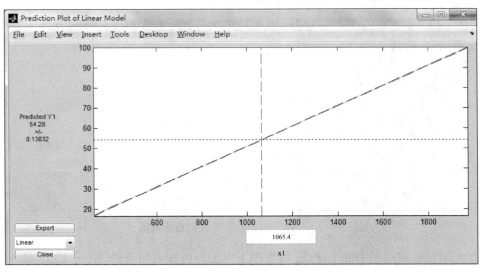

图 14.8　拟合效果图

拟合后回归参数的取值结果: 在左下角的 Export 列表框中选择 beta (回归参数), rsme (剩余标准差), residuals (残差). 得结果

```
beta=0.9726   0.0500
rsme=0.0708
residuals=-0.03526   0.0555   -0.0563   0.0767   -0.0406
```

说明: 图形是关于自变量 $x_1 = x^2$ 的, 故显示为直线. 代回原变量, 可得回归预测方程为

$$y = 0.0500x^2 + 0.9726.$$

若使用第四章中的拟合方法

```
x=[19 25 31 38 44]';
y=[19.0 32.3 49.0 73.3 97.8]';
r=[ones(5,1),x.^2];
ab=r\y;
x0=19:0.1:44;
y0=ab(1)+ab(2)*x0.^2;
plot(x,y,'o',x0,y0,'r')
xlabel('x'),ylabel('y')
ab
```

拟合作图结果见图 14.9 所示. 返回参数计算结果 ab=0.9726   0.0500. 由此可以看出, 两种方法结论一致.

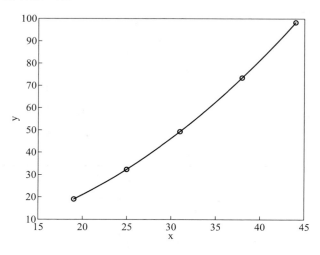

图 14.9   最小二乘拟合结果

14.4　非线性回归及其 MATLAB 实现

非线性回归是指因变量 y 对回归系数 $\beta_1, \cdots, \beta_m$ (而不是自变量) 是非线性的.

MATLAB 统计工具箱中提供了很多用于非线性回归拟合的函数, 如 nlinfit( ), nlparci( ), nlpredci( ), nlintool( ) 等, 利用这些函数不仅可以给出拟合函数的回归系数, 而且可以给出它的预测值和置信区间等. 下面通过例题说明这些函数的用法.

例 14.7　在研究化学动力学反应过程中, 建立了一个反应速度 y 和反应物含量的数学模型, 形式为

$$y = \frac{\beta_4 x_2 - \dfrac{x_3}{\beta_5}}{1 + \beta_1 x_1 + \beta_2 x_2 + \beta_3 x_3},$$

其中 $\beta_1, \cdots, \beta_5$ 是未知的参数, x_1, x_2, x_3 是三种反应物 (氢、n 戊烷、异构戊烷) 的含量, y 是反应速度. 今测得一组数据如表 14.6 所示. 试由此确定参数 $\beta_1, \cdots, \beta_5$, 并给出其置信区间 (($\beta_1, \cdots, \beta_5$) 的参考值为 $(0.1, 0.05, 0.02, 1, 2)$).

表 14.6　化学反应速度实验结果

序号	y	x_1	x_2	x_3	序号	y	x_1	x_2	x_3
1	8.55	470	300	10	8	4.35	470	190	65
2	3.79	285	80	10	9	13.00	100	300	54
3	4.82	470	300	120	10	8.50	100	300	120
4	0.02	470	80	120	11	0.05	100	80	120
5	2.75	470	80	10	12	11.32	285	300	10
6	14.39	100	190	10	13	3.13	285	190	120
7	2.54	100	80	65					

解　首先, 以回归系数和自变量为输入变量, 将要拟合的模型写成函数文件 huaxue.m:

```
function yhat=huaxue(beta,x);
yhat=(beta(4)*x(:,2)-x(:,3)/beta(5))./(1+beta(1)*x(:,1)+...
beta(2)*x(:,2)+beta(3)*x(:,3));
```

然后, 用 nlinfit( ) 计算回归系数, 用 nlparci( ) 计算回归系数的置信区间, 用 nlpredci( ) 计算预测值及其置信区间, 编程如下:

```
clc,clear
        x0=[1   8.55    470    300    10
             2   3.79    285    80     10
             3   4.82    470    300    120
             4   0.02    470    80     120
             5   2.75    470    80     10
             6   14.39   100    190    10
             7   2.54    100    80     65
             8   4.35    470    190    65
             9   13.00   100    300    54
            10   8.50    100    300    120
            11   0.05    100    80     120
            12   11.32   285    300    10
            13   3.13    285    190    120];
x=x0(:,3:5); y=x0(:,2);
beta=[0.1,0.05,0.02,1,2]';  %回归系数的初值
[betahat,f,j]=nlinfit(x,y,'huaxue',beta);  %f,j是下面命令用的信息
betaci=nlparci(betahat,f,j);
betaa=[betahat,betaci]   %回归系数及其置信区间
[yhat,delta]=nlpredci('huaxue',x,betahat,f,j)
```

求解结果:

(1) 回归系数及其相应的置信区间见表 14.7.

表 14.7 回归预测结果

参数	回归系数	置信区间
β_1	0.0628	$[-0.0377, 0.1632]$
β_2	0.0400	$[-0.0312, 0.1113]$
β_3	0.1124	$[-0.0609, 0.2857]$
β_4	1.2526	$[-0.7467, 3.2519]$
β_5	1.1914	$[-0.7381, 3.1208]$

(2) y 的预测值 yhat 及其置信半径 delta 见表 14.8.

表 14.8   预测结果及置信半径

yhat	8.4179	3.9542	4.9109	-0.0110	2.6358	14.3402	2.5662
delta	0.2805	0.2474	0.1766	0.1875	0.1578	0.4236	0.2425
yhat	4.0385	13.0292	8.3904	-0.0216	11.4701	3.4326	
delta	0.1638	0.3426	0.3281	0.3699	0.3237	0.1749	

(3) y 的置信区间由 yhat ± delta 计算而得.

上述编程计算结果也可以通过调用 nlintool( ) 来得到. 如执行命令

```
nlintool(x,y,'huaxue',beta)
```

可看到以下画面 (图 14.10), 利用 "Export" 按钮可以得到有关参数的计算结果.
如剩余标准差 rmse= 0.1933.

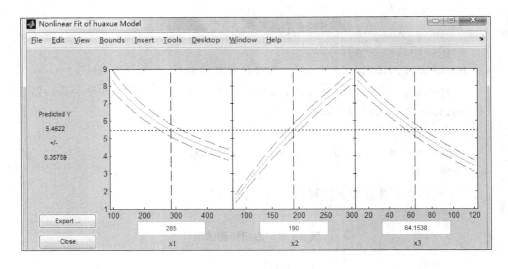

图 14.10   非线性拟合结果

14.5   逐步回归及其 MATLAB 实现

实际问题中影响因变量的因素可能很多, 有些可能关联性强一些, 而有些可
能影响弱一些. 人们总希望从中挑选出对因变量影响显著的自变量来建立回归

模型, 逐步回归是一种从众多变量中有效地选择重要变量的方法. 以下只讨论多元线性回归模型的情形.

简单地说, 就是所有对因变量影响显著的变量都应选入模型, 而影响不显著的变量都不应选入模型; 从便于应用的角度, 变量的选择应使模型中变量个数尽可能少.

基本思想: 记 $S = \{x_1, \cdots, x_m\}$ 为候选的自变量集合, $S_1 \subset S$ 是从集合 S 中选出的一个子集. 设 S_1 中有 l 个自变量 $(1 \leqslant l \leqslant m)$, 由 S_1 和因变量 y 构造的回归模型的误差平方和为 Q, 则模型的剩余标准差的平方 $s^2 = \dfrac{Q}{n-l-1}$, n 为数据样本容量. 所选子集 S_1 应使 s 尽量小. 通常回归模型中包含的自变量越多, 误差平方和 Q 越小, 但若模型中包含有对 y 影响很小的变量, 那么 Q 不会由于包含这些变量在内而减少多少, 却因 l 的增加可能使 s 反而增大, 同时这些对 y 影响不显著的变量也会影响模型的稳定性, 因此可将剩余标准差 s 最小作为衡量变量选择的一个数量标准.

逐步回归是实现变量选择的一种方法. 基本思路为

(1) 先确定一初始子集;

(2) 每次从子集外 (剩余变量集合中) 找一个对 y 影响显著的变量, 从中引入一个对 y 影响最大的, 再对原来子集中的变量进行检验, 从变得不显著的变量中剔除一个影响最小的;

(3) 循环执行以上步骤, 直到不能引入新的变量和剔除已入选的变量为止.

使用逐步回归有两点值得注意: 一是要适当地选定引入变量的显著性水平和剔除变量的显著性水平: 引入变量的显著性水平越大, 引入的变量越多, 而剔除变量的显著性水平越大, 剔除的变量越少; 二是由于各个变量之间有时存在某种相关性, 一个新的变量引入后, 会使原来认为显著的某个变量变得不显著, 从而被剔除, 所以在最初选择变量时应尽量选择相互独立性强的那些.

在 MATLAB 统计工具箱中用作逐步回归的是 stepwise 工具箱. 它提供了一个交互式画面, 通过这个工具你可以自由地选择变量进行统计分析, 通常用法是

$$\text{stepwise(x,y,inmodel,penter, premove)}$$

其中, x 是自变量数据, 为 $n \times m$ 矩阵 (m 为自变量个数, n 为每个自变量的数据量); y 是因变量数据, 为 n 维列向量; inmodel 是自变量初始集合的指标, 缺省时设定为空; penter 为引入变量时设定的最大 p 值, 缺省时为 0.05; premove 为移除变量时设定的最小 p 值, 缺省时默认 0.10. 注意: premove 值不能小于 penter 值.

在 Stepwise Regression 窗口, 显示回归系数、置信区间和其他一些统计量的信息. 其中点表示回归系数的值, 点两边的水平 (实或虚) 直线段表示其置信

区间; 虚线表示该变量的拟合系数与 0 无显著差异, 实线表示有显著差异. 点击一条直线会改变其状态. 在这个窗口中有 Export 按钮, 点击 Export 产生一个菜单, 表明了要传送给 MATLAB 工作空间的参数, 它们给出了统计计算的一些结果.

下面通过一个例子说明 stepwise( ) 的用法.

例 14.8 水泥凝固时放出的热量 y 与水泥中 4 种化学成分 x_1, x_2, x_3, x_4 有关, 今测得一组数据如表 14.9 所示, 试用逐步回归来确定一个线性模型.

表 14.9   水泥测试数据

序号	x_1	x_2	x_3	x_4	y
1	7	26	6	60	78.5
2	1	29	15	52	74.3
3	11	56	8	20	104.3
4	11	31	8	47	87.6
5	7	52	6	33	95.9
6	11	55	9	22	109.2
7	3	71	17	6	102.7
8	1	31	22	44	72.5
9	2	54	18	22	93.1
10	21	47	4	26	115.9
11	1	40	23	34	83.8
12	11	66	9	12	113.3
13	10	68	8	12	109.4

解 编写程序如下:

```
clc,clear
x0=[1    7    26    6    60    78.5
     2    1    29    15   52    74.3
     3    11   56    8    20    104.3
     4    11   31    8    47    87.6
     5    7    52    6    33    95.9
     6    11   55    9    22    109.2
     7    3    71    17   6     102.7
     8    1    31    22   44    72.5
     9    2    54    18   22    93.1
```

10	21	47	4	26	115.9
11	1	40	23	34	83.8
12	11	66	9	12	113.3
13	10	68	8	12	109.4];

```
x=x0(:,2:5);% 提取自变量数据
y=x0(:,6); % 提取因变量数据
stepwise(x,y)
```

上述命令执行的结果首先得到一个所有进入自变量为空 (即都没有进入初始变量集合) 的图形界面, 如图 14.11 所示.

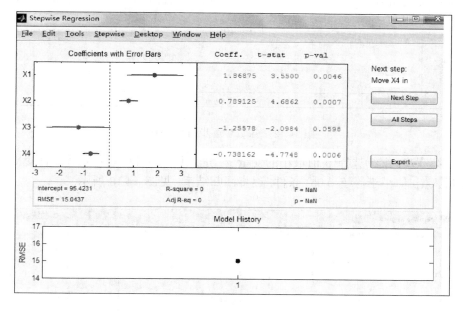

图 14.11　第一步逐步回归结果

图形界面左上方显示全部 4 个自变量的回归系数的估计及其误差界, 右上角显示变量选择的结果, 提示进入下一步回归分析.

界面上部中间部分显示若某个变量进入模型中时, 该变量的回归系数估计值、检验的 t 统计量值、判别是否显著的 p 值; 中间部分显示计算结果的统计指标, 包括截距 (即回归常数)、相关性系数 R^2、F 统计量计算值、剩余标准差 (RMSE)、p 值.

界面下方 Model History 部分显示每步回归所对应模型剩余标准差, 将鼠标移到某步对应的点, 就会显示此步对应模型中所包含的自变量.

第二步, 选择 p 值最小的 x_4 进入模型, 回归结果见图 14.12 所示.

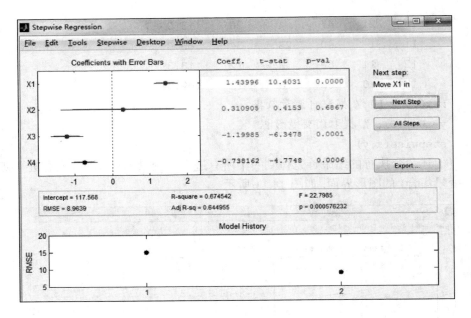

图 14.12   第二步逐步回归结果

第三步, 继续选择 p 值最小的变量 x_1 进入模型, 回归结果显示没有变量满足进入 (p 值小于等于 0.05) 条件, 逐步回归结束. 见图 14.13 所示.

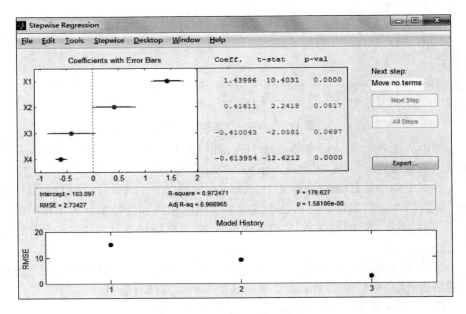

图 14.13   第三步逐步回归结果

由图 14.13 可知, 预测回归方程为

$$\hat{y} = 103.097 + 1.43996x_1 - 0.61395x_4.$$

回归预测的参数选项如预测值、置信区间、残差等参数可通过点击右上方的 "Export" 按钮, 选择相应参数并保存结果至工作空间中.

思考与练习十四

1. 某人记录了 21 天每天使用空调的时间和使用烘干器的次数, 并监视电表以计算出每天的耗电量, 数据见表 14.10, 试研究耗电量 (KWH) 与空调使用的小时数 (AC) 和烘干器使用次数 (DRYER) 之间的关系, 建立并检验回归模型, 诊断是否有异常点.

表 14.10　耗电量数据

序号	1	2	3	4	5	6	7	8	9	10	11
KWH	35	63	66	17	94	79	93	66	94	82	78
AC	1.5	4.5	5.0	2.0	8.5	6.0	13.5	8.0	12.5	7.5	6.5
DRYER	1	2	2	0	3	3	1	1	1	2	3
序号	12	13	14	15	16	17	18	19	20	21	
KWH	65	77	75	62	85	43	57	33	65	33	
AC	8.0	7.5	8.0	7.5	12.0	6.0	2.5	5.0	7.5	6.0	
DRYER	1	2	2	1	1	0	3	0	1	0	

2. 在一丘陵地带测量高程, x 和 y 方向每隔 100 米测一个点, 得高程如表 14.11 所示, 试拟合一曲面, 确定合适的模型, 并由此找出最高点和该点的高程.

表 14.11

		y			
		100	200	300	400
x	100	636	697	624	478
	200	698	712	630	478
	300	680	674	598	412
	400	662	626	552	334

3. 一矿脉有 13 个相邻样本点, 人为地设定一原点, 现测得各样本点对原点的距离 x, 与该样本点处某种金属含量 y 的一组数据如表 14.12 所示, 画出散点图观测二者的关系, 试建立合适的回归模型, 如二次曲线、双曲线、对数曲线等.

表 14.12   观 测 数 据

x	2	3	4	5	7	8	10
y	106.42	109.20	109.58	109.50	110.00	109.93	110.49
x	11	14	15	16	18	19	
y	110.59	110.60	110.90	110.76	111.00	111.20	

4. 人口预测问题

表 14.13 是 20 世纪 60 年代世界人口的增长数据 (单位: 亿):

(1) 请仔细分析数据, 绘出数据散点图并选择合适的函数形式对数据进行拟合;

(2) 用你的回归模型计算: 以 1960 年为基准, 人口增长一倍需要多少年? 世界人口何时将达到 100 亿?

(3) 用你的模型估计 2002 年的世界人口数, 请分析它与现在的实际人口数的差别的成因.

表 14.13   增 长 数 据

年份	1960	1961	1962	1963	1964	1965	1966	1967	1968
人口/亿	29.72	30.61	31.51	32.13	32.34	32.85	33.56	34.20	34.83

第十五章　多因素综合评价方法

在实际工作或学习中，时常会遇到多个方案的评价问题，如高校综合实力评估、专业综合排名、优秀毕业生评选、奖学金评定、高考志愿填报、婚恋对象的确定等. 下面通过一个实例来讨论这类问题的基本特点.

例 15.1　某军事部门拟购买部分战斗机，经过考察，有 4 种机型可供选择，决策者需要根据各种机型的性能指标和费用情况，确定最佳购置策略. 表 15.1 中列出了这 4 种机型各项性能指标值和费用情况.

表 15.1　每种机型的各项指标的属性值

方案	最大速度 x_1/Ma	飞行范围 $x_2/10^3\mathrm{km}$	最大负载 $x_3/10^4\mathrm{lb}$	价格 $x_4/10^6$美元	可靠性 x_5	灵敏度 x_6
d_1	2.0	1.5	2.0	5.5	一般	非常高
d_2	2.5	2.7	1.8	6.5	稍差	一般
d_3	1.8	2.0	2.1	4.5	可靠	高
d_4	2.2	1.8	2.0	5.0	一般	一般

仔细分析该例可以看出：

(1) 问题的本质是选择应该购买哪一个机型，所以本质上这是一个最优决策问题.

(2) 影响决策判断的因素有多个，如飞机的性能参数和价格，而性能参数包括速度、范围、负载、可靠性和灵敏度多个指标.

(3) 除速度、范围、负载、价格四个指标为定量的、具有不同量纲和数量级的实数外，可靠性和灵敏度均为定性指标，显然除了价格指标值是越小越好的成本型指标外，其他五个指标均为越大越好的效益型指标.

(4) 决策的目的是选择性能最佳、价格最低的机型. 在无法得到真正的最优方案选择时, 根据实际需要和经费预算, 对供选择的机型各参数进行比较权衡, 找出相对满意的结果就成了决策判别的主要目的.

(5) 决策过程的组织实施是由所有参与这项工作的人员组成, 因此这一决策过程通常为群决策过程.

归纳起来, 这类问题有如下几个共同特点:

(1) 决策对象为有限个具体选择方案;

(2) 评价指标有多个, 构成一个较完整的评价指标体系;

(3) 各个指标的属性值类型和量纲各不相同, 有定性指标也有定量指标, 有些指标的属性值越大越好 (如性能参数), 而有些越小越好 (如价格), 构成一些相互矛盾的指标 (如性能和价格) 体系;

(4) 评价者, 有时也称决策者, 是决定比较权衡权重的制订者和影响者, 决策者可以是一个人, 也可以是多个人;

(5) 决策的最终目的是通过对这些指标属性值的比较权衡结果, 给出各种选择方案的决策结果 (即方案排序).

通常我们称此类问题为有限个方案的**多属性决策** (multiple attribute decision making) 问题, 有时也称为**多因素或多准则综合评价问题** (multiple factor or multiple criteria comprehensive evaluation problem). 所谓多因素或多准则是指参与评价的指标个数多于一个; 所谓多属性, 是指各因素或指标的数据属性类型众多, 如属性值为定量或定性、实数或整数、属性值的量纲或数量级等不同.

多属性决策是现代决策科学中的一个重要组成部分, 其理论和方法在工程设计、经济、管理、军事等许多领域都有广泛的应用, 如投资决策、项目评估、选址、招标投标等. 解决这类问题首先需要建立用于决策评价的指标体系, 然后通过建立模型给出评价方法, 最后经过综合比较权衡给出每个方案的评价结果 (排序或等级划分), 因此这类问题通常归纳为基于多个评价指标 (因素) 的有限个方案的综合评价或优化排序问题.

15.1　概　　述

1. 评价指标体系的选择与建立

评价指标体系的确定是正确决策的前提, 建立评价指标体系应服从如下基本准则:

(1) 系统性, 即包括能够全面反映可能影响决策评判的各种因素.

(2) 科学性, 即应选择影响力强的指标, 忽略一些基本不产生影响的指标, 以降低问题的复杂程度, 避免引起决策失误或决策混乱.

(3) 可比性, 各指标之间应该具有一定的可比性, 可以辨别指标和指标之间的重要程度.

(4) 可测性, 每个指标必须是可以量化的, 即使是定性指标也应该能够区分出高低与好坏.

(5) 独立性, 即各指标之间应尽量相互独立, 互不相关, 以避免决策时的重复影响.

若指标过多, 为避免出现误判和增加问题的复杂程度, 应考虑建立分层的指标体系.

2. 多因素综合评价问题的基本组成要素

(1) 被评价对象: 指被评价者, 即由多个备选方案组成的方案集合.

(2) 评价指标体系 (或属性集合): 指参与或影响决策评判的因素或指标体系.

(3) 权重系数: 反映各指标之间影响决策程度大小的度量. 权重系数的大小体现了决策者的偏好, 反映了决策者对某指标的关注程度, 对最终的评价或排序结果影响至巨.

(4) 综合评价模型 (即评价方法): 将评价指标与权重系数综合成一个整体指标的模型.

(5) 评价者 (又称决策者): 指直接参与评价的人, 通常为管理部门的决策人员或专业技术人员, 决策者可以是一个人也可以是多个人, 多个决策者的情形称为群决策问题, 本章只考虑单一决策者的情形.

对各种备选方案的综合评价是科学、合理决策的依据, 其本质是根据问题提供的信息或数据, 采用数学建模的方法进行数据综合分析与评价, 最终给出每个方案的量化得分, 根据方案得分结果做出决策.

3. 多因素综合评价的基本步骤

(1) 明确任务: 确定可供选择的方案, 通过建立数学模型对可供选择的方案进行综合评价.

(2) 建模目的: 确定评价的目的是对各待选方案按评价结果进行优劣排序, 还是进行等级分类.

(3) 确定评价指标体系: 找出所有可能影响评价或决策结果的因素或指标, 建立评价指标体系.

(4) 数据预处理: 建立关于方案与指标的评价矩阵, 对指标进行规范化预处理.

(5) 确定指标权重系数向量: 通常由决策者根据实际需要和个人偏好确定具

体每个指标的权重系数大小, 指标权重值的大小体现了该指标对最终决策的重要性程度.

(6) 确定评价模型或方法: 根据评价矩阵和选定的建模方法进行综合评价, 给出每个方案的量化得分值.

(7) 依据评价结果, 根据得分值的大小对备选方案进行优劣排序或等级划分.

15.2　数据预处理及其规范化

15.2.1　数据预处理方法

1. 定性指标的定量化处理方法

在实际问题中, 很多都涉及定性或模糊指标的定量处理问题, 如对教学质量、科研水平、工作政绩、道德素质、各种满意度、信誉、态度、创新意识、工作能力等因素的评价, 其测度通常采用语言文字形式定性描述. 如评价者对某事件 "满意度" 的评价可分为: 很满意、满意、较满意、不太满意、很不满意共 5 个等级或采用 A、B、C、D、E 来表示, 或者更细致一些, 如 A-、B+、C-、D+ 等. 如何对这类定性指标进行定量分析呢? 一般而言, 对于定性指标的测度通常采用等级制划分, 对于此类定性指标的量化处理方法, 可采用不同的尺度, 如: $1 \sim 5$ 尺度法, 依次对应 5、4、3、2、1; $1 \sim 10$ 尺度法, 依次对应 9、7、5、3、1; 其他, 如 $0 \sim 1$、$1 \sim 100$ 等. 采用哪一种尺度法来量化定性指标的值, 并不影响最终的评价结果, 只要能够区分出指标值的等级或大小差异就可以.

2. 属性类型及其规范化

评价指标的属性值一般具有多种属性类型, 一般有效益型、成本 (费用) 型、固定型、偏离型、区间型、偏离区间型等, 其中效益型属性是指属性值越大越好的属性, 成本型属性是指属性值越小越好的属性, 固定型属性是指属性值越接近某个值越好的属性, 区间型属性是指属性值在某个区间最佳的属性, 偏离型属性是指属性值越偏离某个固定值或区间越好的属性.

把不同的属性类型放在同一个表格或矩阵中, 如表 15.1, 不便于直接从数值大小上判定方案的优劣, 因此在进行决策判别时, 为防止误判或出现决策混乱现象, 一般要进行属性类型的规范化 (有时也称一致化) 处理, 即把不同类型的属性化为同一类型.

属性类型规范化的目的是把具有不同属性类型的因素统一规范化为具有相同属性结构的指标, 从而达到便于计算、比较的目的.

3. 量纲及其数量级的规范化

多属性决策或综合评价的主要困难是属性间的不可公度性, 即具有不同量纲的属性无法统一度量, 即使对量纲相同的属性, 由于计量单位或数量级不同, 表中数值大小也就不同, 因此在实际评价时需要消除量纲和计量单位不同对评价结果的影响. 其规范化方法是将各指标的数值进行归一化, 即把各指标的数据全部归一到 [0,1] 区间内.

15.2.2 数据规范化方法

为了便于描述, 设可供选择的备选决策方案共有 n 个, 记为方案集:

$$D = \{d_1, d_2, \cdots, d_n\},$$

式中 d_i 表示第 i 个方案. 进一步地, 设影响决策的具有多属性的评价指标共有 m 个, 记为

$$x_1, x_2, \cdots, x_m.$$

记第 i 个备选方案 d_i 对应的 m 个评价指标的属性值向量为

$$(a_{i1}, a_{i2}, \cdots, a_{im}), i = 1, 2, \cdots, n.$$

把所有方案的属性值行向量按方案次序组合在一起, 即构成一个**决策矩阵**:

$$\boldsymbol{A} = \begin{bmatrix} a_{11} & a_{12} & \cdots & a_{1m} \\ a_{21} & a_{22} & \cdots & a_{2m} \\ \vdots & \vdots & & \vdots \\ a_{n1} & a_{n2} & \cdots & a_{nm} \end{bmatrix},$$

其中决策矩阵 $\boldsymbol{A}$ 中的每一行对应一个方案, 每一列对应一个属性指标. 对不同数据类型的指标进行规范化, 就等价于对决策矩阵的列向量进行规范化处理.

1. 不同属性类型的指标规范化方法

对不同属性值类型的指标, 同时考虑消除量纲和数量级的差异, 统一规范化为效益型即极大型指标的方法如下:

(1) 效益型: 对某个效益型属性指标 x_j, 令

$$r_{ij} = \frac{a_{ij}}{\max\limits_{i}(a_{ij})} \tag{15.1}$$

或

$$r_{ij} = \frac{a_{ij} - \min\limits_{i}(a_{ij})}{\max\limits_{i}(a_{ij}) - \min\limits_{i}(a_{ij})}, i = 1, 2, \cdots, n.$$

该方法规范化的结果是将效益型指标化为 (0,1] 或 [0,1] 型无量纲效益型指标.

(2) 成本型: 对某个成本型属性指标 x_j, 令

$$r_{ij} = \frac{\min_i(a_{ij})}{a_{ij}} \tag{15.2}$$

或

$$r_{ij} = \frac{\max_i(a_{ij}) - a_{ij}}{\max_i(a_{ij}) - \min_i(a_{ij})}, i = 1, 2, \cdots, n.$$

该方法规范化的结果是将成本型指标化为 $(0,1]$ 或 $[0,1]$ 型无量纲效益型指标.

(3) 固定型 (中间型): 对某个固定型属性指标 x_j, 及其固定值 α_j, 令

$$r_{ij} = 1 - \frac{a_{ij} - \alpha_j}{\max_i |a_{ij} - \alpha_j|}, i = 1, 2, \cdots, n. \tag{15.3}$$

该方法规范化的结果是把偏离固定值最远的点化为 0, 等于固定值的点化为 1, 整体规范化为 $[0,1]$ 区间的无量纲效益型指标.

(4) 区间型: 对某个区间型属性指标 x_j, 设其最佳固定区间为 $[p,q]$, 令

$$r_{ij} = \begin{cases} 1 - \dfrac{\max(p - a_{ij}, a_{ij} - q)}{\max[p - \min_i(a_{ij}), \max_i(a_{ij}) - q]}, & a_{ij} \notin [p,q], \\ 1, & a_{ij} \in [p,q], \end{cases} i = 1, 2, \cdots, n. \tag{15.4}$$

利用该方法规范化的结果是将区间型指标化为 $[0,1]$ 型无量纲效益型指标.

(5) 偏离区间型: 对某个偏离区间 (不妨记为 $[p,q]$) 型属性指标 x_j, 即指其属性值越偏离该区间越好, 令

$$r_{ij} = \begin{cases} \dfrac{\max(p - a_{ij}, a_{ij} - q)}{\max[p - \min_i(a_{ij}), \max_i(a_{ij}) - q]}, & a_{ij} \notin [p,q], \\ 0, & a_{ij} \in [p,q], \end{cases} i = 1, 2, \cdots, n. \tag{15.5}$$

利用该方法规范化的结果是将区间型指标化为 $[0,1]$ 型无量纲效益型指标.

(6) 偏离固定值型: 对某个偏离型属性指标 x_j, 该指标偏离某个固定值 (不妨设为 β) 越远越好, 令

$$r_{ij} = \frac{|a_{ij} - \beta| - \min_i |a_{ij} - \beta|}{\max_i |a_{ij} - \beta| - \min_i |a_{ij} - \beta|}, i = 1, 2, \cdots, n. \tag{15.6}$$

利用该方法规范化的结果是将区间型指标化为 $[0,1]$ 型无量纲效益型指标.

经过量纲和数据类型规范化处理后, 原决策矩阵 $\boldsymbol{A}$ 规范为无量纲的、属性值类型均规范化为效益型的规范化矩阵 $\boldsymbol{R} = (r_{ij})_{n \times m}$.

2. 相同属性类型的指标规范化方法

在各指标的属性类型一致的情况下, 即假定各指标属性值均为效益型的情形下, 单纯考虑消除量纲和数据量级的影响, 则数据的规范化处理只需要对相应指标的数据进行 "规范化" (或标准化) 处理即可. 常用的方法有归一化方法、最大化方法、模一化方法. 分述如下:

(1) 归一化方法: 对第 j $(j = 1, 2, \cdots, m)$ 个指标 x_j, 令

$$r_{ij} = \frac{a_{ij}}{\sum\limits_{i=1}^{n} a_{ij}}, i = 1, 2, \cdots, n, j = 1, 2, \cdots, m. \tag{15.7}$$

显然, 得到的标准化矩阵 $\boldsymbol{R} = (r_{ij})_{n \times m}$ 的各个列向量的分量之和为 1, 所以称为**归一化**方法.

(2) 最大化方法:

$$r_{ij} = \frac{a_{ij}}{M_j}, \quad i = 1, 2, \cdots, n, \ j = 1, 2, \cdots, m, \tag{15.8}$$

其中 $M_j = \max\limits_{1 \leqslant i \leqslant n} a_{ij}, \ j = 1, 2, \cdots, m$. 由此得到的标准化矩阵 $\boldsymbol{R} = (r_{ij})_{n \times m}$ 的各个列向量的分量最大值为 1, 称为**最大化**方法.

(3) 模一化方法:

$$r_{ij} = \frac{a_{ij}}{\sqrt{\sum\limits_{i=1}^{n} a_{ij}^2}}, \ i = 1, 2, \cdots, n, \ j = 1, 2, \cdots, m, \tag{15.9}$$

式中, $\sqrt{\sum\limits_{i=1}^{n} a_{ij}^2}$ 为第 j 个列向量的欧几里得范数 (或向量的模), 因此所得到的标准化矩阵 $\boldsymbol{R} = (r_{ij})_{n \times m}$ 的各个列向量的模均为 1, 称为**模一化**方法.

原决策矩阵 $\boldsymbol{A}$ 经标准化后变为无量纲的规范化矩阵 $\boldsymbol{R} = (r_{ij})_{n \times m}$.

15.3　多因素综合评价方法

用于多因素综合评价的方法很多, 可按赋权方式不同划分为主观赋权方法和客观赋权方法. 本节仅介绍几个简单而常用的方法.

15.3.1　线性加权综合评价方法

对 n 个评价对象、m 个指标的综合评价问题, 记 $\boldsymbol{A} = (a_{ij})_{n \times m}$ 为决策矩阵, $\boldsymbol{R} = (r_{ij})_{n \times m}$ 为规范化或标准化后的规范化矩阵. $\boldsymbol{w} = (w_1, w_2, \cdots, w_m)^{\mathrm{T}}$ 为属

性权向量, 其中 w_j 为第 j 个指标的赋权值, $j = 1, 2, \cdots, m$, 满足 $\sum\limits_{j=1}^{m} w_j = 1$. 则将规范化矩阵 $\boldsymbol{R}$ 的每一行各元素分别乘以对应属性权值后求和, 即得相应方案的量化评价结果或得分值.

记 v_i 为第 i 个方案的综合评价得分值, 则计算公式为

$$v_i = \sum_{j=1}^{m} w_j r_{ij}, i = 1, 2, \cdots, n. \tag{15.10}$$

利用上式可得每一个方案的评价得分值, 将得分值按由大到小的次序排列, 即可得到方案的优劣次序排列.

备注:

(1) 对决策矩阵采用不同的规范化方法, 所得到的最终排序结果可能略有差异.

(2) 该方法隐含着如下假设: 各属性指标相互独立, 具有互补性, 属性值对整体评价的影响可以叠加.

(3) 各属性权值大小由决策者事先给出, 属于主观赋权方法. 评价结果取决于权值的大小, 即依赖于决策者的偏好.

15.3.2　加权积法 (非线性加权综合法)

加权积法是将简单加权算术平均方法改为几何加权平均方法, 即将第 i 个方案的综合评价得分值 v_i 的计算公式更改为

$$v_i = \prod_{j=1}^{m} r_{ij}^{w_j}, i = 1, 2, \cdots, n. \tag{15.11}$$

备注:

(1) 加权积法运算无需考虑无量纲化问题, 决策矩阵的元素可以直接用原始值, 不需要归一化.

(2) 如效益型属性的权重取正值, 则费用型属性的权重应取负值.

(3) 该方法仍然是一个主管赋权方法.

15.3.3　理想解方法 (TOPSIS 方法)

基本思想　构造各评价指标的最优解和最劣解, 在此基础上构造评价问题的**正理想解**和**负理想解**, 计算每个决策方案属性向量到理想方案的相对贴近度, 即靠近正理想解和远离负理想解的程度, 依据计算结果对方案进行排序, 从而选出最优方案.

方法描述 首先构造**正理想解 C^*** 向量和**负理想解 C^0** 向量, 正理想解是决策方案集中并不存在的、虚拟的最佳方案, 它的每个属性值都是决策矩阵中该属性的最优值; 负理想解方案 C^0 是决策方案集中并不存在的、虚拟的最差方案, 它的每个属性值都是决策矩阵中该属性的最劣值; 其次在 m 维空间中, 将方案集 D 中每个备选方案 d_i 的属性向量与正理想解向量和负理想解向量的距离进行比较, 据此排列出方案集 D 中各备选方案的优先次序, 选出既**靠近**正理想解, 又**远离**负理想解的方案, 即为最优方案. 在 TOPSIS 方法中, 向量之间的距离采用欧氏距离.

计算步骤如下:

第一步: 数据预处理: 输入多属性决策问题的决策矩阵 $\boldsymbol{A} = (a_{ij})_{n\times m}$, 计算规范化决策矩阵 $\boldsymbol{R} = (r_{ij})_{n\times m}$.

第二步: 构造加权矩阵 $\boldsymbol{C} = (c_{ij})_{n\times m}$.

记由决策者给定的各属性的权重向量为

$$\boldsymbol{w} = (w_1, w_2, \cdots, w_m)^{\mathrm{T}},$$

则加权矩阵 $\boldsymbol{C} = (c_{ij})_{n\times m}$ 中各元素的计算公式为

$$c_{ij} = w_j \cdot r_{ij}, i = 1, 2, \cdots, n, j = 1, 2, \cdots, m. \tag{15.12}$$

第三步: 确定正理想解 $\boldsymbol{C}^*$ 和负理想解 $\boldsymbol{C}^0$.

记正理想解 $\boldsymbol{C}^*$ 的第 j 个属性的值为 c_j^*, 负理想解 $\boldsymbol{C}^0$ 的第 j 个属性的值为 c_j^0, 则

$$\text{正理想解}: c_j^* = \begin{cases} \max\limits_i c_{ij}, & \text{若 } j \text{ 为效益型属性}, \\ \min\limits_i c_{ij}, & \text{若 } j \text{ 为成本型属性}, \end{cases} j = 1, 2, \cdots, m, \tag{15.13}$$

$$\text{负理想解}: c_j^0 = \begin{cases} \min\limits_i c_{ij}, & \text{若 } j \text{ 为效益型属性}, \\ \max\limits_i c_{ij}, & \text{若 } j \text{ 为费用型属性}, \end{cases} j = 1, 2, \cdots, m. \tag{15.14}$$

第四步: 计算各决策方案到正、负理想解的距离.

备选方案 d_i 到正理想解 $\boldsymbol{C}^*$ 的距离为

$$s_i^* = \sqrt{\sum_{j=1}^m (c_{ij} - c_j^*)^2}, \quad i = 1, 2, \cdots, n; \tag{15.15}$$

备选方案 d_i 到负理想解 $\boldsymbol{C}^0$ 的距离为

$$s_i^0 = \sqrt{\sum_{j=1}^m (c_{ij} - c_j^0)^2}, \quad i = 1, 2, \cdots, n. \tag{15.16}$$

第五步: 计算各方案的排序指标 (即综合评价指数或得分):

$$f_i^* = \frac{s_i^0}{s_i^0 + s_i^*}, \quad i = 1, 2, \cdots, n. \tag{15.17}$$

第六步: 按 $f_i^*, i = 1, 2, \cdots, n$ 由大到小的次序排出方案的优劣次序.

15.3.4　熵权法

　　熵的概念源于热力学, 最早用来描述运动过程中的一种不可逆现象, 后来应用于信息论, 表示事物出现的不确定性. 一个信息量的概率分布越趋于一致, 所能够提供的信息的不确定性就越大, 当信息呈均匀分布时, 不确定性达到最大.

　　按照香农 (C. E. Shannon) 关于熵权法的定义, 若将归一化后的规范化矩阵 $\boldsymbol{R}$ 中的列向量看做是信息量的分布, 则各方案关于指标 x_j 的熵可以定义为

$$E_j = -\frac{1}{\ln n} \sum_{i=1}^n r_{ij} \ln r_{ij}, \quad j = 1, 2, \cdots, m. \tag{15.18}$$

　　利用熵权法进行多因素综合评价的计算步骤如下.
　　第一步: 确定决策矩阵

$$\boldsymbol{A} = (a_{ij})_{n \times m},$$

并用适当的方法规范化为

$$\boldsymbol{R} = (r_{ij})_{n \times m}.$$

　　第二步: 把规范化矩阵 $\boldsymbol{R} = (r_{ij})_{n \times m}$ 按列归一化为矩阵

$$\dot{\boldsymbol{R}} = (\dot{r}_{ij})_{n \times m},$$

式中

$$\dot{r}_{ij} = \frac{r_{ij}}{\sum\limits_{i=1}^n r_{ij}}, \quad i = 1, 2, \cdots, n, j = 1, 2, \cdots, m. \tag{15.19}$$

　　第三步: 计算第 j 个指标输出的信息熵:

$$e_j = -\frac{1}{\ln n} \sum_{i=1}^n \dot{r}_{ij} \ln \dot{r}_{ij}, \quad j = 1, 2, \cdots, m. \tag{15.20}$$

其中当 $\dot{r}_{ij} = 0$ 时, 规定 $\dot{r}_{ij} \ln \dot{r}_{ij} = 0$.
　　第四步: 计算属性权向量 $\boldsymbol{w} = (w_1, w_2, \cdots, w_m)$, 其中

$$w_j = \frac{1 - e_j}{\sum\limits_{k=1}^m (1 - e_k)}, \quad j = 1, 2, \cdots, m. \tag{15.21}$$

第五步: 计算第 i 个方案的综合得分值 $z_i(\boldsymbol{w})$:

$$z_i = \sum_{j=1}^{m} w_j r_{ij}, \quad i = 1, 2, \cdots, n. \tag{15.22}$$

第六步: 按方案得分值 $z_i(\boldsymbol{w}), i = 1, 2, \cdots, n$ 的大小对方案进行排序和择优.

15.3.5 应用示例

例 15.2 战斗机机型优选问题

分别采用线性加权方法、加权积法、TOPSIS 方法, 以例 15.1 中表 15.1 的数据为例, 进行综合评价并给出评价结果.

第一步: 定性指标的量化.

首先根据 1~10 尺度法, 对表 15.1 中的定性指标进行定量化. 结果如表 15.2 所示.

表 15.2　每种机型的各项指标的属性值

方案	最大速度 x_1/Ma	飞行范围 $x_2/10^3$km	最大负载 $x_3/10^4$lb	价格 $x_4/10^6$美元	可靠性 x_5	灵敏度 x_6
d_1	2.0	1.5	2.0	5.5	5	9
d_2	2.5	2.7	1.8	6.5	3	5
d_3	1.8	2.0	2.1	4.5	7	7
d_4	2.2	1.8	2.0	5.0	5	5

第二步: 构建决策矩阵.

把表 15.2 中的数据写成以方案为行、以属性为列的决策矩阵形式:

$$\boldsymbol{A} = \begin{bmatrix} 2.0 & 1.5 & 2.0 & 5.5 & 5 & 9 \\ 2.5 & 2.7 & 1.8 & 6.5 & 3 & 5 \\ 1.8 & 2.0 & 2.1 & 4.5 & 7 & 7 \\ 2.2 & 1.8 & 2.0 & 5.0 & 5 & 5 \end{bmatrix}.$$

第三步: 属性指标的规范化.

在参与评价的 6 个属性指标中, 除价格 x_4 属于成本型指标外, 其他均为效益型指标. 利用 (15.1) 和 (15.2) 式分别对决策矩阵 $\boldsymbol{A}$ 中的各列数据进行规范化处理, 计算得到规范化矩阵 $\boldsymbol{R}$, 写成表格形式如表 15.3 所示.

表 15.3   规范化矩阵 R

	x_1	x_2	x_3	x_4	x_5	x_6
d_1	0.8000	0.5556	0.9524	0.8182	0.7143	1.0000
d_2	1.0000	1.0000	0.8571	0.6923	0.4286	0.5556
d_3	0.7200	0.7407	1.0000	1.0000	1.0000	0.7778
d_4	0.8800	0.6667	0.9524	0.9000	0.7143	0.5556

从表中可以看出, 各列数据均已规范化为最大化意义下的标准化矩阵, 而且各指标的属性类型均已变为效益型.

第四步: 确定属性权向量.

令权重向量为

$$\boldsymbol{w} = (0.2, 0.1, 0.1, 0.1, 0.2, 0.3)^{\mathrm{T}}.$$

第五步: 确定评价模型和评价方法, 计算评价结果.

为便于比较起见, 我们分别采用上述四种方法进行独立计算. 参考 MATLAB 计算程序如下:

```
A=[2.0 1.5 2.0 5.5 5 9
   2.5 2.7 1.8 6.5 3 5
   1.8 2.0 2.1 4.5 7 7
   2.2 1.8 2.0 5.0 5 5];          %输入决策矩阵.
r1=A(:,1);r2=A(:,2);r3=A(:,3);%提取属性指标向量
r4=A(:,4);r5=A(:,5);r6=A(:,6);%提取属性指标向量
r1=r1/max(r1); r2=r2/max(r2);r3=r3/max(r3);
r5=r5/max(r5);r6=r6/max(r6);   %按rij=aij/max(aij)规范化
r4=min(r4)./r4;                %按rij=min(aij)/aij 规范化
R=[r1 r2 r3 r4 r5 r6]          %输出一致化后的决策矩阵 R
w=[0.2 0.1 0.1 0.1 0.2 0.3];   %输入权向量
%%%%%%线性加权求和方法%%%%%%%%%%%%%%%%%%%%%%%%%%%%%%
   lwf=R*w'                    %计算并输出线性加权法方案得分向量
%%%%加权积法%%%%%%%%%%%%%%%
   wsf=zeros(4,1);            %初始化方案得分向量
   for k=1:4                  %加权积法
     wsf(k)=prod(R(k,:).^w);
```

```
    end
    wsf                    %输出加权积法计算结果
%%%%%%%TOPSIS方法%%%%%%%%%%%%%%%%%%%%%%%%%%%%%%%%%%
    C=zeros(4,6);
    for i=1:4
        for j=1:6
            C(i,j)=w(j)*R(i,j); %计算赋权矩阵C
        end
    end
    Cmax=max(C);      %求正理想解
    Cmin=min(C);      %求负理想解
    for i=1:4
        S(i)=sqrt(sum((C(i,:)-Cmax).^2));
        s(i)=sqrt(sum((C(i,:)-Cmin).^2));
        top(i)=s(i)/(S(i)+s(i));
    end
    top       %s输出 TOPSIS 计算结果
```

计算结果列在表 15.4 中.

表 15.4

	d_1	d_2	d_3	d_4
线性加权方法	0.8555	0.7073	0.8514	0.7374
加权积法	0.8223	0.6717	0.8427	0.7224
TOPSIS 方法	0.6338	0.2856	0.6028	0.3173

第六步: 确定优选方案.

从表 15.4 中可以看出: 在主观赋权意义下, 线性加权求和方法、TOPSIS 方法的方案排序为 $d_1 > d_3 > d_4 > d_2$, 即第一种方案最优.

例 15.3　风险投资决策问题

风险投资是指以未上市公司, 特别是那些成长型公司和尚在构思中的 "公司" 为投资对象的一种投资活动. 它兴起于 20 世纪 40 年代末, 以高收益、高风险为基本特征, 对高新技术产业具有特殊的推动作用, 广受各国政府和投资者青睐, 在推动各个国家的高新技术产业的发展方面起到了举足轻重的作用.

现有某风险投资公司拟进行项目投资, 有 5 个备选项目可供选择. 为保险起见, 该公司聘请了一批专业技术人员对各个项目从风险角度进行了评价, 其中风险因素分为 6 个指标, 即

(1) 市场风险 u_1: 衡量产品的市场竞争力及扩散速度、消费者接受水平等不确定性;

(2) 技术风险 u_2: 由于新技术、新思想本身不太成熟, 以及可替代技术的出现及时间等可能带来的风险;

(3) 管理风险 u_3: 项目单位管理层的素质、能力、效率等可能带来的风险;

(4) 环境风险 u_4: 由社会、政治、宗教、经济环境的不稳定性或可能发生的变动而引发的风险;

(5) 生产风险 u_5: 项目实施企业的设备、工艺水平、原辅材料等方面可能出现的问题而带来的风险;

(6) 金融风险 u_6: 由于金融市场的变动可能带来的风险.

对各个拟投资项目分指标的评估结果如表 15.5 所示. 试用熵权法对 5 个备选项目进行优先排序.

表 15.5　　各风险指标评估结果

	u_1	u_2	u_3	u_4	u_5	u_6
d_1	3	5	2.5	3.5	2.5	4.5
d_2	3.5	2.5	4.5	3.5	3	2.5
d_3	2.5	2.5	4.5	3.5	3	4
d_4	4	3	2.5	3.5	3.5	2.5
d_5	4.5	3.5	3	3.5	4	3

问题分析　对风险投资公司而言, 追求风险尽可能低的情形下获得高回报是一个基本原则, 对拟投资项目的各种风险因素的评估值, 显然属于成本型指标. 因此我们统一采用式 (15.2) 进行规范化. 计算决策过程如下:

第一步: 建立决策矩阵

$$A = \begin{bmatrix} 3 & 5 & 2.5 & 3.5 & 2.5 & 4.5 \\ 3.5 & 2.5 & 4.5 & 3.5 & 3 & 2.5 \\ 2.5 & 2.5 & 4.5 & 3.5 & 3 & 4 \\ 4 & 3 & 2.5 & 3.5 & 3.5 & 2.5 \\ 4.5 & 3.5 & 3 & 3.5 & 4 & 3 \end{bmatrix}.$$

第二步: 按式 (15.2) 计算规范化矩阵:

$$R = \begin{bmatrix} 0.8333 & 0.5000 & 1.0000 & 1.0000 & 1.0000 & 0.5556 \\ 0.7143 & 1.0000 & 0.5556 & 1.0000 & 0.8333 & 1.0000 \\ 1.0000 & 1.0000 & 0.5556 & 1.0000 & 0.8333 & 0.6250 \\ 0.6250 & 0.8333 & 1.0000 & 1.0000 & 0.7143 & 1.0000 \\ 0.5556 & 0.7143 & 0.8333 & 1.0000 & 0.6250 & 0.8333 \end{bmatrix}.$$

第三步: 按式 (15.19) 把规范化矩阵 $\boldsymbol{R}$ 归一化:

$$\dot{\boldsymbol{R}} = \begin{bmatrix} 0.2235 & 0.1235 & 0.2535 & 0.2000 & 0.2682 & 0.1384 \\ 0.1916 & 0.2471 & 0.1408 & 0.2000 & 0.2235 & 0.2491 \\ 0.2682 & 0.2471 & 0.1408 & 0.2000 & 0.2235 & 0.1557 \\ 0.1676 & 0.2059 & 0.2535 & 0.2000 & 0.1916 & 0.2491 \\ 0.1490 & 0.1765 & 0.2113 & 0.2000 & 0.1676 & 0.2076 \end{bmatrix}.$$

第四步: 按式 (15.20) 计算指标的信息熵向量:

$$\boldsymbol{E} = (1.1452, 1.1402, 1.1371, 1.1610, 1.1821, 1.1413)^{\mathrm{T}}.$$

第五步: 按式 (15.21) 计算属性权重向量:

$$\boldsymbol{w} = (0.1601, 0.1546, 0.1512, 0.1775, 0.2008, 0.1558)^{\mathrm{T}}.$$

第六步: 按式 (15.22) 计算方案得分向量:

$$\boldsymbol{z} = (0.8268, 0.8536, 0.8409, 0.8568, 0.7582)^{\mathrm{T}}.$$

第七步: 由方案得分向量 $\boldsymbol{z}$ 的各分量大小确定方案优先次序, 即

$$d_4 > d_2 > d_3 > d_1 > d_5.$$

也就是说, 所有投资方案中以第四个方案为最佳选择.

熵权法是一种基于数据信息的客观赋权方法. 而线性加权方法、加权积法、TOPSIS 方法等为传统意义下的主观赋权方法. 主观赋权的权值大小反映了决策者对各属性指标的个人偏好大小, 在一定程度上会影响排序结果, 所得结果应为满意解范畴, 也就是说一个决策方案的好坏, 很大程度上取决于参与决策的人员素质与水平. 从实际决策出发, 无论是主观赋权方法还是客观赋权方法, 很难说哪一个方法更好, 通常可以认为主观赋权法更能反映决策者的意志和个人偏好, 所得结果也最令决策者满意.

15.4 层次分析方法

层次分析方法 (analytic hierarchy process, 简称 AHP) 也是解决多因素综合评价问题的常用方法. 该方法是由美国著名运筹学专家, 匹兹堡大学教授 T. L. Saaty 于 20 世纪 70 年代创立的一种基于系统分析与决策的综合评价方法. 该方法的特点:

(1) 把整个综合评价问题看做一个系统, 用系统工程的方法进行决策和评判;

(2) 合理地将定性与定量的决策结合起来, 把决策过程层次化、数量化;

(3) 把决策者个人偏好引入比较评判过程, 符合实际决策过程中的个人习惯思维和心理变化的规律;

(4) 引入指标重要性比较尺度, 通过建立比较矩阵和权重向量解决决策方案的排序问题.

15.4.1　层次分析方法的基本思想和计算步骤

1. 基本思想

层次分析方法把决策过程看做一个完整的决策系统, 把决策过程中决策者的思维、判别、比较、权衡过程纳入整个决策评判过程中, 采用先分解、后综合的系统分析方法.

(1) 分解并形成递阶式层次结构.

对一个多方案优选决策问题, 首先分析可能影响决策评判的所有因素, 然后分析各因素之间的关系, 进而建立递阶式层次结构. 一般而言, 一个完整的层次结构至少应分为三层, 其中第一层即处于层次结构顶端的一层称为目标层; 第二层称为准则层, 是一系列关于影响决策或判别的因素或判别准则, 可以有许多; 第三层称为方案层, 即所有供选择的方案. 即把多因素或多属性决策问题分解成多层次决策过程.

递阶式层次结构如图 15.1 所示.

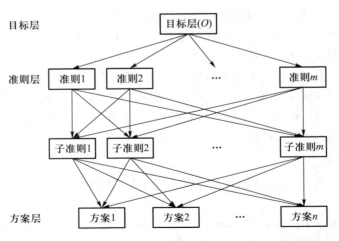

图 15.1　递阶式层次结构示意图

(2) 综合.

通过比较同一层各元素关于上一层某一准则的相对重要性程度, 构建该层各元素的两两比较判别矩阵, 通过比较判别矩阵计算被比较的各元素对于上一层每一准则的相对权重向量, 同时进行判别矩阵的一致性检验. 由此得到准则层对目标层的权重向量, 以及方案层各方案对每一个准则的重要性权重向量, 进而计算方案层对目标层的组合权重向量, 最后依据向量中各分量的大小排出方案优先次序.

2. 层次分析方法的计算步骤

第一步: 建立递阶式层次结构模型.

通过对问题进行深入细致地分析, 将问题涉及的各种因素划分为不同层次, 如目标层、准则层、措施层、指标层、方案层等. 然后用图 15.1 所示的树状形式说明层次的递阶结构及各因素间的从属关系. 若问题涉及的因素过多 (从心理学角度出发, 一般认为参与评价的影响因素应不超过 9 个, 否则容易引起决策判别混乱), 可将层次结构进一步划分为若干子层次, 构成多层次递阶式层次结构.

第二步: 构造比较判别矩阵.

逐层自下而上, 构造比较判别矩阵. 比较判别矩阵的值反映了决策者对各因素相对于上一层某个准则或因素的相对重要性的认知.

设在层次结构中, 某一层的元素为 $C_1, C_2, \cdots, C_n$, L 为其上一层的某准则, 记 $a_{ij} = \dfrac{C_i}{C_j}$, $i, j = 1, 2, \cdots, n$ 为因素 C_i 与 C_j 相比较对准则 L 而言的重要性之比, 其值的大小反映了因素 C_i 与 C_j 相比较对准则 L 而言哪一个因素更重要, 其赋值方法是由决策者根据这两个指标相对于准则 L 而言的重要性在决策者心里的差异, 采用 $1 \sim 9$ 及其倒数的标度方法定义的. 当两两比较完成后, 可得量化的成对比较矩阵 $\boldsymbol{A} = (a_{ij})_{n \times n}$, 称为**比较判别矩阵**.

显然

$$a_{ij} > 0, \quad a_{ji} = \frac{1}{a_{ij}}, \quad a_{ii} = 1, \quad i, j = 1, 2, \cdots, n.$$

因此比较判别矩阵又称**正互反矩阵**.

进一步地, 若 $\boldsymbol{A}$ 中所有元素满足

$$a_{ik} a_{kj} = a_{ij}, \quad i, j, k = 1, 2, \cdots, n,$$

则称正互反矩阵 $\boldsymbol{A}$ 为**一致矩阵**.

a_{ij} 取值的确定: 采用 $1 \sim 9$ 及其倒数的标度方法, 取 $1 \sim 9$ 的 9 个等级, 其定义及其含义如表 15.6 所示.

特殊地, 当两两比较的因素具有定量的值 (如价格、重量等) 时, 判别矩阵中相应元素的值可以直接采用相应因素值的比值.

表 15.6　　1 ～ 9 标度值及其含义

标度 a_{ij}	含义
1	C_i 与 C_j 的重要性相同
3	C_i 比 C_j 的重要性稍强
5	C_i 比 C_j 的重要性强
7	C_i 比 C_j 的重要性明显强
9	C_i 比 C_j 的重要性绝对强
2,4,6,8	C_i 比 C_j 的重要性介于相邻数之间
$\dfrac{1}{2}, \cdots, \dfrac{1}{9}$	C_i 与 C_j 的重要性之比为上面 a_{ij} 的互反数, 其含义与之相反

对于正互反的一致矩阵 $\boldsymbol{A}$, 有一些重要且有用的性质:

(1) $\boldsymbol{A}$ 的任意两行或两列均成比例, 即 $\boldsymbol{A}$ 的秩为 1.

(2) $\boldsymbol{A}$ 的最大非零特征根 (或特征值) 为 $\lambda_{\max} = n$, 其余特征根均为 0.

(3) 若 $\boldsymbol{w} = (w_1, w_2, \cdots, w_n)^{\mathrm{T}}$ 是正互反一致矩阵 $\boldsymbol{A} = (a_{ij})_{n \times n}$ 的最大非零特征根 $\lambda_{\max} = n$ 对应的特征向量, 则必有

$$a_{ij} = \frac{w_i}{w_j}, \quad i, j = 1, 2, \cdots, n.$$

第三步: 层次单排序及其一致性检验.

求权重向量, 利用权重向量进行层次单排序及一致性检验.

(1) 确定相对权重向量.

确定比较判别矩阵 $\boldsymbol{A}$ 的权重向量的方法常见的有和法、根法、特征根法等.

① 和法: 将比较判别矩阵 $\boldsymbol{A}$ 按列归一化, 得到列归一的标准化矩阵, 然后将标准化矩阵按行求算术平均即得权重向量. 计算公式为

$$w_i = \frac{1}{n} \sum_{j=1}^{n} \frac{a_{ij}}{\displaystyle\sum_{k=1}^{n} a_{kj}}, \quad i = 1, 2, \cdots, n, \tag{15.23}$$

则

$$\boldsymbol{w} = (w_1, w_2, \cdots, w_n)^{\mathrm{T}} \tag{15.24}$$

即为所求权重向量. 可以证明该向量 $\boldsymbol{w}$ 就是比较判别矩阵 $\boldsymbol{A}$ 的一个特征向量, 它对应 $\boldsymbol{A}$ 的最大特征值

$$\lambda_{\max} = \frac{1}{n} \sum_{i=1}^{n} \frac{(\boldsymbol{Aw})_i}{w_i}. \tag{15.25}$$

例 15.4 利用和法求比较判别矩阵 $A = \begin{bmatrix} 1 & 2 & 6 \\ \frac{1}{2} & 1 & 4 \\ \frac{1}{6} & \frac{1}{4} & 1 \end{bmatrix}$ 的权向量.

解 利用 (15.23) 式求权重向量, 可以分为两步走:
首先将比较判别矩阵 A 按列归一化, 得规范化矩阵 R:

$$R = \begin{bmatrix} 0.6000 & 0.6154 & 0.5455 \\ 0.3000 & 0.3077 & 0.3636 \\ 0.1000 & 0.0769 & 0.0909 \end{bmatrix}.$$

然后对归一化矩阵 R 按行求算术平均, 得权重向量 w:

$$w = (0.5869, 0.3238, 0.0893)^{\mathrm{T}}.$$

再计算 $Aw = (1.7608, 0.9713, 0.2678)^{\mathrm{T}}$, 最后利用式 (15.25) 计算权重向量 w 对应的最大特征根 $\lambda_{\max}$:

$$\lambda_{\max} = \frac{1}{n}\sum_{i=1}^{n}\frac{(Aw)_i}{w_i} = \frac{1}{3}\left(\frac{1.7608}{0.5869} + \frac{0.9713}{0.3238} + \frac{0.2678}{0.0893}\right) = 3.0092.$$

② 根法: 根法与和法基本相同, 只是将算数平均改为几何平均, 即先将判别矩阵 A 的各行采用几何平均, 然后归一化. 计算公式为

$$w_i = \frac{\left(\prod_{j=1}^{n} a_{ij}\right)^{1/n}}{\sum_{k=1}^{n}\left(\prod_{j=1}^{n} a_{kj}\right)^{1/n}}, \quad i = 1, 2, \cdots, n,$$

则 $w = (w_1, w_2, \cdots, w_n)^{\mathrm{T}}$ 即为所求权重向量. 同样可以证明该向量 w 也是比较判别矩阵 A 的一个特征向量, 它对应 A 的最大特征值, 计算方法与和法相同, 如公式 (15.25) 所示. 为便于比较起见, 我们对上例中的判别矩阵 A, 采用根法的计算权重向量的结果为

$$w = (0.5876, 0.3234, 0.0890)^{\mathrm{T}}.$$

③ 特征根法: 先利用特征方程 $|A - \lambda I| = 0$ (I 是 n 阶单位矩阵), 求矩阵 A 的最大特征根 $\lambda_{\max}$, 然后求解线性方程组

$$(A - \lambda_{\max}I)x = 0,$$

求对应于最大特征值 $\lambda_{\max}$ 的特征向量, 将所求特征向量归一化即为所求权重向量.

特征根法是层次分析方法中最早提出的求权重向量的方法, 也是最常用的方法. 除上述介绍的方法外, 还有一些方法, 如对数最小二乘方法、最小偏差法、梯度特征向量法等.

(2) 利用最大特征值进行一致性检验.

当用于比较的因素过多时, 极易导致决策比较评判混乱, 即有可能会出现甲比乙重要, 乙比丙重要, 而丙比甲重要的判别结果, 此类判别混乱的情形有可能会导致决策失误. 在层次分析法中允许比较评判矩阵出现一定程度的不一致情形, 即允许矩阵中元素出现 $a_{ik}a_{kj} \neq a_{ij}$ 的情形, 但显然可以接受的是此类现象不应出现太多, 且最大特征根 $\lambda_{\max}$ 偏离 n 的程度不应过大. 这就需要给出一个可以接受的判断正互反比较判别矩阵不一致程度的判别标准或检验方法. 层次分析方法给出了检验比较判别矩阵是否满足一致性要求的检验方法, 其检验的方法和步骤为

① 计算一致性指标 CI. 定义为

$$CI = \frac{\lambda_{\max} - n}{n - 1}.$$

CI 越大, 说明不一致越严重.

② 查表确定平均随机一致性指标 RI. 利用计算机随机模拟得到大量的比较判别矩阵, 计算相应的 CI, 并把多次模拟的计算结果取平均, 即得平均随机一致性指标 RI, 如表 15.7 所示.

表 15.7　平均随机一致性指标

矩阵阶数 n	1	2	3	4	5	6	7	8	9	10	11
RI	0	0	0.58	0.90	1.12	1.24	1.32	1.41	1.45	1.49	1.51

③ 一致性比率. 定义

$$CR = \frac{CI}{RI}$$

为一致性比率. 当 $CR < 0.1$ 时, 表示通过一致性检验, 否则应该检查比较判别矩阵, 分析不一致的原因, 修正矩阵中不满足一致性要求的比较结果, 重新进行上述计算过程.

对整个层次结构, 从最下层开始, 自下而上, 采用类似的过程, 逐层计算每一层所有元素对上一层某个准则的层次权重向量, 最后计算第二层对第一层 (即目标层) 的层次权重向量, 并逐一进行一致性检验.

第四步: 层次总排序及其一致性检验.

(1) 计算同一层次各因素对于最高层相对重要性的组合权重.

这一过程是从最高层到最低层逐层进行的, 称为**层次总排序**.

若已知第 $k-1$ 层的 n_{k-1} 个因素对目标层即最高层的权重向量为

$$\boldsymbol{w}^{(k-1)} = (w_1^{(k-1)}, w_2^{(k-1)}, \cdots, w_{n_{k-1}}^{(k-1)})^{\mathrm{T}};$$

第 k 层 n_k 个因素对上一层 (第 $k-1$ 层) 第 j 个因素的权重向量为

$$\boldsymbol{w}_j^{(k)} = (w_{1j}^{(k)}, w_{2j}^{(k)}, \cdots, w_{n_k j}^{(k)})^{\mathrm{T}}, \ j = 1, 2, \cdots, n_{k-1}.$$

其中不受第 j 个因素支配的元素权重取为 0.

则定义第 k 层 n_k 个因素对第 $k-1$ 层 n_{k-1} 个因素的权重矩阵 $\boldsymbol{W}^{(k)}$ 为

$$\boldsymbol{W}^{(k)} = [\boldsymbol{w}_1^{(k)}, \boldsymbol{w}_2^{(k)}, \cdots, \boldsymbol{w}_{n_{k-1}}^{(k)}],$$

显然 $\boldsymbol{W}^{(k)}$ 是一个 $n_k \times n_{k-1}$ 矩阵, 那么第 k 层 n_k 个因素对目标层 (总目标) 的组合权重向量可以由递推关系得出:

$$\boldsymbol{w}^{(k)} = \boldsymbol{W}^{(k)}\boldsymbol{w}^{(k-1)} = \boldsymbol{W}^{(k)}\boldsymbol{W}^{(k-1)}\boldsymbol{w}^{(k-2)} = \boldsymbol{W}^{(k)}\boldsymbol{W}^{(k-1)}\cdots\boldsymbol{W}^{(3)}\boldsymbol{w}^{(2)}, \quad k \geqslant 3,$$

其中 $\boldsymbol{w}^{(2)}$ 是第 2 层对目标层的权重向量.

(2) 组合一致性检验.

类似地, 若记 k 层对第 $k-1$ 层的一致性指标为

$$CI_1^{(k)}, CI_2^{(k)}, \cdots, CI_{n_{k-1}}^{(k)},$$

相应的平均随机一致性指标为

$$RI_1^{(k)}, RI_2^{(k)}, \cdots, RI_{n_{k-1}}^{(k)}$$

则第 k 层对目标层 (总目标) 的一致性指标为

$$CI^{(k)} = [CI_1^{(k)}, CI_2^{(k)}, \cdots, CI_m^{(k)}]\boldsymbol{w}^{(k-1)},$$

组合平均随机一致性指标为

$$RI^{(k)} = [RI_1^{(k)}, RI_2^{(k)}, \cdots, RI_m^{(k)}]\boldsymbol{w}^{(k-1)},$$

组合一致性比率为

$$CR^{(k)} = CR^{(k-1)} + \frac{CI^{(k)}}{RI^{(k)}}, \quad k \geqslant 3.$$

当 $CR^{(k)} < 0.10$ 时, 认为第 k 层的比较矩阵通过一致性检验.

15.4.2 应用示例: 校长奖学金评选问题

目前大多数高校都设立了校长奖学金, 每年都从各方面表现优秀的在校大学生中选择部分最优者作为校长奖学金的获得者. 现已知某高校经过层层选拔, 推荐出了 5 名候选者, 评审委员会需要根据各项考核指标从这些学生中选出 2 名最优秀的同学作为获奖对象. 考核指标主要有如下 5 个指标:

(1) 学分绩点: 基础课、专业课、选修课等课程成绩;

(2) 团队协作能力: 参与学生会组织情况, 组织协调能力, 助人为乐, 团结同学, 尊重师长等;

(3) 体育水平: 各项体育水平测试成绩, 体育爱好或特长情况;

(4) 创新实践能力: 参加创新实践活动情况, 参加科技创新活动情况, 创业情况, 参加科研课题及其发表论文情况等;

(5) 现场答辩表现: 衣着打扮是否得体, 准备充分程度, 表达问题是否清晰, 回答问题是否流畅等.

现在评审委员会根据推荐单位及候选学生提交的材料, 并通过答辩得到了候选者的量化评分结果, 如表 15.8 所示.

表 15.8 候选学生的量化评价结果

	学分绩点 C_1	团队协作能力 C_2	体育水平 C_3	创新实践能力 C_4	现场答辩表现 C_5
学生 A	95	4	85	90	98
学生 B	92	2.5	90	92	95
学生 C	94	5	78	88	85
学生 D	91	3	82	94	88
学生 E	93	3.5	95	92	90

第一步: 构造递阶式层次结构, 如图 15.2 所示.

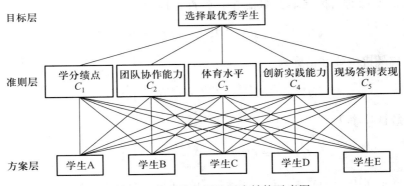

图 15.2 优秀学生评选层次结构示意图

第二步: 构造成对比较判别矩阵, 求权重向量并进行一致性检验.

先构造第二层各因素对目标层的成对比较判别矩阵, 为

$$
\boldsymbol{A} = \begin{bmatrix}
1 & 2 & 4 & 3 & 3 \\
\frac{1}{2} & 1 & 2 & 1 & \frac{1}{2} \\
\frac{1}{4} & \frac{1}{2} & 1 & \frac{1}{2} & \frac{1}{3} \\
\frac{1}{3} & 1 & 2 & 1 & 2 \\
\frac{1}{3} & 2 & 3 & \frac{1}{2} & 1
\end{bmatrix}.
$$

按和法计算得第 2 层各准则对第一层的权重向量

$$
\boldsymbol{w}^{(2)} = (0.3988, 0.1534, 0.0792, 0.1836, 0.1851)^{\mathrm{T}}
$$

及最大特征值 $\lambda_{\max} = 5.2458$.

比较判别矩阵的一致性检验:

$$
CI^{(2)} = \frac{\lambda_{\max} - n}{n - 1} = \frac{5.2458 - 5}{5 - 1} = 0.0614.
$$

查表知, 当 $n = 5$ 时平均随机一致性指标 $RI = 1.12$, 所以一致性比率

$$
CR^{(2)} = \frac{CI^{(2)}}{RI} = \frac{0.0614}{1.12} = 0.0548 < 0.1,
$$

通过一致性检验.

类似地, 构造第 3 层各方案对第 2 层各准则的成对比较判别矩阵. 第 2 层共有 5 个准则, 每一个准则对应一个成对比较判别矩阵, 共形成 5 个 5×5 成对比较判别矩阵, 分别为

$$
\boldsymbol{B}_1 = \begin{bmatrix}
1.0000 & 1.0326 & 1.0106 & 1.0440 & 1.0215 \\
0.9684 & 1.0000 & 0.9787 & 1.0110 & 0.9892 \\
0.9895 & 1.0217 & 1.0000 & 1.0330 & 1.0108 \\
0.9579 & 0.9891 & 0.9681 & 1.0000 & 0.9785 \\
0.9789 & 1.0109 & 0.9894 & 1.0220 & 1.0000
\end{bmatrix},
$$

$$
\boldsymbol{B}_2 = \begin{bmatrix}
1.0000 & 1.6000 & 0.8000 & 1.3333 & 1.1429 \\
0.6250 & 1.0000 & 0.5000 & 0.8333 & 0.7143 \\
1.2500 & 2.0000 & 1.0000 & 1.6667 & 1.4286 \\
0.7500 & 1.2000 & 0.6000 & 1.0000 & 0.8571 \\
0.8750 & 1.4000 & 0.7000 & 1.1667 & 1.0000
\end{bmatrix},
$$

$$
\boldsymbol{B}_3 = \begin{bmatrix} 1.0000 & 0.9444 & 1.0897 & 1.0366 & 0.8947 \\ 1.0588 & 1.0000 & 1.1538 & 1.0976 & 0.9474 \\ 0.9176 & 0.8667 & 1.0000 & 0.9512 & 0.8211 \\ 0.9647 & 0.9111 & 1.0513 & 1.0000 & 0.8632 \\ 1.1176 & 1.0556 & 1.2179 & 1.1585 & 1.0000 \end{bmatrix},
$$

$$
\boldsymbol{B}_4 = \begin{bmatrix} 1.0000 & 0.9783 & 1.0227 & 0.9574 & 0.9783 \\ 1.0222 & 1.0000 & 1.0455 & 0.9787 & 1.0000 \\ 0.9778 & 0.9565 & 1.0000 & 0.9362 & 0.9565 \\ 1.0444 & 1.0217 & 1.0682 & 1.0000 & 1.0217 \\ 1.0222 & 1.0000 & 1.0455 & 0.9787 & 1.0000 \end{bmatrix},
$$

$$
\boldsymbol{B}_5 = \begin{bmatrix} 1.0000 & 1.0316 & 1.1529 & 1.1136 & 1.0889 \\ 0.9694 & 1.0000 & 1.1176 & 1.0795 & 1.0556 \\ 0.8673 & 0.8947 & 1.0000 & 0.9659 & 0.9444 \\ 0.8980 & 0.9263 & 1.0353 & 1.0000 & 0.9778 \\ 0.9184 & 0.9474 & 1.0588 & 1.0227 & 1.0000 \end{bmatrix}.
$$

其中, $\boldsymbol{B}_1, \boldsymbol{B}_2, \boldsymbol{B}_3, \boldsymbol{B}_4, \boldsymbol{B}_5$ 分别表示方案层五个候选学生分别对准则层的 5 个因素: 学分绩点、团队协作能力、体育水平、创新实践能力、现场答辩表现的成对比较矩阵.

分别计算每一个成对比较矩阵的权重向量, 若记 $\boldsymbol{w}_j^{(3)}$ 为第 3 层对第 2 层中第 j 个准则的成对比较矩阵 $\boldsymbol{B}_j$ 的权重列向量计算结果, 则 $\boldsymbol{W}^{(3)} = [\boldsymbol{w}_1^{(3)}, \boldsymbol{w}_2^{(3)}, \boldsymbol{w}_3^{(3)}, \boldsymbol{w}_4^{(3)}, \boldsymbol{w}_5^{(3)}]$ 即为第 3 层对第 2 层各准则的权重矩阵, 这里我们利用特征根法求解 (即先求最大特征根及其对应的特征向量, 然后把特征向量归一化即得权重向量), 计算结果为

$$
\boldsymbol{W}^{(3)} = \begin{bmatrix} 0.2043 & 0.2222 & 0.1977 & 0.1974 & 0.2149 \\ 0.1978 & 0.1389 & 0.2093 & 0.2018 & 0.2083 \\ 0.2022 & 0.2778 & 0.1814 & 0.1930 & 0.1864 \\ 0.1957 & 0.1667 & 0.1907 & 0.2061 & 0.1930 \\ 0.2000 & 0.1944 & 0.2209 & 0.2018 & 0.1974 \end{bmatrix}.
$$

同时求得各比较矩阵对应的最大特征值为

$$
\lambda_{\max,1} = \lambda_{\max,2} = \lambda_{\max,3} = \lambda_{\max,4} = \lambda_{\max,5} = 5.
$$

注意到第 3 层对第 2 层的比较运算为全实数比较, 是完全一致矩阵, 所以最大特征值均等于矩阵的阶数 5.

所以第 3 层的一致性指标

$$(CI_1^{(3)}, CI_2^{(3)}, CI_3^{(3)}, CI_4^{(3)}, CI_5^{(3)}) = (0, 0, 0, 0, 0).$$

已知 $n = 5$ 时 $RI = 1.12$, 故相应的一致性比率

$$CR_1^{(3)} = CR_2^{(3)} = CR_3^{(3)} = CR_4^{(3)} = CR_5^{(3)} = 0,$$

均通过一致性检验.

第三步: 组合权重向量计算及其组合一致性检验.

由第二步已知第 2 层对目标层的权重向量 $\boldsymbol{w}^{(2)}$, 以及第 3 层对第 2 层的权重矩阵, 则由组合权重计算公式, 可得第 3 层对目标层的组合权重向量为

$$\boldsymbol{w}^{(3)} = \boldsymbol{W}^{(3)} \boldsymbol{w}^{(2)} = (0.2072, 0.1924, 0.2075, 0.1923, 0.2007)^{\mathrm{T}}.$$

组合随机一致性指标

$$CI^{(3)} = (CI_1^{(3)}, CI_2^{(3)}, CI_3^{(3)}, CI_4^{(3)}, CI_5^{(3)}) \boldsymbol{w}^{(2)} = 0.$$

组合一致性比率

$$CR^{(3)} = CR^{(2)} + \frac{CI^{(3)}}{RI} = 0.0548 + 0 = 0.0548 < 0.01,$$

通过组合一致性检验.

第四步: 确定优选方案排序结果.

由组合权重向量计算结果易知, 5 位候选学生的排序结果为

$$\mathrm{C} > \mathrm{A} > \mathrm{E} > \mathrm{B} > \mathrm{D}.$$

鉴于获奖名额只有 2 个, 因此按照排序结果, 同学 C 和同学 A 最终入选.

思考与练习十五

1. 试解释为什么在线性加权综合评价方法中必须要对决策矩阵作规范化处理, 而在加权积法中则无需无量纲化, 道理何在?

2. 试利用表 15.2 中的数据分别采用最大化、模一化等规范化方法计算规范化后的决策矩阵, 并分别利用文中所提的线性加权综合法、加权积法、TOPSIS 方法进行综合评价, 给出方案的排序计算结果, 并比较不同规范化方法对评价结果是否有影响, 如果有, 请分析产生的原因.

3. 主观赋权法依赖于决策者的偏好, 你认为应该在实际工作中如何处理或者说采取什么样的措施才能得到相对公正的评价结果.

4. 采用市场调查的方法, 并结合个人在购买手机时的心理因素, 确定影响个人选择的评价指标体系, 利用层次分析方法给出拟选择的几款机型及其优选排序结果.

参 考 文 献

[1] 姜启源, 谢金星, 叶俊. 数学模型. 4 版. 北京: 高等教育出版社, 2011.

[2] 赵静, 但琦. 数学建模与数学实验. 3 版. 北京: 高等教育出版社, 2008.

[3] Frank R. Giordano, William P. Fox, Steven B. Horton, Maurice D. Weir. 数学建模 (原书第 4 版). 叶其孝, 姜启源等译. 北京: 机械工业出版社, 2009.

[4] 韩中庚. 数学建模方法及其应用. 2 版. 北京: 高等教育出版社, 2009.

[5] Charles W. Groetsh. 反问题 —— 大学生的科技活动. 程晋, 谭永基, 刘继军译. 北京: 清华大学出版社, 2006.

[6] 刘保东, 潘建勋. 实用大学数学教程. 济南: 山东大学出版社, 2013.

[7] 张志涌. 精通 MATLAB R2011a. 北京: 北京航空航天大学出版社, 2011.

[8] 董霖. MATLAB 使用详解. 北京: 科学出版社, 2008.

[9] 薛定宇, 陈阳泉. 高等应用数学问题的 MATLAB 求解. 2 版. 北京: 清华大学出版社, 2008.

[10] Richard L. Burden, J. Douglas Faires. Numerical analysis (影印版). 7th ed. 北京: 高等教育出版社, 2001.

[11] Cleve B. Moler. MATLAB 数值计算. 喻文健译. 北京: 机械工业出版社, 2006.

[12] 姜健飞, 胡良剑, 唐俭. 数值分析及其 MATLAB 实验. 北京: 科学出版社, 2004.

[13] 司守奎, 孙玺菁. 数学建模算法与应用. 北京: 国防工业出版社, 2011.

[14] 武强, 徐华. 三维地质建模与可视化方法研究. 中国科学 (D 辑: 地球科学), 2004, 34(1): 54-60.

[15] 孙讷正. 地下水污染: 数学模型和数值方法. 北京: 地质出版社, 1989.

[16] 韩中庚, 宋明武, 邵广纪. 数学建模竞赛 —— 获奖论文精选与点评. 北京: 科学出版社, 2007.

[17] 傅国伟. 河流水质数学模型及其模拟计算. 北京: 中国环境科学出版社, 1987.

[18] 刁在筠, 刘桂真, 宿洁, 马建华. 运筹学. 3 版. 北京: 高等教育出版社, 2007.

[19] 胡运权等. 运筹学基础及应用. 4 版. 北京: 高等教育出版社, 2004.

[20] 焦宝聪, 陈兰平. 运筹学的思想方法及应用. 北京: 北京大学出版社, 2008.

[21] Mehrotra S. On the implementation of a primal-dual interior point method. SIAM journal on optimization, 1992(2), 575-601.

[22] 薛毅, 耿美英. 运筹学与实验. 北京: 电子工业出版社, 2008.

[23] 谢金星, 薛毅. 优化建模与 LINDO/LINGO 软件. 北京: 清华大学出版社, 2005.

[24] 李明. 详解 MATLAB 在最优化计算中的应用. 北京: 电子工业出版社, 2011.

[25] 姜启源, 谢金星, 邢文训, 张立平. 大学数学实验. 2 版. 北京: 清华大学出版社, 2010.

[26] 希利尔等. 数据、模型与决策: 运用电子表格建模与案例研究. 任建标译. 2 版. 北京: 中国财政经济出版社, 2004.

[27] 陆维新, 林皓, 陈晓东等. 订购和运输钢管的最优方案. 数学的实践与认识, 2001, 31(1): 74-78.

[28] 邱菀华等. 运筹学教程. 北京: 机械工业出版社, 2004.

[29] 徐光辉等. 运筹学基础手册. 北京: 科学出版社, 1999.

[30] 刘家壮, 徐源. 网络最优化. 北京: 高等教育出版社, 1991.

[31] 王艳, 王金鑫, 苏电波. 出版社的资源配置的优化模型. 工程数学学报 (增刊), 2006(23): 28-36.

[32] 朱求长. 运筹学及其应用. 4 版. 武汉: 武汉大学出版社, 2012.

[33] 盛骤, 谢式千, 潘承毅. 概率论与数理统计. 4 版. 北京: 高等教育出版社, 2008.

[34] 姜启源. 多属性决策中几种主要方法的比较. 数学建模及其应用, 2012, 1(3): 16-28.

[35] 周品, 赵新芬. MATLAB 数学建模与仿真. 北京: 国防工业出版社, 2009.

[36] 薛毅. 数学建模基础. 2 版. 北京: 科学出版社, 2011.

[37] John A. Rice. 数理统计与数据分析 (原书第 3 版). 田金方译. 北京: 机械工业出版社, 2011.

[38] 魏宗舒等. 概率论与数理统计教程. 2 版. 北京: 高等教育出版社, 2008.

[39] 汪荣鑫. 随机过程. 西安: 西安交通大学出版社, 1987.

[40] 苏均和. 概率论与数理统计. 4 版. 上海: 格致出版社, 上海人民出版社, 2011.

[41] 唐焕文, 贺明峰. 数学模型引论. 3 版. 北京: 高等教育出版社, 2005.

[42] 杨启帆, 方道元. 数学建模. 杭州: 浙江大学出版社, 1999.

[43] 陈桂明, 戚红雨, 潘伟. MATLAB 数理统计 (6.X). 北京: 科学出版社, 2002.

读者意见反馈

为收集对教材的意见建议，进一步完善教材编写并做好服务工作，读者可将对本教材的意见建议通过如下渠道反馈至我社。

咨询电话　400-810-0598

反馈邮箱　hepsci@pub.hep.cn

通信地址　北京市朝阳区惠新东街4号富盛大厦1座

　　　　　高等教育出版社理科事业部

邮政编码　100029